太湖流域水生态功能分区与质量目标管理技术示范（2008ZX07526-007）系列丛书

太湖流域水生态功能分区

高俊峰　高永年　等 编著

中国环境科学出版社·北京

图书在版编目（CIP）数据

太湖流域水生态功能分区/高俊峰等编著. —北京：中国环境科学出版社，2011.12
（太湖流域水生态功能分区与质量目标管理技术示范（2008ZX07526-007）系列丛书）
ISBN 978-7-5111-0820-3

Ⅰ. ①太… Ⅱ. ①高… Ⅲ. ①太湖－流域－生态系统－研究 Ⅳ. ①X832

中国版本图书馆 CIP 数据核字（2011）第 259877 号

审图号：GS（2012）263 号

责任编辑 季苏园 李恩军
文字加工 李兰兰
责任校对 扣志红
封面设计 彭 杉

出版发行 中国环境科学出版社
（100062 北京东城区广渠门内大街 16 号）
网 址：http://www.cesp.com.cn
联系电话：010-67112765（总编室）
发行热线：010-67125803，010-67113405（传真）
印 刷 北京中科印刷有限公司
经 销 各地新华书店
版 次 2012 年 2 月第 1 版
印 次 2012 年 2 月第 1 次印刷
开 本 787×1092 1/16
印 张 19.5
字 数 400 千字
定 价 100.00 元

【版权所有。未经许可请勿翻印、转载，侵权必究】
如有缺页、破损、倒装等印装质量问题，请寄回本社更换

丛书编辑委员会

顾　问：李文华

主　任：闵庆文

委　员：（以姓氏笔画排列）

王西琴　刘子刚　刘庆生　刘高焕　杨丽辒

张　彪　陈宇炜　邵晓阳　范亚民　金　均

逄　勇　姚玉鑫　徐鹏炜　高永年　高俊峰

黄　燕　崔云霞　焦雯珺　谢卫平　滕加泉

颜润润

本书编写委员会

主　编：高俊峰　高永年

编　委：王　斌　许　妍　闵庆文　张　彪　陈宇炜

陈垌烽　邵晓阳　范亚民　徐鹏炜　黄　燕

崔云霞　焦雯珺

山　东　省
江
苏
省
安
徽
江
长
省
洪泽湖
巢湖
太湖
上海市
浙　江　省
鄱阳湖
江
西
省
福　建　省
N
图例
省界
长江
湖泊
海岸线
太湖流域
0 50 100 200 300
km

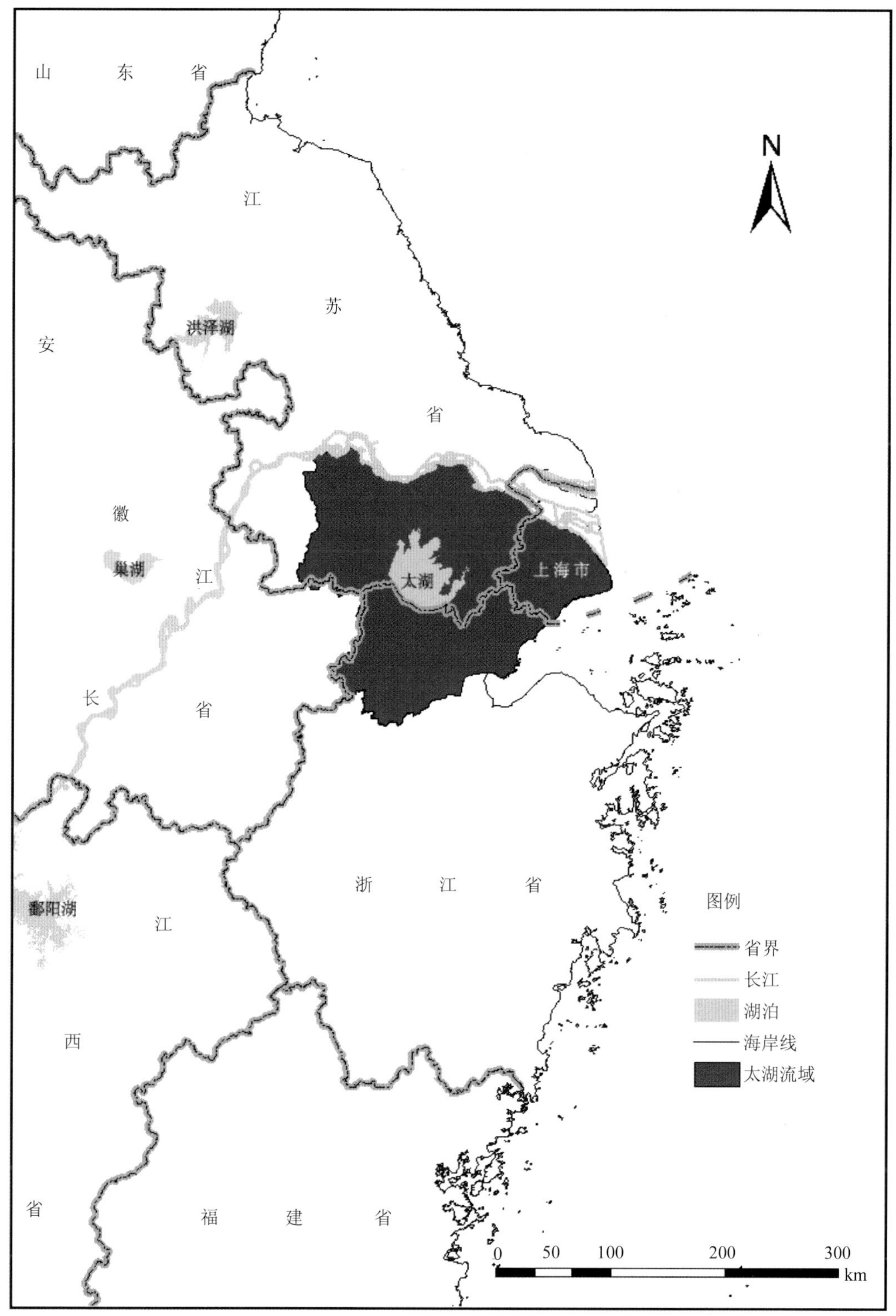

太湖流域地理位置图

序

我国长期以来面临着水体污染、水资源短缺、水生态退化和洪涝灾害等多个方面水问题的压力，而水体污染在一定程度上加剧了其他三种水问题的恶化程度，造成一些地方水质性缺水、水环境恶化、洪涝灾害损失加大等现象。虽然从中央到地方大规模开展了流域水体污染防治，取得了一些成效，但从总体上来看，我国水体污染仍将是今后相当长时期内制约经济社会可持续发展的关键因素。“水体污染控制与治理”科技重大专项（简称水专项）应运而生、适得其时。

太湖流域地理位置优越，气候宜人，自然资源丰富，历史上是著名的富庶之地，目前更是我国经济最发达、人口最密集、城市化程度最高的地区之一。但同时也必须看到，太湖流域在取得经济快速发展的同时，也付出了沉重的生态环境代价，流域生态环境问题积重难返。太湖蓝藻暴发事件的频繁发生，折射出太湖水生态系统健康状况的衰退。据 2011 年 5 月公布的《2010 年江苏省环境状况公报》，太湖湖体高锰酸盐指数和总磷分别达到Ⅲ类、Ⅳ类标准限值要求，受总氮指标影响全湖总体水质仍劣于Ⅴ类标准；太湖湖体综合营养状态指数为 58.5，仍呈富营养化水平；太湖 15 条主要入湖河流中，有 4 条河流平均水质符合Ⅲ类标准，1 条河流水质劣于Ⅴ类标准，其余处于Ⅳ类和Ⅴ类。

国家对太湖流域的水环境问题一直十分重视，将太湖治理列为国家“三江三湖”重点治理计划，先后实施了太湖水污染防治“十五”计划和“十一五”计划。太湖流域各级政府也十分关注流域的水环境问题，出台了一系列水环境管理政策，相继开展了生态省市建设、流域污染控制、节能减排、湖泊生态治理工程等，并实施了较为严格的污染排放限制。然而，太湖流域的水环境问题并没有得到有效解决，太湖水体环境质量也未得到根本性改变。原因是多方面的，其中现行的总量控制制度在具体应用中存在的污染控制与水生态保护相脱节、排放达标控制与环境质量达标相脱节、以行政区为单元的环境功能区划分与流域水污染调控相脱节等无疑是很重要的方面。因此，在借鉴国外水环境管理先进理念和方法的基础上，探索建立一套适合于我国国情、科学合理的水质目标管理技术体系并进行示范应用，对于太湖流域水生态系统健康和水环境质量改善具有重要意义。

由中国科学院地理科学与资源研究所牵头并联合中国科学院南京地理与湖泊研究所、江苏省环境科学研究院、浙江省环境保护科学与设计研究院、中国人民大学、常州市环保局、宜兴市环保局、湖州市环保局等单位承担的“太湖流域水生态功能分区与质量目标管理技术示范”课题（2008ZX07526-007），作为水专项首批启动的课题之一，便是面向太湖流域水环境管理工作的实际需求而设立的。课题旨在构建面向水生态系统健康的新型水环境管理技术体系，从而实现太湖流域水环境管理工作的开拓与创新，并确保太湖流域污染物减排目标的顺利实现。

自课题启动以来，课题组在太湖流域开展了大量实地调查工作，如土地利用遥感解译、水生态系统调查、水环境质量监测、社会经济调查等，并取得了一系列具有创新性、前瞻性和可操作性的研究成果。首次提出了湖泊型流域水生态功能区划分的理论和技术体系，并完成了太湖流域水生态功能三级分区划分方案；首次提出了湖泊型流域控制单元划分的原则、思路、指标和方法，完成了太湖流域控制单元的划分；首次提出了太湖流域基于控制单元的水质目标管理技术体系框架（TMML），开发了太湖流域水质目标管理系统，编写了指导手册，并在典型区进行了示范应用。这套《太湖流域水生态功能分区与质量目标管理技术示范（2008ZX07526-007）系列丛书》正是这个团队所取得成果的集中体现。

必须承认，太湖流域水环境质量的根本改善是一项长期而艰巨的任务，不可能一蹴而就，需要多学科和社会各方力量的共同努力，该课题组的工作虽然取得了一系列创新性成果，但无论从理论研究还是应用示范，仍需要不断的改进与完善。相信他们的成果对于我国水环境管理，特别是太湖流域水质目标管理将起到有力的推动作用，对于我国水环境管理体制与机制的创新和水环境质量的根本好转也将发挥重要的作用。

中国工程院院士

2012 年 2 月 18 日

前　言

由于受日益加剧的人类活动的强烈影响，流域水环境恶化、水生态系统不断退化。流域水生态功能分区是在流域水生态系统空间差异特征分析的基础上，利用气候、水文、土地利用、土壤、地形、植被、水质、水生生物等要素建立分区指标，结合人类活动影响来划分的。水生态功能分区是在“分区、分级、分类、分期”水环境管理理念的指导下，以先进的、规范的技术方法划分的重要单元，其在大尺度上可以反映水生态系统的特征差异，为确定水环境质量基准和标准提供依据；在小尺度上可以体现河流水体功能差异，为水质目标的确定、环境容量的计算、分区管理提供控制单元。水生态功能分区是水环境管理技术体系的一环。

太湖流域是我国经济最发达的地区之一，在经济快速发展过程中，由于人类活动的影响，太湖流域水生态系统受到了不同程度的破坏，水质污染十分严重，直接影响到人们的生活和健康，制约当地社会经济的科学发展。开展太湖流域水生态功能分区，并在此基础上开展面向水质目标管理的污染控制单元的划分，实现污染物负荷在控制单元内的削减，促进太湖流域水生态系统向良性方向发展，实现人类与自然的和谐发展，具有很大的现实意义。

本书共分 10 章。第 1 章绪论介绍了流域水生态功能分区的背景、目的、意义、必要性，以及国内外相关研究进展；第 2 章介绍了太湖流域现有的水功能分区、水环境功能分区、水资源分区、生态分区，分析了相关分区与水生态功能分区的关系；第 3 章介绍了水生态系统形成的地貌、气候、土壤、植被覆盖等自然基础，分析了经济总量、产业结构、人口、城镇化等流域社会经济发展和污染物排放的关系，以及与水生态演变相关的土地利用变化和水资源及其利用；第 4 章分浮游植物、浮游动物、底栖动物、水生维管束植物和鱼类介绍了太湖流域水生态现状，并对其种类组成、数量、多样性、与水质污染的关系进行了分析评价；第 5 章系统介绍了太湖流域水生态功能分区思路、工作框架和分区过程，一、二、三级水生态功能分区的目的、原则、指标体系和分区方法；第 6 章详细介绍了太湖流域水生态功能一、二、三级分区方案；第 7 章介绍了太湖流域一、二、三级水生态功能区的环境和自然地理特征；第 8 章介绍了太湖流域一、二、三级水生态功能区的社会经济和土地利用特征；第 9 章对太湖流域水生态系统进行了分区评价；第 10 章设计了流域生态风险评价的指标体系和评价方法，从生态风险源危险度、生态环境脆弱度、生态风险受体潜在损失度三方面对太湖流域生态风险进行了分析评价，最后得出了各水生态功能区的综合生态风险程度。

本书各章撰写人员如下：第 1 章由高俊峰、高永年、陈坰烽撰写，第 2 章由高永年、高俊峰、陈坰烽撰写，第 3 章由高俊峰、高永年、闵庆文撰写，第 4 章由陈宇炜、邵晓阳、高永年撰写，第 5 章由高俊峰、高永年、陈坰烽撰写，第 6 章由高永年、高俊峰撰写，第 7 章由高永年、陈宇炜、邵晓阳、崔云霞、徐鹏炜、范亚民、黄燕等撰写，第 8 章由高永年、闵庆文、焦雯珺撰写，第 9 章由张彪、王斌撰写，第 10 章由许妍、高俊峰撰写。全书由高俊峰、高永年负责整理统稿，由高俊峰定稿。赵家虎、黄琪、董川永参与了部分文稿整理工作。

本书是国家水体污染控制与治理科技重大专项“太湖流域水生态功能分区与质量目标管理技术示范”课题（编号：2008ZX07526-007）研究成果的总结。感谢李文华院士对此工作的持续支持和关注，并在百忙中为本书作序；感谢张远研究员、江源教授、郭怀成教授、刘高焕研究员、彭文启研究员、雷坤研究员、刘征涛研究员、逄勇教授等提出的宝贵意见和悉心指导。研究和专著撰写过程中还得到中国环境科学研究院、江苏省环境科学研究院、浙江省环境保护科学设计研究院、常州市环境保护局、常州市环境保护研究所、宜兴市环境保护局、湖州市环境保护局、湖州市环境保护监测中心站等单位的帮助，在此一并致谢。

由于作者学术水平有限，书中难免存在许多不足之处，我们殷切期望学术界同行和广大读者不吝给予批评指正，以促进流域水生态功能分区理论和实践的发展。

高俊峰

2011 年 12 月

目　录

1 绪论……1
1.1 水生态功能分区的目的与意义……1
1.2 水生态功能分区的国内外现状……6

2 流域现有各类区划及其与水生态功能分区的关系……21
2.1 水环境功能区划……21
2.2 水功能区划……28
2.3 水资源区划……37
2.4 生态功能区划……39
2.5 主体功能区划……46
2.6 流域现有区划与水生态功能分区的关系……48

3 太湖流域水生态系统的形成基础……52
3.1 概述……52
3.2 自然地理……53
3.3 社会经济……61
3.4 土地利用……71
3.5 水资源及其利用……73

4 太湖流域水生态系统现状调查与评价……77
4.1 调查与评价方法……77
4.2 浮游植物……83
4.3 浮游动物……87
4.4 底栖动物……99
4.5 水生维管束植物……105
4.6 鱼类……107

5 太湖流域水生态功能分区方法体系……109
5.1 水生态功能分区的思路……109
5.2 水生态功能分区的指标体系……112
5.3 水生态功能分区的划分方法……124

6 太湖流域水生态功能分区方案……143
6.1 一级分区方案……143

6.2 二级分区方案 147
6.3 三级分区方案 153

7 太湖流域分区水生态与自然特征 161
7.1 一级分区水生态与自然特征 161
7.2 二级分区水生态与自然特征 165
7.3 三级分区水生态与自然特征 177

8 太湖流域分区社会经济与土地利用特征 211
8.1 一级分区社会经济与土地利用特征 212
8.2 二级分区社会经济与土地利用特征 214
8.3 三级分区社会经济与土地利用特征 218

9 太湖流域分区水生态功能评价 232
9.1 太湖流域水生态系统特征 232
9.2 水生态功能计算方法 238
9.3 分区生态系统组成及水生态功能评价 246

10 太湖流域分区生态风险评价 256
10.1 生态风险评价指标体系 256
10.2 生态风险评价方法 260
10.3 太湖流域分区生态风险评价 266

参考文献 292

1 绪论

1.1 水生态功能分区的目的与意义

1.1.1 水环境管理发展趋势

1.1.1.1 流域水环境管理发展趋势

（1）基于水生态分区的流域水环境管理已成为流域水环境管理的主流

20 世纪 80 年代以来，以水生态分区为基础实施流域水环境管理的理念在国际上获得了广泛的认可。其中，美国以生态系统管理为理念，运用流域保护和流域分析方法，采用土地利用、土壤、自然植被和地形等指标，综合水生态系统完整性评价和生态需水，在充分反映水体的生态环境特性基础上，开展流域水生态分区。欧盟在 2000 年颁布的“欧盟水政策管理框架”中，也提出要以水生态区为基础确定水体的参考条件，根据参考条件评估水体的生态状况，最终确定以生态保护和恢复为目标的淡水生态系统保护原则。流域水生态分区可代表流域不同特征区域生态系统的类型，也可反映出流域不同区域社会经济发展与水环境的相互影响和作用，因此，流域水生态分区管理成为流域水环境综合管理的发展趋势，也是流域水环境管理的基础。

（2）流域水生态功能分区以及基于分区的水质标准体系是污染物总量控制技术体系的基础，也是建立水体功能与保护目标的主要依据

流域水生态功能分区实质上是要划分出反映水生态系统空间特征差异与环境相互关系的区域单元，是在流域水生态系统空间差异分析的基础上，利用气候、水文、土地利用、土壤、地形、植被、水质以及水生生物等要素，结合人类活动因子来划分的。水生态功能区是水环境管理的重要单元，在大尺度上可以反映水生态系统的特征差异，为确定水环境质量基准提供依据；在小尺度上可以体现河流水体功能差异，为水质目标的确定与环境容量的计算提供控制单元。

流域水质目标管理技术是在原有总量技术体系上发展而来，强调以追求人体健康和水生态系统安全为水环境目标，在“分区、分级、分类、分期”水环境管理模式指导下，以先进、规范的技术方法体系为支撑，建立以水质目标为基础的水环境管理技术体系（孟伟等，2007，2011）。该体系更加强调以水生态安全和人体健康保护为最终目标，将流域污染负荷削减和流域水质以及水生态安全有机结合，在水生态系统结构与功能评价的基础上制定污染控制总体方案。其中，水生态分区以及基于分区的水质标准体系是该总量控制技术体系的基础，也是建立水体功能与保护目标的主要依据；而环境容量则是总量控制方案制定的出发点，通过确定区域污染物的限定排放量，制定出流域水污染物削减技术方案，完善排污许可证制度。

（3）在水生态功能与控制单元划分的基础上，逐步实现从目标总量控制向基于流域控制单元水质目标的容量总量控制的转变

在过去几十年里，许多发达国家针对本国水污染状况相继开展了水质管理技术的研究，如欧盟莱茵河总量控制管理，日本东京湾、伊势湾及濑户内海等总量控制计划，以及美国 TMDL（Total Maximum Daily Loads）计划等。针对太湖流域快速发展的社会经济状况，落实科学发展观，建立有效的、基于水质目标的总量控制技术体系，将是决定太湖流域未来和谐社会经济发展成功与否的关键。

与国外水质管理技术体系相比，太湖流域的目标总量控制技术研究仍然薄弱，且以行政区域为基本单位的水质管理体系无法解决日益严重的行政跨界污染纠纷问题，从而表现出与未来水质管理要求不相适应的缺点，制约着水环境管理工作的进一步发展。因此，急需在借鉴国外先进经验的基础上，开展符合太湖流域实际情况的水质管理技术研究，实现从目标总量控制向基于流域控制单元水质目标的总量控制技术的转变。

（4）信息技术在水环境管理中正发挥越来越重要的作用

综观太湖流域水资源管理、水质监测与评价等方面的研究和系统建设发展历程，可以看出其逐渐由单纯依靠传统的常规水质监测和野外调查向“3S”（Geographical Information System，GIS；Remote Sensing，RS；Global Position System，GPS）集成等一体化信息获取与处理技术的方向发展；由以调查统计为基础的定性和半定量经验公式估算的方法为主向半定量和定量化，以及基于机理模拟的方向发展；由仅考虑太湖或某一局部河段向从流域生态系统完整性和水质目标控制单元角度进行流域水资源管理、水质监测与评价的方向发展。在系统建设方面，GIS、RS 占有越来越大的比重，弥补了有限的常规监测点无法获取全水域水质信息的不足，能充分融合利用长期积累的、丰富的太湖流域多元数据平台、信息、报告、文件等资源，形成对太湖流域权威、准确、科学的数据信息发布和环保宣传，对改善太湖流域水资源管理和水环境监测技术水平，促进太湖流域生态环境协调发展具有重要的意义。

1.1.1.2 太湖流域水资源与水环境需求趋势

预计 2011—2020 年太湖流域经济还将以 10%左右的速度增长，经济结构将会发生较大变化；人口数量将继续增加，生活质量进一步提高。随着流域社会经济的发展，将对生态环境提出更高的要求。目前的流域管理和水污染控制策略难以满足这方面的要求，必须拓展新思路，提出新方法，以科学发展观为指导，从人与自然和谐发展的角度提出前瞻性的水生态环境恢复、改善的理念。

1.1.1.3 污染物排放总量控制发展趋势

20 世纪 70 年代以来，我国流域水质管理技术研究得到了快速发展，多年来我国相继开展了有关水环境容量、水功能区划、水质数学模型、流域水污染防治综合规划以及排污许可证管理制度等的研究，将总量控制技术与水污染防治规划相结合，逐步形成了以污染物目标总量控制技术为主，容量总量控制和行业总量控制为辅的水质管理技术体系。在“九五”和“十五”期间，污染物排放总量控制指标在太湖流域水污染防治相关规划中得到了广泛应用。实践证明，该项措施对太湖流域水污染物排放控制，缓解水质急剧恶化的趋势发挥了积极有效的作用。但是，由于该项措施的技术基础是基于目标总量控制的水质管理方法，没有将水质目标与污染物控制，尤其是与地区自然环境与社会特征紧密联系起来，

因此难以满足太湖流域未来水环境管理的需求。

1.1.2 必要性与紧迫性

1.1.2.1 已有工作不能满足面向水生态系统保护的水质目标管理技术要求

我国虽已完成全国水环境功能区划的工作，但从生态管理的角度出发，水环境功能区划并不是基于区域水生态系统特征所建立的，缺乏对区域水生态功能的考虑，难以在其基础上建立体现区域差异的水质标准体系，不能满足面向水生态系统保护的水质目标管理的技术要求。因此，应当结合太湖流域自然环境、流域社会经济特点与环境管理需求，建立适宜于太湖流域水生态分区理论与方法体系，制定水生态分区方案，指导水环境的科学管理，特别是区域监测点的选择、营养物基准制定以及区域范围内受损水生态系统恢复标准的制定，为基于流域的 TMDL 的制定奠定基础。

1.1.2.2 开展流域水生态功能分区研究是实现太湖流域水环境“分区、分类、分级、分期”管理的基础

太湖流域河网密布，区域土地利用与社会经济发展不均衡，流域水生态环境系统既具有相互影响的整体性特征，又具有区域之间的差别。有必要在流域水生态系统结构、过程与功能基础上，建立有效的流域水质综合管理目标，确定在不同地区之间、生产与控污之间，以及人类需求与水生态环境功能之间的协调与分级机制，以促使流域水环境质量的根本好转。太湖流域水生态功能分区研究是在对流域水生态系统空间差异特征分析的基础上，利用气候、水文、土地利用、土壤、地形、植被、水质以及水生生物等要素，结合人类活动因子来划分水环境恢复与管理的“分类”和“分区”单元，使得既可以在大尺度上反映水生态系统的特征差异，为确定水环境质量基准提供依据，也可以在小尺度上体现河流水体功能差异，为水质目标的确定与环境容量的计算提供空间单元，为不同控制单元提供污染物分类控制的准确信息，从而为流域污染控制与水环境综合管理奠定基础。

太湖流域水生态功能分区目的是揭示流域水生态系统的空间规律，反映水生态系统特征及其与自然因素的关系。流域内位于不同水生态区的河流，其具有特定的特征，受到人类活动频度、气候、地质、地理、土壤和地表特征的影响，形成独特的生态系统结构与功能，污染物质的结构和组成也不同。根据污染物质的结构和组成，可以将其分为合成有机物、金属、无机物和卫生学指标等；根据污染物的毒性特点，可以分为常规污染物（含氮、磷营养盐）与优先控制污染物；根据污染物对水体生态功能与资源用途的影响作用，可以分为淡水水生生物保护、海水水生生物保护、人体健康保护等方面的控制污染物。因此，以水生态功能区作为评价水生态系统健康、质量和完整性的单元，建立相应的评价指标和标准，指导监测体系的建设与参考条件的确定，最终设定不同的保护目标，采取不同的污染控制措施，有利于有针对性地防治不同特性的水污染。水生态功能区保护目标的设定不仅要考虑到区域内人类的需求，而且还要考虑到水生态系统保护的基本需求，不同水生态区要求不同的管理目标，这种“分类”管理模式将会使流域水环境管理更为科学、更有针对性。

对太湖流域河流与湖泊水体生态系统进行调查和研究，通过识别流域水体水生生物栖息地的主要控制因子，以及水生态系统的非区域要素，强调以流域水生态完整性为保护目标，重视流域内所有与水质有关的问题。例如，毒性和常规污染物的控制；温度、水流、

地下水与地表水的相互作用关系；水道形态、底质组成、河岸带特征、栖息地质量、物种丰度、生物多样性等生物栖息地与生态健康状况，甚至深层土壤生物地球化学进程等。要求基于区域水生态特征实施针对性的水质改善与污染控制对策，如区域监测点的选择、营养物基准制定以及区域范围内受损水生态系统恢复标准的制定等，将有利于建立基于流域水生态健康的、较为全面的水环境质量基准与标准体系，从而为实现流域的水环境“分级”技术管理奠定基础。

1.1.2.3 太湖流域水环境问题十分突出，成为制约流域社会经济可持续发展的障碍，开展有效的水环境管理迫在眉睫

目前，太湖流域同时面临着水资源量短缺与湖泊富营养化两个方面的压力，水资源量短缺导致太湖流域用水量已经远远超过了允许利用的水资源量，其结果造成太湖及河道的生态用水量难以满足生态环境保护的需求。如何保障太湖流域生态需水量，就显得极为重要，这是恢复太湖流域水生态和保障太湖流域水环境安全的根本。

太湖流域水资源和水环境承载力的超载问题，已经成为太湖水环境保护、社会经济发展的主要制约因素。在此情况下，如何科学合理地界定水资源承载力和水环境承载力，恢复水资源与水环境承载力，并在此基础上，确定流域合理的经济社会发展模式，是太湖流域可持续发展亟待解决的问题。

水环境恶化也给太湖流域水资源利用带来了很大压力，太湖流域富营养化控制将是一个长期的过程。如何通过水资源的合理调配实现对水环境保护，特别是通过水量水质的优化调配达到控制湖泊富营养化目的，将是太湖流域目前迫切需要解决的问题。

1.1.2.4 水生态功能分区有助于丰富流域生态功能区划和目标管理的理论与方法，对同类水生态管理和环境控制具有示范作用

水生态功能分区作为一种新的管理单元，可以为太湖流域区域水环境管理冲突的解决提供重要条件。按照流域分级管理模式，在维持水生态系统自身需求的前提下，综合考虑水生态系统和人类对水质、水量的需求，权衡水生态和社会经济子系统的构成与相互反馈，通过利益相关者的共同协商来维系、保护和恢复水环境与水生态系统的完整性，对地下水、地表水、湿地、水生态系统进行统筹规划、设计、实施和保护，制订综合性的流域水污染防治措施，便于协调并解决太湖流域现存的跨行政部门的取水、用水、排污等冲突问题。一定程度上有利于缓解部门之间、人类需求与生态需求之间的矛盾，有利于从上到下贯彻环境保护资源规划的科学管理目标和措施，合理地管理分区内的环境资源，提高流域水环境与水资源管理的效率。

水生态功能分区以及在此基础上面向水环境管理的控制单元划分和日最大负荷量确定，是一种新的更为科学的环境管理手段，不仅有助于太湖流域水环境管理和水生态功能恢复，同时可为国内其他类似流域的水生态功能分区和水质目标管理提供借鉴。还可为流域的生态承载力分析、生态需水核算、水质控制单元划分及其信息管理积累经验，进而向全国推广。

1.1.3 科技支撑需求分析

太湖是目前我国污染严重的“三河”（淮河、海河、辽河）、“三湖”（太湖、巢湖、滇池）、“一库”（三峡水库）重要水体之一，湖泊的水生态环境质量对流域的社会经济发展

有重大的影响。中央政府对这些水体提出了严格的水质目标并制定了相应的水环境保护规划，但是如何实现水质目标管理中的水量保障问题却缺乏系统分析。缺乏有效的水质水量优化调配，不能保障水资源和水环境承载力，都将使太湖流域的水环境保护功亏一篑。目前，太湖流域的水质性缺水问题已经极为突出，科学解决这个问题将对保障太湖流域生态安全，实现流域可持续发展具有重要的现实意义。同时对其他湖泊也具有示范作用。

“十一五”期间，太湖水环境管理将从单纯的化学污染控制向水生态系统保护的方向转变。全面了解太湖流域水环境特征，对其进行科学的水生态功能分区，是实现太湖流域“分区、分类、分级、分期”水环境保护管理目标的基础。由于目前对太湖流域水生态功能分区的关键技术还缺乏系统的研究，还没有建立起相应的科学基准和配套控制标准，更没有形成相应的水环境管理技术体系，实现水生态功能分区研究，尚需发展较多的科技支撑条件。

1.1.3.1 流域水生态系统差异规律认识是建立太湖流域水生态功能分区的前提

通过对流域内河流与湖泊水生态系统的调查和研究，明确流域水环境演变规律和流域水环境的污染过程，研究水生态系统的生物组成结构、功能以及关键生态过程的特征，识别水生态系统的时空连续性和异质性，建立水生态系统的空间格局与尺度效应判别技术，揭示流域水生态系统区域差异及其形成机理，为建立区域要素、非区域要素与生物要素的相互作用奠定基础。

1.1.3.2 指标的确定是太湖流域水生态功能分区的关键

科学选取指标是建立太湖流域水生态功能分区的前提。指标不仅要能够反映出水生态系统的真正特性，而且还要具有可操作性，以及定量化的分区方法和分区标准。美国学者曾采用土地利用、土壤、自然植被和地形 4 个区域性特征指标进行三级分区，认为这 4 个指标是影响水生态系统特征、反映水生态系统与周围陆地生态系统相关关系的关键因素。但由于这些环境要素之间存在相互关联性，在流域不同的区域这些因素的相互作用不同，因此需要进行具体分析，从而筛选出主导型指标进行具体分析，并要与分区对象的等级层次保持一致。太湖流域水生态分区指标和标准的选择需综合相关的水环境演变规律研究、水生态服务功能、流域健康指标，以及水生态学、毒理学基准的研究成果，结合流域调查结果，建立水生态特征要素和分区指标。

1.1.3.3 水体特征识别是太湖流域水生态功能分区的理论基础

在流域生态调查的基础上，针对水生态系统在维持生物多样性、栖息地环境等方面的基础功能以及在涵养水源、供水、防洪等方面的服务功能，并在充分的利益相关者共同协商机制下，建立太湖流域水生态系统功能识别与重要性评判技术，确定各功能区的多指标动态管理目标，协调冲突问题，以最终合理确定太湖流域水生态功能分区单元。这一机制中，权衡水生态功能和人类需求功能是决策的核心。首先划分出维持人类饮水安全、水生态功能基本要求及重要水生态功能区，在此基础上再对一般用水功能区进行区划。

1.1.3.4 水环境演变规律和模拟是水质目标管理的关键

流域水环境评价是水质目标管理关键一环。根据所收集的流域内河流和湖泊的基本信息，包括：水文和水质特征，自然保护区、水库和饮用水源分布，不同用水类型及其分布，现状水体功能区划，排污口分布及其水量与水质情况，水污染纠纷，流域产业结构、用水、排污情况，人口及其分布、当地发展规划等，在此基础上，开展流域水环境现状评价。并进一步综合分析人类对水生态环境的胁迫过程，以及水生态环境表现出来的敏感性，细分出更小尺度的水生态单元，从而为水生态系统的保护和恢复提供科学的依据。根据所收集得到的资料，分析评价得到：现状水生态、水质状况，现状功能区空间分布，所存在的冲突问题，水资源供需情况，当地管理水平及其未来发展程度等，以此评价结论作为太湖流域水生态功能区划的基础。

1.2 水生态功能分区的国内外现状

1.2.1 国外研究进展

生态区（Ecoregion）的概念最早由加拿大林业生态学家 Orie Loucks 提出（Loucks，1962），之后在 1967 年，Crowley（1967）对生态区概念做了进一步界定，同时根据气候、植被大尺度因子差异划分了加拿大的生态区。这也是最早的一份国家级生态区划方案。根据 Crowley 的生态区划分方法，美国林业局（U.S. Department of Agriculture Forest Service）的 Bailey 先后制定了美国全境（Bailey，1976，1994）、北美（Bailey and Cushwa，1981；Bailey，1997）以及全球（Bailey，1989）的陆地生态区划分方案，并对美国生态区进行了等级划分。划分的生态区被定义为在生态系统中或者生物体和它们生存的环境之间相互联系的、相对同质的陆地单元。虽然 Bailey 在划分中采用了多个陆地下垫面的特征指标，但在同一层级的生态区划分上仍主要采用单一指标。

随着河流与水生态保护工作的开展和深入，20 世纪 70 年代末，美国国家环境保护局（U.S. Environmental Protection Agency）的管理者和研究者逐渐意识到，采用单一的指标方法得到的生态分区，容易造成在一些地区有显著生态系统差异的区域无法被识别出来（Omernik，1995）。这样的分区显然无法满足环境管理的要求。美国国家环境保护局的 Omernik 等人尝试对已有的分区方法进行改进，并于 1987 年提出了首份水生态功能区划方案（Omernik，1987），该方案创新地综合使用了土地利用、自然植被、土壤和地形 4 个自然特征指标。这一分区方案目前仍是美国国家环境保护局发布的生态区划的基础。

随着生态与环境保护问题受到重视，以及生态区为资源的可持续开发利用和环境管理提供保障的重要意义得到认可，美国多个政府部门和组织均结合自身管理经验提出了大空间尺度的生态区划方案，包括美国国家环境保护局（Omernik，1987）、美国林业局（Bailey，1997）、大自然保护协会（The Nature Conservancy）（1997）、世界野生生物基金会（World Wildlife Fund）（Olson and Dinerstein，1998），以及联合国粮食和农业组织（Food and Agriculture Organization of the United Nations）（FAO，2001）。其中影响较大的是前文提到的美国国家环境保护局提出并发布的生态区划。目前，由联邦自然资源机构（Federal Natural Resource Agencies）牵头，美国正在致力于讨论和缩小各分区方案与分区方法体系的差异，试图统一美国现有的各类生态分区方案（McMahon et al.，2001）。就分区体系而言，美国国家环境保护局已完成并发布了全国三级和四级水生态分区体系，目前正在开展五级分区工作。在较小的地理空间尺度（如州一级）上做了若干生态区划研究的尝试（Albert，1995；Nigh and Schroeder，2002）。

美国国家环境保护局还联合加拿大以及墨西哥的环境管理部门制定了统一的北美洲

生态区划，并由环境合作委员会（Commission for Environmental Cooperation）在 1997 年发布。其划分标准主要依据美国国家环境保护局的生态区划思想。

在西方国家中，由于美国的生态区划研究最为深入，无论从研究工作开展的广度还是深度上均领先于其他国家。因此其他一些国家在水生态区研究和管理方面对其进行借鉴，如澳大利亚（Davies，2000）便主要依据美国所提出的生态区划开展水生态区划相关研究。

生态区的划分有助于我们理解地球表面的复杂性，识别地区间的差异性。生态区这一概念既融合了关于“生态系统”的生态学概念，也含有“区域”这一地理学概念（Loveland and Merchant，2004）。前文所述的北美生态分区侧重从地理特征及空间角度去划分。也有生态区划分从生态角度和概念出发，如 Abell 等（2008）基于淡水鱼类物种的组成、分布以及生态与进化模式（ecological and evolutionary patterns），提出了一个全新的世界生态地理区划，即第一份世界淡水生态区划图。该图及附属的相关生物种群数据，为制定全球及区域性的保护发展规划提供了有用的基础工具和逻辑框架。

总体上看，欧洲生态区研究的文献报道并不多见。但近年来，特别是在欧盟水框架指令（WFD，Water Framework Directive 2000/60/EC）首次发布与管理政策相关的欧洲生态区总体方案后，生态区研究在欧洲各国日益受到重视。WFD 方案来自 Illies 发布的欧洲水生态分区图（Illies，1978），该方案主要根据淡水生物，尤其是水生无脊椎动物的分布及地区特有优势物种的差异性，将欧洲划分为 25 个区（Illies，1978；Zogaris et al.，2009）。

在 WFD 方案框架下，Wasson 等（2002）率先对法国进行了水文生态区（hydro-ecoregions）划分，划分依据主要包括地质（岩性结构和硬度）、地形（高程和坡度）和气候（降水量和气温）特征。划分方法是通过 GIS 空间分析对各特征参数图层进行叠加，基于预先建立的分区要素重要性排序和专家判别分类规则，通过目视方法进行生态区划分和界限的调整，该方法最终将法国分为 22 个水生态区。

Schroeder 和 Pesch（2007）则将自然植被类型、高程、土壤质地和气候（包括降水、蒸发、气温和辐射）作为分类特征指标，利用分类和衰退树（CART，Classification and Regression Trees）这一分类决策树技术，对以上选取的多特征指标进行分类和归并，以此得到德国的生态区划方案，共 21 个区。

希腊学者 Zogaris 等（2009）通过对本国 23 个流域的鱼类群系的分类特征研究，划分了可描述淡水物种区系分布的生态区，并指出 WFD 的生态区图在这一区域存在着不一致性和错误，需要对边界进行进一步调整，以使最终的欧洲生态区划可有效服务于水生态系统研究和水环境管理。

荷兰的分区研究开展较早，Klijn 等（1995）在对现有生态区概念和划分方法进行对比与借鉴后，以母质层、地貌、地下水、地表水、土壤、植被和动物区系因子作为荷兰生态区的分类特征指标，通过结合专家经验识别的主观判定方法临摹制作了荷兰的生态区划方案。该方案共分 6 个生态区，其中包括 4 个陆地类型及 2 个水体类型的生态区。

西班牙的河流生态地貌特征分类系统由生态区、流域、河片和河段组成，它包括决定流域和动力学特征的主要景观组成因素（地质、地形、气候）以及控制河流生物群落的主要因素（河道形态、水流形式、河床形态和河岸带植被）。

英国哥伦比亚地区的水生栖息地分区考虑河段、河道单元、小环境等多种尺度上水环境物理栖息地的影响因素（郑乐平等，2010）。

1.2.2 国内研究进展

目前，在我国还未建立全国性的水生态区划方案。而与之较为相近的全国性区划方案主要有中国淡水鱼类分布区划（李思忠，1981）、中国水功能区划（水利部，2003）、中国生态功能区划（环境保护部，2008）、中国生态地理区划（Zheng，1999；郑度等，2005）、中国生态区划（傅伯杰等，2001）、中国湿地资源的生态功能及其分区（赵其国和高俊峰，2007）和中国水文区划（熊怡和张家祯，1995）。中国淡水鱼类分布区划中，李思忠（1981）首次全面论述了中国淡水鱼类动物的自然地理分布特征，并依照淡水鱼类区系的差异将中国划分为 5 大区 21 亚区，结合自然地理背景阐明了各区淡水鱼类特征及异同。中国水功能区划（水利部，2003）则是根据水资源自然条件功能要求，在相应水域按其主导功能划定并执行特定质量标准，以满足水资源合理开发和有效保护的要求。水功能一级区分为保护区、缓冲区、开发利用区和保留区 4 类。中国生态功能区划（环境保护部，2008）是在全国生态调查的基础上，通过分析区域生态特征、生态系统服务功能与生态敏感性空间分异规律后提出的，其目标主要是为环境保护与管理服务，用于明确各类生态功能区的主导生态服务功能以及生态保护目标。全国生态功能一级区共有 3 类 31 个，包括生态调节功能区、产品提供功能区与人居保障功能区。生态功能二级区共有 9 类 67 个，三级区共有 216 个。

20 世纪 80 年代以来，随着改善生态系统和可持续发展的呼声高涨，我国生态区划研究发展迅速（郑度等，2005）。郑度（Zheng，1999）率先提出了中国生态地域划分的原则和指标体系，并构建了中国生态地理区域系统，共划分了 11 个温度带、21 个干湿地区和 48 个自然区。中国生态区划（傅伯杰等，2001）则在充分考虑了生态敏感性、自然生态地域、生态系统服务功能等要素基础上，将全国划分为 3 个生态一级区，13 个二级区和 57 个三级区，特别考虑生态环境的脆弱性并对生态环境敏感区域进行划分是该方案的特色。

而在流域尺度上，系统开展水生态区划研究的较少，以往主要针对流域水生态系统的部分要素开展了一些区划研究，如反映流域地貌（中国科学院自然区划工作委员会，1959）、水文（熊怡和张家祯，1995）以及水体功能（尹民等，2005）分布特征的区划研究。由于以上研究并不是真正意义的水生态分区，因此有必要结合我国水生态系统的实际特点开展工作，以此为生态环境管理提供技术支持。在这一背景下，孟伟等（2007）率先在 GIS 技术支持下建立了流域水生态分区的指标体系和分区方法，完成了辽河流域的一、二级水生态分区，并系统总结了辽河流域水生态系统特征及其所面临的生态环境问题，对水生态分区在流域管理中的应用进行了探讨。在湖泊型流域的水生态分区方面，高永年和高俊峰（2010）以太湖流域为案例，通过对流域 DEM 和气候、土壤等相关指标的比较分析，确认地形为太湖流域一级水生态功能分区的主导指标，并划分了太湖流域的一级区，深入探讨了太湖流域水生态功能分区等级体系、方法体系和指标体系。以上区划方面的研究，无论是在理论层面还是技术层面，都为我国的流域水生态功能区划工作的开展提供了重要的基础。

国内流域水生态功能分区体系的研究刚刚起步，仅将其初步划分为二级至三级体系，有待于进一步深化研究分区体系，并实现更小时空尺度上的分区以真实地反映出水生态系统的层次结构。针对这一领域存在的突出问题，国家近年加大了该领域的投入，在水专项的“十一五”执行期间，重点研究我国八大流域，即松花江流域、海河流域、淮河流域、东江流域、黑河流域、滇池流域、洱海流域和巢湖流域的水生态功能一级、二级分区，以及 3 个示范流域，即太湖流域、辽河流域和赣江流域的一级、二级、三级水生态功能分区。

不同的区划都是针对不同的目标进行的，因而其区划的目的、分级以及指标选取、区划方法等都各不相同。目前相关的分区主要有水功能区划、水环境功能区划、水生态分区、水生态地理分区、水生态功能分区等，其各自的特点如表 1-1 所示。

表 1-1 不同区划类型的特点（根据李艳梅等（2010）修改）

区划类型	区划依据和目标	特点
水功能区划	依据水域主导功能不同来划分，用于水资源的开发利用及保护	将不同水域进行了划分，利于水资源的开发利用及保护。对水体的自然、生态特征、水环境容量等方面考虑较少
水环境功能区划	依据水域污染物种类以及水质类型不同来划分，用于控制水污染，保障水环境容量	注重水环境的保护，考虑水环境容量。对水生态系统完整性考虑不足，缺乏流域整体层面上的协调和统一
水生态分区	应用生态学原理和方法，并依据水体资源功能和生态功能的协调来划分，满足区域水资源的可持续开发利用和环境保护	注重自然因素与河流生态系统类型之间的因果关系，并反映水生态系统的基本特征；未充分考虑水生态服务功能以及人类活动对水体的影响
水生态地理分区	依据水域生态地理的异同性来划分，用于表征自然要素（温度、水文、生物等）的空间格局	考虑了自然要素与资源、环境的匹配。未考虑其与河流生态系统类型之间的因果关系和人类活动对水体环境的影响
水生态功能分区	依据水域生物区系、群落结构和水体理化环境的异同、水生态服务功能以及水生态环境敏感性来划分，用于完整地评价人类活动对水域环境的影响	是协调水资源、水环境和水生态三方面的划分方法，并同时考虑自然因素以及人类活动对水生态系统的影响，是服务于水环境综合管理而提出的最新理念

1.2.3 国内外主要生态区划的比较

以下分别以美国林业局的生态区划、美国国家环境保护局的生态区划、世界自然基金会的全球生态分区和中国生态功能区划这 4 个国内外典型的生态区划方案为例，比较分析它们的主要分区框架体系，重点阐述其分区目标、方法、等级、应用和特点。

美国林业局的生态区划，以优化森林、牧场和土地利用为目标。采用影响每一等级区域的控制因素进行分区。Ⅰ级分区地域（domain）的控制因素为气候，主要基于降水和气温指标进行划分；Ⅱ级分区（division）基于确定的植被分类如草原或森林，并考虑土壤分带性；Ⅲ级分区省（province）的控制因素为顶级植物群系，同时兼顾地形因子；Ⅳ级分区地段（section）则参考 Kuchler（1964）的全美潜在自然植被分区法，分区指标为植被类型。该生态分区被广泛用于美国区域多尺度森林分析与评价和基于国家森林管理法案的森林水平分析与规划。该分区的主要特点是采用控制因素进行分区，但是未考虑人类活动影响。

美国国家环境保护局的生态区划主要目标是为水质管理和水资源保护服务。该区划基于植被、地形、土壤、气候、水质和人类活动等影响因素，根据专家判断和各影响因子的权重，划分四级生态区。各级生态分区中都考虑了多个影响因素，但权重值有所差别。该生态分区目前被广泛应用于美国水质生物基准、水质管理目标的制定和水质评价等。该分区的主要特点是每一等级分区都利用了多影响因素及其权重。

世界自然基金会出于保护全球生物多样性的目的，提出了全球生态区划。与美国林业局和国家环境保护局的生态区划不同的是，该区划主要根据生态系统的生态特征和受保护地位，通过专家判断的方法，确定不同等级的生态分区。区划共分为生物地理带、主要生境类型、生态复合体和生态分区 4 级。其中生态特征主要考虑生物多样性和地方特有种指标，受保护地位考虑人类活动干扰和物种稀有程度这两项指标。该区划的主要特点是针对生态特征和受保护地位，综合相关因素进行分区。

中国生态功能区划是由环境保护部提出，主要目标是确定不同地区的生态环境承载力和主导生态功能，对重点生态功能保护区分期、分批开展保护与建设。在方法上，采用了相似的专家判断与定量分析相结合的方法；在分区指标上，一级区主要依据生态系统的自然属性和所具有的主导服务功能类型，二级区依据生态功能重要性，三级区依据生态系统与生态功能的空间分异特征、地形差异、土地利用的组合来划分。该区划已广泛应用于国家重点生态功能保护区划定，以及指导区域生态保护与生态建设、产业布局、资源利用和经济社会发展规划。该区划的主要特点是根据生态系统提供的服务功能类型不同，划分不同的功能区，突出了人类活动的影响。

1.2.4 国内外分区案例

1.2.4.1 世界淡水生态分区

第一份全球范围的淡水生态分区于 2008 年由美国、瑞士、俄罗斯、墨西哥等多个国家的科研机构联合提出（Abell et al.，2008）。这一份全新的世界淡水生态地理区划基于淡水鱼类物种的组成、分布以及生态与进化模式，将全球划分为 426 个淡水生态区。由于各淡水生态区的自然特征尺度及其物种周转率大小的不同，各独立淡水生态区之间的面积差异十分显著，如较大的撒哈拉淡水生态区，面积接近 454 万 km^2，而最小的淡水生态区，哥斯达黎加的科科斯岛（Cocos Island）淡水生态区，面积仅为 23 km^2。淡水生态分区的平均面积为 31 万 km^2。

全球淡水生态区的划分主要采用了自上而下和自下而上相结合的方法（表 1-2）。在鱼类物种信息较全面，且在子流域甚至更高的空间尺度范围内存在鱼类数据的区域，通过将物种分布数据赋予小的集水区，利用自下而上的方法进行生态地理学评价和淡水生态区划分。例如，在南美区，通过结合最新的物种数据（Reis et al.，2003）和较高精度的水文单元（集水区）分布图，很好地辅助完成了这一地区的生态地理学评价和淡水生态区划分（Abell et al.，2008）；而在缺乏详细物种数据或由于近代冰川作用使得动物区系在大流域内十分接近的区域，则主要依靠专家对区域的特有物种和物种聚集性的定性判别，通过自上而下的方法进行淡水生态区的空间划分。因此在大部分情况下，目前世界淡水生态区的边界与集水区边界是重合的。

表 1-2 世界各大区域中淡水生态区的主要划分方法（Abell et al.，2008）

区域	划分方法
非洲	以 Roberts（1975）提出的方法作为基础，结合专家知识和主要河流流域界线，采用自上而下的定性划分方法
中东	列出流域所有的物种类别目录，自下而上合并具有非常相似的动物区系特征的小流域，同时自上而下基于不同的生态地理特征划分生态区，如将两河流域（底格里斯河与幼发拉底河）的低地沼泽和高地河流区分开来
前苏联	结合种、属、科数据以及不同等级的水文单元图，通过聚类分析方法评估各水文单元间的生物相似性，识别水文单元的动物区系突变带
欧亚大陆的其余部分	对于东南亚和欧洲南部，采用调查数据分析和专家评估相结合的办法，通过自下而上进行划分；对于东亚、北欧和东欧，则采取了以大流域边界为基础，结合传统公认的动物地理区划的方法自上而下进行划分
澳洲	澳大利亚和新几内亚岛的淡水生态区主要参照 Allen 等（2002）和 Unmack（2001）的“淡水鱼类生态地理省区划”，这些省区的划分是通过物种相似性、简约性分析以及基于流域的物种斑块分布的分析得到。对于新西兰和其他岛屿，主要基于专家意见划分
大洋洲	岛屿的生态区主要基于特有的鱼类物种划分
加拿大	在加拿大的 9 个主要流域分别进行鱼类物种的聚类分析，通过合并归类二级子流域得到淡水生态区
美国	在 Maxwell 等（1995）提出的区划基础上改进，主要结合美国渔业协会濒危物种委员会（Endangered Species Committee of the American Fisheries Society）的部分专家的意见，并对其做了小幅修改
墨西哥	基于对大流域之间鱼类相似度的定性评价进行划分，当流域的子区域内鱼类区系组成达到一定的特异性标准时，通过专家意见将其独立
中美洲	依据子流域的鱼类相似度指数分析结果，在 Bussing（1976）提出的鱼类区划基础上修改并进一步细分得到
加勒比海	结合专家意见和岛-岛之间的鱼类物种相似度分析，在 Olson 等（1998）提出的方案上修改得到
南美	根据集水区鱼类物种相似度的定性分析评价划分

世界淡水生态分区图及附属的相关生物种群数据，为制定全球及区域性的保护发展规划提供了有用的基础，尤其是对于划定生态环境的优先保护区域很有用处。除了用于科学研究和生态保护，由于世界淡水生态区划图几乎涉及了地球上所有陆地，也为尽可能多的人能够获取生态区这一级别的信息，帮助人们了解所居住的地区的淡水生态系统提供了便捷的途径。目前，世界淡水生态分区图及相关信息不仅通过宣传册、海报以及各种出版物公开发布，而且已发布在互联网上，可免费获取。

1.2.4.2 北美水生态分区

美国和加拿大在生态分区方面的工作开展较早，历经 30～40 年的研究，已形成了较成熟的分区方法体系和区划方案。美国和加拿大两国分别制定了涵盖各自领土范围的生态区划，美国国家环境保护局还通过与加拿大和墨西哥的多家科研机构合作，发布了北美大陆的生态区划方案（图 1-1），其划分主要依据是美国国家环境保护局提出的生态区划思想。

美国并没有把生态分区和水生态分区这两个概念严格区分开来，而是将其统称为 Ecoregion，其区别主要在于分区中是否强调水生生物生境的差异。因此在研究北美的生态分区资料，需要注意辨别二者差异。美国从 20 世纪 70 年代末 80 年代初期起，随着河流与水生态保护工作的开展和日渐深入，研究者已经注意到将水生生物作为生态环境保护目标的重要性，因此之后所涉及的生态分区工作基本上都属于水生态分区的范畴。

图 1-1 北美大陆水生态一级分区（Commission for Environmental Cooperation，1997）

美国林业局的 Bailey 最早开展了美国的生态分区工作，其划分主要是根据 Crowley 在 1967 年提出的生态分区的方法（Crowley，1967）。Bailey 先后制定了美国全境（Bailey，1976，1994）、北美（Bailey and Cushwa，1981；Bailey，1997）以及全球（Bailey，1989）的生态区划方案，并对美国大陆的生态区进行了分等级划分。虽然 Bailey 在划分中采用了多个陆地下垫面的特征指标，但在同一层级的生态区划分上仍主要采用单一的划分指标。这样的分区显然无法满足水环境管理的要求。美国国家环境保护局的 Omernik 等人尝试对已有的分区方法进行改进，并于 1987 年提出了首份水生态功能区划方案（Omernik，1987），该方案创造性地综合使用了土地利用、自然植被、土壤和地形 4 个自然特征作为水生态分区指标。这一分区方法体系和方案是美国国家环境保护局目前发布的水生态区划的基础和底本。

目前，随着水生态分区在环境管理和资源可持续开发利用方面的作用和地位得到认可，美国多个政府部门和组织均结合自身管理实际提出了大空间尺度的水生态区划方案。其中影响最大的是前文提到的美国国家环境保护局提出并发布的水生态区划，目前就分区体系而言，美国国家环境保护局已完成并发布了美国全境的三级（图 1-2）和四级（图 1-3）水生态分区方案（U.S. Environmental Protection Agency，2011），目前正在开展五级分区工作（Nigh and Schroeder，2002；Albert，1995）。

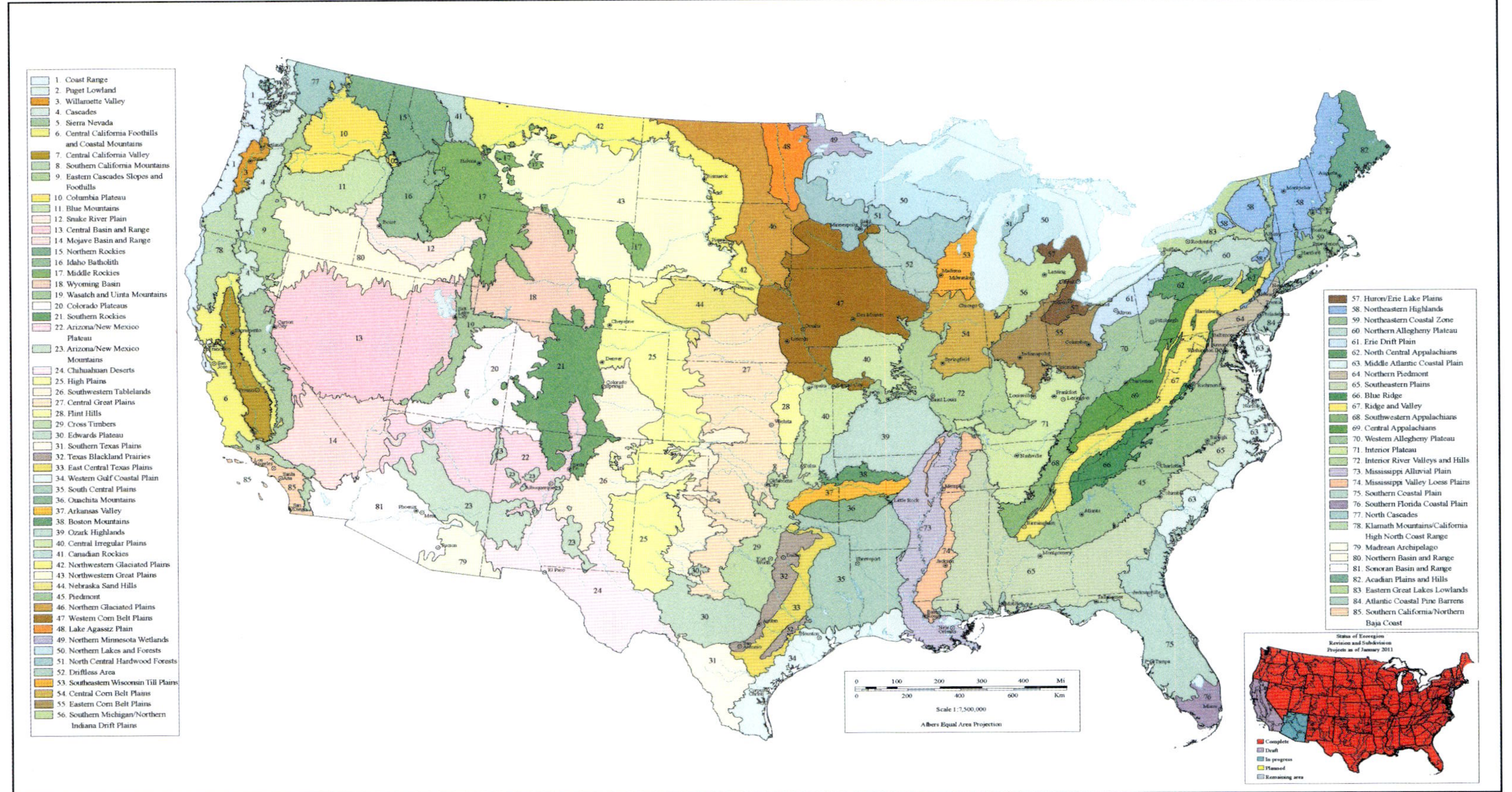

图 1-2　美国本土三级水生态分区（U.S. Environmental Protection Agency，2011）

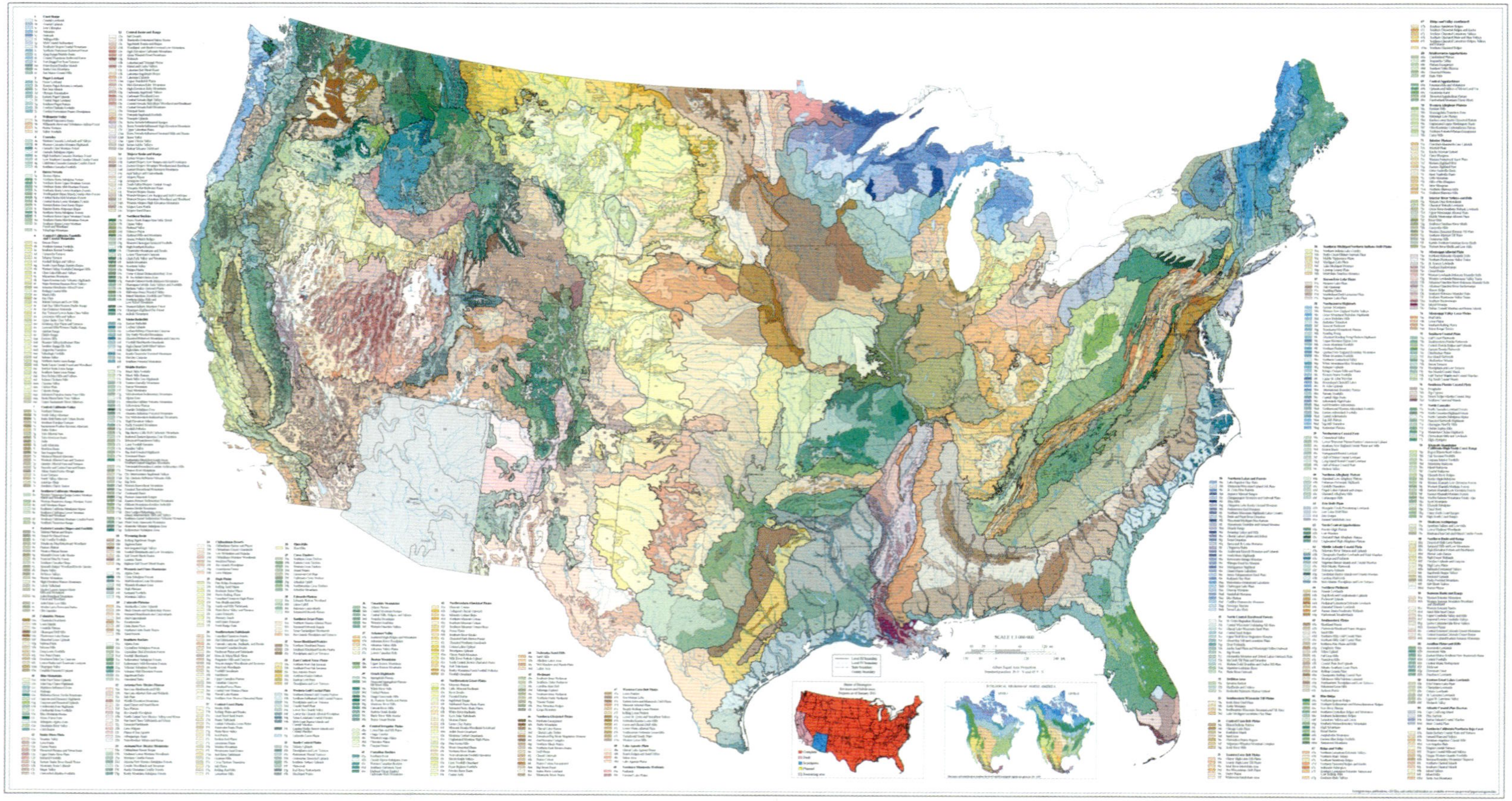

图 1-3　美国本土四级水生态分区（U.S. Environmental Protection Agency，2011）

加拿大的生态分区工作开展时间较长，早在 1976 年就成立了全国生态陆地分类委员会（CCELC，Canada Committee on Ecological Land Classification），旨在为建立统一的加拿大陆地生态系统的分类与制图的全国标准提供专门的讨论平台，以服务于可持续的资源管理与规划（Ecological Stratification Working Group，1996）。CCELC 的研究小组分别制定了加拿大国家湿地区划（National Wetlands Working Group，1986）与生态气候区划（Ecoregions Working Group，1989），并针对生态分区，提出了加拿大生态系统的多层次区划体系框架（Environmental Conservation Service Task Force，1981；Rowe and Sheard，1981），其中生态带（ecozones）和生态区（ecoregions）为最主要的两个层次。Wiken 根据这一生态区划的体系框架，结合加拿大的地质、地貌、土壤、植被、气候和野生动物的地理分布特征，先后将加拿大的陆地部分概念性地划分为 15 个生态带（Wiken，1986）（图 1-4），194 个生态区（Wiken et al.，1993），并为这些区域附上了详尽的描述。目前 Wiken 的生态区划为加拿大最具影响和最受认可的区划。

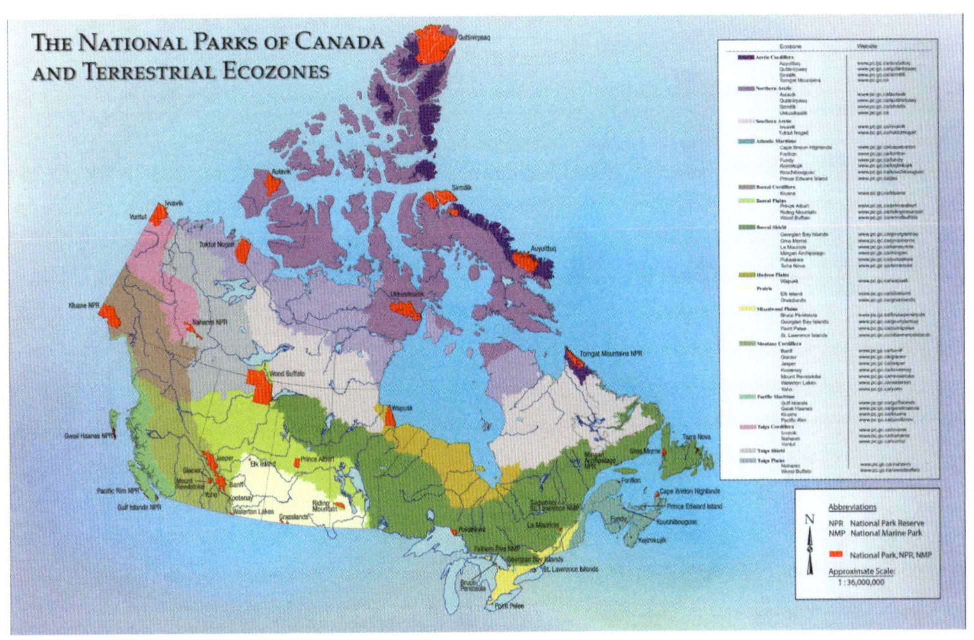

图 1-4 加拿大生态带（生态一级区）（Wiken，1986）

1.2.4.3 欧洲生态分区

2000 年，欧盟水框架指令（WFD，Water Framework Directive）首次发布与管理政策相关的欧洲水生态区总体方案（European Commission，2000），此后在欧洲各国，水生态区研究和应用受到普遍重视。WFD 明确了对于水量、水质和水生态系统实行一体化管理的要求，即河流湖泊的环境保护不仅包括水质改善和污染控制，还包括水文地理条件、生物生境条件以及生物群落多样性的恢复。

WFD 的这一欧洲总体的水生态区划方案由 Illies 发布的欧洲水生态分区图（Illies，1978）改进得到，旨在用于欧洲地表水体分类及生态环境状况的评估，为建立欧洲河流和湖泊水域的水环境报告编制和管理服务。欧洲河流湖泊生态分区方案主要依据淡水生物，尤其是水生无脊椎动物的分布及地区特有物种的差异性进行的，分区方案将欧洲划分为 25 个区，其空间分布如图 1-5 所示，各水生态分区名称如表 1-3 所示（Illies，1978；Zogaris et al.，2009）。

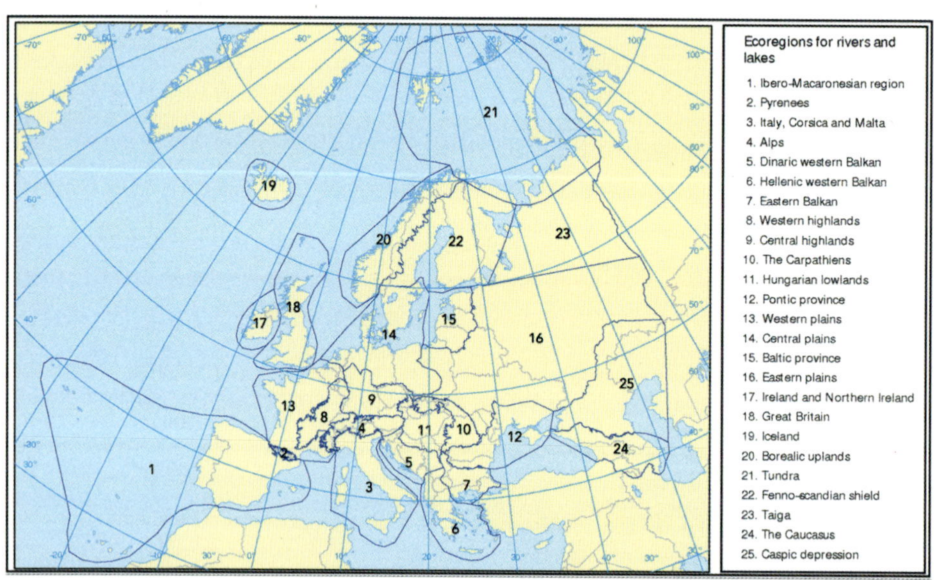

图 1-5 欧洲河流湖泊生态分区（Illies，1979）

表 1-3 欧洲河流湖泊生态分区名称

编号	水生态区中文名	水生态区英文名
1	伊比利亚-马卡罗尼西亚区	Iberic-Macaronesian region
2	比利牛斯	Pyrenees
3	意大利、科西嘉和马耳他	Italy，Corsica and Malta
4	阿尔卑斯区	Alps
5	迪纳拉西巴尔干	Dinaric western Balkan
6	希腊西巴尔干	Hellenic western Balkan
7	东巴尔干	Eastern Balkan
8	西部高地	Western highlands
9	中部高地	Central highlands
10	喀尔巴阡山	The Carpathians
11	匈牙利低地	Hungarian lowlands
12	桥接省	Pontic province
13	西部平原	Western plains
14	中部平原	Central plains
15	波罗的海省	Baltic province
16	东部平原	Eastern plains
17	爱尔兰与北爱尔兰	Ireland and Northern Ireland
18	大不列颠	Great Britain
19	冰岛	Iceland
20	北欧山地	Borealic uplands
21	苔原	Tundra
22	芬诺-斯堪的纳维亚	Fenno-Scandian shield
23	针叶林	Taiga
24	高加索山	The Caucasus
25	里海	Caspic depression

根据 WFD，欧洲河流流域的地表水体（内陆水体主要包括河流、湖泊）需要首先通过其所处的具体水生态区进行区分，而后再根据地表水体的特征分类系统（表 1-4）（European Commission，2000）进行地表水体的进一步细分，以便制定具体的、有针对性的环境保护策略。

表 1-4　地表水体分类系统

水体类型	分类指标	描述
河流	海拔	＞800 m
		200～800 m
		＜ 200 m
	流域面积	10～100 km^2
		100～1 000 km^2
		1 000～10 000 km^2
		＞10 000 km^2
	地质条件	石灰质
		硅酸质
		有机
湖泊	海拔	＞800 m
		200～800 m
		＜200 m
	平均深度	＜3 m
		3～15 m
		＞15 m
	水面面积	0.5～1 km^2
		1～10 km^2
		10～100 km^2
		＞100 km^2
	地质条件	石灰质
		硅酸质
		有机

1.2.4.4　澳大利亚生态分区

澳大利亚境内的生态系统差异性极大。目前发布的澳大利亚生态分区是由世界野生动物基金会（WWF，World Wildlife Fund）在澳大利亚生物地理区域分布图（IBRA，interim biogeographic regionalization of Australia）的基础上作一定修改调整，于 2001 年发布、2010 年修订的（图 1-6）。其划分的主要依据是大尺度的气候与地理特征的差异。

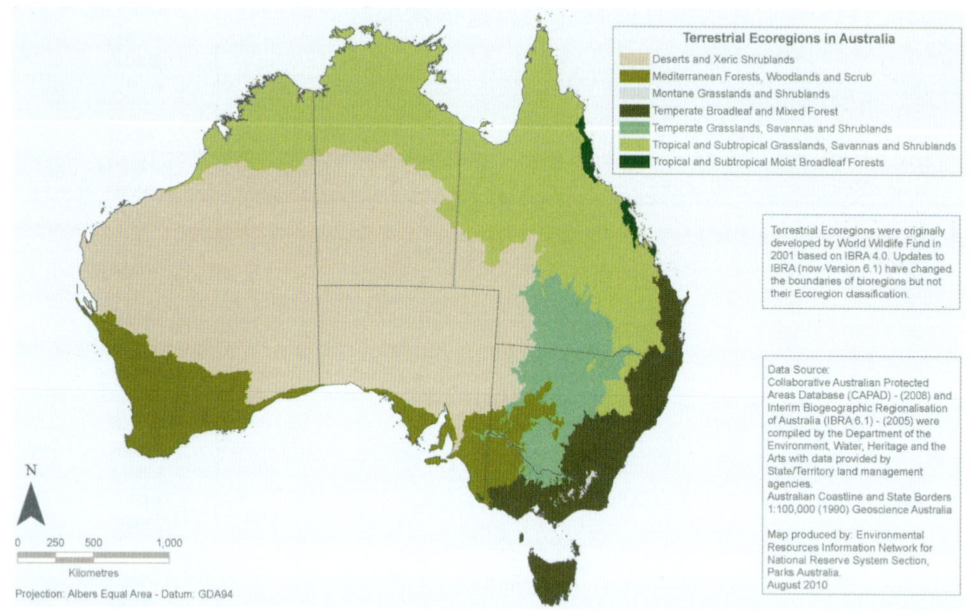

图 1-6 澳大利亚生态分区（Australia Government，2010）

在水生态分区方面，澳大利亚的学者多利用淡水鱼类的区系分布特征对澳大利亚全境（Unmack，2001）和某一个地区（Gehrke and Harris，2000；Growns and West，2008）进行生态分区。而澳大利亚全国性的水生态分区的研究较少见到文献报道，仅有 Unmack（2001）提出了澳大利亚“淡水鱼类生态地理省区划”，其划分方法主要是鱼类物种分布数据的相似性分析和简约性分析，通过研究，Unmack 认为气候特征是澳大利亚鱼类物种分布的决定性因素。

1.2.4.5 中国淡水鱼类分区

李思忠（1981）首次全面论述了中国淡水鱼类动物的地理分布特征，并依照淡水鱼类区系的差异将中国划分为 5 大区 21 亚区（图 1-7），提出了中国淡水鱼类分布区划，阐明了各区自然地理背景和淡水鱼类区系特征的差异。

根据淡水鱼类分布区划，我国淡水鱼类分区的组成及鱼类区系的主要特征如下：北方区，茴鱼科、狗鱼科、杜父鱼、鲑科及江鳕等为该鱼类分区最突出特征；华西区，鲤科裂腹鱼亚科、鳅科及条鳅属鱼类是此区鱼类的最显著的特征；宁蒙区，鱼类区系的最大特征是只有鳅科、鲇科、鲤科及刺鱼科；华东区，鱼类区系很相似，江河平原区鱼类均以鮈亚科、雅罗鱼亚科和鳊鲴等亚科为主，双孔鲤科、平鳍鳅科、銚科等中印山麓鱼类及胡子鲇科、攀鲈科、刺鳅科及鮠科等印度平原鱼类比较少；华南区，鱼类区系主要特征有如下 3 点：①鲃亚科种类很多；②鮈、鳊、鲴、鳑鲏及鳅鮀等亚科均占少数；③鲇、鮠、胡子鲇、銚、攀鲈等科鱼类都更少见。

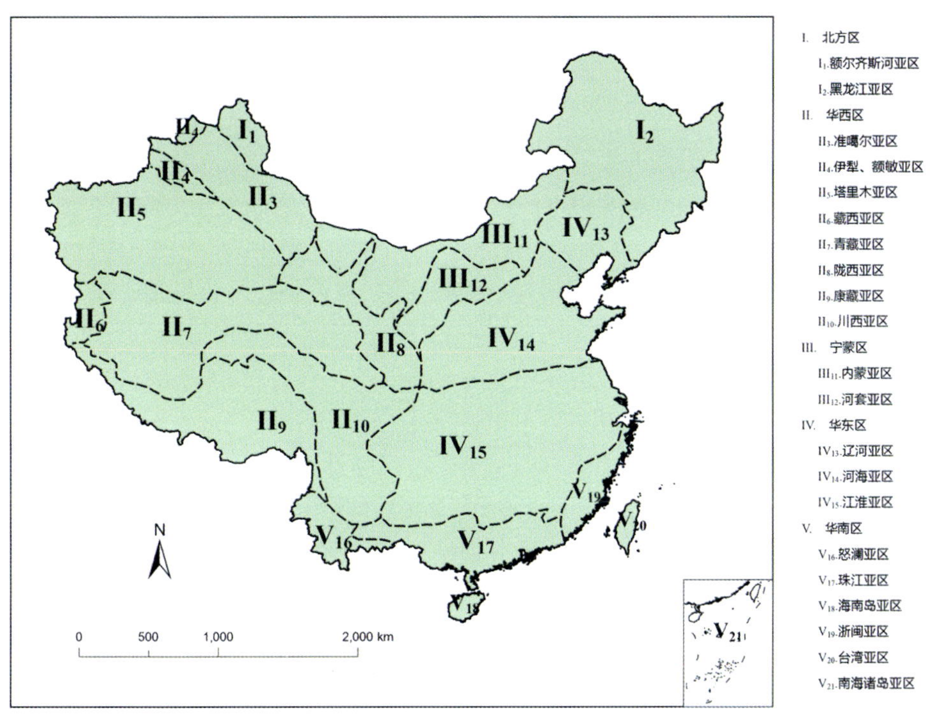

图 1-7 中国淡水鱼类分布区划图（根据李思忠（1981）修改）

1.2.4.6 中国水功能分区

随着中国经济高速发展和城市化进程加快，水资源短缺、水体污染问题日益突出，已成为制约国民经济可持续发展的重要因素。为提高水资源利用效率，减少水环境污染，促进水资源优化配置，水利部提出通过水功能区划工作来加强水资源科学管理。2000 年 2 月水利部开始组织各流域机构、省、自治区、直辖市和计划单列市全面展开水功能区划的工作。2002 年 4 月，水利部发出关于印发《中国水功能区划（试行）》的通知，标志着《中国水功能区划》正式在全国范围内实施。目前，各级政府和水资源管理机构仍在细化和完善所管辖区域的水功能区，这些工作均按照《水功能区划分技术规范》（水利部水资源司，2004）所规定的具体划分工作流程实施。

我国水功能区划是从合理开发和有效保护水资源的角度，依据国民经济发展规划和水资源综合利用规划，全面了解区域水资源开发利用现状和深入分析经济社会发展需求，以流域为单元，科学合理地在相应水域划定具有特定功能，满足水资源开发、利用和保护要求并能够发挥最佳效益的区域，即水功能区，确定各水域的主导功能及功能顺序，确定水域功能不遭破坏的水资源保护目标（水利部，2003）。水功能区划的具体内容包括水功能区名称、范围、现状水质、功能及保护目标等，适用于全国江河、湖泊、水库、运河、渠道等地表水体。

目前，我国水功能一级区分为保护区、缓冲区、开发利用区和保留区 4 类。水功能二级区在水功能一级区划定的开发利用区中划分，分为饮用水水源区、工业用水区、农业用水区、渔业用水区、景观娱乐用水区、过渡区和排污控制区 7 类。

1.2.4.7 其他相关区划

与水生态区划相近且有较大影响的全国性区划方案除前文所述的中国淡水鱼类分布区划和中国水功能区划外，还有中国生态区划、中国生态功能区划、中国生态地理区划、中国生态区划、中国水文区划等。

中国生态区划是为区域资源开发、生态环境保护提供决策依据，为全国和区域生态环境综合整治服务。在充分考虑生态敏感性、自然生态地域、生态系统服务功能等要素基础上，采用专家知识集成和定量分析相结合的方法，进行综合生态区划。中国生态区划共将全国划分为 3 个生态一级区，13 个二级区和 57 个三级区（傅伯杰等，1999，2001）。其突出特点是将特征区划与功能区划相结合，自然环境特征与人类活动相结合，生态与经济相结合，提出了各级生态区单元划分的指标体系和命名系统。特别考虑生态环境的脆弱性并对生态环境敏感区域进行划分是该方案的主要特色。

中国生态功能区划是在全国生态调查的基础上，通过分析区域生态特征、生态系统服务功能与生态敏感性空间分异规律后提出的，其目标主要是为环境保护与管理服务，用于明确各类生态功能区的主导生态服务功能以及生态保护目标。全国生态功能一级区共有 3 类 31 个区，包括生态调节功能区、产品提供功能区与人居保障功能区。生态功能二级区共有 9 类 67 个，三级区共有 216 个（环境保护部，2008）。

郑度（Zheng，1999）、杨勤业等（2002）利用自上而下的演绎途径与自下而上的演绎途径相结合，专家智能判定、数理统计与 GIS 的空间表达结合的方法，提出了以区域等级层次原则、区域的相对一致性原则、区域发生学原则和区域共轭原则为主的生态地域划分原则，以及温度带、干湿地区和自然区划分的相关指标体系，构建了中国生态地理区划系统。依据这一体系，中国生态地理分区共划分 11 个温度带、21 个干湿地区和 48 个自然区。

水文区划分是按照水文现象的相似性和差异性，将我国领土划分为若干个区域，每个区域内有比较一致的水文条件，而各区之间存在着一定的差异（熊怡和张家祯，1995）。中国水文区划以水文要素综合分析、水文特征相似性与差异性和水文现象的成因分析作为主要分区原则，采用两级区划系统对全国进行了水文区划，第一级以径流深为主要划分指标将全国划分为 11 个水文地区，第二级以径流的年内分配和径流动态为指标细分为 56 个水文区（熊怡和张家祯，1995；张静怡等，2006）。因此，一级区概括揭示了我国水量的主要地域差异，二级区则揭示水量年内分配和水情差异。

以上区划方面的研究，无论是在理论还是技术层面，都为我国的流域资源保护和环境管理提供了重要的支撑。

2　流域现有各类区划及其与水生态功能分区的关系

过去几十年里，太湖流域及其涉及的相关省市已经开展了各类区划研究及方案编制，主要包括水环境功能区划、水功能区划、水资源区划、生态功能区划和主体功能区划等。这些功能区划的状况，与水生态功能分区的关系，以及它们之间的差异性和一致性的总结分析，有利于水生态功能分区的编制、水生态功能区划与现有相关区划的衔接，有利于提高流域水生态功能分区的科学性和可操作性。

2.1　水环境功能区划

水环境功能区是根据水域使用功能、水环境污染状况、水环境承受能力（环境容量）、社会经济发展需要以及污染物排放总量控制的要求，划定的具有特定功能的区域。水环境功能区划分是根据水资源的自然属性（资源条件、环境状况和地理位置）及社会属性（水资源开发利用现状以及社会发展对水质和水量的需求等），按一定的指标和标准，对各流域水系水体的使用功能进行划分，并合理确定其水质保护目标，以保证水资源开发利用发挥最佳经济、社会、环境效益（环境保护部，2009；浙江省水利厅和江苏省环境保护局，2005）。

2.1.1　区划体系

2.1.1.1　区划对象

依据《江苏省地表水（环境）功能区划》（江苏省水利厅和江苏省环境保护厅，2003）、《浙江省水功能区、水环境功能区划分方案》（浙江省水利厅和浙江省环境保护局，2005）和《上海市水（环境）功能区划》（上海市水务局，2004），太湖流域水环境功能区划对象涵盖太湖流域各主要河流、湖泊和水库。其中江苏省太湖流域水环境功能区划对象主要包括流域的干流、一级支流，重要的跨省、跨市河流以及边界水污染纠纷频发的河流全部纳入区划范围；对二级支流及市内骨干河流按水资源开发利用程度和水污染现状，基本纳入区划范围；对城镇的主要饮用水水源地、工业用水、农业灌溉用水水源地，重要的鱼类洄游场地及流经较大城镇的河流，大、中型工矿企业区取水水源地均纳入区划范围。浙江省太湖流域水环境功能区划对象主要包括流域的干流、一级支流、二级支流，重要的三级支流，重要的跨省、市、县边界河流，城区主要河道，有边界水污染纠纷发生的河流以及乡镇以上饮用水水源地、县级以上备用水源地。上海市太湖流域水环境功能区划对象主要是区内的重要水域。

2.1.1.2　区划目的

地表水环境功能区划是环境规划的基础，也是环境规划的重要组成部分。水环境功能区的划分是为了对水域实行分类管理，把不同的环境目标体现于对不同水环境功能的保护，即以保护地表水环境、合理管理和利用水资源为最终目的。具体来看，太湖流域水环境功能区划旨在实现地表水环境分区分类管理，便于水环境目标管理和污染物总量控制，为流域社会发展和经济开发活动提供科学依据，为流域工业布局、产业结构的调整提供指导意见。

通过划分不同的水环境功能区，实施“高功能水域高标准保护，低功能水域低标准保护”的原则。水环境功能区划依据社会、经济发展的需要和不同地区在环境结构、环境状态和使用功能上的差异，对相应区域进行合理划定，其主要目的是保护环境、发展经济。水环境功能区的划分与流域的水资源开发利用相关，同时水环境功能区的划分还通过输入响应关系和功能区可达性分析与流域地方社会经济发展、建设规划、地方环境保护规划和主要污染物总量减排规划等密切联系，是水环境保护工作上下关联、水陆衔接的中心环节。

2.1.1.3 区划原则

（1）水资源可持续利用原则。功能区划与水资源利用规划及经济社会发展规划紧密结合，根据水资源的可再生能力和自然承受能力，力求适应太湖流域经济社会发展以及实施可持续发展战略对水资源保护的要求，为科学合理利用水资源留有余地，促进经济社会和生态环境协调发展。

（2）统筹兼顾、突出重点原则。功能区划以流域、水系为单元，统筹兼顾河流上下游、左右岸不同水域以及经济社会发展规划对水域功能的要求；重点突出流域、区域水资源综合开发利用和水污染防治，达到水资源开发利用与保护并重；集中饮用水水源地、自然保护区、河流源头区等为优先重点保护对象。

（3）前瞻性原则。保护现状水源水质较好的水库、江河干流，为未来经济社会发展的需求留下高水质要求的供水水源。

（4）开发利用与保护并重原则。既考虑水资源开发利用对水质的要求，又考虑河流、湖泊、水库的水文特征，合理利用水环境容量，保证功能区达到水质目标；既充分保护水资源，又适度利用水环境容量。

（5）便于管理、实用可行原则。河流、湖泊功能区的迄止界限尽可能与行政区界一致，便于行政区域管理；其相应水质目标由功能区的第一主导功能确定。

（6）不低于现状水质和不同功能兼顾原则。当水域现状水质优于水功能要求时，规划水平年的水质目标不低于现状水域水质。上下游相邻两功能区水质存在差异时，允许上下游间存在过渡区，但上游过渡区迄止断面的水质必须达到下游河段起始断面的水质目标要求。判别水体现状是否满足功能区划水质要求，采用《地表水环境质量标准》（GB 3838—2002），利用单因子评价法进行评价。

（7）允许点源排污口附近存在混合区原则。混合区应不影响周围最近相邻水域的水质。混合区范围由上级水域管理单位的政府批文或者在建设项目环境影响报告书批复文件中予以确认。

2.1.1.4 区划等级与类别

地表水环境功能区分类设一级类目，根据《中华人民共和国水污染防治法》和《地表水环境质量标准》（GB 3838—2002）的规定要求分为 9 类，即自然保护区、饮用水源保护区、渔业用水区、工业用水区、农业用水区、景观娱乐用水区、混合区、过渡区和保留区（环境保护部，2009）。地表水环境功能区类别与代码如表 2-1 所示（环境保护部，2009）。

表 2-1 地表水环境功能区类别与代码

代码	地表水环境功能区类别名称	说明
10	自然保护区	对有代表性的自然生态系统、珍稀濒危野生动植物物种的天然集中分布区、有特殊意义的自然遗迹等保护对象所在的陆地水体，依法划出一定面积予以特殊保护和管理的区域
11	国家级自然保护区	在国内外有典型意义、在科学上有重要国际影响或者有特殊科学研究价值的自然保护区，列为国家级自然保护区 执行地表水环境质量Ⅰ类标准
12	地方级自然保护区	除列为国家级自然保护区外，其他具有典型意义或者重要科学研究价值的自然保护区列为地方自然保护区 执行地表水环境质量Ⅰ类或Ⅱ类标准
20	饮用水水源保护区	国家为防治饮用水水源地污染、保证水源地环境质量而划定，并要求加以特殊保护的一定面积的水域和陆域
21	一级保护区	保护区内水质主要是保证饮用水卫生的要求 水质不得低于地表水环境质量Ⅱ类标准
22	二级保护区	在正常情况下满足水质要求，在出现污染饮用水源的突发情况下，保证有足够的采取紧急措施的时间和缓冲地带 水质不得低于地表水环境质量Ⅲ类标准，并保证流域一级保护区的水质满足一级保护区水质标准的要求
23	准保护区	为了在保障水源水质的情况下兼顾地方经济的发展，通过对其提出一定的防护要求来保证饮用水水源地水质 水质标准应保证流入二级保护区的水质满足二级保护区水质标准的要求
30	渔业用水区	鱼、虾、蟹、贝类的产卵场、索饵场、越冬场、洄游通道和养殖鱼、虾、蟹、贝类、藻类等水生动植物的水域
31	珍贵鱼类保护区	执行地表水环境质量Ⅱ类标准
32	一般鱼类用水区	执行地表水环境质量Ⅲ类标准
40	工业用水区	各工矿企业生产用水的集中取水点所在水域的指定范围，执行地表水环境质量Ⅳ类标准
50	农业用水区	灌溉水田、森林、草地的农用集中提水站所在水域的指定范围，执行地表水环境质量Ⅴ类标准
60	景观娱乐用水区	具有保护水生生态的基本条件、供人们观赏娱乐、人体非直接接触的水域 天然浴场、游泳区等直接与人体接触的景观娱乐用水区执行地表水环境质量Ⅱ类标准 国家重点风景游览区及与人体非直接接触的景观娱乐水体执行地表水环境质量Ⅳ类标准 一般景观用水区执行地表水环境质量Ⅴ类标准
70	混合区	污水与清水逐渐混合、逐步稀释、逐步达到水环境功能区水质要求的区域 混合区不执行地表水质量标准，是位于排放口与水环境功能区之间的劣Ⅴ类水域
80	过渡区	水质功能相差较大（两个或两个以上水质类别）的水环境功能区之间划定的、使相邻水域管理目标顺畅衔接的过渡水质类别区域 执行相邻水环境功能区对应高低水质类别之间的中间类别水质标准
90	保留区	目前尚未开发或开发利用程度不高，为今后开发利用预留的水域 保留区内的水质应维持现状不受破坏

依据《中华人民共和国环境保护法》、《中华人民共和国水污染防治法》和《地表水环境质量标准》（GB 3838—2002）等国家相关法规标准，结合地方实际情况，江苏省太湖流域水环境功能区划类别主要包括自然保护区、饮用水水源保护区、渔业用水区、工业用水区、农业用水区和景观娱乐用水区共 6 类（江苏省水利厅和江苏省环境保护厅，2003），浙江省太湖流域水环境功能区划类别主要包括自然保护区、饮用水水源保护区、渔业用水区、工业用水区、景观娱乐用水区和多功能区共 6 类（浙江省水利厅和浙江省环境保护局，2005），上海市水（环境）功能区主要包括自然保护区、饮用水水源保护区、工业用水区、农业用水区、景观娱乐用水区、过渡区和缓冲区共 7 类（上海市水务局，2004），故太湖流域水环境功能区涉及自然保护区、饮用水水源保护区、渔业用水区、工业用水区、农业用水区、景观娱乐用水区、多功能区、过渡区和缓冲区等共 9 种类型。

2.1.1.5 区划方法

地表水环境功能区类别采用以面分类法为主、线分类法为辅的混合分类法进行分类。功能区划的基本工作方法为：基础资料收集、综合分析评价、定性定量判断、功能目标确定。根据《地表水功能区划技术纲要》以及《地表水环境质量标准》（GB 3838—2002）的有关要求，在详细调查和分析水域现状使用功能和潜在功能、社会经济发展、水环境状况、污染源分布等有关资料的基础上，提出功能区划分方案。

2.1.2 区划方案

2.1.2.1 太湖流域水环境功能区划

太湖流域（安徽省部分未统计在内）共划分了 819 个水环境功能区段，划分河流总长 8 255.69 km，划分湖库总面积 5 071.92 km^2（表 2-2）。其中：

①自然保护区 4 个，占划分总段数的 0.49%，河长 41.00 km，占划分河流总长的 0.50%，湖库面积 154.80 km^2，占 3.05%；

②饮用水水源保护区 120 个，占 14.65%，河长 783.57 km，占 9.49%，湖库面积 4 434.39 km^2，占 87.43%；

③渔业用水区 88 个，占 10.74%，河长 594.20 km，占 7.20%，湖库面积 425.27 km^2，占 8.38%；

④工业用水区 256 个，占 31.26%，河长 2 861.46 km，占 34.66%，湖库面积 0.60 km^2，占 0.01%；

⑤农业用水区 53 个，占 6.47%，河长 715.70 km，占 8.67%；

⑥景观娱乐用水区 99 个，占 12.09%，河长 1 123.65 km，占 13.61%，湖库面积 31.69 km^2，占 0.62%；

⑦多功能区 170 个，占 20.76%，河长 1 957.50 km，占 23.71%，湖库面积 25.17 km^2，占 0.50%；

⑧过渡区 15 个，占 1.83%，河长 110.35 km，占 1.34%；

⑨缓冲区 14 个，占 1.71%，河长 68.26 km，占 0.83%。

表 2-2 太湖流域水环境功能区划成果表

功能区	个数/个	占总数的百分比/%	长度/km	占总长的百分比/%	面积/km^2	占总面积的百分比/%
自然保护区	4	0.49	41.00	0.50	154.80	3.05
饮用水水源保护区	120	14.65	783.57	9.49	4434.39	87.43
渔业用水区	88	10.74	594.20	7.20	425.27	8.38
工业用水区	256	31.26	2861.46	34.66	0.60	0.01
农业用水区	53	6.47	715.70	8.67	0.00	0.00
景观娱乐用水区	99	12.09	1123.65	13.61	31.69	0.62
多功能区	170	20.76	1957.50	23.71	25.17	0.50
过渡区	15	1.83	110.35	1.34	0.00	0.00
缓冲区	14	1.71	68.26	0.83	0.00	0.00
合计	819	100.00	8255.69	100.00	5071.92	100.00

按行政辖区分类，其中苏州市划分了 177 个水环境功能区，无锡市划分了 108 个水环境功能区，常州市划分了 109 个水环境功能区，镇江市划分了 49 个水环境功能区，南京市划分了 5 个水环境功能区，杭州市划分了 48 个水环境功能区，嘉兴市划分了 117 个水环境功能区，湖州市划分了 116 个水环境功能区，上海市划分了 90 个水环境功能区（表 2-3）。

表 2-3 太湖流域水环境功能区划成果表（按行政区分） 单位：个

行政区	自然保护区	饮用水水源保护区	渔业用水区	工业用水区	农业用水区	景观娱乐用水区	多功能区	过渡区	缓冲区	合计
苏州	0	12	28	103	20	14	0	0	0	177
无锡	1	5	31	48	12	11	0	0	0	108
常州	0	15	3	61	12	18	0	0	0	109
镇江	0	11	15	20	3	0	0	0	0	49
南京	0	0	2	0	3	0	0	0	0	5
杭州	0	9	1	4	0	12	22	0	0	48
嘉兴	0	16	4	14	0	5	78	0	0	117
湖州	2	39	4	0	0	1	70	0	0	116
上海	1	13	0	6	3	38	0	15	14	90
合计	4	120	88	256	53	99	170	15	14	819

2.1.2.2 江苏省太湖流域水环境功能区划

据《江苏省地表水（环境）功能区划》（江苏省水利厅和江苏省环境保护厅，2003），江苏省太湖流域共划分了 448 个水环境功能区段，划分河流总长 4 247.04 km，划分湖库总面积 4 965.66 km^2。按功能区分类，其中自然保护区 1 个，占划分总段数的 0.22%，湖库面积 154.80 km^2，占总划分湖库总面积的 3.12%；饮用水水源保护区 43 个，占 9.60%，河长 150.80 km，占 3.55%，湖库面积 4 367.77 km^2，占 87.96%；渔业用水区 79 个，占 17.63%，河长 524.60 km，占 12.35%，湖库面积 424.01 km^2，占 8.54%；工业用水区 232 个，占 51.79%，河长 2 590.44 km，占 60.99%，湖库面积 0.60 km^2，占 0.01%；农业用水区 50 个，占 11.16%，河长 639.90 km，占 15.07%；景观娱乐用水区 43 个，占 9.60%，河长 341.30 km，占 8.04%，湖库面积 18.48 km^2，占 0.37%（表 2-4）。

表 2-4 江苏省太湖流域水环境功能区划成果表

功能区	个数/个	占总数的百分比/%	长度/km	占总长的百分比/%	面积/km^2	占总面积的百分比/%
自然保护区	1	0.22	0.00	0.00	154.80	3.12
饮用水水源保护区	43	9.60	150.80	3.55	4 367.77	87.96
渔业用水区	79	17.63	524.60	12.35	424.01	8.54
工业用水区	232	51.79	2 590.44	60.99	0.60	0.01
农业用水区	50	11.16	639.90	15.07	0.00	0.00
景观娱乐用水区	43	9.60	341.30	8.04	18.48	0.37
合计	448	100.00	4 247.04	100.00	4 965.66	100.00

2.1.2.3 浙江省太湖流域水环境功能区划

据《浙江省水功能区、水环境功能区划分方案》（浙江省水利厅和浙江省环境保护厅，2005），浙江省太湖流域共划分了 281 个水环境功能区段，划分河流总长 2 851.04 km，划分湖库总面积 52.46 km^2。按功能区分类，其中自然保护区 2 个，占划分总段数的 0.71%，河长 24.50 km，占划分河流总长的 0.86%；饮用水水源保护区 64 个，占 22.78%，河长 526.34 km，占 18.46%，湖库面积 17.82 km^2，占 33.97%；渔业用水区 9 个，占 3.20%，河长 69.60 km，占 2.44%，湖库面积 1.26 km^2，占 2.40%；工业用水区 18 个，占 6.41%，河长 134.00 km，占 4.70%；景观娱乐用水区 18 个，占 6.41%，河长 139.60 km，占 4.90%，湖库面积 8.21 km^2，占 15.65%；多功能区 170 个，占 60.50%，河长 1 957.50 km，占 68.65%，湖库面积 25.17 km^2，占 47.98%。

按水系河流分类，其中苕溪水系划分了 98 个水环境功能区，运河水系划分了 183 个水环境功能区（表 2-5）。

表 2-5 浙江省太湖流域水环境功能区划成果表（按水系分） 单位：个

水系	自然保护区	饮用水水源保护区	渔业用水区	工业用水区	景观娱乐用水区	多功能区	合计
苕溪	2	34	1	0	1	60	98
运河	0	30	8	18	17	110	183
合计	2	64	9	18	18	170	281

按行政辖区分类，其中杭州市划分了 48 个水环境功能区，嘉兴市划分了 117 个水环境功能区，湖州市划分了 116 个水环境功能区（表 2-6）。

表 2-6 浙江省太湖流域水环境功能区划成果表（按行政区分） 单位：个

行政区	自然保护区	饮用水水源保护区	渔业用水区	工业用水区	景观娱乐用水区	多功能区	合计
杭州	0	9	1	4	12	22	48
嘉兴	0	16	4	14	5	78	117
湖州	2	39	4	0	1	70	116
合计	2	64	9	18	18	170	281

水环境功能区水质评价标准采用《地表水环境质量标准》（GB 3838—2002），水质评价方法采用单指标评价法。水质评价项目为溶解氧、高锰酸盐指数、生化需氧量、氨氮、总磷、挥发酚、氰化物、砷、汞、镉、铬（六价）、铅 12 项。水环境功能区现状水质与目标水质评价结果如表 2-7 和表 2-8 所示。

表 2-7 浙江省太湖流域水环境功能区现状水质评价表（按水系分） 单位：个

水系	I	II	III	IV	V	劣V	合计
苕溪	0	7	57	30	3	1	98
运河	0	0	4	54	51	74	183
合计	0	7	61	84	54	75	281

表 2-8 浙江省太湖流域水环境功能区目标水质评价表（按水系分） 单位：个

水系	I	II	III	IV	V	劣V	合计
苕溪	2	37	59	0	0	0	98
运河	0	8	143	32	0	0	183
合计	2	45	202	32	0	0	281

2.1.2.4 上海市太湖流域水环境功能区划

据《上海市水（环境）功能区划》（上海市水务局，2004），上海市太湖流域共划分了 90 个水环境功能区段，划分河流总长 1157.11 km，划分湖库总面积 53.80 km^2。按功能区分类，其中自然保护区 1 个，占划分总段数的 1.11%，河长 16.50 km，占划分河流总长的 1.43%；饮用水水源保护区 13 个，占 14.44%，河长 106.43 km，占 9.20%，湖库面积 48.80 km^2，占 90.71%；工业用水区 6 个，占 6.67%，河长 137.02 km，占 11.84%；农业用水区 3 个，占 3.33%，河长 75.80 km，占 6.55%；景观娱乐用水区 38 个，占 42.22%，河长 642.75 km，占 55.55%，湖库面积 5.00 km^2，占 9.29%；过渡区 15 个，占 16.67%，河长 110.35 km，占 9.54%；缓冲区 14 个，占 15.56%，河长 68.26 km，占 5.90%（表 2-9）。

表 2-9 上海市太湖流域水环境功能区划成果表

功能区	个数/个	占总数的百分比/%	长度/km	占总长的百分比/%	面积/km^2	占总面积的百分比/%
自然保护区	1	1.11	16.50	1.43	0.00	0.00
饮用水水源保护区	13	14.44	106.43	9.20	48.80	90.71
工业用水区	6	6.67	137.02	11.84	0.00	0.00
农业用水区	3	3.33	75.80	6.55	0.00	0.00
景观娱乐用水区	38	42.22	642.75	55.55	5.00	9.29
过渡区	15	16.67	110.35	9.54	0.00	0.00
缓冲区	14	15.56	68.26	5.90	0.00	0.00
合计	90	100.00	1 157.11	100.00	53.80	100.00

一级区划方案包括保护区 1 个、缓冲区 25 个、大陆部分无保留区、其余为开发利用区。①保护区：太浦河全线划为太浦河苏浙沪保护区；②缓冲区：对和江苏、浙江交界的主要边界河流划出了 5～10km 范围作为缓冲区，其中苏沪边界缓冲区 7 个，浙沪边界缓冲区 18 个；③开发利用区：其余河道（段）。

二级区划方案主要有嘉宝北片、蕰南片、淀北片、淀南片、浦东片、青松大控制片、太北片、太南片、浦南东片、浦南西片、商榻片、崇明岛片、长兴岛片、横沙岛片等。

2.2 水功能区划

2.2.1 区划体系

水功能区是指为满足水资源合理开发和有效保护的要求，根据水资源的自然条件、功能要求、开发利用现状，按照流域综合规划、水资源保护规划和经济社会发展要求，在相应水域按其主导功能划定并执行相应质量标准的特定区域。

2010 年 5 月 17 日，国务院以国函[2010]39 号文批复《太湖流域水功能区划》，原则同意《太湖流域水功能区划（2010—2030）》，并指出《太湖流域水功能区划（2010—2030）》是太湖流域水资源合理开发、有效保护以及水环境综合治理的重要依据，要求严格贯彻实施《太湖流域水功能区划（2010—2030）》，加强水功能区的监督管理。《太湖流域水功能区划（2010—2030）》涉及太湖流域水功能一级区划、二级区划、重要水域水功能区划和水功能区水质目标等众多内容，并对这些重要内容进行了详细阐述（水利部太湖流域管理局，2010）。

2.2.1.1 区划对象

依据《太湖流域水功能区划（2010—2030）》，太湖流域水功能区划的对象为太湖流域主要水域，其范围包括：①流域性重要河流、湖泊和水库，包括沿长江和杭州湾河道、环太湖主要河道、流域骨干河道、主要湖泊和流域七大水库及其上游河流等；②国家级及省级自然保护区、国际重要湿地、国家重要湿地范围内的水域、具有引水供水功能的河道以及集中式饮用水水源地等重点保护的区域；③主要省界河流湖泊。

2.2.1.2 区划目的

根据区域的自然属性，结合经济社会需求，协调水资源开发利用和保护、整体和局部的关系，确定该水域的功能及功能顺序。在水功能区划的基础上，科学合理确定水域纳污能力，提出限制排污总量的意见以及污染源综合治理的措施，对水体进行目标和定质定量管理，为水资源的开发利用和保护管理提供科学依据，以实现水资源的可持续利用。

2.2.1.3 区划原则

（1）可持续发展原则。水功能区划分与流域综合规划、经济社会发展规划相结合，坚持以可持续发展为出发点，根据水资源承载能力和水环境承载能力，协调水资源开发利用和保护的关系，确定水域的主体功能，并为将来的发展需求留有余地；水功能区划应对未来经济社会发展有所前瞻和预见，开发利用与保护并重，保护当代和后代赖以生存的水资源，维护水生态系统的结构和功能；保障饮用水安全，促进经济社会、资源和生态的协调和可持续发展。

（2）以流域为系统，实行统筹兼顾、突出重点原则。在进行水生态功能区划分时，将流域作为一个系统，综合考虑、统筹兼顾上下游、左右岸、干支流以及近远期经济社会发展的需求。在划定水功能区的范围和类型时，注重上游源水、流域性引供水河道、城镇集中式饮用水水源地和具有特殊保护要求水域的优先保护。

（3）以两省一市（江苏省、浙江省和上海市）批复的水功能区划为基础的原则。流域两省一市人民政府已批复水功能区划是太湖流域水功能区划的基础。流域区划从国家管理、流域管理出发，重点关注流域性重要水域一级省际边界水域，协调省市之间关于用水功能的差异，满足有关部门管理上的需要。

（4）水质水量并重的原则。水功能区划充分考虑各水资源分区水资源开发利用和社会经济发展状况、水污染及水环境的现状，以及经济社会发展对水资源的水质和水量需求。对水量水质要求不明确，或仅对水量有需求的功能，如航运、发电等不予进行单独划分。

2.2.1.4 区划等级与类别

根据水利部制定的《水功能区划分技术导则》和《水功能区管理办法》，水功能区划采用两级体系，即一级功能区划和二级功能区划（图 2-1）。

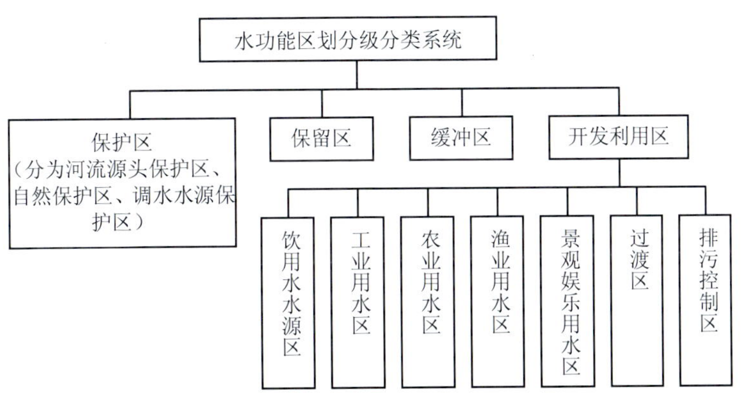

图 2-1 水功能区划分级分类系统

一级区划从可持续发展的需求出发，对流域水资源的开发利用和保护状况进行总体控制，确定流域整体布局，从宏观上解决水资源开发利用与保护的问题，协调好区域间的用水关系。根据《全国水功能区划技术大纲》（中华人民共和国水利部，2005）规定，一级功能区划分 4 类，即保护区、保留区、缓冲区、开发利用区。

（1）保护区：指对水资源保护、自然生态及珍稀濒危物种的保护具有重要意义的水域。该区内严格禁止进行其他开发活动。

（2）保留区：指目前开发利用程度不高，为今后开发利用和保护水资源而预留的水域。该区内水质应维持现状，未经有相应管理权限的水行政主管部门批准，不得在区内进行大规模的开发利用活动。

（3）开发利用区：指具有满足工农业生产、城镇生活、景观娱乐等需水要求的水域，如主要城镇河段、受工业废水污染明显的河段等。

（4）缓冲区：指为协调省际、矛盾突出的地区间用水关系，以及在保护区与开发利用区相接时，为满足保护区水质要求而划定的水域。未经有相应管理权限的水行政主管部门批准，不得在该区域进行对水质有影响的开发利用活动。

水功能二级区划是在一级区划的开发利用区内进行的，主要协调用水部门及地区之间的关系，对开发利用区水域划分多种用途和保护目标的界限，为科学合理开发、利用和保护水资源提供依据。水功能二级区划分共分 7 类：饮用水水源区、工业用水区、农业用水区、渔业用水区、景观娱乐用水区、过渡区以及排污控制区。

（1）饮用水水源区：指满足城镇生活用水需要的水域，如已有城镇生活用水取水口分布的水域，或在规划水平年内城镇发展需设置取水口，且具有取水条件的水域。

（2）工业用水区：指满足工业用水需要的水域，如现有工业园区、工矿企业生产用水的集中取水水域；或根据工业布局，在规划水平年内需设置工业园区、工矿企业生产用水取水点，且具备取水条件的水域。

（3）景观娱乐用水区：指以满足景观、疗养、度假和娱乐需要为目的的江河湖库等水域。

（4）渔业用水区：指具有鱼、虾、蟹、贝类产卵场、索饵场、越冬场及洄游通道功能的水域，养殖鱼、虾、蟹、贝、藻类等水生动植物的水域。

（5）农业用水区：指满足农业灌溉用水需要的水域，如已有农业灌溉区用水集中取水水域；或根据规划水平年内农业灌溉的发展，需要设置农业灌溉集中取水点，且具备取水条件的水域。

（6）过渡区：指为使水质要求有差异的相邻功能区顺利衔接而划定的区域，如下游用水水质要求高于上游的状况。

（7）排污控制区：指接纳生活、生产污废水比较集中，接纳的污废水对水环境无重大不利影响的区域。

太湖流域大部分地区属平原河网区，下游为感潮河网，河湖之间相互连通，上下游水体往复流域，水质互为影响，因此在太湖流域未划排污控制区。

2.2.1.5 区划方法

太湖流域一级和二级水生态功能区划分均主要包括资料收集、资料分析评价和功能区划分 3 步，其中的资料收集主要是根据功能区分类指标要求，按省级行政区收集流域内水系图、水资源基本状况、国家级和地方级自然保护区、大型调水工程水源地、水污染纠纷事件、水质资料、排污资料、经济产值、非农业人口、工业及生活取水量和主要水源地（河流、湖泊、水库）等有关资料。水功能区划分工作程序如图 2-2 所示。

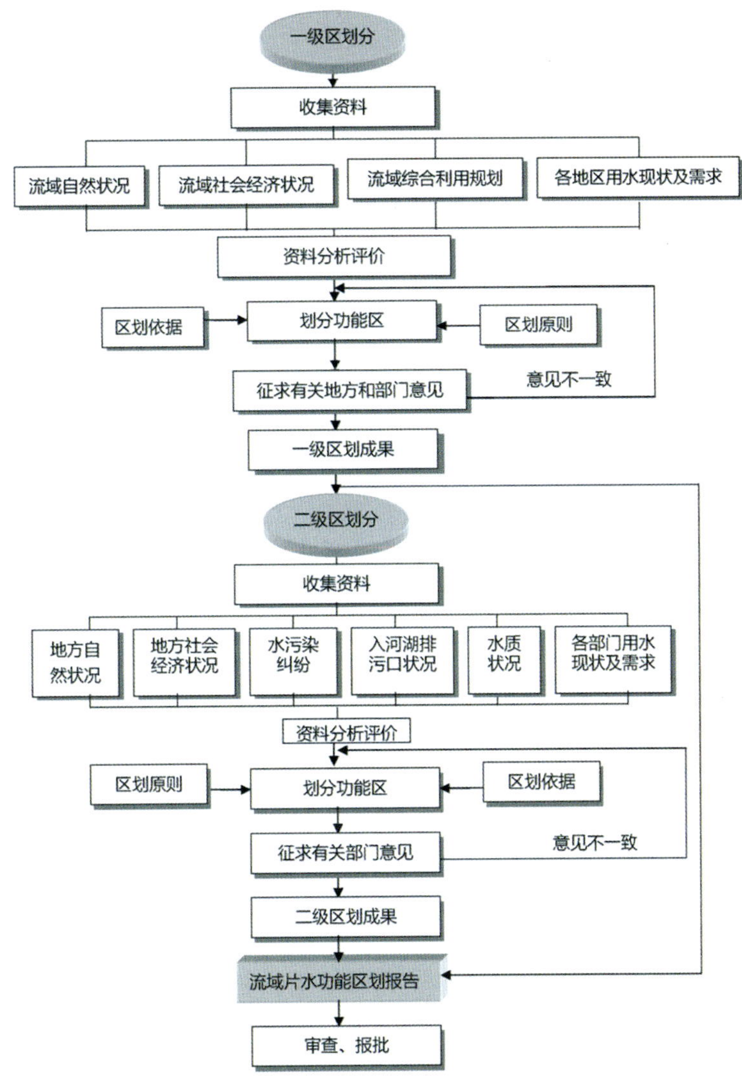

图 2-2 水功能区划分工作程序（水利部水资源司，2004）

2.2.2 区划方案

太湖流域水功能区划共划分 380 个水功能区。其中涉及太湖、望虞河、太浦河、黄浦江上游、出入湖河流、省界等重要水体的 101 个水功能区，作为本次流域水功能区划协调完善的重点；其余 279 个水功能区已分别由两省一市人民政府批复并纳入到流域水功能区划中，其中江苏省 117 个，浙江省 92 个，上海市 70 个。

2.2.2.1 水功能一级区划

太湖流域水功能一级区划共涉及河流 193 条、湖泊 10 个、水库 7 座，共划分水功能区一级区 254 个。水功能区一级区划河长 4 382.3 km，其中保护区 194.8 km，缓冲区 516.1 km，开发利用区 3 588.9 km，保留区 82.4 km；区划湖泊面积 2 777.3 km^2，其中保护区 1 577.2 km^2，缓冲区 447.6 km^2，开发利用区 752.5 km^2；区划水库库容 10.57 亿 m^3，其中保护区 8.42 亿 m^3，开发利用区 2.15 亿 m^3。

（1）保护区

太湖流域共区划了 14 个保护区，其中河流型 5 个，湖泊型 3 个，水库型 6 个。南溪安吉龙王山自然保护区于 1985 年被浙江省人民政府批准为省级森林生态保护区，该自然保护区范围内的水域起于龙王山北坡，止于老石坎水库大坝。流域重要源头水保护区 6 个，包括太湖源头宜溧山区大溪水库、沙河水库、横山水库，浙西天目山区的西苕溪赋石水库，南苕溪里畈水库、余英溪对河口水库及其上游河流，这些水库也是溧阳、宜兴、安吉、德清等城镇的供水水源地。大型集中式饮用水水源地包括太湖的贡湖、竺山湖、湖体水源地保护区，上海市的黄浦江水源地保护区、拦路港—泖河—斜塘水源地保护区。流域重要引供水通道望虞河、太浦河也划为保护区。

（2）缓冲区

太湖流域共区划 76 个缓冲区，其中河流型 71 个，湖泊型 5 个。河流型缓冲区水质目标为Ⅲ类，湖泊型缓冲区为Ⅱ—Ⅲ类。缓冲区主要分为两类，一类位于苏浙沪二省一市的省界（际）水域，这些地区河网交错，水质污染严重，上下游地区间用水矛盾较为突出，容易发生用水争议和水事纠纷，共划分缓冲区 44 个，其中河流型 41 个，湖泊型 3 个。另一类是为缓解上、下游功能差异而划定的功能性缓冲区，太湖、黄浦江上游是流域重要的供水水源地，望虞河、太浦河是实施“引江济太”和向下游供水的重要通道，为保证流域水资源统一调度和合理配置，与这些保护区相接的水域均区划了一段缓冲区，共计 32 个，其中河流型 30 个，湖泊型 2 个。

（3）开发利用区

开发利用区共计 158 个，区划河长达 3 588.9 km，占总区划河长的 82.0%；区划湖泊 752.5 km^2，占区划总面积的 27.1%；区划水库 2.15 亿 m^3，占区划总库容的 20.3%。开发利用区水质目标根据其具体的水功能区二级区划确定。开发利用区涵盖了流域内所有重要的、较大的水体，如太湖梅梁湾、五里湖、胥湖，出入太湖河道、望虞河相关河道、太浦河相关河道、苕溪水系、湖西水系和沿长江、沿杭州湾相关河道等。开发利用区所属区域内社会经济发展水平高，农业集约化程度高、人口稠密、乡镇企业发达、城市化率高，并且还有上海、苏州、无锡、常州、镇江、杭州、嘉兴、湖州等大中城市以及星罗棋布的小城镇，水资源基本上被农业、工业、生活、景观旅游、航运等不同部门、地区高度开发利用，水体污染严重。太湖流域西部宜溧山区和浙西山区的大部分河流中下游也属于开发利用区，主要分布在山区丘陵区近平原地区的一侧。

（4）保留区

保留区共计 6 个，区划河长 82.4 km，水质目标为Ⅱ—Ⅲ类。保留区主要分布在太湖流域西部山丘区，现状开发利用程度不高，受经济社会活动影响较小，现状水质也较好，包括湖西宜溧山区的胥河高淳、溧阳保留区，全长 34 km；屋溪河宜兴保留区，全长 18.8 km。浙西山区的西苕溪安吉保留区，全长 10.6 km；合溪长兴保留区，全长 17 km；泗安塘长兴保留区，全长 2 km。这些保留区是流域水资源的重要补给地，并且目前水资源质量较好，对于保护太湖乃至整个流域的水资源具有重要作用。

2.2.2.2 水功能二级区划

在158个开发利用区中，根据其具体的用水功能共划分二级水功能区284个，其中河流型274个，湖泊型9个，水库型1个。同时，对不同的水功能二级区确定相应水质目标。流域河网水系开发利用活动较多，大部分水域具有多种开发利用功能，以下均按水功能区的主导功能进行统计分析。

（1）饮用水水源区

除流域性供水水源地和重要供水水库已划为保护区外，流域其他水源地均划为饮用水水源区，共42个，其中河流型37个，河长345.5km，湖泊型5个，面积622.8km^2。饮用水水源区的水质目标一般定为Ⅱ—Ⅲ类，Ⅱ类适用于集中式生活饮用水水源地一级保护区；饮用水水源区相邻区域的水质目标也需保证饮用水水源区达到要求的水质。湖州地区的饮用水水源区大多分布在苕溪水系，杭嘉湖平原的饮用水水源区均位于平原河网中，上海市的饮用水水源区位于黄浦江上游河道，苏州的饮用水水源区主要位于太湖胥湖、阳澄湖及杨林塘等，无锡的饮用水水源区主要位于太湖梅梁湖及白屈港等，常州、镇江等城市生活用水大多取自长江，湖西地区的饮用水水源区主要是洮湖、西氿等。

（2）工业用水区

以工业用水为主导功能的二级水功能区共77个，均为河流型，河长1194.7km，居二级区划的第一位，占二级区划总河长的33.3%。太湖流域工业用水量居首位，而且一般都在附近河道取水，广泛分布于全流域，以苏南地区居多。水质目标分别按照Ⅲ或Ⅳ类控制。除主导功能为工业用水的二级区外，另有64个二级区也有工业用水功能，占二级区划总河长的22.9%。

（3）农业用水区

以农业用水为主导功能的二级水功能区共51个，均为河流型，河长765.7km，占二级区划总河长的21.3%。农业用水大部分取自周边河网水体，广泛分布于全流域，以湖西地区、浙西地区、杭嘉湖平原居多。水质目标一般为Ⅲ类，少数水功能区为Ⅳ或Ⅴ类。除主导功能为农业用水的二级区外，另有84个二级区也有农业用水功能，占二级区划总河长的34.7%。

（4）渔业用水区

以渔业用水为主导功能的二级水功能区共10个，主要分布在湖西地区的洮滆水系，其中河流型8个，河长92.7km，湖泊型2个，位于滆湖，面积118.9km^2。水质目标基本为Ⅲ类。除主导功能为渔业用水的二级区外，另有8个二级区也有渔业用水功能，如阳澄湖、洮湖等。

（5）景观娱乐用水区

考虑到城市的发展需要有良好的水环境，在重点城镇河段区划了景观娱乐用水区，以实现水域的环境景观功能。以景观娱乐用水为主导功能的二级水功能区共74个，其中河流型71个，河长934.2km，占二级区划总河长的26%；湖泊型2个，为无锡市的五里湖及上海市的芦潮湖（滴水湖）；水库型1个，为临安市的青山水库。水质目标为Ⅲ—Ⅳ类。除主导功能为景观娱乐用水的二级区外，另有18个二级区也有景观娱乐用水功能。

（6）过渡区

为满足二级区划中低功能向高功能过渡的衔接，划分过渡区共 30 个，均为河流型，河长 236.1 km，水质目标基本为Ⅲ类。

2.2.2.3 重要水域水功能区划

（1）苕溪水系

苕溪水系发源于浙西天目山区，集水面积 6000 余 km^2，总水量的 70%流入太湖，其主流共分为东苕溪、西苕溪、合溪等河流。东、西苕溪是流域中具有代表性的山区性河流。山区社会经济发展水平和水资源的开发利用程度总体低于太湖流域平原区，山区河流水质较平原区河流好。苕溪水系区划总河长 427.2 km，区划水库库容 6.64 亿 m^3。其中保护区 4 个，水质目标Ⅰ—Ⅱ类或Ⅱ类；保留区 3 个，水质目标Ⅱ类；缓冲区 1 个，水质目标Ⅱ—Ⅲ类；其余河段均划为开发利用区，包括饮用水水源区 15 个，工业用水区 5 个，农业用水区 14 个，景观娱乐用水区 5 个，渔业用水区、过渡区各 1 个。苕溪水系水功能区水质目标为Ⅰ—Ⅲ类。

（2）南溪水系

南溪水系区划总河长 209.6 km，区划湖泊面积 20.4 km^2，水库库容 3.93 亿 m^3。共划保护区 3 个，为沙河水库、大溪水库、横山水库等大型水库及其上游河流；保留区 3 个，为上游胥河等开发利用程度较低的河段；缓冲区 7 个，为下游入太湖河段及湖泊；其余河湖均区划为开发利用区，包括饮用水水源区 1 个、工业用水区 4 个、景观娱乐用水区 3 个、农业用水区 1 个、渔业用水区 2 个。南溪水系水功能区水质目标为Ⅱ—Ⅲ类。

（3）洮滆水系

洮滆水系区划总河长 368.1 km，区划湖泊面积 215.6 km^2。考虑当地水资源开发利用程度较高，兼顾工业、农业、渔业等多种功能用水需要，除了入太湖河段划了 6 个缓冲区外，其余水域全部划为开发利用区，其中饮用水水源区 1 个、工业用水区 10 个、农业用水区 2 个、渔业用水区 6 个、景观娱乐用水区 5 个、过渡区 5 个。除少数水功能区水质目标为Ⅳ类外，其余为Ⅲ类。

（4）太湖及其环湖河流

太湖南部苏浙边界水域划为缓冲区；主要湖湾中，贡湖划为饮用水水源保护区，竺山湖划为保护区，胥湖、梅梁湖划为饮用水水源区，五里湖划为景观娱乐用水区；其余湖体划为保护区。其中湖体保护区和省界缓冲区水质目标为Ⅱ—Ⅲ类，开发利用区为Ⅲ类。对主要环太湖河流共划一级水功能区 41 个（不包括望虞河、太浦河），根据上下游用水要求，对太湖上游宜溧山区入湖河流划了 19 个缓冲区，开发利用程度较高的其他主要环湖河流划了 22 个开发利用区。水质目标为Ⅱ—Ⅲ类。

（5）江南运河

江南运河是流域最长的河流，贯穿流域河网，在杭嘉湖平原又分为新运河和老运河两段，区划总河长 409.1 km。根据水资源开发利用现状和水功能区划技术要求，除了苏浙边界部分河段、与太浦河相接的河段划了 4 个缓冲区以外，其余河段均划为开发利用区，包括饮用水水源区 2 个、工业用水区 10 个、农业用水区 6 个、景观娱乐用水区 9 个、过渡区 3 个。缓冲区水质目标为Ⅲ类，开发利用区水质目标为Ⅲ—Ⅳ类。

（6）望虞河及其西岸主要支流

望虞河总长 60.8 km，全在江苏境内，是流域内连接太湖与长江最重要的河道。望虞河不仅是宣泄太湖洪水的骨干河道，也是“引江济太”流域水资源调度的重要通道。望虞河全部划为保护区，水质目标为III类。与望虞河相连的西岸主要支流北福山塘、张家港、锡北运河、羊尖塘、九里河、伯渎港等，在汇入望虞河的河段均划为缓冲区，水质目标为III类。

（7）太浦河及其主要支流

太浦河跨苏浙沪三省（市），全长 57.6 km。太浦河不仅是太湖洪水的骨干排洪河道，也是太湖向下游供水的骨干河道。太浦河全部划为保护区，水质目标为II—III类；与太浦河相接的主要河流江南运河、芦墟塘、丁栅港、斜路港等均划了一段缓冲区，水质目标为III类。

（8）黄浦江及其上游支流

黄浦江是太湖流域内最大的一条河流，是太湖流域主要排水河道，也是上海市排水、引水和通航骨干河道。其上游分为 3 支：北支斜塘、中支园泄泾和南支大泖港。黄浦江三角渡至南沙港段划为上海水源地保护区，长 36.1 km，水质目标为II—III类；南沙港至龙华港段划为过渡区，长 27.2 km，水质目标为III类；龙华港至吴淞口段划为景观娱乐用水区，长 26.2 km，水质目标为IV类。黄浦江上游 3 支中，北支从淀山湖至三角渡河段划为拦路港—泖河—斜塘上海水源地保护区，水质目标为II—III类；中支、南支与黄浦江干流相接的河段划为功能型缓冲区，浙沪边界河段划为省界缓冲区，其余划为开发利用区。

（9）沿江水系

沿江水系是指沿长江岸线由西向东排列的一系列直接入江河流，主要有九曲河、新孟河、德胜港、澡港、新沟河、锡澄运河、白屈港、张家港、望虞河、常浒河、白茆塘、七浦塘、杨林塘、浏河 14 条河流，区划总河长 570.8 km。其中，望虞河划为调水保护区；张家港入望虞河河段、浏河苏沪边界河段划为缓冲区；其余河流均划为开发利用区，包括饮用水源区 7 个、工业用水区 17 个、农业用水区 3 个、景观娱乐用水区 10 个、过渡区 3 个。水质目标为II—IV类。

（10）杭嘉湖、沿杭州湾水系

包括杭嘉湖平原河网的海盐塘、双林塘、白米塘等主要河道；汤溇、幻溇等入湖溇港，麻溪、黄姑塘、红旗塘等省界河道，南排工程的海盐塘、长山河、盐官下河，以及南竹港、金汇港等主要入杭州湾河道，总河长 500.9 km。划分出缓冲区 28 个、饮用水源区 4 个、工业用水区 9 个、农业用水区 13 个、景观娱乐用水区 1 个、过渡区 8 个。水质目标为II—IV类。

（11）其他主要湖泊

太湖流域内湖泊众多，河网密布，现有水面面积在 0.5 km^2 以上的大小湖泊共有 189 个，水面总面积 3 159 km^2，蓄水量为 57.68 亿 m^3。除太湖外，流域水功能区划涉及湖泊共有 9 个，包括滆湖、阳澄湖、淀山湖、洮湖、东氿、西氿、元荡、芦潮湖（滴水湖）、莲花荡等，面积共计 439.3 km^2。其中，淀山湖和元荡为苏沪边界的省界湖泊，划为省界缓冲区；东氿、莲花荡位于太湖西部入湖处，划为功能型缓冲区；阳澄湖、洮湖、西氿划为饮用水源区；滆湖划为渔业用水区；芦潮湖（滴水湖）划为景观娱乐用水区。水质目标为Ⅱ—Ⅲ类。

2.2.2.4 水功能区水质目标

太湖流域水功能区划共涉及河流193条、湖泊10个、水库7座，涉及河长4382.3km，湖泊面积2777.3km^2，水库库容10.57亿m^3。共划分水功能区380个，其中保护区14个、缓冲区76个、保留区6个、饮用水水源区42个；以工业用水为主导功能的水功能区共77个，以农业用水为主导功能的水功能区共51个，以渔业用水为主导功能的水功能区共10个，以景观娱乐用水为主导功能的水功能区共74个，过渡区30个（表2-10）。

表2-10 太湖流域水功能区划统计 单位：个

水功能区划	江苏省	浙江省	上海市	省际边界	小计
保护区	7	4	2	1	14
保留区	3	3	0	0	6
缓冲区	28	0	4	44	76
饮用水水源区	11	25	6	0	42
工业用水区	54	17	6	0	77
农业用水区	5	42	4	0	51
渔业用水区	9	1	0	0	10
景观娱乐用水区	28	8	38	0	74
过渡区	10	4	16	0	30
合计	155	104	76	45	380

按照水体使用功能的要求，太湖流域380个水功能区中，水质目标要求达到或优于Ⅱ类的功能区有21个，Ⅱ—Ⅲ类的有25个，Ⅲ类的有230个，Ⅳ类的有84个，Ⅴ类的有20个（表2-11）。水功能区水质目标执行的是《地表水环境质量标准》(GB 3838—2002)。

表2-11 水功能区划水质目标统计表 单位：个

水质类别	江苏	浙江	上海	省际边界	合计
Ⅰ—Ⅱ	0	2	0	0	2
Ⅱ	7	7	5	0	19
Ⅱ—Ⅲ	1	13	6	5	25
Ⅲ	97	75	18	40	230
Ⅳ	50	7	27	0	84
Ⅴ	0	0	20	0	20
合计	155	104	76	45	380

2.3 水资源区划

2.3.1 区划体系

2.3.1.1 区划对象

水资源分区是以水资源及其开发利用的特点为主，综合考虑地形地貌、水文气象、自然灾害、生态环境及经济社会发展状况，结合流域和区域进行分区划片。

2.3.1.2 区划目的

水资源分区对于规范各类水信息，满足水资源开发利用、节约保护、防灾减灾等调查评价、规划编制、合理调配和科学管理的需要有重要意义。

2.3.1.3 区划原则

（1）完整性。流域与行政区域有机结合，尽可能保持流域的完整性，同时兼顾行政分区的完整性，保持流域分区与行政区域的统分性、组合性与完整性。

（2）综合性。为满足水资源评价、供需分析、综合治理、合理配置、节约保护和科学管理等各类工作的需要，水资源分区还应考虑自然、气候、地形、地貌、人口、社会经济发展、生态环境等方面的情况。

（3）可操作性。考虑河流水系监测站点以及主要水工程的控制因素，以便利用实际观测资料进行水量平衡分析与检验。

（4）层次性。为适应不同层次的水资源规划、合理调配和科学管理工作需要，便于各级决策部门指导经济社会的发展和生态环境的保护与水旱灾害防治，采取分级进行区划。

2.3.1.4 区划等级与类别

从全国层面来看，根据水资源的自然属性、社会属性和经济属性编制了统一的水资源分区，我国进行了三级水资源分区，明确了一级、二级、三级水资源分区边界和范围。

针对太湖流域实际情况，在全国水资源三级分区的基础上，太湖流域进一步开展了四级分区。

2.3.1.5 区划方法

以太湖流域水资源三级区为基础，从保持大江大河、河系的完整性角度，综合考虑太湖流域水系分布情况、水利工程控制线等指标，在征询各流域机构各省（市）和专家意见的基础上，结合流域特点以水利工程控制区、子流域、行政单元等分区单元为基本单位进行边界确定。

2.3.2 区划方案

从保持我国大江大河的完整性的角度将全国划分为松花江区、辽河区、海河区、黄河区、淮河区、长江区、珠江区、东南诸河区、西南诸河区、西北诸河区 10 个水资源一级分区。在水资源一级分区的基础上，结合地形地貌和控制断面对大江大河干流进行合理分段，结合干支流相互关系进行支流水系分区，结合汇流及用水关系对区域进行合理分区，同时结合行政分区按照土地面积及人口情况适当调整，使其具有一定程度可比性，共划分 80 个水资源二级分区、214 个水资源三级分区（中国国家标准化管理委员会，2011）。

在一级分区上，太湖流域属于长江区；在二级分区上，太湖流域属于太湖水系区。根据太湖流域内流域水系、地形、洪涝水利和工程布局的特点，因地制宜设置控制线，根据需要分别进行控制，合理安排各分区洪涝水出路，防止洪涝矛盾，提高治水效果，减少洪灾损失，在二级区划结果基础上，将太湖流域分为 4 个三级区和 8 个四级区，其中 4 个三级区分别为湖西及湖区、武阳区、杭嘉湖区和黄浦江区；8 个四级区分别为浙西区、湖西区、太湖区、武澄锡虞区、阳澄淀泖区、杭嘉湖区以及浦东区、浦西区，其中浙西区、湖西区、太湖区隶属湖西及湖区，武澄锡虞区、阳澄淀泖区隶属武阳区，浦东区、浦西区隶属黄浦江区，浙西区、湖西区和太湖区三区为流域上游区，其他为下游区。三级水资源分区中，湖西及湖区总面积 16 672 km^2，占流域总面积的 45.2%；武阳区 8 321 km^2，占 22.6%；杭嘉湖区 7 436 km^2，占 20.2%；黄浦江区 4 466 km^2，占 12.1%（表 2-12）（高俊峰，2008）。

表 2-12 太湖流域水资源分区

三级区	四级区	省市	地市	面积/km^2	占流域百分比/%
湖西及湖区	小计			16 672	45.19
	浙西区	小计		5 931	16.08
		浙江省	小计	5 774	15.65
			杭州市	1 401	3.80
			湖州市	4 373	11.84
		安徽省	宣城市	157	0.43
	湖西区	小计		7 549	20.46
		江苏省	小计	7 481	20.28
			南京市	168	0.46
			镇江市	2 142	5.81
			常州市	3 434	9.31
			无锡市	1 737	4.71
		安徽省	宣城市	68	0.18
	太湖区	小计		3 192	8.65
		江苏省	小计	3 192	8.65
			常州市	40	0.11
			无锡市	655	1.78
			苏州市	2 497	6.77
武阳区	小计			8 321	22.55
	武澄锡虞区	小计		3 928	10.65
		江苏省	小计	3 928	10.65
			常州市	888	2.40
			无锡市	2 170	5.88
			苏州市	870	2.36
	阳澄淀泖区	小计		4 393	11.91
		江苏省	苏州市	4 234	11.48
		上海市	上海市	159	0.43

三级区	四级区	省市	地市	面积/km^2	占流域百分比/%
杭嘉湖区	小计			7 436	20.15
	杭嘉湖区	小计		7 436	20.15
		江苏省	苏州市	564	1.53
		浙江省	小计	6 321	17.13
			杭州市	933	2.53
			嘉兴市	3 943	10.69
			湖州市区	1 445	3.91
		上海市	上海市	551	1.49
黄浦江区	小计			4 466	12.11
	浦东区	上海市	上海市	2 301	6.24
	浦西区	上海市	上海市	2 165	5.87

从表 2-12 可以看出，湖西区和杭嘉湖区两者面积之和所占比例超过了 40%，分别为 20.46%和 20.15%。其次为浙西区、浦东浦西区、阳澄淀泖区、武澄锡虞区和太湖区，占太湖流域总面积的比例分别为 16.08%、12.11%、11.91%、10.65%和 8.65%。太湖流域由山丘区和平原两大部分组成，西部山丘区总面积 7338.43 km^2，占流域总面积的 20%；平原区面积 29556.44 km^2，占流域总面积的 80%。

2.4 生态功能区划

2.4.1 区划体系

生态功能区划是根据区域生态环境要素、生态环境敏感性与生态服务功能空间分异规律，将区域划分成不同生态功能区的过程。其目的是为制定区域生态环境保护与建设规划、维护区域生态安全，以及资源合理利用与工农业生产布局、保育区域生态环境提供科学依据。并为环境管理部门和决策部门提供管理信息与管理手段（国务院西部地区开发领导小组办公室和国家环境保护总局，2002）。

2.4.1.1 区划对象

生态功能区划的对象主要为陆地生态系统，包括森林生态系统、草原生态系统、湿地生态系统、荒漠生态系统、农田生态系统和城市生态系统 6 种类型。

2.4.1.2 区划目标

区划目标主要是为陆地环境保护与管理服务，用于明确各类生态功能区的主导生态服务功能以及生态保护目标，主要包括以下几个方面：

（1）分析不同区域的生态系统类型、结构、过程、生态问题、生态敏感性和生态系统服务功能类型及其空间分布特征，评价不同生态系统类型的生态服务功能对社会经济发展的作用，提出生态功能区划方案，明确各类生态功能区的主导生态服务功能以及生态保护目标，划定对生态安全起关键作用的重要生态功能区域。

（2）按综合生态系统管理思想，改变按要素管理生态系统的传统模式，分析各重要生态功能区的主要生态环境问题、成因及其空间分布特征，分别提出生态保护主要方向。

（3）以生态功能区划为基础，明确各功能区的生态环境与社会经济功能，指导区域生态保护与生态建设、产业布局、资源利用和经济社会发展规划，协调社会经济发展和生态保护的关系。

2.4.1.3 区划原则

（1）主导功能原则。生态功能的确定以生态系统的主导服务功能为主。在具有多种生态服务功能的地域，以生态调节功能优先；在具有多种生态调节功能的地域，以主导调节功能优先。

（2）区域相关性原则。在区划过程中，综合考虑流域上下游的关系、区域间生态功能的互补作用，根据保障区域、流域与国家生态安全的要求，分析和确定区域的主导生态功能。

（3）协调原则。生态功能区的确定与主体功能区规划、重大经济技术政策、社会发展规划、经济发展规划和其他各种专项规划相衔接。

（4）分级区划原则。全国生态功能区划应从满足国家经济社会发展和生态保护工作宏观管理的需要出发，进行大尺度范围划分。省级生态功能区划应与全国生态功能区划相衔接，在区划尺度上应更能满足省域经济社会发展和生态保护工作微观管理的需要。

2.4.1.4 区划等级与类别

按照我国的气候和地貌等自然条件，将全国陆地生态系统划分为 3 个生态大区：东部季风生态大区、西部干旱生态大区和青藏高寒生态大区；然后依据《生态功能区划技术暂行规程》（国务院西部地区开发领导小组办公室和国家环境保护总局，2002），将全国生态功能区划分为 3 个等级（表 2-13）（环境保护部和中国科学院，2008）：

（1）根据生态系统的自然属性和所具有的主导服务功能类型，将全国划分为生态调节、产品提供与人居保障 3 类生态功能一级区。

（2）在生态功能一级区的基础上，依据生态功能重要性划分生态功能二级区。生态调节功能包括水源涵养、土壤保持、防风固沙、生物多样性保护、洪水调蓄等；产品提供功能包括农产品、畜产品、水产品和林产品等；人居保障功能包括人口和经济密集的大都市群以及重点城镇群等。

（3）生态功能三级区是在二级区的基础上，按照生态系统与生态功能的空间分异特征、地形差异、土地利用的组合来划分的。

表 2-13 生态功能区划体系

生态功能一级区	生态功能二级区	生态功能三级区（太湖流域 19 个）
生态调节	水源涵养	
	防风固沙	
	土壤保持	
	生物多样性保护	
	洪水调蓄	
产品提供	农产品提供	
	林产品提供	
人居保障	大都市群	长三角大都市群人居保障三级功能区
	重点城镇群	

2.4.1.5 区划方法

生态功能区划是在生态现状调查、生态敏感性与生态服务功能评价的基础上，分析其空间分布规律，确定不同区域的生态功能，提出生态功能区划方案。生态敏感性的评价内容包括土壤侵蚀敏感性、沙漠化敏感性、盐渍化敏感性、石漠化敏感性、冻融侵蚀敏感性和酸雨敏感性 6 个方面。根据各类生态问题的形成机制和主要影响因素，分析各地域单元的生态敏感性特征，按敏感程度划分为极敏感、高度敏感、中度敏感以及一般敏感 4 个级别。生态系统服务功能评价的目的是明确生态服务功能类型及其空间分布。生态服务功能包括生态调节功能、产品提供功能与人居保障功能。其中，生态调节功能主要是指水源涵养、土壤保持、防风固沙、生物多样性保护、洪水调蓄等维持生态平衡、保障生态安全等方面的功能。产品提供功能主要包括提供农产品、畜产品、水产品、林产品等功能。人居保障功能主要是指满足人类居住需要和城镇建设的功能，主要区域包括大都市群和重点城镇群等。生态系统服务功能重要性评价是根据生态系统结构、过程与生态服务功能的关系，分析生态服务功能特征，按其对生态安全的重要性程度分为极重要、重要、中等重要、一般重要 4 个等级（国务院西部地区开发领导小组办公室和国家环境保护总局，2002）。

采用定性和定量相结合的方法进行分区划界。边界的确定要考虑利用山脉、河流等自然特征与行政边界。一级区划界时，注意区内气候特征的相似性与地貌单元的完整性；二级区划界时，注意区内生态系统类型与过程的完整性，以及生态服务功能类型的一致性；三级区划界时，注意生态服务功能的重要性、生态环境敏感性等的一致性。

2.4.2 区划方案

全国生态功能一级区共有 3 类 31 个区，包括生态调节功能区、产品提供功能区与人居保障功能区。生态功能二级区共有 9 类 67 个区。其中，包括水源涵养、土壤保持、防风固沙、生物多样性保护、洪水调蓄等生态调节功能，农产品与林产品等产品提供功能，以及大都市群和重点城镇群人居保障功能二级生态功能区。生态功能三级区共有 216 个（环境保护部和中国科学院，2008）。

根据全国生态功能区划方案，太湖流域属于“Ⅲ人居保障功能区”中的“III-01 大都市群人居保障功能区”之“III-01-02 长三角大都市群人居保障三级功能区”。

太湖流域生态功能一级区共有 1 类 3 个区，主要为人居保障功能区；生态功能二级区共有 1 类 6 个区，主要包括大都市群人居保障功能二级生态功能区；生态功能三级区共 19 个，即太湖流域共涉及 3 个生态区 6 个生态亚区 19 个生态功能区。其中涉及的生态区主要包括长江三角洲城镇与城郊农业生态区、浙东北水网平原生态区和浙西北山地丘陵生态区；涉及的生态亚区主要包括江苏沿江平原丘岗城市与农业生态亚区、太湖水网湿地与城市生态亚区、茅山宜溧低山丘陵常绿落叶阔叶混交林生态亚区、杭嘉湖平原城镇与农业生态亚区、宁绍平原城镇及农业生态亚区和天目山脉森林生态亚区（表 2-14）。

表 2-14　太湖流域生态功能区划

生态区	生态亚区	生态功能区
长江三角洲城镇与城郊农业生态区	江苏沿江平原丘岗城市与农业生态亚区	苏南沿江平原城市化和区域开发生态敏感区
	太湖水网湿地与城市生态亚区	长荡湖-滆湖湿地水源涵养与农业生态功能区
		苏锡常都市群城市生态功能区
		阳澄-淀泖湖群水乡古镇景观保护生态功能区
		太湖水源保护及生态旅游功能区
		城郊生产功能区
		中心城城市生态功能区
		黄浦江上游水源保护功能区
	茅山宜溧低山丘陵常绿落叶阔叶混交林生态亚区	茅山水源涵养生态功能区
		石臼-固城湖调蓄洪水与渔业资源保护生态功能区
		宜溧山地水源涵养及生物多样性保护生态功能区
浙东北水网平原生态区	杭嘉湖平原城镇与农业生态亚区	杭嘉湖平原城镇发展与农业生态功能区
		余杭洪水调蓄与城郊农业生态功能区
		嘉兴地下水资源保护与农业生态功能区
		西溪湿地与西湖自然人文景观保护生态功能区
	宁绍平原城镇及农业生态亚区	宁绍平原城镇发展与农业生态功能区
浙西北山地丘陵生态区	天目山脉森林生态亚区	长兴地质遗迹保护生态功能区
		苕溪水源涵养与农业生态功能区
		天目山生物多样性保护与水源涵养生态功能区

太湖流域 19 个生态功能区所涉及的区域与面积、主要生态环境问题、生态环境敏感类型、生态系统服务功能、保护措施与发展方向等差异显著，具体情况如表 2-15 所示。

表 2-15　太湖流域生态功能区划特征

生态功能区	所在区域与面积	主要生态环境问题	生态环境敏感类型	生态系统服务功能	保护措施与发展方向
苏南沿江平原城市化和区域开发生态敏感区	句容市北部、镇江市区大部分、丹阳市东北部、武进市沿江地区、常州市区北部、江阴市、张家港市、常熟市和太仓市（除各市、区长江水面和洲滩）	沿江工业发展造成长江水污染和沿江湿地破坏；长江岸线资源集约利用率低；开山采石破坏孤丘森林植被；工业无序发展导致人地矛盾加剧	水土流失高度敏感，土壤盐渍化高度敏感	城镇生态	发展循环经济；加强对沿江各个区域供水水源地和“引江济太”水源的保护；强化对各开发区建设的环境管理；严格限制开山采石，保护孤丘森林植被和景观资源
长荡湖-滆湖湿地水源涵养与农业生态功能区	丹阳和金坛二市大部分、武进市南部、溧阳市北部、宜兴市北部及东部湖滨地区	农业面源污染和乡镇工业污染严重，对水生态功能造成严重威胁	水土流失轻度敏感，土壤盐渍化轻度敏感，中度易涝敏感，水环境污染高度敏感	水源涵养，农业生产，集中供水水源地，渔业资源保护	推行生态农业，控制农业面源污染；加强对乡镇企业的污染控制；严格保护长荡湖和滆湖的饮用水源地；保护珍贵渔业资源

生态功能区	所在区域与面积	主要生态环境问题	生态环境敏感类型	生态系统服务功能	保护措施与发展方向
苏锡常都市群城市生态功能区	常州市区、无锡市区、苏州市区以及武进市各一部分	人口急剧增长，城市化、工业化高速发展，使该区成为太湖点源污染的主要源区	水土流失轻度敏感，土壤盐渍化高度敏感，高度易涝敏感	城市生态	按照产业生态化的要求发展新型工业和都市农业；加强三城市一体化的生态保护与建设，实现资源优化配置和社会经济协调发展；重视城市化过程中对古城、大运河等景观资源的保护
阳澄-淀泖湖群水乡古镇景观保护生态功能区	昆山、吴江二市及苏州市区东北部	工农业发展和城镇建设造成水污染及古镇景观破坏	水土流失中度敏感，土壤盐渍化高度敏感，中度易涝敏感，水环境污染高度敏感	景观保护	加强城镇建设中对水乡古镇文化景观的保护；限制水产养殖和工业开发规模；加强旅游开发的环境管理；加大城镇环境综合整治力度
太湖水源保护及生态旅游功能区	太湖水体及环湖5 km以内及入湖河流上溯 10km 的范围	水体富营养化，野生珍贵鱼类面临严重威胁	水土流失轻度敏感，土壤盐渍化轻度敏感，高度易涝敏感，水环境污染高度敏感	水源保护，生态旅游，渔业资源保护，洪水调蓄	加大太湖水污染综合防治力度；加强对风景名胜资源的保护；对珍贵湿地和鱼类资源集中分布地建立自然保护区
茅山水源涵养生态功能区	句容市大部分、溧水县大部分、镇江丹徒区部分及金坛市西北部	植被退化，开山采石造成生态破坏	水土流失中度敏感，土壤盐渍化轻度敏感，部分地区轻度易旱敏感	水源涵养，水土保持	营造、培育水源涵养林；加强水土流失预防和监督管理；发展生态农业、生态旅游、绿色食品、有机食品等生态产业；巩固水土流失综合治理、天然林保护等生态建设和生态保护工程成果
石臼-固城湖调蓄洪水与渔业资源保护生态功能区	溧水县西南部和高淳县全部	湖区过度围垦，农业面源污染严重	水土流失轻度敏感，土壤盐渍化中度敏感，水环境污染高度敏感	洪水调蓄，渔业资源保护	实行退耕还湖、退渔还湖；加强渔政管理，保护渔业资源；推行生态农业，控制湖区农业面源污染；发展名优特水产的种养殖；适度发展圩区及湖区生态旅游
宜溧山地水源涵养及生物多样性保护生态功能区	宜兴和溧阳二市南部	自然生态系统萎缩，开山采石造成植被和景观破坏	水土流失轻度敏感，部分地区土壤盐渍化高度敏感	水源涵养，生物多样性保护	限制污染型工业的发展；实施小流域综合治理；严格保护地带性植被；加强自然保护区管理；大力发展竹、茶等多种经营；发展生态旅游；引导乡镇工业有序化；加强对开山采石的管理和采矿破坏地的生态修复

生态功能区	所在区域与面积	主要生态环境问题	生态环境敏感类型	生态系统服务功能	保护措施与发展方向
杭嘉湖平原城镇发展与农业生态功能区	杭州市区中部和东部，平湖、海盐、桐乡、海宁西北部和中部，长兴东部、德清中部和东部，湖州市区中部和东部，面积约 5 805 km^2	工业废水、生活污水和农业面源污染导致水环境恶化；人均可利用水资源量低，地下水超采严重；酸雨问题严重	水环境污染、水资源胁迫、酸雨	生态系统产品提供、城镇发展、洪水调蓄、湿地生物多样性保护	调整工业结构，发展先进制造业和高新技术产业；发展城郊农业、观光农业与高效生态农业；加强基本农田建设与保护；加强湿地保护；严格执行地下水禁采限采的有关规定，防止地面沉降进一步加重
余杭洪水调蓄与城郊农业生态功能区	杭州市余杭区中部，面积约 312 km^2	湿地退化，洪水调蓄功能减弱；化肥、农药施用强度高，农业面源污染严重；石材开采对植被造成破坏	水资源胁迫	洪水调蓄、生态系统产品提供、湿地生物多样性保护	以南湖、北湖泄洪区建设为重点，确保湿地防洪蓄洪功能的发挥；依托杭州市发展城郊型农业和高效生态农业；整合旅游资源，抓住杭州市旅游西进的契机，发展生态休闲旅游
嘉兴地下水资源保护与农业生态功能区	嘉兴市秀洲区和秀城区、嘉善县，面积约 1 495 km^2	地表水污染严重，可利用水资源严重缺乏；地下水超采严重，地面沉降形成的漏斗区有扩延之势	水资源胁迫、水环境污染	生态系统产品提供、湿地生物多样性保护	加强地下水资源保护工程建设，严格控制地下水超采；大力发展高效生态农业；加大水污染综合治理力度；优化工业结构和布局，发展节水型、低污染企业；推进城乡一体化建设，完善城镇基础设施
西溪湿地与西湖自然人文景观保护生态功能区	杭州市西湖区中部、余杭区西南部，面积约 120 km^2	湿地斑块化和片断化，退化现象比较严重；游客流量对西湖等风景区的生态环境产生压力	水资源胁迫	湿地生物多样性保护、自然人文景观保护	建立西溪湿地自然保护区；开展湿地流域综合治理工程，改善湿地生态环境；对风景区游客容量承载力进行分析，采取措施保护自然与人文景观
宁绍平原城镇发展与农业生态功能区	杭州市的滨江区、西湖区东南部、萧山区中部和南部，绍兴市的越城区、绍兴县东北部、上虞中部，宁波市的江北区、江东区、海曙区、余姚北部、慈溪中部和南部、镇海西部、鄞县中部，面积约 4 638 km^2	工业“三废”产生量大，水环境污染严重；农药、化肥的高强度施用和淡水养殖业的快速发展，导致农业面源污染较为严重	水环境污染、水资源胁迫、酸雨	生态系统产品提供、城镇发展、洪水调蓄、湿地生物多样性保护	推进工业布局的调整，压缩一批高能耗、规模小、污染重的企业；发展高效生态农业，加快有机农业和绿色食品基地的建设，减轻农业面源污染；加快城乡一体化建设进程

生态功能区	所在区域与面积	主要生态环境问题	生态环境敏感类型	生态系统服务功能	保护措施与发展方向
长兴地质遗迹保护生态功能区	长兴县西部，面积约 761 km^2	山区水土流失面积较大；平原河网水污染较为严重；蓄电池生产企业较多，对环境产生污染	水资源胁迫、水环境污染	自然与文化遗产保护、生态系统产品提供、营养物质保持、土壤保持	重点保护具有重大科学研究价值的地质遗迹景观；加强植被保护，控制水土流失；治理水污染，保护水环境；加强对蓄电池企业的监管力度，禁止含铅废水、含铅烟尘未经处理直接排放
苕溪水源涵养与农业生态功能区	湖州市区西南部、安吉东北部、德清西部，杭州市余杭区西部、临安东部，面积约 2 392 km^2	水土流失强度严重；矿产开采对山体与植被产生破坏；森林生态系统功能较弱；酸雨污染严重	水土流失、地质灾害、酸雨	生物多样性保护、水源涵养与饮用水源保护、土壤保持	加强森林资源的保护，提升水源涵养服务功能；结合小流域综合治理，控制和减少水土流失；恢复矿山植被，保护矿山生态环境；加强苕溪饮用水水源区的保护；控制二氧化硫排放，减轻酸雨污染
天目山生物多样性保护与水源涵养生态功能区	安吉西南部、临安中部和西部，面积约 3 660 km^2	水土流失比较严重；森林生态效益低；矿山开采对山体和植被造成了破坏；酸雨比较严重	水土流失	水源涵养、生物多样性保护、自然与文化遗产保护、土壤保持、生态系统产品提供	继续加强对自然保护区的管理；建设生态公益林，提高水源涵养能力；实施小流域综合治理，减少水土流失；按照景区的承载能力，适度开展生态旅游
城郊生产功能区	上海郊区	农业生产没有形成市场化、集约化的运作模式，生产效率较低；农业面源污染严重，绿色农产品、有机农产品所占比例较低；工业园区的建设处于初级阶段	水环境中度敏感，大气环境中度敏感，生境中度敏感	体现城市生产功能，包括农业生产和工业生产等，新城和中心镇则体现居住功能	加强市场化运作模式，形成产、加、销等一体化的农业生产体系；推进生态农业、有机农业的建设；推进企业向园区集中，扩大工业园区的规模，形成集聚效应；以产业生态链建设为目标，指导工业园区的发展
中心城城市生态功能区	中心市区	人口过于密集，人地矛盾突出；城市热岛效应显著，是全市最敏感的地区；城市功能尚不完善，居住生活功能及配套服务设施不够成熟；绿化的生态效应	水环境中度敏感，大气环境中度敏感，热岛效应极度敏感	发展和完善城市功能，包括行政、居住、商务、贸易、交通、文化等	完善城市功能，加强市政和环保基础设施的建设，提高居住生活质量；控制人口规模在 800 万以内，疏导部分人口向区外迁移；严格控制该区的工业发展，鼓励都市型工业发展；重视绿化的各项生态效应
黄浦江上游水源保护功能区	黄浦江上游，包括青浦区、松江区、闵行区、金山区、奉贤区部分区域	土地利用结构不尽合理，生产性用地规模仍然较大；环保设施建设滞后，大量污水未经处理直排河道；畜禽养殖规模较大，污染严重；水源涵养林减少	水环境极度敏感，大气环境高度敏感	保护城市饮用水源地，保证城市用水安全	调整土地利用结构，并按“圈层理论”进行合理布局；限制工业发展，实施工业企业向园区集中战略；实施生态农业发展战略，控制农业面源污染和畜禽养殖污染；完善环保基础设施，加快生活污水处理厂建设

2.5 主体功能区划

2.5.1 区划体系

《全国主体功能区规划》根据中国共产党第十七次全国代表大会报告、《中华人民共和国国民经济和社会发展第十一个五年规划纲要》和《国务院关于编制全国主体功能区规划的意见》(国发[2007]21 号)编制，是推进形成主体功能区的基本依据，是科学开发国土空间的行动纲领和远景蓝图，是国土空间开发的战略性、基础性和约束性规划。2010 年 12 月，国务院正式下发“关于印发全国主体功能区规划的通知”的文件，要求各省、自治区、直辖市人民政府和各相关部门做好规划实施的相关工作。

推进形成主体功能区，要根据不同区域的资源环境承载能力、现有开发强度和发展潜力，统筹谋划人口分布、经济布局、国土利用和城镇化格局，确定不同区域的主体功能，并据此明确开发方向，完善开发政策，控制开发强度，规范开发秩序，逐步形成人口、经济、资源环境相协调的国土空间开发格局（国务院，2010)。

2.5.1.1 区划对象

主体功能区规划是根据资源环境的承载能力、开发潜力和现有的开发力度，确定哪些区域适合于优化开发或重点开发，哪些区域应该限制开发或禁止开发。因此主体功能区划的对象为国土空间。

2.5.1.2 区划目的

主要目标是空间开发格局清晰、空间结构得到优化、空间利用效率提高、区域发展协调性增强和可持续发展能力提升等，即形成点状开发、面上保护的空间结构，形成环境友好型的产业结构，人口总量下降、人口质量提高、生态服务功能增强、生态环境质量改善。

2.5.1.3 区划原则

(1）基本依托行政区的原则。主体功能区规划的基本单元确定从理论上讲应该不囿于行政区划，根据区域的资源环境承载能力、开发密度和发展潜力等自然和经济要素，确立科学合理的区划方案，发挥规范国土空间开发秩序、协调国土空间开发结构的作用。但是，在实际操作过程中，打破行政区来划分主体功能区存在如何实施和依靠谁来实施配套政策的问题。

(2）自上而下、上下互动的原则。主体功能区规划具有全局性、引导性、约束性或强制性的特点，因此应采用自上而下的划分方法。由于区域类型多样、差异显著，以及行政和经济管理体制特点。因此，主体功能区规划应坚持自上而下、上下互动的原则。

(3）科学性和可行性并重的原则。主体功能区规划是一项理论性和科学性很强的工作，不仅需要国内外空间开发和规划有关理论的支撑，还需要建立在大量数据和指标的定量分析和处理基础之上。另外，需要借助于卫星 RS、GIS 等多种现代化高新技术手段，提高主体功能区规划的真实性和准确性，并为分类配套政策的设计提供强有力的科学决策依据。同时，主体功能区规划也是一项应用性和政策性很强的工作，区划单元、边界、标准以及指标的选择和确定必须要考虑我国行政区划、政府管理体制、相关部门专项规划等基本现状。

(4)动态调整的原则。主体功能区规划是对国土空间的中长期战略性开发和布局安排，应保持相对稳定性，但并不排除局部性和阶段性调整。随着国土空间开发格局的不断变化，主体功能区规划的边界、范围、单元等基本特性将保持不断地变化和动态调整。

2.5.1.4 区划等级与类别

按开发方式，分为优化开发区域、重点开发区域、限制开发区域和禁止开发区域；按开发内容，分为城市化地区、农产品主产区和重点生态功能区；按层级，分为国家和省级两个层面。

优化开发区域、重点开发区域、限制开发区域和禁止开发区域是基于不同区域的资源环境承载能力、现有开发强度和未来发展潜力，以是否适宜或如何进行大规模高强度工业化城镇化开发为基准划分的。

城市化地区、农产品主产区和重点生态功能区是以提供主体产品的类型为基准划分的。城市化地区以提供工业品和服务产品为主体功能，也提供农产品和生态产品；农产品主产区以提供农产品为主体功能，也提供生态产品、服务产品和部分工业品；重点生态功能区以提供生态产品为主体功能，也提供一定的农产品、服务产品和工业品。

2.5.1.5 区划方法

首先对区域进行评价，共确定出 10 个评价指标项，包括可利用土地资源、可利用水资源、环境容量、生态系统脆弱性、生态系统重要性、自然灾害危险程度、人口集聚度、经济发展水平、交通可达性、战略选择，每个指标还有下级指标。由于未来我国的稳定首先还是受制于资源环境系统，所以资源环境类指标占了 6 个。首先用指标项对每个区域进行评价，然后进行聚类，获得不同的备选方案。备选方案结合保护类开发区进行分析，看政策能力能否支撑。因为我国未来整体大格局还是一个重点开发区，方案的选择不能和国家的大格局出现背离，保护类开发区不能太多，另外还要进行省与省之间的协调等多个环节，最后才在备选方案基础上得到规划方案。

2.5.2 区划方案

从全国主体功能区划方案来看，太湖流域位于“两横三纵”为主体的城市化战略格局的交界地带，处于陆桥通道、沿长江通道为两条横轴的陆桥通道上，处于沿海、京哈京广、包昆通道为三条纵轴的沿海通道上。从开发方式上看，太湖流域属于环渤海、长江三角洲、珠江三角洲地区 3 大优化开发区中的长江三角洲优化开发区域；从开发内容上看，太湖流域属长江流域农产品主产区和长江三角洲城市群。

太湖流域所处的长江三角洲优化开发区包括上海市和江苏省、浙江省的部分地区。该区域的功能定位是：长江流域对外开放的门户，我国参与经济全球化的主体区域，有全球影响力的先进制造业基地和现代服务业基地，世界级大城市群，全国科技创新与技术研发基地，全国经济发展的重要引擎，辐射带动长江流域发展的龙头，我国人口集聚最多、创新能力最强、综合实力最强的三大区域之一（国务院，2010）。

（1）优化提升上海核心城市的功能，建设国际经济、金融、贸易、航运中心和国际大都市，加快发展现代服务业和先进制造业，强化创新能力和现代服务功能，率先形成以服务经济为主的产业结构，增强辐射带动长江三角洲其他地区、长江流域和全国发展的能力。

（2）提升南京、杭州的长江三角洲两翼中心城市功能。增强南京金融、科教、商贸物流和旅游功能，发挥南京在长江中下游地区承东启西枢纽城市作用，建设全国重要的现代服务业中心、先进制造业基地和国家创新型城市，区域性的金融和教育文化中心。增强杭州科技、文化、商贸和旅游功能，建设国际休闲旅游城市，全国重要的文化创意中心、科技创新基地和现代服务业中心。

（3）优化提升沪宁（上海、南京）、沪杭（上海、杭州）发展带的整体水平，建设沪宁高新技术产业带。培育形成沿江、沿海、杭湖宁（杭州、湖州、南京）、杭绍甬舟（杭州、绍兴、宁波、舟山）发展带，积极发展高新技术产业和现代服务业，加强港口和产业的分工协作，控制城镇蔓延扩张。调整太湖周边地区产业布局，建设技术研发和旅游休闲基地。

（4）强化宁波、苏州、无锡综合服务和辐射带动能力。宁波建设成为长江三角洲南翼的经济中心和国际港口城市，苏州建设成为高新技术产业基地、现代服务业基地和旅游胜地，无锡建设成为先进制造业基地、国家传感信息中心、商贸物流中心、服务外包和创意设计基地。

（5）增强常州、南通、扬州、镇江、泰州、湖州、嘉兴、绍兴、台州、舟山等节点城市的集聚能力，加强城市功能互补，提高整体竞争力。

（6）发展高附加值的特色农业、都市农业和外向型农业，完善农业生产、经营、流通等服务体系，建设现代化的农产品物流基地。

（7）加强沿江、太湖、杭州湾等地区污染治理，严格控制长江口、杭州湾陆源污染物排江排海和太湖地区污染物入湖，加强海洋、河口和山体生态修复，构建以长江、钱塘江、太湖、京杭大运河、宜溧山区、天目山—四明山以及沿海生态廊道为主体的生态格局。

2.6 流域现有区划与水生态功能分区的关系

2.6.1 流域现有区划与水生态功能分区的差异性

2.6.1.1 与水环境功能区划、水功能区划和水资源区划的差异性

太湖流域水环境功能区划的对象为水体即河流、湖泊和水库等，其目标是为了对水域实行分类管理，把不同的环境目标体现于对不同水环境功能的保护，其重点是水环境。太湖流域水功能区划的对象也为水体，其目标主要是协调水资源开发利用和保护、整体和局部的关系，确定水域的功能及功能顺序，为饮用水、农业用水、工业用水和景观娱乐用水等服务。而太湖流域水资源区划的对象为水体及其陆域，其目标主要是为水资源开发利用、节约保护、防灾减灾等提供支持，突出的是水资源。这三种与水相关的区划对于流域水量和水质的开发利用和保护起到了重要作用，然而它们均未涉及水体的生物特性。水生态功能区划则不同，将水生物及生境纳入进来，强调水体的生态特征。由于区划目的的差异，其分区技术方法体系即分区原则、分区指标、分区方法、分区等级体系以及分区结果等方面均存在较大差异（表 2-16）。

表 2-16 太湖流域现有区划与水生态功能区划体系的比较

区划	区划对象	区划目的	区划原则	区划等级与类别	区划方法
水环境功能区划	各主要河流、湖泊和水库	对水域实行分类管理，把不同的环境目标体现于对不同水环境功能的保护	水资源可持续利用原则；统筹兼顾、突出重点原则；前瞻性原则；开发利用与保护并重原则；便于管理、实用可行原则；不低于现状水质和不同功能兼顾原则；允许点源排污口附近存在混合区原则	自然保护区（国家级自然保护区和地方级自然保护区）、饮用水水源保护区（一级保护区、二级保护区和准保护区）、渔业用水区（珍贵鱼类保护区和一般鱼类用水区）、工业用水区、农业用水区、景观娱乐用水区、混合区、过渡区和保留区	依据水域现状使用功能和潜在功能、社会经济发展、水环境状况、污染源分布等有关资料的评价结果进行河段、湖面等水体的功能划分
水功能区划	主要水域	协调水资源开发利用和保护、整体和局部的关系，确定水域的功能及功能顺序	可持续发展原则；以流域为系统，实行统筹兼顾、突出重点原则；以两省一市批复的水功能区划为基础的原则；水质水量并重的原则	采用两级体系，即一级功能区划和二级功能区划，一级功能区划分 4 类，即保护区、保留区、缓冲区、开发利用区，二级功能区划在一级区划的开发利用区内进行，分 7 类，即饮用水水源区、工业用水区、农业用水区、渔业用水区、景观娱乐用水区、过渡区、排污控制区	依据水资源的自然条件、功能要求、开发利用现状以及流域综合规划、水资源保护规划和经济社会发展的要求对相应水域进行功能划分
水资源区划	水资源及其开发利用	满足水资源开发利用、节约保护、防灾减灾等调查评价、规划编制、合理调配和科学管理的需要	完整性原则；综合性原则；可操作性原则；层次性原则	全国层面分三级水资源区，太湖流域进一步开展了四级分区	从保持水系的完整性角度，结合流域特点以水利工程控制区、子流域、行政单元等分区单元为基本单位进行边界确定
生态功能区划	陆地生态系统	为陆地环境保护与管理服务，用于明确各类生态功能区的主导生态服务功能以及生态保护目标	主导功能原则；区域相关性原则；协调原则；分级区划原则	全国层面进行三级区划，一级分 3 类即生态调节、产品提供与人居保障，二级分 9 类即水源涵养、土壤保持、防风固沙、生物多样性保护、洪水调蓄、农产品提供、林产品提供、大都市群和重点城镇群	一级区划界时，注意区内气候特征的相似性与地貌单元的完整性。二级区划界时，注意区内生态系统类型与过程的完整性，以及生态服务功能类型的一致性。三级区划界时，注意生态服务功能的重要性、生态环境敏感性等的一致性，边界的确定要考虑利用山脉、河流等自然特征与行政边界
主体功能区划	国土空间	促使空间开发格局清晰、空间结构得到优化、空间利用效率提高、区域发展协调性增强和可持续发展能力提升	基本依托行政区的原则；自上而下、上下互动的原则；科学性和可行性并重的原则；动态调整的原则	按开发方式分为优化开发区域、重点开发区域、限制开发区域和禁止开发区域 4 类；按开发内容分为城市化地区、农产品主产区和重点生态功能区 3 类；按层级分为国家和省级两个层面	基于可利用土地资源、可利用水资源、环境容量、生态系统脆弱性、生态系统重要性、自然灾害危险程度、人口集聚度、经济发展水平、交通可达性、战略选择等指标的评价进行边界确定，一般以县级或乡镇级行政单位为基本区划单元
水生态功能区划	水生态系统及其关联的陆域空间	揭示流域水生态系统的层次结构与空间特征差异，为水质目标管理、水生态系统差别化管理，实现水生态系统健康提供支持	以水定陆、水陆耦合原则；子流域完整性原则；发生学原则；突出湖体重要性原则；体现水生态自然功能差异性原则等	为层级体系，即一、二、三和四级，一级区体现流域水生态系统中生物群落和生物种群类型的分布与格局，二级区体现流域水生态系统生物群落多样性和完整性的空间差异；三级区体现流域水生态系统自然维持功能的空间差异	一级区基于地面高程和河网密度，二级区基于建设用地面积比、耕地面积比、土壤类型和坡度等水生态系统特征驱动指标，三级区基于底栖动物多样性指数、叶绿素含量、水生境类别和特征指示物种类别等生态指标进行，具体实现采用空间二阶聚类和人工辅助优化的方式

流域水环境功能区划属于流域水生态系统要素的区划，有较多的研究和应用，为开展水生态功能区划方法的研究和实践，提供了良好的基础。在流域生态系统中，水质是生态安全的基础，污染物在流域中的迁移转化过程是生态安全的基本过程。因此，这种区划为水生态功能区划与水资源管理提供了宝贵的理论基础和技术支持，水环境功能区划是水生态功能区划的基础。不仅水体本身质量达标，而且应把水体及其环境作为完整的生态系统统筹考虑，才能确保水生态系统的健康发展。

2.6.1.2 与生态功能区划的差异性

生态功能区划的对象是森林生态系统、草原生态系统、湿地生态系统、荒漠生态系统、农田生态系统和城市生态系统等陆地生态系统，与水生态功能区划以水生态系统为主要对象存在明显差异。而生态功能区划的目标是用于明确各类生态功能区的主导生态服务功能以及生态保护目标，进而为陆地生态环境保护与管理服务。由于区划对象和目的的差异，生态功能区划和水生态功能区划在分区技术方法体系，即分区原则、分区指标、分区方法、分区等级体系以及分区结果等方面均存在较大差异（表 2-16）。

生态功能区划综合多项生态因子，以保护和改善区域生态环境为首要任务，依据区域生态系统服务功能的不同、生态敏感性的差异和人类活动影响程度，分别采取不同的对策。由于水体生态系统跟陆地生态系统具有一定的联系，陆地生态系统对水体生态系统具有较大的影响，因此，从某种程度上讲，水生态功能区划与生态功能区划又有联系，如陆地生态系统自然保护区内的水体的生态条件一般较好，其功能定位也相对较高。因此，在进行流域水生态功能区划时，要注意与生态功能区划的衔接。

2.6.1.3 与主体功能区划的差异性

主体功能区划的对象为国土空间，侧重区域社会经济发展，其目标主要是优化开发空间结构，明晰空间开发格局，提高空间利用效率，增强区域发展的协调性。在进行区划时也考虑资源环境的承载能力、开发潜力和现有的开发力度，将环境保护乃至可持续发展置于重要地位，如区划指标中除包括人口集聚度、经济发展水平、交通可达性、战略选择外，还包括可利用水资源、环境容量、生态系统脆弱性、生态系统重要性、自然灾害危险程度等环境特征指标（表 2-16）。

主体功能区划在促进社会经济发展的同时，也注重生态服务功能的增强和生态环境质量的改善，这与水生态功能区划的目标是一致的。

2.6.2 太湖流域水生态功能分区要求

2.6.2.1 水生态功能区划的特点与需求

通过流域水生态功能分区，能够有效地协调经济社会与水资源管理和水生态保护之间的关系，为建立和完善流域水生态功能提供保障。

水环境管理部门在水域的管理中，不仅要关注水化学指标和水污染控制问题，而且要关注水生态系统结构和功能的保护。水生态功能区划方案不是根据某一种自然因素来划定各个级别的水生态区，而是将各种特征指标结合在一起，共同诠释其对不同层次水生态系统的影响。在水污染防治方面，以水生态功能区划为基础的方法，比以工程技术为基础的方法更具有前景，应把水生态区空间结构作为建立非点源污染水质标准的基础。以水生态区和水体类型为基础，评估水体的生态状况，最终确定生态保护和恢复目标。

2.6.2.2 水生态功能区划的要求

水生态功能区应该基于影响水生态系统特性的土壤、自然植被、地形和土地利用等区域性特征以及水生态系统特征，将具有相对同质的水生态系统或生物体，及其与环境相关的土地单元划分为同一水生态功能区。通过对太湖流域的水环境功能区划、水功能区划、水资源区划、生态功能区划和主体功能区划的总结与分析，太湖流域水生态功能区划工作的要求应体现在：

（1）体现太湖流域水生态系统的组成、结构、格局、过程和功能等特征的差异，为水生态系统多样性、完整性和水生态保护目标的制定提供依据，进一步细化和落实水生态功能；

（2）体现“以水定陆”原则，水生态的保护对象和保护目标在水体，但其影响因素在陆地上，因而，要根据水体的水生态保护对象与目标，划分陆地上不同的影响区域；

（3）实现从水化学指标向水生态指标管理的转变，提出不同水生态功能区的水生物指示物种及其所需的水体物理、化学等生境条件，成为水环境保护更科学和有效的途径；

（4）太湖流域水生态功能区划应与相关水功能区划、水环境功能区划和生态功能区划等区划相衔接，体现区划的连续性、创新性、科学性和可操作性。

因而，基于流域水生态系统状况和水生态管理的要求，结合水生态功能区划工作的要求，探求太湖流域水生态功能分区原则、指标、方法、等级体系等技术方法体系，形成太湖流域水生态功能分区方案。

3 太湖流域水生态系统的形成基础

3.1 概述

太湖流域地处长江三角洲，北抵长江，东临东海，南滨钱塘江，西以天目山、茅山为界，介于东经 119°11'—121°53'，北纬 30°28'—32°15'；太湖流域行政区划分属江苏、浙江、上海、安徽三省一市，总面积 3.69 万 km^2，其中江苏 19 399 km^2，占 52.6%；浙江 12 093 km^2，占 32.8%；上海 5 178 km^2，占 14%；安徽 225 km^2，占 0.6%（图 3-1）。

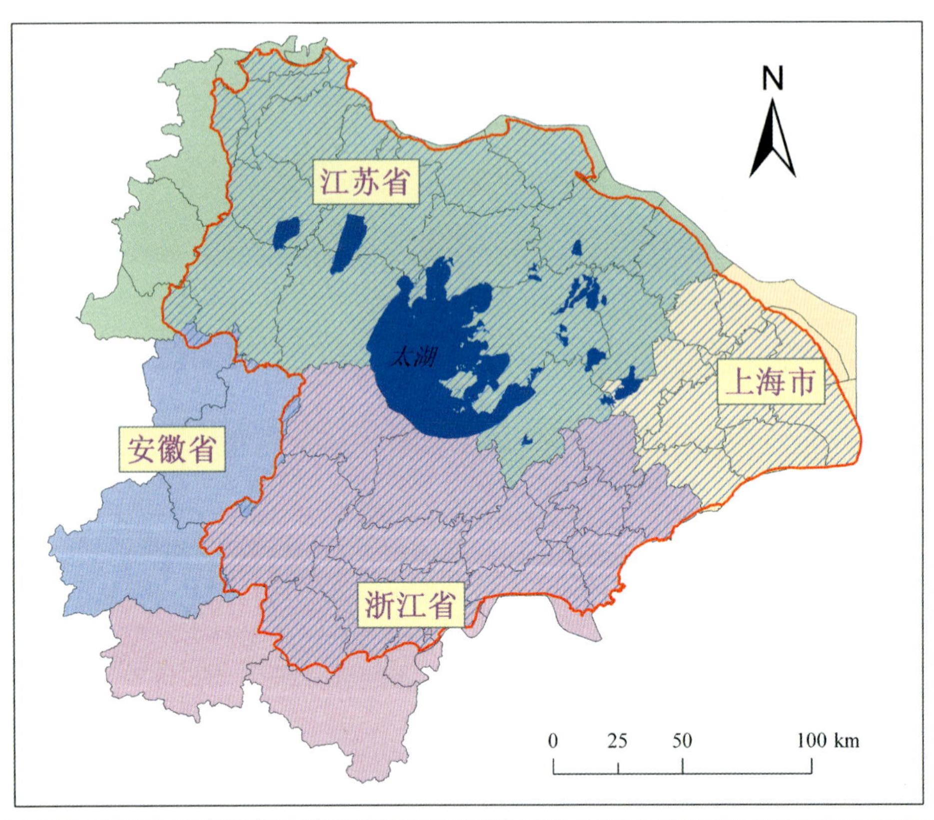

图 3-1 太湖流域涉及的行政区

太湖流域地貌、气候、土壤、植被覆盖和土地资源等自然背景条件，人口与城市化、经济状况和污染物排放等社会经济状况，以及土地利用特征和水文水资源状况等对流域水生态系统的组成、结构、格局、过程和功能等具有十分显著的影响。为此，本章着重分析影响太湖流域水生态系统特征的自然背景和人文状况。

3.2 自然地理

3.2.1 地貌

太湖流域西部山地、东部平原的地貌基本轮廓，于燕山运动时期已经奠定。自第三纪以来，该区山地主要处于抬升与侵蚀过程中。天目山位于强烈上升地区，形成该流域最高山地。由于不等量上升的结果，愈北山体高度愈低，范围愈窄。太湖平原则以下沉为主，大致自西向东、由南向北沉积物逐渐加厚，即第三纪以来愈向北东，地面下沉量愈大。太湖平原在第四纪晚更新世末期就已成陆，其后形成过程沿着三江—湖泊—水网化方向发展。在福山—太仓—七宝—奉贤一线形成古海岸线，在外侧逐步形成现今的三角洲平原。而内侧以太湖为中心的地面，地势低洼，排水不畅，湖荡众多，河网密布，形成大面积的湖荡平原和水网平原（孙顺才和黄漪平，1993）。西部山丘前缘则形成地势较高的高亢平原与山前平原（图 3-2）。

3.2.1.1 平原地貌

三角洲平原：位于沿江、沿海的狭长低平原。地面由近代长江、钱塘江的泥沙在河口堆积而成，物质以粉砂质为主，愈近江（海）沙性愈重，质地愈轻。大部分地面海拔在 2～3 m（采用黄海高程，下同）。其中江阴一带岩江洲地高程在 4 m 左右。而杭州湾沿岸的高爽平原地势较高，海拔达 5～7 m。

湖荡平原：范围最大，位于太湖和阳澄湖群、淀泖湖群、菱湖湖群、洮滆湖群、芙蓉圩等湖荡周围平原。地势低洼，湖荡集中，是太湖流域的洪水走廊。大部分地面海拔在 2 m 以下，最低处可至 0 m 左右，均低于当地洪水位，需筑堤围圩以挡洪水。地面土质以湖相淤泥质为主，质地黏重，地下水位较高。

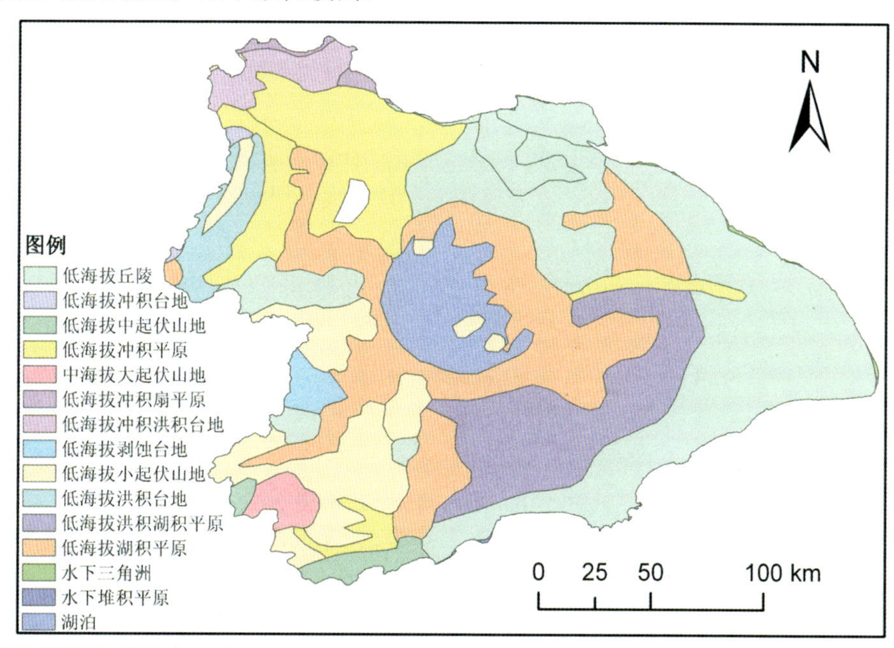

图 3-2 太湖流域地貌（中国科学院南京地理与湖泊研究所，1999）

水网平原：分布在太湖南北两片。北片在常州、无锡一带，南片在金山、平湖、桐乡一带。地势平坦，河网密布，大部分地面海拔在 2～4 m。地面主要由河流相或河湖相物质组成。

高亢平原：位于太湖平原西北部，是流域内最高的平原，大部分地面海拔在 5～8 m。地势高亢略有起伏，河网相对稀疏。金坛、武进、江阴、张家港一带地面土质较黏，由河流冲积物组成；而丹阳一带的高沙平原，地面主要由长江冲积物组成，地势高，沙性重。

山前平原：主要分布在茅山西侧、宜溧山地北侧和东苕溪西侧的小片山前倾斜平地——山前平原。是山丘或岗地向平原过渡地带，海拔 5～10 m，地面倾斜，易受山洪影响，沿河两侧地面需筑堤围圩。

3.2.1.2 山地地貌

中山：分布在天目山主峰周围，山峰海拔均超过 1 000 m，山势高耸陡峻，坡度较大，侵蚀强烈，河谷深切，植被茂密，是太湖流域著名的自然保护区。

低山：主要分布在天目山山地主峰外围的莫干山、天竺山以及宜溧山地和茅山山地。山体海拔大多在 400～700 m，茅山最低，一般仅 300 m 上下，山地连片，主要分布在流域的分水岭地带，范围较广，植被保存较好，是该流域山地面积最大的部分。

丘陵与孤丘：主要分布于山地外围，并散布在太湖平原之上。山地低矮、孤立、分散，大部分海拔在 100～300 m，与湖水相映，改变了平原单调的地貌，加上保留许多历史遗迹，成为我国著名的风景旅游胜地。

黄土岗地：主要分布在茅山东侧与宁镇山地南侧，地面由黏性黄土所构成。岗冲相间，由岗顶、岗坡、冲谷 3 部分组成，地面海拔大多在 20～40 m，相对高程在 10～30 m 不等。

红土岗地：零星分布于天目山地、宜溧山地外围。地面由红色黏土或沙砾土构成，海拔在 20～50 m，相对高程一般在 10～30 m。

河谷平原及冲谷：在山丘较为宽阔的平地为河谷平原，而山丘岗地间狭窄弯曲的倾斜平地即为冲谷。

3.2.2 气候

太湖流域属亚热带季风气候区，四季分明，雨水丰沛，热量充裕。冬季受大陆冷气团侵袭，盛行偏北风，气候寒冷干燥；夏季受海洋气团的控制，盛行东南风，气候炎热湿润。

3.2.2.1 气温

太湖流域多年平均气温 15～17℃，气温分布特点为南高北低，极端最高气温为 41.2℃，极端最低气温为–17.0℃。1 月平均气温最低，为 1.7～3.9℃，沿海及滨湖地区 1 月平均气温比周围地区高 0.2～0.4℃。7 月平均气温最高，为 27.4～28.6℃。

3.2.2.2 降水量

流域多年平均降水量 1 177 mm，空间分布自西南向东北逐渐递减。受地形影响，西南部天目山区年降水量最大，临安达 1 408 mm，杭州、德清、安吉等地均超过 1 350 mm；宜溧山区、嘉兴、湖州等范围内年降水量为 1 150～1 240 mm；东部沿海及北部平原区年降水量均少于 1 100 mm，宝山最少，为 1 010 mm（图 3-3（a））。受季风强弱变化影响，降水的年际变化明显，年内雨量分配不均。全年以夏季（6—8 月）降水量最多，为 340～450 mm，占年降水量的 35%～40%；春季（3—5 月）降水量为 260～424 mm，占年降水量的 26%～30%；秋季（9—11 月）降水量为 190～315 mm，占年降水量的 18%～23%；冬季（12—2 月）降水量最少，为 110～210 mm，占年降水量的 11%～14%。太湖流域全年降水天数为 122～159 d，北部少，南部多。西南部天目山区约 155～159 d，宜溧山区约 140～150 d，东部及北部平原地区约 122～140 d。太湖流域全年有 3 个明显的雨季。3—5 月为春雨，特点是雨日多，雨日数占全年雨日的 30%左右；6—7 月为梅雨期，梅雨雨量较大，约占年降水量的 20%～30%，梅雨期历时一般为 23 d，但梅雨天数和雨量年际变化较大。梅雨期降水总量大、历时长、范围广，易形成流域性洪水；8—10 月为台风雨，降水强度较大，但历时较短，易造成严重的地区性洪涝灾害。

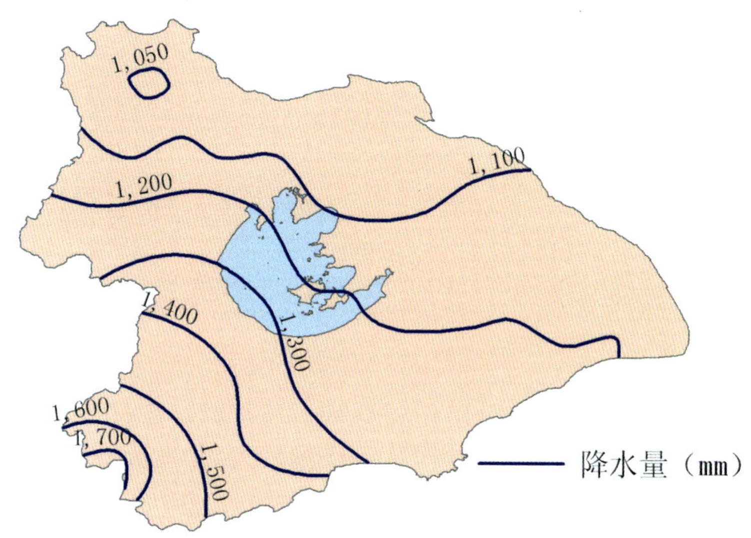

（a）降水量等值线

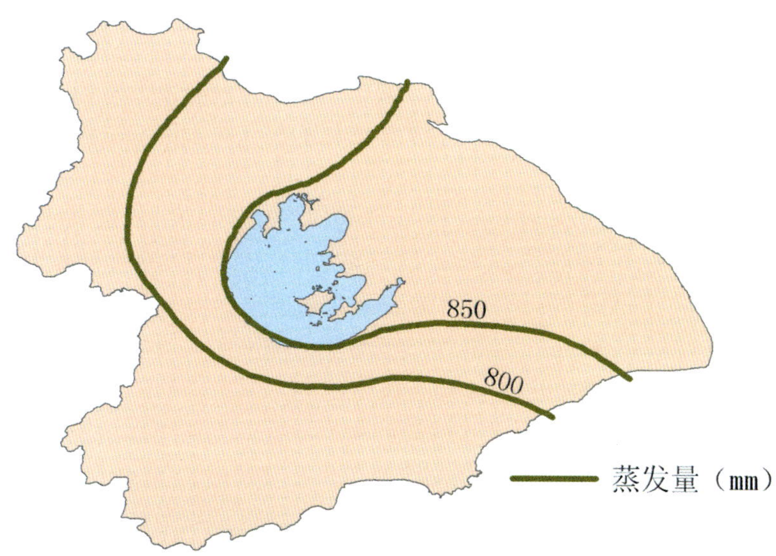

（b）蒸发量等值线

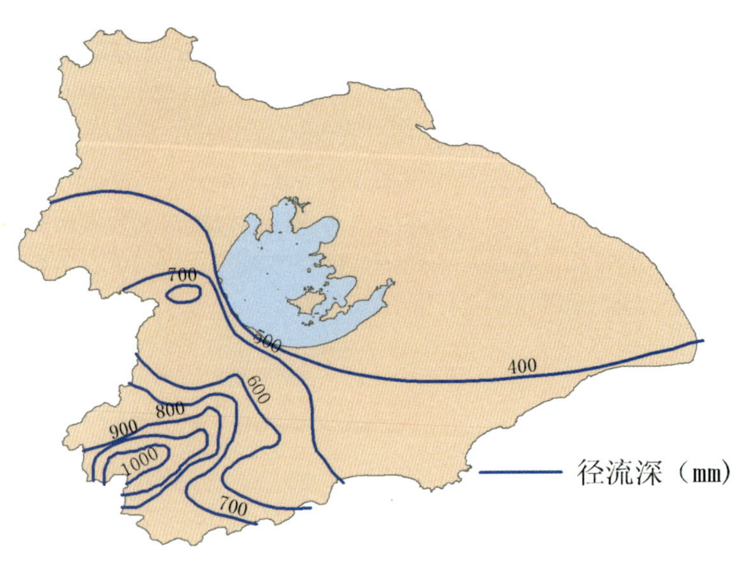

（c）径流深等值线

图 3-3　太湖流域降水量、蒸发量和径流深等值线

3.2.2.3　蒸发量

太湖流域多年平均年水面蒸发量为 821.7 mm，变化幅度为 750～900 mm，空间分布为东部大于西部，平原大于山区。太湖区、阳澄淀泖区、浦东浦西区、武澄锡虞区部分地区，多年平均水面蒸发量大于 850 mm；湖西区、杭嘉湖区和浙西区的平原地区为 800～850 mm，浙西和湖西山区最小，大部分小于 800 mm（图 3-3（b））。受温度、风速、空气湿度和地面性状等因素影响，太湖流域蒸发量呈明显季节性特征，夏季蒸发量可达冬季的 3～4 倍。

3.2.2.4　径流

太湖流域多年平均天然年径流量为 161.5 亿 m^3。天然年径流量最大值出现在 1999 年，达到 327.8 亿 m^3；最小值出现在 1978 年，为 25.7 亿 m^3，最大值与最小值之比值为 12.8。径流年内分配与降水相应，春夏季大，冬季最小。夏季地面蒸发大于春季，径流比例相对较小。枯水年地面耗水比例大，因此径流年际变化的倍比大于降水年际变化倍比，径流年际变化倍比一般为 4～8 倍。

太湖流域大部分地区多年平均天然年径流深变幅为 300～700mm，仅天目山主峰一带和苏、浙、皖交界的局部地区天然年径流深 700mm 以上。属全国水资源分带中的多水带（年径流深 200～800mm）。天然年径流深高值区位于流域西南部浙江省境内天目山丘区，年径流深为 700～900mm（多年平均天然年径流深最大值是浙江老石坎水库站，达 990mm）；低值区位于太湖区，年径流深小于 300mm（图 3-3（c））。

3.2.2.5　潮汐

太湖流域主要口门分布在长江和杭州湾沿岸，目前除黄浦江口门开敞外，其他口门均已建闸控制。各口门排水均受东海潮汐影响。东海潮汐为正规半日潮，一日有两次高潮和低潮。月内阴历初三和十八前后为大潮，初八和二十三前后为小潮。长江口地区全潮历时约为 12 小时 25 分钟。东海潮波进入长江口后，由于水深变浅以及上游径流的作用，潮波变形，形成非正规半日潮，落潮历时略长于涨潮历时。长江口吴淞站历年最高潮位 6.25 m（1997 年 8 月长江口出现台风、暴雨和天文大潮“三碰头”，江阴以下河段各站水位均出现历史最高潮位），多年平均高潮位 3.52 m，平均潮差 2.27 m，最大潮差 4.48 m。潮波沿江上溯，潮差逐渐减小。杭州湾潮汐受上游钱塘江径流影响甚小，潮波变化相对较小，涨落潮历时相差不大。由于钱塘江河宽在盐官附近呈喇叭口状突然收束，潮波进入后易产生涌潮。黄浦江是太湖流域最大的排洪通道，潮位变化受长江口潮汐和太湖下泄径流影响。黄浦江是一条中等强度的感潮河流，潮汐属非正规半日潮型，潮流界可达淀山湖及浙沪边界，潮区界可达太浦闸及平湖塘一带。黄浦公园潮位站多年平均潮差 1.83 m，最大潮差 3.55 m，实测最高潮位 5.98 m。

3.2.3 土壤

太湖流域有两种地带性土壤，北部为黄棕壤，南部为红壤。成土过程的特点是强烈的黏化与轻微的富铝化。红壤面积占土壤资源的面积为 11.3%，因处于其分布的北缘，故并不十分典型，同时，由于母质与风化壳类型的影响，这两类土壤在某些山麓可交错分布，在红色风化壳出露的地段发育为红壤，而下蜀黄土覆盖地段则为黄棕壤，黄棕壤占 7.4%。另有黄刚土（耕种黄棕壤）占 2.1%。水稻土面积大、分布广，是在长期水旱交替耕作条件下形成的，占 63.2%。灰潮土仅分布于长江、钱塘江沿岸，主要在长江冲积母质上发育形成，占 1.7%。滨海盐土仅占 1%左右，其余零星分布桑基、蔬菜与烂田土壤（图 3-4）。

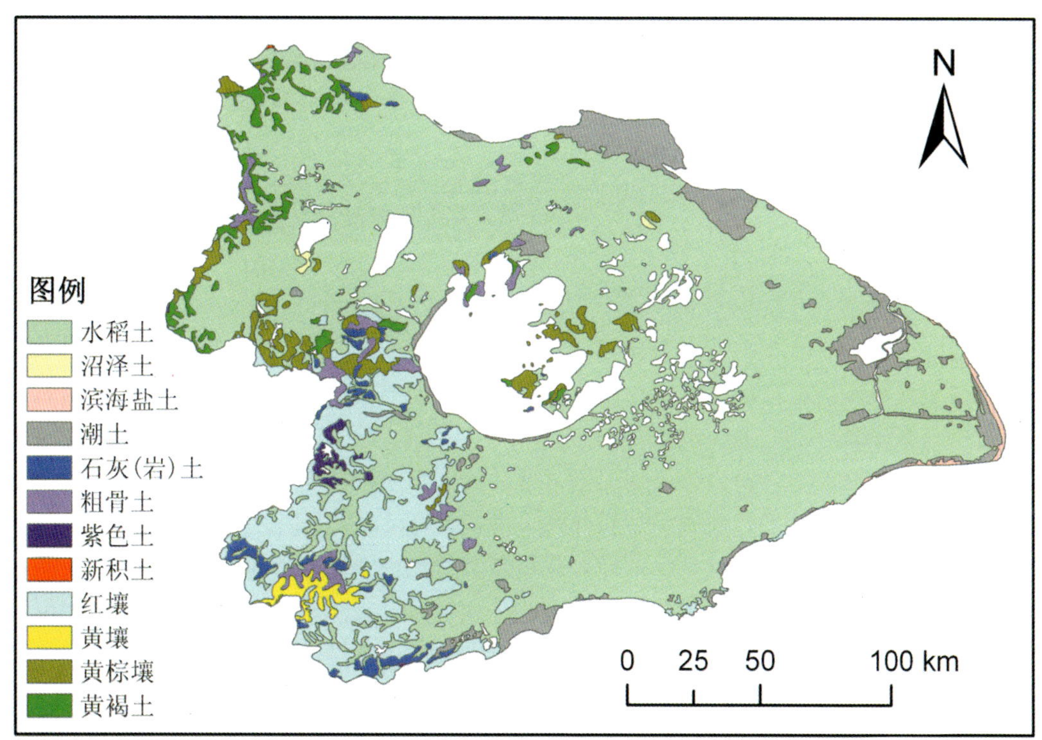

图 3-4 太湖流域土壤类型

丘陵山区由不同年代的基性岩组成，南部都为红壤，酸性至微酸性，适宜种植毛竹、柑橘、油桐、枇杷等经济林木；北部主要是黄棕壤，微酸性至中性，适宜于茶、竹、桑、桃等生长。红壤与黄壤因受坡度等自然条件的影响，土层厚薄不一。平缓丘陵坡地都已耕种，水土流失较重，小于 8° 的坡地需筑梯田或等高种植，以利水土保持，大于 8° 的坡地，实行林、果、草带间种，以利水土保持。山丘间的谷地已修筑梯田，引水种稻，因受地表水、下渗水与侧渗水影响，形成侧渗水稻田，淋溶较强，肥力较低。在冲田尾部与丘陵平原间的交接洼地，因排水条件差，土质黏重，均需加强水利建设，因土种植，因土施肥。

太湖平原地区呈龟背状，开垦历史悠久，除少数残丘外，均为农田，且以水稻田为主。近村田与低平田都为爽水水稻田，质地剖面均一，无障碍层，通透性好，肥力高。海拔 6～7 m 的高平田地区都为滞水水稻田，肥力水平低，易淀浆板结，剖面中有障碍层（白土层），通透性差，易滞水，三麦等旱作物易受渍害。

沿长江与钱塘江地带土壤粉沙含量高，石灰淋溶明显，上部无石灰反应或弱石灰反应，只在剖面底部出现石灰反应或石灰结核。愈近海口与江边造陆年代越短，石灰性越强。目前仍在不断成陆中。长期稻、麦、棉水旱轮作，剖面中沙黏间层明显，故多漏水漏肥，形成漏水水稻田。局部龟背田地势较高，无灌溉条件，长期旱作，则为灰潮土，呈石灰反应。滨海地带受海潮影响，形成滨海盐土。

圩田主要分布于太湖与周围湖群地区，主要有杭嘉湖、阳澄、淀泖、洮湖与芙蓉圩区，海拔一般低于 4 m，最低约 2 m。因地势低洼，经受洪涝威胁，在长期的防洪排涝斗争中，逐年疏浚河道，筑埂围田，形成囊水水稻田，由于长期施用河泥等堆叠作用，形成了头进田、二进田与三进田，土壤肥力也发生了分异。土壤质地因沉积物质的不同而差异很大。闭合洼地、静水沉积都形成黏性沼泽土；而主流两侧或滨湖地带都为粉砂性沉积物，其上覆盖的腐泥层则离湖滨愈远厚度愈大。囊水水稻田潜在肥力虽高，但因排水不良，有效养分低。随着联圩、并圩，实行圩内外分开、灌排分开、高低分开和控制地下水位“三分开、一控制”等水利改良措施，均已改为稻麦两熟田，在杭嘉湖地区双季稻三熟制有较高比例。

3.2.4 植被覆盖

太湖流域地跨北亚热带与中亚热带，农业开发历史悠久，广大平原地区以栽培植被为主，丘陵山地现存自然植被大多是次生性，但仍具有明显的地带性分布规律（图 3-5）。

3.2.4.1 自然植被

太湖流域从北向南气温、降水量递增，植被的种类组成和类型逐渐复杂。宜兴、溧阳以北的北亚热带典型地带性植被类型为落叶、常绿阔叶混交林。此线以南的中亚热带典型地带性植被类型为常绿阔叶林。由于垂直分布和自然植被的高度次生性，常见落叶阔叶林和落叶、常绿阔叶混交林的跨带分布现象。

针叶林：地带性常绿针叶林以马尾松林与杉木林为主。马尾松林分布广泛，不少为人工营造，自北至南马尾松林内混生的阔叶树种增加，常绿阔叶树种从出现灌木而逐渐出现乔木。北亚热带的马尾松林只含很少常绿阔叶树种，中亚热带的马尾松林内含有较多的常绿阔叶树种。杉木林主要分布于中亚热带，大多为人工造林，喜潮湿、温暖、土层深厚、排水良好的生境条件。北亚热带有零星小块分布的杉木林。

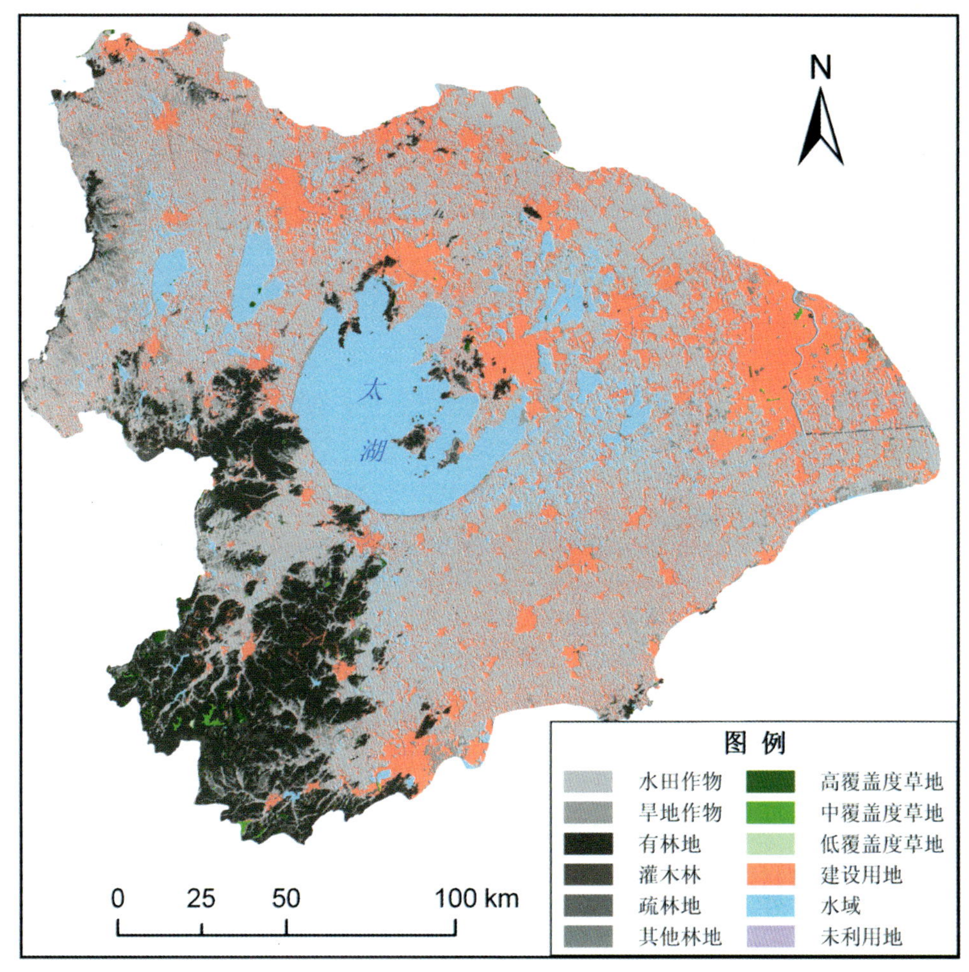

图 3-5 太湖流域植被覆盖

落叶阔叶林：原来常绿乔木树种较少的落叶、常绿阔叶混交林遭到破坏后，林中只残存零星常绿灌木，出现以麻栎、栓皮栎、化香、黄檀等为主的次生林，外貌为落叶阔叶林。此外，在天目山近顶处有落叶矮林分布。

落叶、常绿阔叶混交林：在北亚热带地区，长江三角洲与太湖平原的残丘上有典型的落叶、常绿阔叶混交林，林内常绿与落叶起同等建群作用，主要群落类型以短柄枹栎、木栎、苦槠和青冈栎等树种为主；西部边缘的茅山地区则有含少量常绿乔木的混交林分布。中亚热带的混交林，部分是常绿阔叶林破坏后出现的次生类型。天目山区有反映垂直分布的混交林。

常绿阔叶林：中亚热带地区现存的常绿阔叶林，分布于局部山丘与环境条件优越的河谷，主要群落类型以青冈栎、苦槠、石栎、小红栲、木荷与紫楠等树种为主。中亚热带北缘的常绿阔叶林含有不少阔叶树种，不同于典型的常绿阔叶林。

竹林：广泛分布于中亚热带丘陵山区，主要建群种有毛竹、刚竹、淡竹等。浙江湖州市各县，临安和江苏的宜兴、溧阳，是全国毛竹重点产区之一。

灌丛：大多为森林严重破坏后出现的初期次生类型，组成灌丛的主要有狭叶山胡椒、中华绣线菊、白栎、短柄枹栎与映山红等。天目山海拔 1 000m 以上的山顶分布有山顶落叶灌丛。

草丛：分布在植被几经破坏后的荒坡，以刺野古草、黄背草以及狗尾草或山茅为主的群落分布较广。

沼泽：盐沼生植物组成的盐土沼泽，芦苇群落与海三棱草群落广泛分布于上海市沿海滩涂。芦苇群落基本上都是因护岸与促淤需要人工种植的，海三棱草群落是滩涂上的原生草本植被。

3.2.4.2 栽培植被

农作物：农作物以粮食为主，经济作物棉花、油料次之。油料以油菜为主，分布很广。蔬菜品种繁多，主要在城市郊区。

经济林：以柑橘、枇杷、杨梅等亚热带常绿果树为主的果园，分布于太湖湖滨丘陵和天目山区局部小气候条件优越的部位。以桃、梨等为主的果园散布各地，板栗以宜兴、溧阳、长兴与安吉分布较广。

3.2.5 土地资源

太湖流域划分为 5 个土地类 9 个土地等级和 52 个土地资源类型。

一等宜农耕地。是指对种植业利用无限制或较小限制质量最好的土地，以水田为主。该类土地是太湖流域面积最大，经人们长期的耕垦利用，完全改变了原有的自然面貌，已成为太湖流域粮食、油菜、棉花、麻类、蚕桑和蔬菜等作物的重要生产基地，绝大部分分布在海拔 10 m 等高线以下的平原地区和西苕溪河谷。在该类土地中以平地冲积性水稻土水田、平地潜育性水稻土水田、平地潮土冲积性水稻土桑基水田和平地潮土潜育性水稻土桑基水田等土地资源类型为主。前两种类型集中在太湖以东和以北及湖西平原。后两种类型分布于杭嘉湖平原及吴江县的太湖沿岸与南部，土地资源利用具有显著特色，水田和桑园相间分布。平地黄棕壤性水稻田类型主要分布在宜溧山地和茅山山地宽阔河谷的下部。平地盐化潮土旱耕地类型是该类土地中质量最好的土地资源类型，集中分布于上海市区四周的蔬菜生产基地。谷地冲积性水稻田和谷地黄棕壤性水稻田类型，全部在丘陵山区中小谷地，俗称冲田和旁田。平地冲积性淤泥土水田类型集中在江阴市、张家港市的南部、常熟市的西北部和武进县的沿江地带，由于地势高亢，河道稀少，引水困难，因而易受干旱。

二等宜农耕地。是指存在一定限制因素，需要采取一定的治理措施才能成为稳产高产的基本农田，这类耕地在太湖流域比例小，集中在丘陵山区。湖滨、低地潜育性水稻田水田类型，限于宜兴市太湖边，因地势低洼，渍害严重，提高土地生产力受到排水不畅的限制；谷地潜育性水稻土水田分布在金坛县茅山山前洼地，故有排水不良的限制因素；平地盐渍化水稻土水田集中在川沙、南汇和奉贤等区县的沿海地带，成土年代近，故有盐碱危害；平地盐渍化潮土旱耕地分布在杭州湾沿岸，因地势高，土质沙性重，作物以棉、麻、桑为多。其他类型都在丘陵岗地，凡有水源保证灌溉的都辟为水田，普遍存在土壤质地黏重，土层浅薄及养分含量低等限制因素。

宜农宜林宜牧地类见于余杭县钱塘江边，仅有滨海低地盐土草地类型，该类型尚未开发利用，要采取相应的治理和改造措施，才能进行农、林、牧等方面的利用。

二等宜农一等宜林的土地位于地形部位较好的岗地，但对农业利用有一定限制，土地质量中等，林业利用最为适宜。这类土地的开发利用主要取决于经济效益，目前多数为茶园、果园和桑园。

二等宜林三等宜牧的土地，适宜于林木生产，植被以疏林草地为主，草地质量差，只能勉强适宜于放牧。该类土地地势不高，大多分布在丘陵地区，少数在低山下部。

三等宜林宜牧的土地和三等宜林的土地多数在石灰岩地区，基岩裸露，土壤瘠薄，林木和草被生产的环境很差，同时还有土壤侵蚀的影响。

一等宜林地绝大部分在天目山山地丘陵和宜溧低山丘陵，部分在太湖沿岸丘陵、茅山低山丘陵、江阴市和常熟市的弧丘。丘陵黄棕壤经济林地类型位于太湖沿岸丘陵，太湖水体效应形成小气候，成为太湖流域以柑橘为主常绿果树主产地。在茅山、宜溧和天目山等是以茶叶为主的经济林。其他类型，在丘陵地区多数是人工林地，山地林地则以自然生长状态居多。

二等宜林的山地为黄壤阔叶林地，集中在海拔 800 m 以上天目山山地，在东天目山、西天目山等几个主峰呈块状分布。

3.3 社会经济

3.3.1 经济总量及产业结构

3.3.1.1 经济总量

太湖流域是我国经济发展最快的地区之一，2000 年以来经济呈现快速增加的趋势，GDP 从 2000 年的 10 000 亿元上升到 2010 年的 42 936 亿元，增加了 4 倍多。太湖流域 2001—2010 年 GDP 年均增长率在 9.5%以上。从中国经济高速增长的发展规律来看，作为我国经济、文化、科技最发达的地区之一，太湖流域的经济也保持了高速增长。上海、苏南、浙北等地良好的发展环境，保证了太湖流域经济的持续快速增长（图 3-6）。

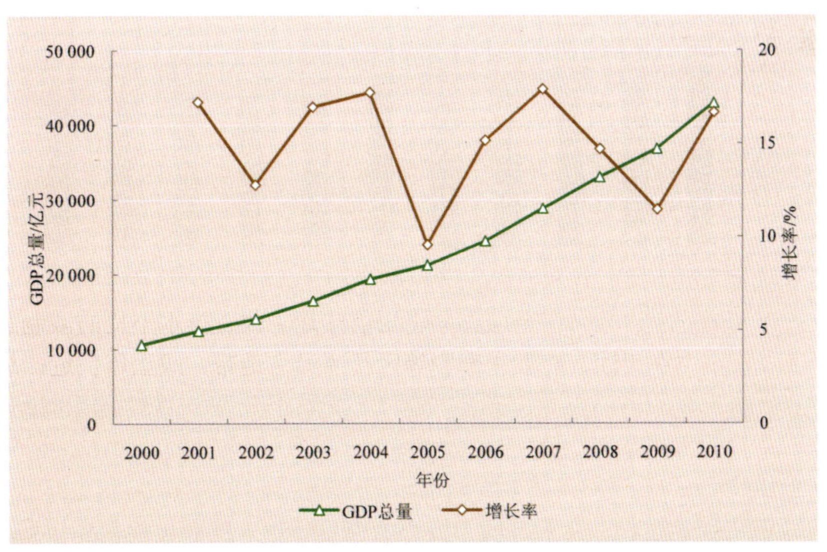

图 3-6 太湖流域 GDP 总量和增长率

2001—2010 年 GDP 平均增长速度江苏省（指太湖流域部分，下同）最快，年均增长率为 18.22%；浙江省（指太湖流域部分，下同）次之，增长率为 15.44%，上海地区增长率为 12.28%（图 3-7）。

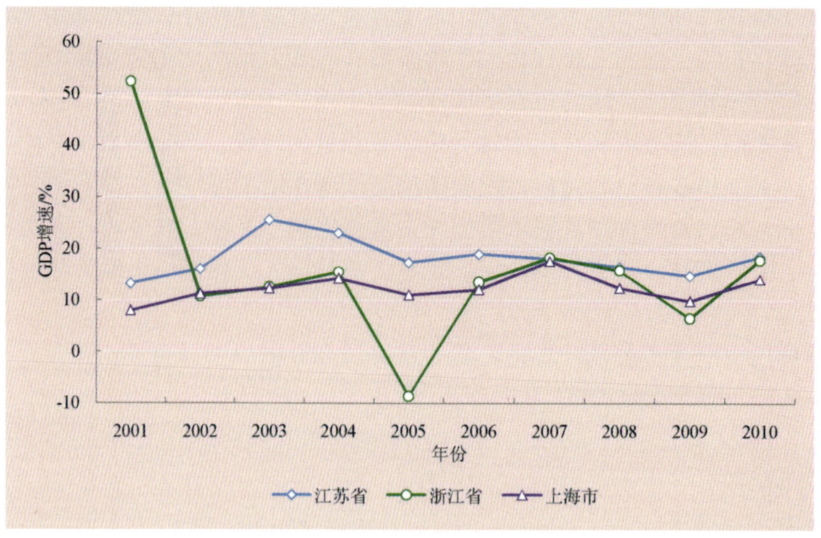

图 3-7 太湖流域省（直辖市）GDP 增长速度比较

江苏省占太湖流域地区生产总值的比例逐年上升，占 45%左右；上海市所占的比例在近几年来略有下降，占 39%左右；浙江省所占比例也有所下降，基本保持在 16%左右（图 3-8）。

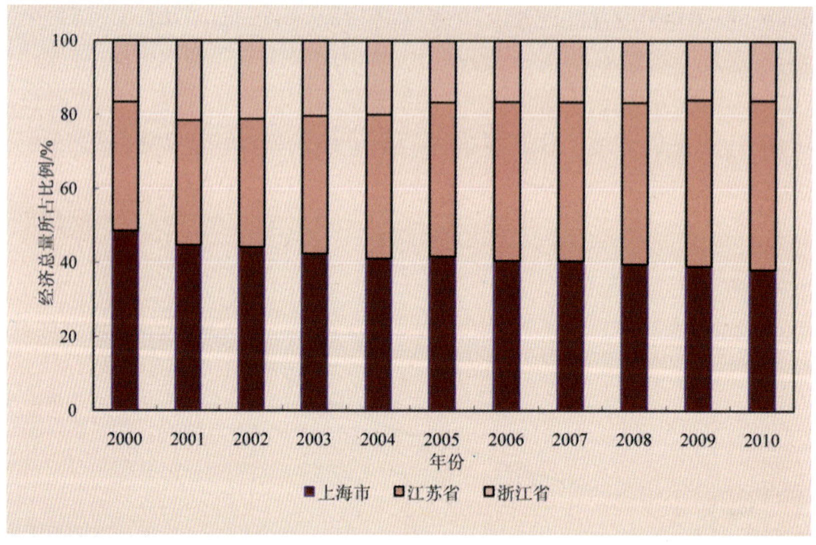

图 3-8 太湖流域各省（直辖市）经济总量比例

3.3.1.2 产业结构

太湖流域已初步建立起以要素市场为核心的市场体系，产业结构得到了初步的调整。目前，太湖流域已经形成了二、三产业共同推动经济稳步增长的格局。

2000 年太湖流域一、二、三产业的产业结构 4.52∶51.40∶44.08，处于“二三一”的发展状态。在 2000—2010 年的 11 年，农业所占的比例在逐年下降，从 2000 年的 4.52%降到 2010 年的 2.03%，这符合产业发展规律。从第二产业和第三产业看，第二产业比例在前几年有所上升，在接下来的几年都有所下降，近几年保持在50%左右；第三产业的比例在前几年有所下降，后来稳步上升，2010年占GDP总量的47.90%（图3-9）。

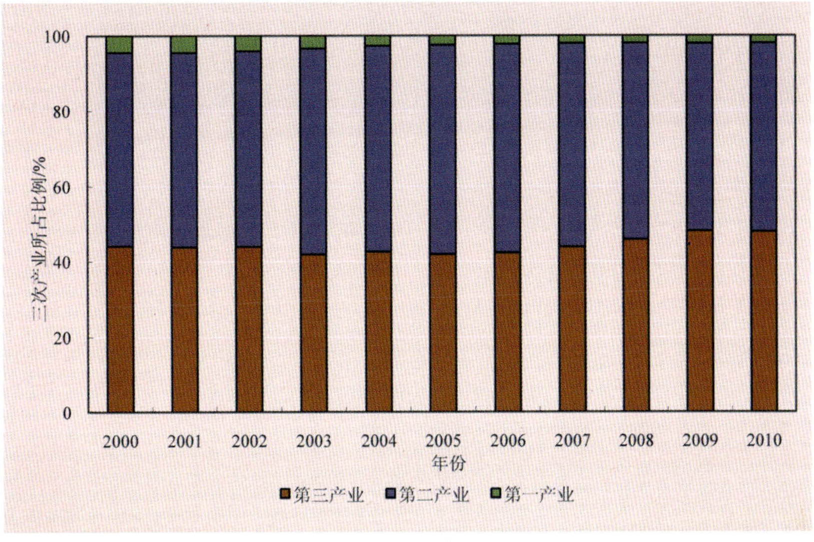

图 3-9 太湖流域产业结构变化趋势

（1）第一产业

受自然条件、农业政策等因素的影响，农业发展虽有细微波动但总体保持稳定的低增长。太湖流域2000—2010年农业增加值一直保持在较稳定水平。在耕地面积不断减少、水资源紧缺的情况下，通过农业产业结构的优化和随着农业科学技术的进步，农业发展较稳定。2009年、2010年太湖流域农业增加值分别达到805.60亿元、887.54亿元，增幅达10.17%（图3-10）。

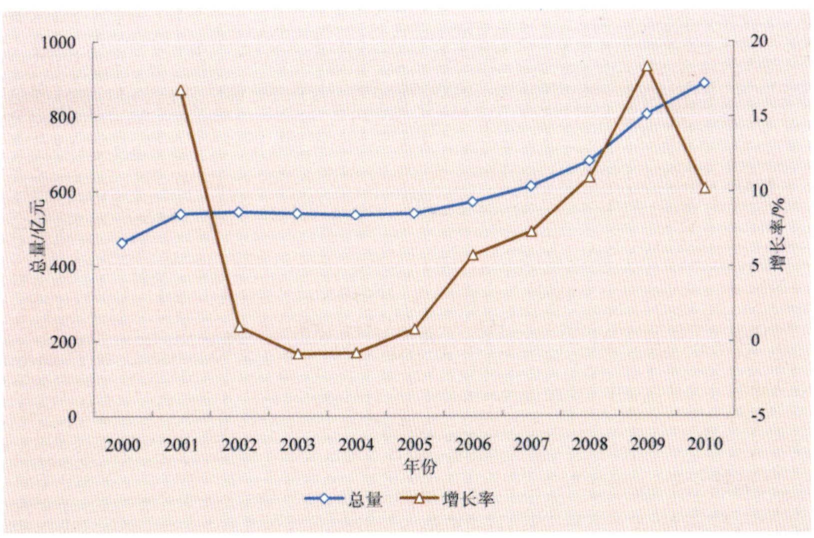

图 3-10 太湖流域第一产业总量和增长速度

（2）第二产业

作为中国经济发展的最快地区，太湖流域因其优越的地理条件、传统的工业基础等优势，成为制造业优势与强势基地。长江信息产业带、沿杭州湾产业带等产业集聚地的发展，交通网络的建立和完善，经济圈的形成，从历史基础、现有条件及发展潜能看，太湖流域具有工业发展的相对优势。因此，太湖流域第二产业的发展在今后一段时期内一直将保持高速增长。

太湖流域 2000—2010 年第二产业增加值几乎每年均保持 11%以上的增长水平。根据世界发达国家第二产业的发展规律，在中国达到后工业化时代之前的发展阶段中，第二产业将一直保持高速增长（图 3-11）。

（3）第三产业

太湖流域 2000—2010 年第三产业的年平均增长率水平达到 16.69%。从世界发达国家经济发展过程和产业结构演变的基本规律来看，随着太湖流域经济水平的进一步提高，第三产业增长速度将会大幅上升，在国内生产总值中所占比例也将会越来越大。近年来，第三产业已经成为推动太湖流域经济快速增长的重要力量，服务业总量规模迅速扩张，其发展保持良好的态势，新兴服务业迅速发展。服务业成为吸纳劳动力就业的重要渠道（图 3-12）。

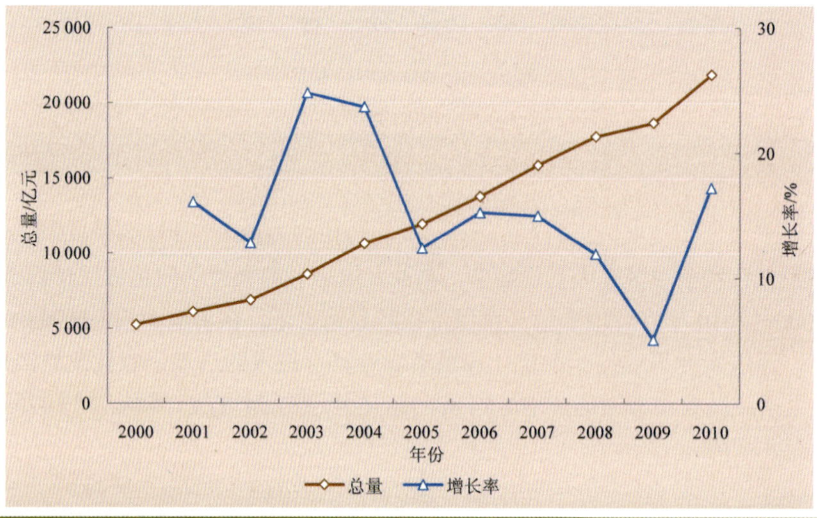

图 3-11　太湖流域第二产业总量和增长率

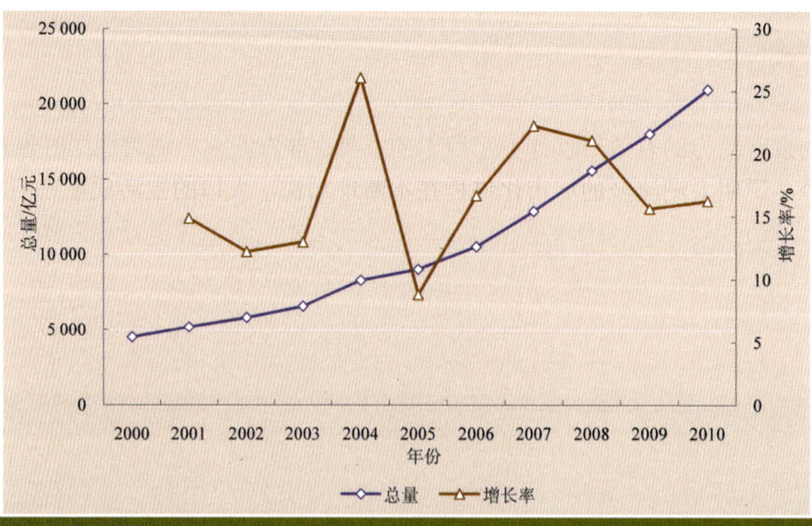

图 3-12　太湖流域第三产业总量和增长率

3.3.2 人口及城镇化

3.3.2.1 人口

太湖流域常住人口总量规模迅速扩大。2009 年、2010 年的人口总量达到 5159.22 万人、5398.79 万人，增幅 4.64%。太湖流域经济的迅速发展、良好的硬件和软件环境等因素吸引外地人口的不断流入。2010 年的世界博览会，给以上海为中心的太湖流域人口发展带来重要的转折，与经济发展相适应的人口规模总量呈现继续增长的趋势，上海常住人口总量已接近 1900 万（图 3-13）。

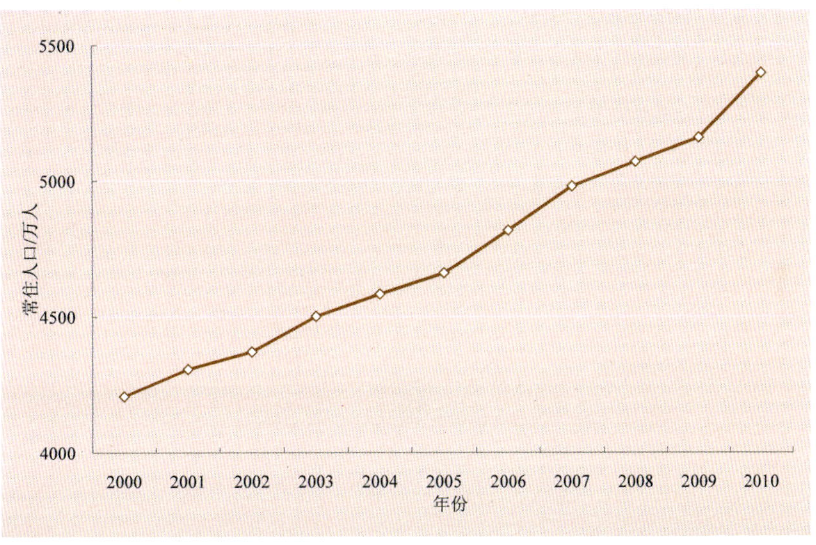

图 3-13 太湖流域常住人口变化趋势

结合人口增长规律和经济发展目标，在人口规模扩大的同时，人口总量控制十分必要。经济、社会生活以及城市实力需求强烈制约人口最大承载量，其关键因素是交通、就业和用水。考虑到经济发展所能够容纳的人口总量以及其他影响人口发展的因素，人口控制是不容忽视的。

常住人口的增加其中大部分是由于人口的机械变动引起的，说明太湖流域的经济和各方面条件都足以吸引外地人口的流入，其中最重要的是吸纳了大量的农村剩余劳动力，为我国农村剩余劳动力的有效转移作出了巨大的贡献。非农业人口的增加同时也意味着农业人口的减少，说明太湖流域的城市化进程在不断地加快，人口的生活质量在不断地提高。随着太湖流域现代化和城市化进程的加快，农业部门的生产技术的提高，还将继续释放大量的农业人口，使得非农业人口的数量不断增加。

在太湖流域中，江苏省、上海市、浙江省的常住人口在逐年增加。江苏省的常住人口数量最多，上海市次之（图 3-14）。江苏省、浙江省、上海市的常住人口的增长率水平相对于全国其他地区来说保持在较高的水平。在户籍人口数量基本保持平衡甚至有所下降的情况下，太湖流域因存在经济发展和自然条件优势因素，成为吸引大量外地人口流入的重要地区。其中，浙江省在 2001—2005 年的人口增长率水平一直处在领先水平，2006 年后有所下降，根据 2000—2010 年常住人口数据计算，浙江省的常住人口年均增长

2.6%；上海市 2000—2010 年的常住人口年均增长 2.0%，在经历了 2002—2004 年 3 年的相对低水平的增长后，最近几年的人口发展非常迅速，上海市在近几年的人口数量还将继续呈现高增长；江苏省近几年人口增速有所提高，2000—2010 年的常住人口年均增长 2.9% 左右（图 3-15）。

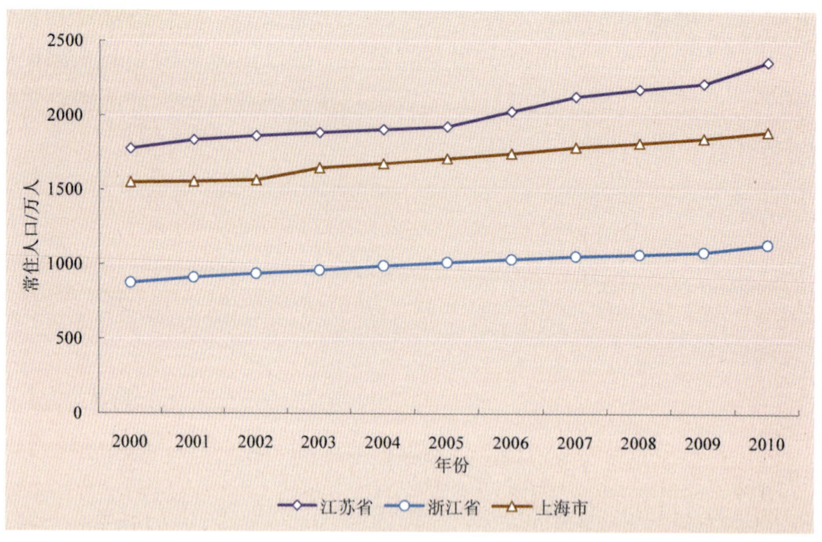

图 3-14 太湖流域省（直辖市）常住人口总量

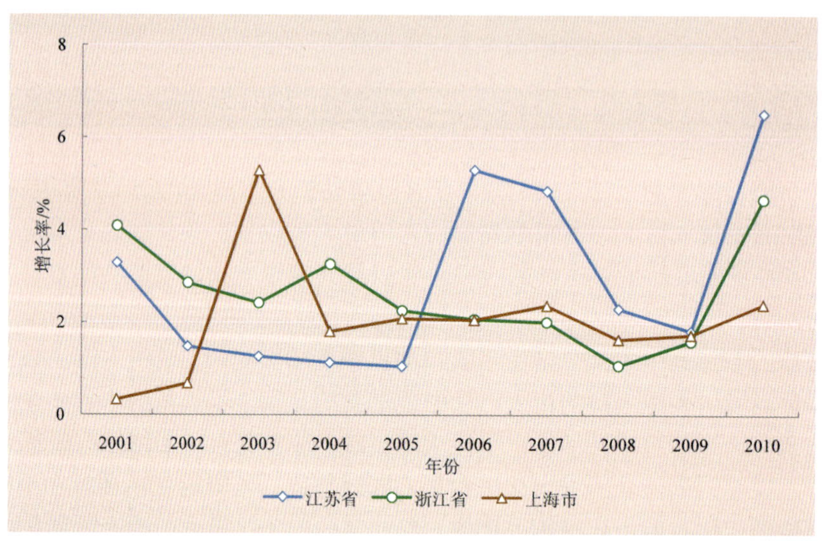

图 3-15 太湖流域省（直辖市）常住人口增长速度

3.3.2.2 城镇化

一般来说，城市总要经历产业发展、人口集中，然后进入人口分散的衰退过程。根据欧洲学者 Klaassen 和 Paelinck（1973）的城市发展阶段学说，城市发展阶段总体上可分为两个阶段，即增长期和衰退期。增长期又分为两个阶段，一是集中倾向强的城镇化时期，二是分散化占主导地位的郊区化时期。增长期的共同点是：市区人口和郊区人口总数即城市圈的人口总数始终保持不断上升的趋势。与城镇化增长期不同，在城镇化的衰退期，城市圈内的总人口开始下降，称为逆城镇化过程。依据城镇化、郊区化和逆城镇化的过程中人口集中和分散是绝对还是相对，又分为两个时期（表 3-1）。

表 3-1 城市发展过程

	增长期				衰退期	
	城镇化		郊区化		逆城镇化	
	绝对集中	相对集中	相对分散	绝对分散	绝对分散	相对分散
城镇化阶段	一	二	三	四	五	六
市区人口	+	++	+	-	-	--
郊区人口	-	+	++	+	+	-
总人口	+	++	+	-	-	-

注：+表示人口增加，++表示人口快速增加，-表示人口减少，--表示人口快速减少。

作为全国城市化高地的太湖流域，其城镇化格局不断发生变化。特大城市上海、杭州正处于第二阶段，并将由第二阶段向第三阶段迈进；苏州、无锡、常州、嘉兴等处于第一阶段向第二阶段过渡之中；其他小城市则处于第一阶段。

2010 年太湖流域的城镇化率为 74.14%（图 3-16），城镇人口达到 3 734.72 万人。从区域上看，上海地区的城镇化水平最高，达到 90.17%。江苏省的城镇化率比浙江省高。地市中，杭州市、无锡市和苏州市保持比较高的城镇化率。

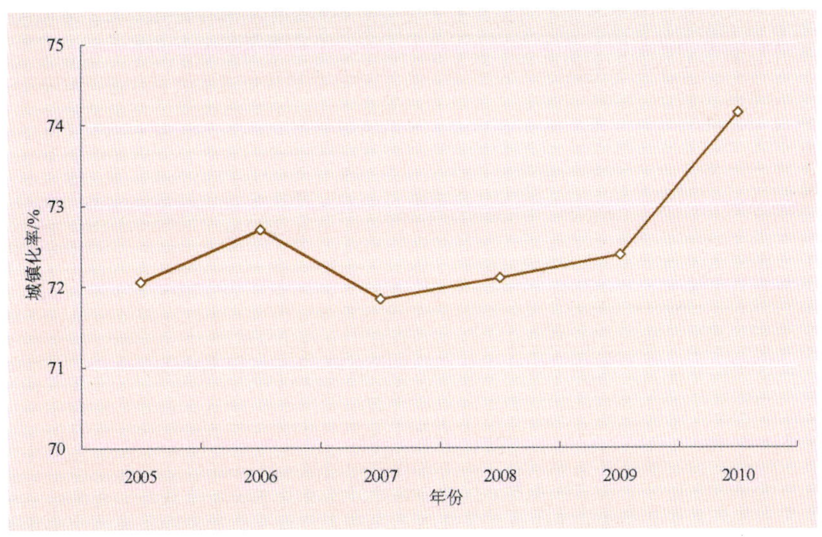

图 3-16 太湖流域历年城镇化率

到 2011 年，上海经济总量、综合竞争力、服务功能、创新能力等总体上接近或达到现代化国际大都市和国际经济中心城市的水平。近年来，上海市明确提出：上海城市建设的重点要向郊区进行战略性转移，推进和实施城市化（城郊一体化）战略。上海城市化战略总体构想是围绕着中心城区发展新城、中心镇和一般镇，形成一个城镇卫星聚合群体或网络圈，最终在上海国际大都市里形成协调配套的城镇网络体系。在“十一五”期间，上海重点突破传统的城镇发展模式，重点推进新城和中心镇的建设，努力构筑特大型国际经济中心城市的城镇体系，提升上海中心城市的集聚和辐射功能。

随着工业化的推进和经济的持续快速发展，江苏省城镇建设步伐不断加快，农村大批剩余劳动力向非农产业转移，人口的空间分布也逐渐向城镇聚集，引导城镇化水平不断提高。江苏省目前基本形成了较为完善的城镇体系，城镇经济实力显著增强，城镇居民生活条件有了明显的改善。目前江苏省重点发展特大城市和大都市圈，积极合理开发中小城市。南京都市圈、苏锡常都市圈的发展壮大加强了对周边地区的辐射，强化了中心城市功能。苏南城镇化水平已经从单纯的量的扩张转为内涵和质的提升上来，城镇化与工业化的发展基本同步，已进入工业化成熟期。今后的城镇化进程将以城市建设和人的生活方式现代化为主，人口集聚速度将逐渐减缓。

浙江省着力发展以嘉兴为重点的浙江北部地区、以杭州为中心的杭州湾城市群，通过优化杭州产业结构和空间布局，成为太湖流域重要经济中心和国际风景旅游城市，在较高起点上考虑产业发展，着力培育较强的产业、技术创新功能，较强的商品和生产要素集散功能，较强的信息、旅游等综合服务功能。

3.3.3 污染物排放

2005 年，太湖流域的 COD、氨氮、总磷、总氮排放总量分别为 85.03 万 t、9.18 万 t、1.04 万 t、14.16 万 t，见表 3-2 及空间分布图（图 3-17（a）至（d））。

表 3-2 太湖流域主要水污染排放情况 * 单位：t/a

行政分区	分类	COD	NH_3-N	TP	TN
江苏	工业	205 726	26 365	416	35 066
	城镇生活	144 643	12 295	1 546	16 353
	农村面源	235 608	25 560	3 826	46 742
	小计	585 977	64 220	5 788	98 161
浙江	工业	58 881	4 865	92	6 417
	城镇生活	49 960	7 818	1 144	10 308
	农村面源	142 233	12 847	2 707	23 992
	小计	251 074	25 530	3 943	40 717
上海	工业	119	18	—	23
	城镇生活	6 969	551	165	733
	农村面源	6 182	1 469	454	1 953
	小计	13 270	2 038	619	2 709
太湖流域	工业	264 726	31 248	508	41 506
	城镇生活	201 572	20 664	2 855	27 394
	农村面源	384 023	39 876	6 987	72 687
	总计	850 321	91 788	10 350	141 587

注：农村面源污染排放量包括农业生产、农村生活和位于农村的小型企业；表中太湖流域主要涉及江苏省苏州、无锡、常州和镇江 4 个市共 30 个县（市、区），浙江省湖州、嘉兴、杭州 3 个市共 20 个县（市、区），上海市青浦区的练塘镇、金泽镇和朱家角镇，总面积 3.18 万 km^2。

* 数据来源：《太湖流域水环境治理总体方案》，2008 年 4 月。图 3-17（a）至（d）同。

N
常州市
无锡市
苏州市
上海市
湖州市
嘉兴市
杭州市
江　苏　省
上　海　市
浙　江　省
图　例
省级行政中心
地级行政中心
地市界
省、直辖市界
综合治理区
流域界
河流
水域
污染物排放量
140 000 (t/a)
工业污染源
生活污染源
面源污染源
0　25　50　100 km

（a）COD

N
常州市
无锡市
苏州市
上海市
湖州市
嘉兴市
杭州市
江　苏　省
上　海　市
浙　江　省
图　例
省级行政中心
地级行政中心
地市界
省、直辖市界
综合治理区
流域界
河流
水域
污染物排放量
10 000 (t/a)
工业污染源
生活污染源
面源污染源
0　25　50　100 km

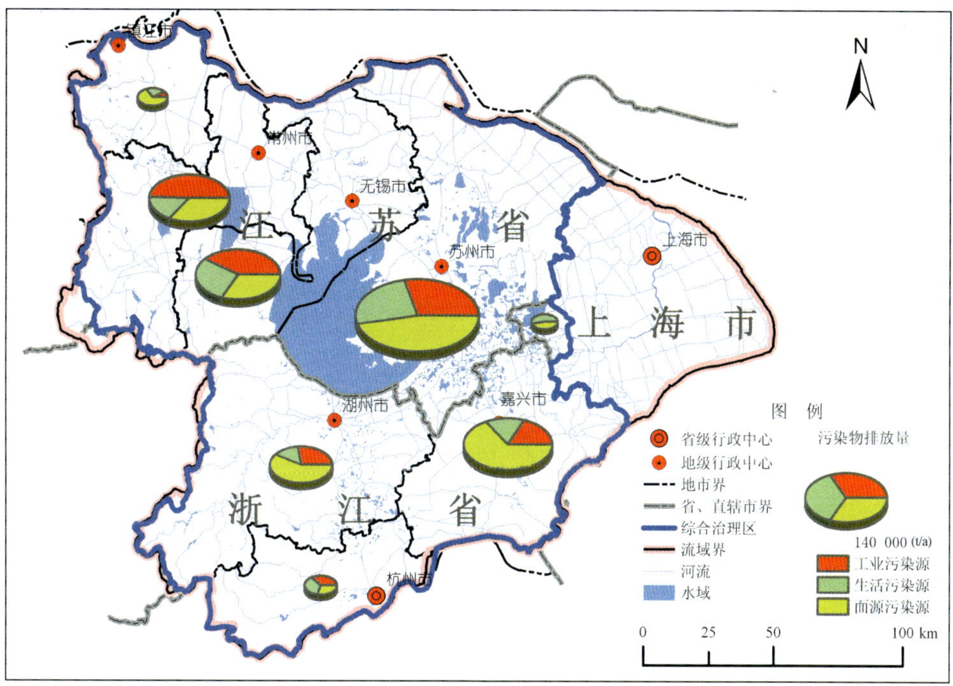

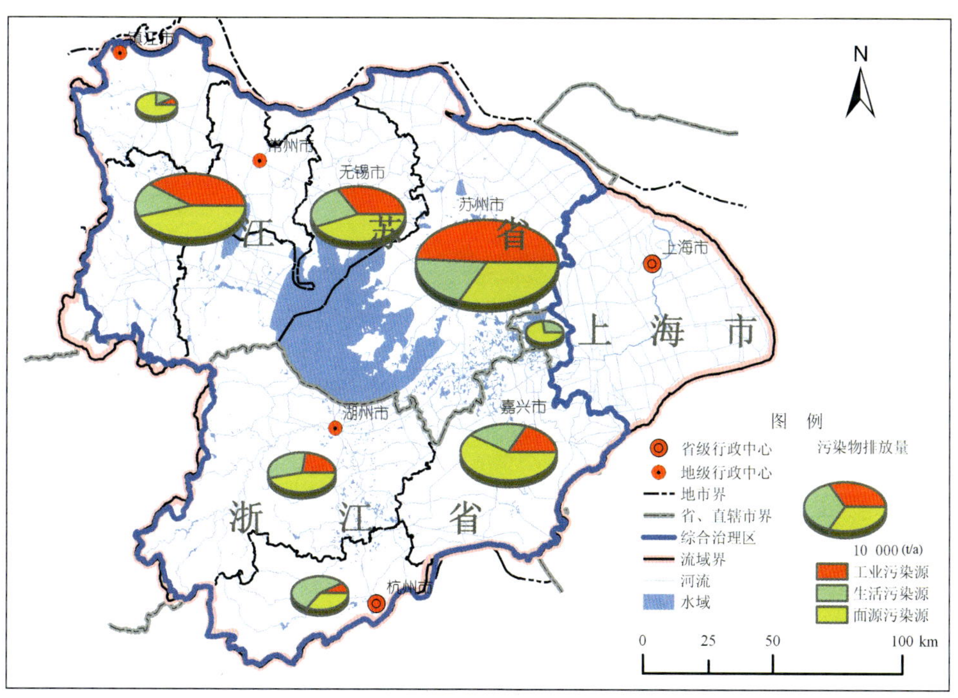

（b）NH_3-N

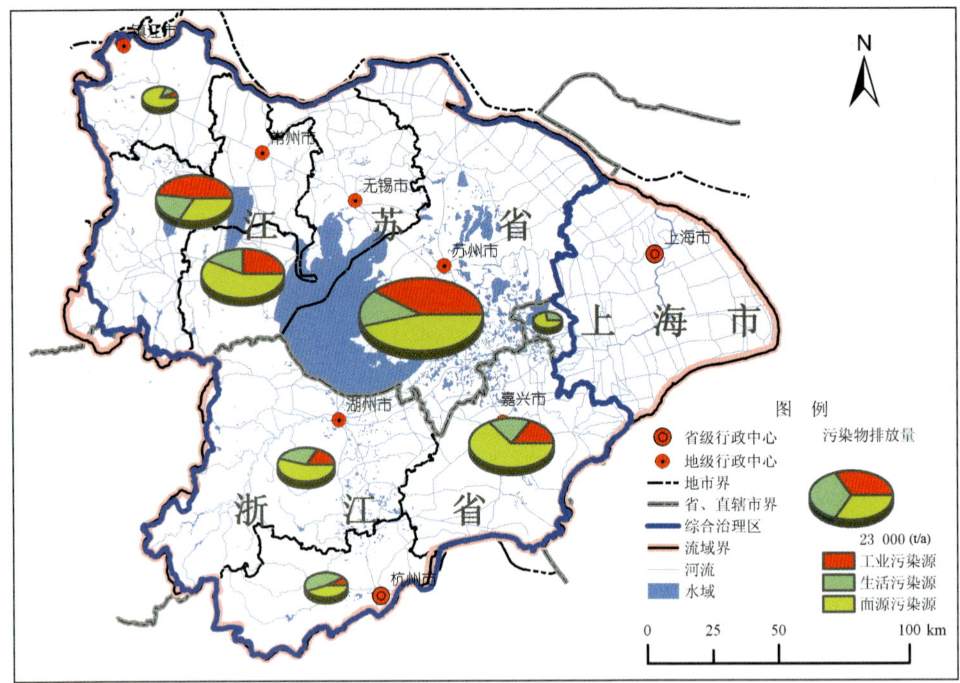

（c）TN

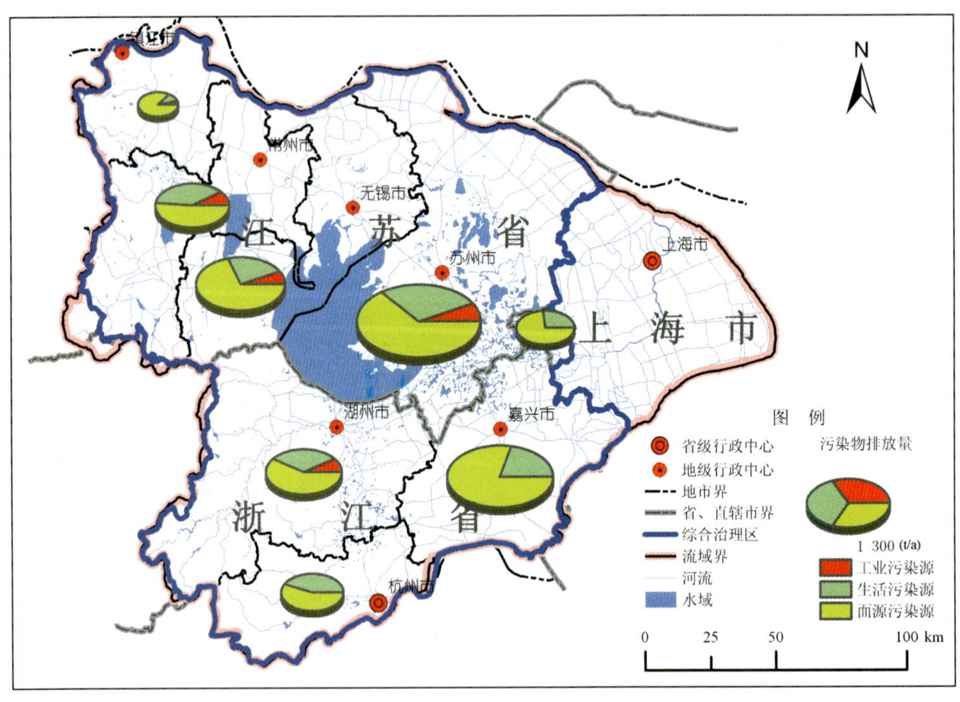

（d）TP

图 3-17 太湖流域污染排放量空间分布

3.4 土地利用

3.4.1 土地利用总体特征

太湖流域由于人口高度稠密，平均每人仅占有土地 1.68 亩*，土地利用率达到很高程度，垦殖指数达到 48.6%，耕地、园地和精养鱼池等集约型农业用地约占 55%，耕地复种指数为 210%。湖荡众多，河网密布，水域面积达 1 030 万亩，占土地总面积的 18.9%，且以湖荡水体为主。由于该区社会经济发展水平较高，城镇密集，工商业发达，非农业用地比例达到 10.8%。

耕地分水田、旱地和菜地三类，并以水田为主，占 88%。水田因田面高程、水陆交替作用和土地生产力的限制因素不同，又分为圩区水田、平原水田和山区水田。沿江沿海平原，旱涝保收、稳产高产的农田比例大，并有多宜性特性，是棉花最适宜栽培区，实行棉粮轮作。阳澄淀泖地区的圩区水田，位于太湖碟形洼地中心，易受涝、渍危害，主要是稻麦、油菜生产。杭嘉湖地区的平原水田和圩区水田，热量条件比较优越，以粮食生产为主，双季稻三熟制耕地面积占 90%左右，年亩产粮食 800 kg 以上。太湖以北平原水田，生产的条件和基础都比较好，长期以来是稻麦生产高产区。太湖以西平原水田和圩区水田，水土条件相对较差，以杂交稻和小麦为主，是杂交稻集中产区。山区水田因地形部位不同，又分为岗田、旁田和冲田，水肥条件较差，因而总的说来低产田比例大，以粮食生产为主。太湖流域耕地经营的集约化水平很高，是我国传统的精耕细作地区，目前正向农业现代化发展。旱地集中分布在丘陵山区、杭州湾沿岸和沿江局部地段，旱地农业利用比水田复杂、地区差异更大。例如，杭州湾沿岸的旱地，位于三角洲高爽平原，土质沙性重，是粮、棉、麻产区，间作套种盛行。常熟市的浒浦、徐市、碧溪、吴市和张家港市的兆丰、三兴、锦丰等乡的旱地，为麦、棉一年二熟制纯棉区。丘陵山区旱地夏熟作物以麦为主，辅以油菜，秋收作物主要是红薯和豆类。菜地为旱地另一类型，主要分布在大中城市附近，目前菜地约有 50 万亩。随着城市和农村城镇化发展，老菜地被占用，新菜地则向外延伸。

园地是指果园、茶园和桑园等用地，其中桑园面积最大，占 2/3 以上。太湖流域蚕桑事业历史悠久，是中国蚕桑生产重要基地之一，杭嘉湖平原、丹阳市大部、吴江县西南部、无锡县东部和溧阳县东南部等为蚕桑重点分布区。茶园面积稍多于果园，集中分布在宜溧山区的山间盆地，天目山、茅山的山麓以及太湖沿岸丘陵。果园面积较小，但分布相对集中，如南汇县的水蜜桃，洞庭东山和西山、光福的柑橘、枇杷、杨梅、白果，无锡沿湖丘陵的柑橘和水蜜桃，宜溧山地和长兴丘陵的板栗、李、桃等。林业用地所占比例较低，并且 85%的林业用地分布在丘陵山区。林业用地具有区域特色的是毛竹占据很大比例，达到 30%左右；其中安吉县和宜兴市是闻名全国的毛竹基地，不仅提供大量商品毛竹，而且向城镇供应大量鲜笋和笋制品。以松、杉为主用材林也占较大比例，在丘陵地区的多数是人工营造，集约经营。其次是分布在地势较高、生产环境较好的中低山区。疏林地、灌丛和草山大部分在丘陵地，尤其是岩石裸露的石灰岩地区。

---

* 1 亩=1/15 hm^2。

太湖流域利用水面和低洼地开展池塘养鱼有着久远的历史，素负盛名的有吴县黄桥和东山、无锡市河口、湖州市菱湖地区、余杭塘栖、杭州市古荡等。随着养鱼技术提高，利用水面养鱼进入新阶段，河沟拦养和大中湖荡围网养鱼有了很大发展，已成为我国水面利用率高、规模大、生产水平高的淡水鱼养殖生产基地。

沿海、杭州湾沿岸尚有草滩地、泥滩地和沙滩地等海涂资源，是扩大农用地的后备资源。

3.4.2 土地利用结构与数量变化

3.4.2.1 土地利用结构变化

2005 年，太湖流域土地利用类型中以耕地为最多，占 54.41%；其次是建设用地和水域，分别为 17.94%和 13.84%；再次为林地，所占比例为 13.36%；草地和未利用地所占比例最小，分别为 0.40%和 0.05%。2008 年，太湖流域土地利用类型中仍以耕地为最多，所占比例为 51.05%；其次为建设用地和林地，分别占 22.28%和 13.17%；再次为水域，所占比例为 13.03%；草地和未利用土地所占比例仍最小，分别为 0.43%和 0.04%（表 3-3）。

2005—2008 年太湖流域建设用地和草地有所增加，从变化幅度来看，分别增加了 24.21%和 5.66%；而耕地、林地、水域和未利用土地均有所减少，分别减少了 6.68%、1.44%、5.82%和 17.58%；6 种土地类型中变化最快的是建设用地，净增面积最多，减少最快的是未利用土地，水域面积净减也较大（图 3-18）。

表 3-3 2005 年和 2008 年太湖流域土地利用结构 单位：%

土地利用类型	2005 年	2008 年
耕地	54.41	51.05
林地	13.36	13.17
草地	0.40	0.43
水域	13.84	13.03
建设用地	17.94	22.28
未利用土地	0.05	0.04

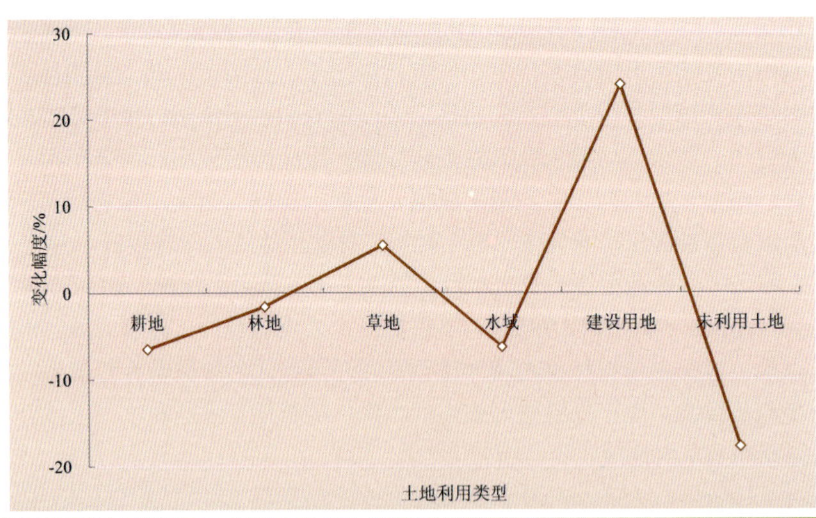

图 3-18 2005—2008 年太湖流域土地利用变化幅度

3.4.2.2 土地利用数量变化

太湖流域土地转出的地类以耕地为最多，其次为建设用地，再次为水域和林地，草地和未利用土地转换面积相对较小；土地转入的地类则以建设用地为最多，其次为耕地，再次为水域、林地和草地，未利用土地转入面积最小。耕地转入、转出的地类均以建设用地面积为最大；林地转入的地类以耕地面积为最大、转出的地类均以建设用地面积为最大；草地转入、转出均以建设用地为最大；水域转入、转出均以耕地为最大；建设用地转入、转出均以耕地为最大；未利用土地转出以林地为最大，而转入以耕地为最大。6 大地类中建设用地和草地呈增加状态，其中净增面积最大的是建设用地，净增 159466.14 hm^2；耕地、林地、水域和未利用土地面积呈减少状态，其中净减面积最大的是耕地，净减 123377.77 hm^2（表 3-4）。

表 3-4 2005—2008 年太湖流域土地利用变化转移矩阵 单位：hm^2

		2008 年						
	地类	耕地	林地	草地	水域	建设用地	未利用土地	转出
2005 年	耕地		4269.83	531.08	16278.65	206110.42	126.09	227316.07
	林地	6539.90		122.87	447.56	7965.55	100.52	15176.40
	草地	85.99	209.61		344.74	364.74	3.42	1008.50
	水域	34624.77	268.83	71.67		15926.15	0.00	50891.42
	建设用地	62629.67	3173.22	961.51	4253.28		24.85	71042.53
	未利用土地	57.98	188.27	157.82	0.04	141.81		545.92
	转入	103938.31	8109.76	1844.95	21324.27	230508.67	254.88	365980.84

3.4.3 土地利用格局变化

流域土地利用的格局决定景观内的物质、物种及能量流，即斑块的类型、数量和空间构型影响污染物质和物种的迁移、流动（李昌峰，高俊峰等，2002）。空间分布上，流域东部区土地利用变化较西部区剧烈，且在流域东部，城市周边变化较剧烈，其中上海市周边土地利用变化最为剧烈，其次为苏锡常地区，而在南部的嘉兴市则变化相对平缓；流域西部，变化的土地面积小，空间分布范围小，零散分布（图 3-19）。

3.5 水资源及其利用

3.5.1 水资源量

太湖流域多年平均（1956—2000 年）降水量为 1 177 mm，其中约 60%集中在 5—9 月的汛期，极值比为 2.4；多年平均水面蒸发量为 822 mm；流域多年平均天然年径流量 161.46 亿 m^3，折合年径流深 438 mm；多年平均年径流系数为 0.37，变化幅度大致在 0.21～0.55。年径流主要由年内降水补给，与降水的年内分配相似且更不均匀，呈现汛期集中，四季分配不均和最大与最小月径流相差悬殊等特点。流域多年平均水资源总量为 177.36 亿 m^3，其中地表水资源量为 161.46 亿 m^3，地下水资源量为 53.1 亿 m^3，地表水和地下水的重复计算量为 37.2 亿 m^3，人均水资源占有量约 480 m^3（水利部太湖流域管理局，2004）。

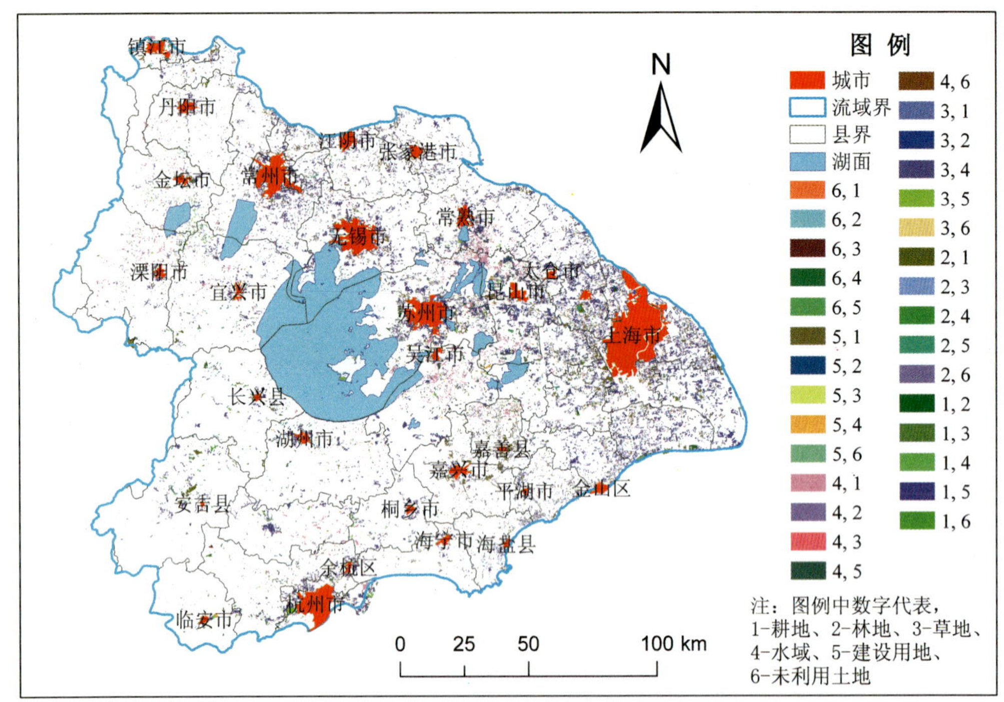

图 3-19 2005—2008 年太湖流域土地利用变化空间分布

注：图例中数字表示地类，第一个数字表示 2005 年地类即转换前地类，第二个数字表示 2008 年地类即转换后地类，如“6，1”表示由地类 6 转换为地类 1 即未利用土地转换为耕地。

3.5.2 水资源质量

太湖流域社会经济发展造成污水、废水增加和水环境的恶化（靳晓莉，高俊峰等，2006）。废污水排放总量以工业点源和生活污水排放为主，其中工业点源排放量占总量的 49%，城镇生活占 46%，面源占 5%。COD 主要来自工业点源和面源，分别占 50%和 40%。城镇生活、工业点源和农业面源的氨氮排放量相差不大，分别为 39%、31%和 30%。太湖流域污染总负荷约 60%～70%进入地表水体。

2010 年流域河流水质评价总河长 3 535.4 km，全年期达到Ⅱ类水质标准的河长为 256.0 km，Ⅲ类 325.3 km，Ⅳ类 645.5 km，Ⅴ类 787.3 km，劣于Ⅴ类 1 520.3 km。太湖、洮湖、滆湖、阳澄湖和淀山湖等主要湖泊的营养程度总体上为富营养化。流域内 7 座大型水库水质除青山水库为Ⅲ类外，基本为Ⅱ类；除横山、青山水库为富营养状态外，其余为中营养状态。

太湖流域除湖西和浙西山丘区的地下水未受污染外，平原区浅层地下水已基本被污染，主要超标项目为 NH_3-N、高锰酸盐指数等，属有机污染类型。2000 年年末平原区浅层地下水Ⅰ—Ⅲ类水约占平原区面积的 7%，Ⅳ类水约占 69%，Ⅴ类水约占 24%（水利部太湖流域管理局，2004）。

太湖流域 317 个水功能区监测点中，有 73 个水质达标，达标率为 23.0%；主要超标项目为 NH_3-N、高锰酸盐指数（COD_{Mn}）、COD_{Cr}、五日生化需氧量（BOD_5）（水利部太湖流域管理局，2011）。

2004 年太湖流域 47 个集中式饮用水水源地总供水量 54.8 亿 m^3，仅有 30 个饮用水水源地原水水质合格，合格供水量 22.1 亿 m^3，供水合格率仅为 40.3%。其中长江、钱塘江水源地原水水质全部合格，不合格的均为本地河网饮用水水源地。受污染的饮用水水源地主要为江苏无锡、常州，浙江嘉兴及上海。饮用水水源地常规污染指标主要为 NH_3-N、高锰酸盐指数，部分水源地尚有铁、挥发酚、亚硝酸盐、总氮和总大肠菌群等项目超标（水利部太湖流域管理局，2005）。

3.5.3 水资源利用

太湖流域供水主要以地表水源为主，除取用本地河网水量外，也直接取自长江和钱塘江。2010 年太湖流域实际总供水量 355.4 亿 m^3，其中地表水水源供水量 354.7 亿 m^3，地下水供水量为 0.6 亿 m^3。工业用水为流域第一用水大户，总用水量为 214.9 亿 m^3；其次为农业用水，总用水量为 92.2 亿 m^3；生活用水量为 28.79 亿 m^3。2010 年流域内本地水源供水 196.6 亿 m^3，沿长江、钱塘江的自来水厂、自备水源总供水量 158.8 亿 m^3（水利部太湖流域管理局，2011）。

自 1980 年以来，太湖流域人均用水量先增后降，万元 GDP 用水量则大幅度下降，居民生活用水量增长较快，农田亩均灌溉用水量有所下降（高俊峰和李昌峰，2002；高俊峰等，2002）；流域用水水平和效率均有较大程度的提高，但与发达国家相比，仍存在较大的差距（表 3-5）。

表 3-5 太湖流域主要用水指标

行政分区	人均用水量/m^3	万元 GDP 用水量/m^3	人均城镇居民生活日用水量/L	人均城镇居民综合日用水量/L	人均农村居民生活日用水量/L	万元工业增加值用水量/m^3	农田亩均灌溉用水量/m^3
江苏	808	230	153	226	109	204	513
浙江	630	251	169	312	105	120	581
上海	674	152	153	319	111	229	563
安徽	290	1 394	137	164	74	357	217
太湖流域	718	198	156	285	108	200	538

注：GDP 采用 2000 年可比价。

根据基准年多年平均的水资源数量以及供用水量分析，现行状况下流域内地表水资源开发利用率（当地地表水供水量与地表水资源量的比值）约为 89.2%。

根据太湖流域水资源公报资料统计（水利部太湖流域管理局，2002—2008），2001—2007 年太湖流域生活用水量呈逐年增长趋势，流域生活用水量由 2001 年的 38.6 亿 m^3 增长至 2007 年的 46.5 亿 m^3；工业用水量呈快速增长趋势，其用水量由 2001 年的 158.3 亿 m^3

增长至2007年的233.0亿 m^3；农业用水量则由2001年的101.8亿 m^3 减少至2007年的93.2亿 m^3（表3-6）。

表3-6 太湖流域2001—2007年用水量

行政分区	分类	2001年	2002年	2003年	2004年	2005年	2006年	2007年
太湖流域	生活	38.6	33.3	44.1	47.8	49.7	49.4	46.5
	工业	158.3	154.0	158.0	182.9	202.7	214.1	233.0
	农业	101.8	94.8	104.3	113.7	102.1	97.5	93.2
	合计	298.7	282.1	306.4	344.4	354.5	361.0	372.7

4 太湖流域水生态系统现状调查与评价

4.1 调查与评价方法

4.1.1 调查设计

4.1.1.1 调查时间

2010 年对太湖流域水生态状况进行了丰水期和平水期 2 次调查，调查时间分别为 2010 年 4 月 20 日—5 月 10 日和 2010 年 7 月 5—25 日。

4.1.1.2 调查点位

调查点位共计 78 个，其中江苏省境内 43 个，浙江省境内 24 个，上海市境内 11 个（图 4-1）。

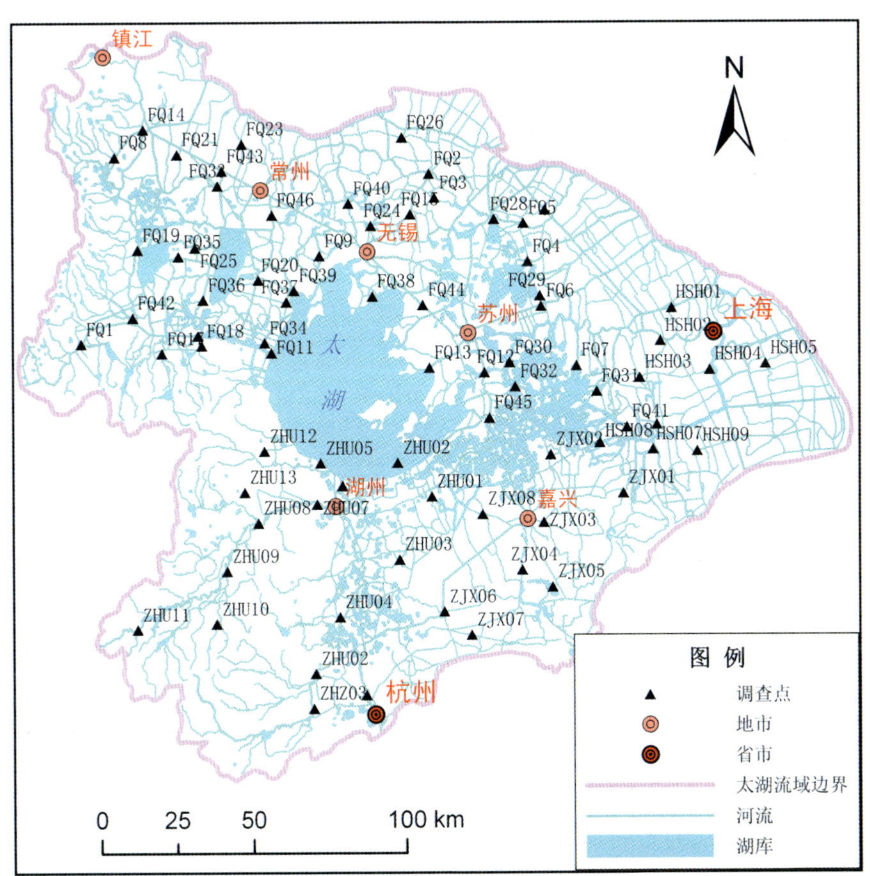

图 4-1 太湖流域水生态调查采样点位置

4.1.1.3 调查项目

调查项目主要包括浮游动物、浮游植物、水生维管束植物、底栖动物和鱼类，具体情况如下。

①浮游动物：浮游甲壳动物（分类到种）、轮虫（分类到属或种）和原生动物（分类到科或属）；

②浮游植物：分类到属或种，包括绿藻门、蓝藻门、硅藻门、甲藻门和裸藻门等；

③水生维管束植物：分类到种；

④底栖动物：软体动物（分类到种）、水生昆虫（分类到科或属）和寡毛类（分类到科或属）；

⑤鱼类：调查各断面的种类组成、各种鱼类的相对数量和优势度；调查国家和浙江省重点保护及流域特有的鱼类种类；重要经济鱼类的种类和分布特征；洄游性鱼类的种类数量、分布状况及产卵场位置。

①—④类水生生物调查的内容主要包括种类组成、现存量（密度和生物量）和生物多样性。

4.1.1.4 调查方法

水生生物采集与分类鉴定主要参考《湖泊生态调查观测与分析》（黄祥飞，2000）、《淡水浮游生物研究方法》（章宗涉和黄祥飞，1995）、《淡水微型生物图谱》（周凤霞和陈剑虹，2005）、《微型生物监测新技术》（沈韫芬等，1990）、《中国淡水轮虫志》各分卷（王家楫，1961）、《中国动物志 节肢动物门 甲壳纲 淡水桡足类》（中国科学院动物研究所甲壳动物研究组，1979）、《原生动物学》（沈韫芬，1999）、《中国水生维管束植物图谱》（中国科学院武汉植物研究所，1983）、《中国淡水鱼类检索》（朱松泉，1995）、《中国动物图谱（鱼类）》（郑葆珊，1987）、《浙江动物志：淡水鱼类》（毛节荣和徐寿山，1991）等分类书籍和期刊。

①浮游动物 定性样品用 25 号浮游生物网在表层水面作“∞”形移动 3～5 min，加4%甲醛溶液固定，用于种类鉴定。定量样品用 5 L 采水器在表层、中层和底层各水层分别取水样 5 L 混合，取 1 L 混合水样 1%浓缩鲁哥氏液（Lugol's solution）固定，沉淀 48 h 后去上清液，转 0.5 L 透明容器中再沉淀 24 h，沉淀液转入 50 mL 水样瓶，定容至 50 mL 用于定量分析。定量分析移取浓缩样品匀液 0.1 mL 至计数框，在 10×20 倍显微镜下进行全片计数，每个标本重复计数 2 片，取其平均值，2 片计数结果的误差＜15%。

②浮游植物 用 5 L 采水器在表层、中层和底层各水层分别取水样 5 L 混合，取 1 L 混合水样 1%浓缩鲁哥氏液（Lugol's solution）固定，沉淀 72 h 后去上清液，定容至 30 mL 用于分析。定量分析移取浓缩样品匀液 0.1 mL 至计数框，在 15×20 倍显微镜下使用视野法进行计数。一般随机计数 30～50 个视野，使得细胞数在 300 个以上。

③底栖动物 样品采集用改良的彼得生采泥器（1/16 m^2）采集样品，泥样用 60 目尼龙网筛洗，剩余物置于白瓷盘中，将底栖动物活体逐一挑出。获得的样品用 7%的甲醛溶液保存。在实验室中对样品进行种类鉴定和个体计数。

④水生维管束植物 调查区域内水生维管束植物出现较少，一般表现为透明度小于 50 cm 的站点河道不存在水生维管束植物。在出现水生维管束植物的站点沿断面布设 3～6 个采样点，用 0.3×0.3 彼得生采集器采集，带回驻地全部清洗干净，归类计数，吸湿后称

重，并压制成标本。全部标本拍摄主要器官图片，测量、记录主要形态学数据和生境条件，分类鉴定。

⑤鱼类 评价区鱼类资源调查主要包括：鱼类种类组成、区系特点、鱼类食性、繁殖习性、三场（产卵、索饵、越冬）分布、特有鱼类种类和资源现状、经济鱼类种类和资源量等。鱼类组成宏观调查包括历史资料收集分析和现场调查统计分析。历史资料主要是指评价区相关的鱼类志、与评价区相关的鱼类科学考察，以及已经发表的鱼类组成研究文献等。各站点鱼类组成调查主要是结合历史资料记载的种类，以在不同水层、生境作业的当地主要渔具，在不同的时间段进行捕捞，统计所有捕捞的种类。在各调查站点渔政执法人员陪同下，联系站点所辖行政区域内的渔民，向渔民收购渔获物。(i) 对单艘渔船上的渔获物全分类计数、称重；(ii) 小规格种类，每种每网次 20 尾以下全收购，20 尾以上随机收购 20 尾，在驻地测量形态学指标；大规格个体（>2 kg）每种每网次收购 2～3 尾，在驻地测量形态学指标；(iii) 每站点收购由 2～3 个渔民分别捕捞的渔获物；(iv) 调查网具、捕鱼地点、鱼类活动区域以及区域内鱼类资源的历史信息。

4.1.2 评价方法

评价水质污染时，通常以水生生物作为指示生物。在水体健康的状况下，水生生物之间以及与水环境之间存在一定的动态平衡、保持相对稳定性。水体受到污染导致环境因子发生改变，直接或间接影响原有生物类群之间的平衡，改变种群、群落的构成。因此，用生物的指示种群来划分水质的污染级别和表示其污染程度，是目前水体健康生物评价的主要方法。在水体富营养化的评价中，水生生物各类群的现存量（密度与生物量）和种类组成的多样性指数均是评价水体健康程度的重要指标。健康的水体本身应该是一个完整的生态系统，在其能量流动与物质循环的过程中，浮游植物、浮游动物、底栖动物、水生昆虫、底生藻类、水生维管束植物、腐屑和细菌以及摄食各种生物的多种鱼类组成了食物链（网）。而水生生物的多样性程度，则决定了系统内部结构的复杂性。

水生生物评价主要通过密度、生物量、相对重要性指数、Wright 生物指数、硅藻商、$Q_{B/T}$ 指数、淡水鱼类 $F_{B/T}$ 指数、种类优势度指数、Margalef 多样性指数、Shannon-Wiener 多样性指数、生态优势度指数和 Pielou 均匀度指数反映各水生生物类群的物种组成、多样性，以及种类数量的均匀性和优势度。

4.1.2.1 密度和生物量

浮游动物密度按下列公式计算（郑小燕等，2009）：

$$N = (V_s \times n)/(V \times V_a) \tag{4-1}$$

式中：N——1 L 水中浮游动物密度，ind/L；

V_s——沉淀体积，50 mL；

n——计数体积观察的个数；

V——采样体积，1 L；

V_a——计数体积，0.1 mL。

浮游植物密度按下列公式计算（姜雪芹等，2009）：

$$N = \frac{S}{s \cdot a} \cdot \frac{V}{v} \cdot n \tag{4-2}$$

式中：N——1 L 水中浮游植物密度，ind/L；

S——计数框面积，400 mm²；

s——视野面积；

a——计数视野个数；

V——浓缩后体积，mL；

v——计数体积，0.1 mL；

n——计数观察到的个数。

然后根据藻类细胞体积大小换算生物量：1 mm³细胞体积=1 mg 生物量（湿重）。

用滤纸吸除底栖动物表面固定液，置于 Sartorius 电子天平（量程 120 g、精度 0.1 mg）上称重，并将结果折算成单位面积的密度和生物量。

4.1.2.2 相对重要性指数

由于不同种类底栖动物密度和生物量差异较大，因此采用相对重要性指数（IRI，Index of Relative Importance）来确定各水系中的优势种（Pinkas et al.，1971；韩洁等，2004），相对重要性指数综合考虑大型底栖动物的密度、生物量以及分布状况，其计算公式为

$$\text{IRI} = (W + N) \times F \tag{4-3}$$

式中：W——某一种类的生物量占各水系大型底栖动物总生物量的百分比；

N——该种类的密度占各水系大型底栖动物总密度的百分比；

F——该物种在各水系中出现的相对频率。

相对重要性指数（BPI）和 Wright 指数是两种常见的评价水体水质的指数，其中 BPI 的计算公式如下：

$$\text{BPI} = \frac{\lg(N_1 + 2)}{\lg(N_2 + 2) + \lg(N_3 + 2)} \tag{4-4}$$

式中：N_1——寡毛类、蛭类和摇蚊幼虫个体数；

N_2——多毛类、甲壳类、除摇蚊幼虫以外其他水生昆虫个体数；

N_3——软体动物个体数。

Wright——从寡毛类的密度来评价水体水质（刘健康，1999）。BPI 和 Wright 指数评价标准如表 4-1 所示。

表 4-1 BPI 和 Wright 指数评价标准

BPI 指数	Wright 指数
小于 0.1 为清洁	寡毛类密度在 100 ind/m² 以下为无污染 100～999 ind/m² 时为轻微污染 1 000～5 000 ind/m² 为中度污染 5 000 ind/m² 以上为重度污染
（0.1，0.5）为轻污染	
（0.5，1.5）为β-中污染	
（1.5，5.0）为α-中污染	
大于 5.0 为重污染	

4.1.2.3　硅藻商

采用由 Thunmark 和 Nygaard 提出来的藻类种数商来划分水质营养水平（Thunmark，1945；Nygaard，1949；沈韫芬等，1990），由于调查区域硅藻数量极少，因此选用其中的硅藻商：

$$E = \frac{C}{M} \tag{4-5}$$

式中：E——硅藻商；

C——中心纲总个体数；

M——羽纹纲总个体数。

硅藻商越大表示水体的营养程度越高，一般认为硅藻商小于 1 为贫营养水体，1～5 为富营养水体，5～15 为重富营养水体。

4.1.2.4　$Q_{B/T}$ 指数

轮虫类群中的臂尾轮虫与富营养化水体关系密切，而异尾轮虫类则多生活在贫寡营养型水体中。所以用轮虫评价水质状况，一般采用 $Q_{B/T}$ 指数（Sladeck，1983）：

$$Q_{B/T} = \frac{B}{T} \tag{4-6}$$

式中：B——臂尾轮虫种类数；

T——异尾轮虫种类数。

$Q_{B/T} > 2$ 为富营养，$2 > Q_{B/T} > 1$ 为中营养，$Q_{B/T} < 1$ 为寡营养。

4.1.2.5　淡水鱼类 $F_{B/T}$ 指数

参照轮虫的 $Q_{B/T}$ 指数方法，建立淡水鱼类 $F_{B/T}$ 指数：

$$F_{B/T} = \frac{B_f}{T_f} \tag{4-7}$$

式中：B_f——底层鱼类个体数量；

T_f——鱼类总个体数量。

由于鱼类调查结果受网具的类型和网具放置的位置等影响，所以在调查过程中，应选择具有代表性的采样站点，尽可能使用多种渔具渔法，多次捕捞。

4.1.2.6　生物多样性指数

种类多样性指数法是应用数理统计法求得表示生物群落的种类和个体数量的数值，以评价环境质量；可以定量反映生物群落结构（种类、数量）及群落中各种类组成比例变化的信息。选用生物多样性指数以及指示物种评价水体，主要是依据各生物类群中，都存在对某种环境的偏好，且这种偏好在生态学中，有一定的耐受性范围。所以，针对不同类群的水生生物，其评价水体的方法也不尽相同，需要根据实际情况进行综合判断。

Margalef 多样性指数（D）采用下式计算（Margalef，1957；吕光俊等，2009）：

$$D = \frac{S-1}{\ln N} \tag{4-8}$$

式中：N——水生生物群落密度，ind/L；

S——群落种类数。

Margalef 多样性指数 D 值越大表示水质越好。

Shannon-Wiener 多样性指数（H）采用下式计算（Shannon 和 Wiener，1949；吕光俊等，2009）：

$$H=-\sum_{i=1}^{s}\left(N_i/N\right)\ln\left(N_i/N\right) \tag{4-9}$$

式中：N_i——第 i 种水生生物密度，ind/L；

N——水生生物群落密度，ind/L；

s——样品中生物的种类数。

Simpson 多样性指数（d）采用下式计算（吕光俊等，2009）：

$$d=\frac{N\left(N-1\right)}{\sum_{i=1}^{s}N_i\left(N_i-1\right)} \tag{4-10}$$

式中：N_i——第 i 种水生生物密度，ind/L；

N——水生生物群落密度，ind/L；

s——样品中生物的种类数。

4.1.2.7 优势度指数

种类优势度指数（Y）采用下式计算（朱英等，2010）：

$$Y=\left(N_i/N\right)f_i \tag{4-11}$$

式中：f_i——第 i 种在各采样点出现的频率；

N_i——第 i 种水生生物密度，ind/L；

N——水生生物群落密度，ind/L。

当 $Y>0.02$ 时为优势种。

生态优势度（λ）采用下式计算（Simpson，1949）：

$$\lambda=\sum_{i=1}^{s}N_i\left(N_i-1\right)/[N\left(N-1\right)] \tag{4-12}$$

式中：N_i——第 i 种水生生物密度，ind/L；

N——水生生物群落密度，ind/L；

s——样品中生物的种类数。

4.1.2.8 Pielou 均匀度指数

Pielou 均匀度指数（J）采用下式计算（吕光俊等，2009）：

$$J=H'/\ln S \tag{4-13}$$

式中：H'——物种多样性指数；

S——群落种类数。

4.1.3 评价区划分

太湖流域水生态系统状况评价从样点尺度、流域尺度和水系分区 3 个尺度进行评价。

其中将太湖流域划分为 4 个水系区，主要包括苕溪水系（入湖）、宜溧河水系（入湖）、运河水系（入湖）和出湖水系，其涉及的范围、代表河道和采样点情况如表 4-2 所示。

表 4-2 太湖流域不同水系划分及范围

水系	范围	代表河道	采样点
苕溪水系（入湖）	源于浙江天目山北麓，包括东西苕溪两条河流，是水系中唯一代表山区性质的河流。苕溪水系经由湖州，在小梅口、大钱口等沿湖溇港入湖。其水系总面积为太湖水系中最大	西苕溪 ZHU11 ZHU10 ZHU09 ZHU08 ZHU07 东苕溪 ZHZ03 ZHZ02 ZHU04 泗安溪 ZHU13 ZHU12	ZHU01 ZHU02 ZHU03 ZHU05 ZHU06 ZHU07 ZHU08 ZHU09 ZHU10 ZHU11 ZHU12 ZHU13 ZJX03 ZJX04 ZJX05 ZJX06 ZJX07 ZJX08 ZHZ01 ZHZ02 ZHZ03
宜溧河水系（入湖）	整个水系在溧阳之上实际被称为淳溧河，在溧阳之下才称宜溧河。但是现在通常把整个水系通称为宜溧河水系	淳溧河 FQ1 FQ42 宜溧河 FQ16 FQ18 FQ11 横塘河 FQ34 屋溪河 FQ17	FQ1 FQ11 FQ16 FQ17 FQ18 FQ34 FQ36 FQ42
运河水系（入湖）	包括锡澄运河以西，茅山以东，滨江高地地区。大部分经由百渎港、直湖港入太湖。小部分由洮湖、滆湖，再经太滆运河等地	直湖港 FQ9 漕桥河 FQ20 FQ39 太滆南运河 FQ37 京杭运河 FQ43 锡澄运河 F40 FQ24	FQ8 FQ9 FQ14 FQ19 FQ20 FQ21 FQ23 FQ24 FQ25 FQ33 FQ35 FQ37 FQ38 FQ39 FQ40 FQ43 FQ46
出湖水系	位于太湖东部，由于地势较低，河流大都以出湖为主	东清河 FQ2 FQ15 京杭运河 FQ12 FQ45 FQ44 太仓港 FQ6 盐铁港 FQ27 横河 FQ26	FQ2 FQ3 FQ4 FQ5 FQ6 FQ7 FQ12 FQ13 FQ15 FQ26 FQ27 FQ28 FQ29 FQ30 FQ31 FQ32 FQ41 FQ44 FQ45 HSH01 HSH02 HSH03 HSH04 HSH06 HSH0 HSH087 HSH09 ZJX01 ZJX02

4.2 浮游植物

4.2.1 种类组成

对流域 78 个采样点的样品分析，共鉴定浮游植物有 72 属，分别隶属于蓝藻门（10 属）、硅藻门（17 属）、绿藻门（34 属）、甲藻门（2 属）、裸藻门（4 属）、隐藻门（3 属）和金藻门（2 属）。因此绿藻门、硅藻门和蓝藻门是太湖流域浮游植物主要门类。

平水期鉴定有 63 属，丰水期有 49 属。平水期优势属为隐藻属（出现频率为 26.9%），其次为直链硅藻（21.8%）、栅藻（15.4%）和针杆藻（8.75%）；丰水期优势属为隐藻属（53.2%）、裸藻属（7.6%）等（图 4-2）。

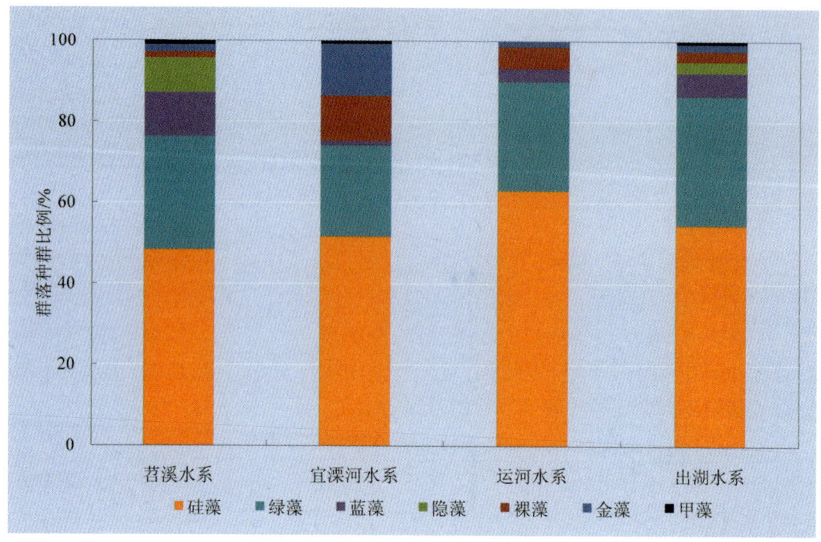

（a）平水期

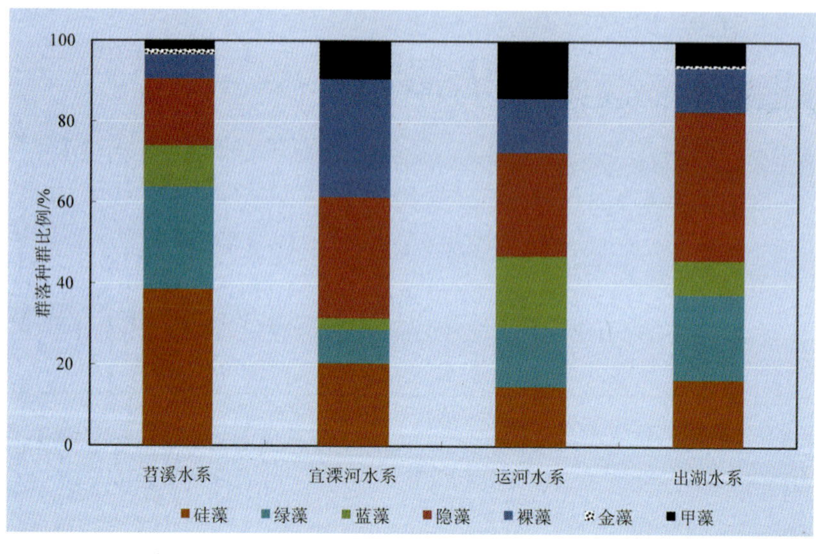

（b）枯水期

图 4-2 水系间浮游植物群落种群组成

苕溪水系春、夏季浮游植物门类组成变化不大，出湖河道门类组成略有变化，而运河水系和宜溧河水系变化较大，硅藻和绿藻的优势地位被隐藻、裸藻和蓝藻共同取代。春季由于水温较低（15.1±1℃），适应低水温的硅藻能获得很好的竞争优势。随着水温升高，夏季（27.4±2℃）硅藻的优势地位被其他适应较高水温的藻类所取代，如隐藻最适生长温度范围为 15～35℃、裸藻最佳生长温度范围为 20～35℃。

与太湖湖区相比，由于没有大规模蓝藻水华的发生和空间异质性，因此优势属种类比湖区丰富。但主要优势属大都为 β-中污染指示属，说明水体中有机物较少，溶解氧浓度升高（春季溶解氧 DO=9.6±7.2 mg/L，夏季溶解氧 DO=6.4±3.4 mg/L）。

4.2.2 数量组成

浮游植物生物量平均值为 24.5 mg/L，4 月和 7 月分别为 29.2 mg/L（0.025～113.5 mg/L）和 19.7 mg/L（0.172～93.5 mg/L）。细胞丰度 4 月为 2×10^6cells/L（9.7×10^4～1×10^7cells/L），7 月为 8.9×10^6cells/L（5.4×10^4～2.7×10^8cells/L）。

浮游植物生物量平均值为 24.5 mg/L，平水期生物量为 29.2 mg/L（0.025～113.5 mg/L）、丰水期为 19.7 mg/L（0.172～93.5 mg/L）。

春季：在三大入湖水系中春季以硅藻为绝对优势门类。苕溪水系优势属为直硅藻、栅藻、针杆藻和舟形藻，总生物量为 62.42±28 mg/L，其中硅藻门平均生物量为 25.17±7 mg/L，其次是绿藻门 21.69±17 mg/L；宜溧河水系优势属为锥囊藻、针杆藻、直硅藻、隐藻和脆杆藻，总生物量为 1.24±0.51 mg/L，其中硅藻门平均生物量 0.65±0.36 mg/L，其次为绿藻门 0.26±0.11 mg/L；运河水系优势属为隐藻、脆杆藻、纤维藻和针杆藻等，总生物量为 1.34±1.54 mg/L，硅藻门平均生物量为 0.98±1.24 mg/L，其次为绿藻门 0.25±0.18 mg/L；出湖水系主要优势属为直硅藻、栅藻、隐藻、铁杆藻和新月藻等，总生物量为 28.9±39 mg/L，绿藻门平均生物量为 11.51±18 mg/L，硅藻门平均生物量为 9.35±12.29 mg/L。

夏季：与春季类似，苕溪水系优势门类为硅藻和绿藻，总生物量为 38.7±26 mg/L，硅藻门平均生物量为 11.21±5 mg/L，绿藻门平均生物量为 12.24±13 mg/L，优势属为针杆藻、十字藻和隐藻属。宜溧河水系中硅藻的绝对优势被隐藻、裸藻和硅藻共同取代，优势属为隐藻、裸藻、直硅藻和双菱藻，总生物量为 1.88±1 mg/L，裸藻门平均生物量为 0.82±1 mg/L，隐藻门平均生物量为 0.46±0.3 mg/L，硅藻门平均生物量为 0.28±0.2 mg/L。运河水系优势门类为隐藻、蓝藻，其次是硅藻、绿藻和裸藻，优势属有裸藻、隐藻、微囊藻和多甲藻等，总生物量为 1.17±1 mg/L，蓝藻门平均生物量最高 0.45±1 mg/L，其次为隐藻门（0.23±0.2 mg/L）、绿藻门（0.14±0.1 mg/L）、裸藻门（0.13±0.2 mg/L）。出湖水系以隐藻为优势门类（生物量 36.7±24 mg/L），其次为绿藻门（21.1±14.6 mg/L），优势属有直硅藻、栅藻、隐藻、针杆藻和新月藻等。

4.2.3 多样性评价

调查点浮游植物 Shannon-Wiener 多样性指数平均值为 0.73，平水期和丰水期分别为 0.84（0.04～1.12）和 0.62（0.02～1.07）。物种均匀度指数（Pielou）平均值为 0.74，平水期和丰水期分别为 0.78（0.12～0.97）和 0.69（0.04～0.97）（图 4-3）。

春季苕溪水系浮游植物鉴定平均有 12±5 属，多样性较其他三个地区要低（Shannon-Wiener 指数=0.81±0.2），其次为出湖水系地区（鉴定有 13±4 属，Shannon-Wiener 指数=0.85±0.2），宜溧河水系最高（鉴定有 15±4 属，Shannon-Wiener 指数=0.93±0.1），运河水系为 13±4 属，Shannon-Wiener 指数=0.87±0.3。

夏季则运河水系浮游植物物种多样性最低（共计 9±4 属，Shannon-Wiener 指数=0.44±0.2）。苕溪水系稍高，共计 8±5 属，Shannon-Wiener 指数= 0.59±0.2；宜溧河水系为 11±2 属，Shannon-Wiener 指数=0.695±0.1；出湖水系最高，共计 10±4 属，Shannon-Wiener 指数=0.704±0.2。

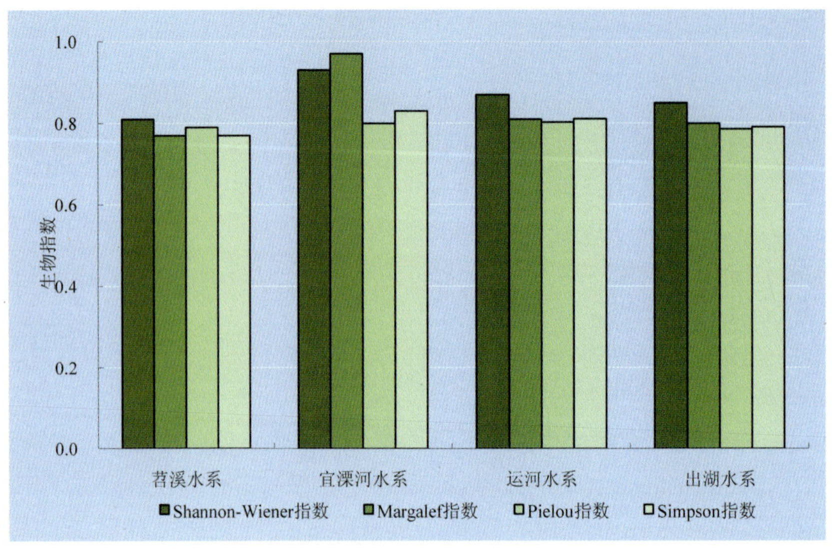

（a）平水期

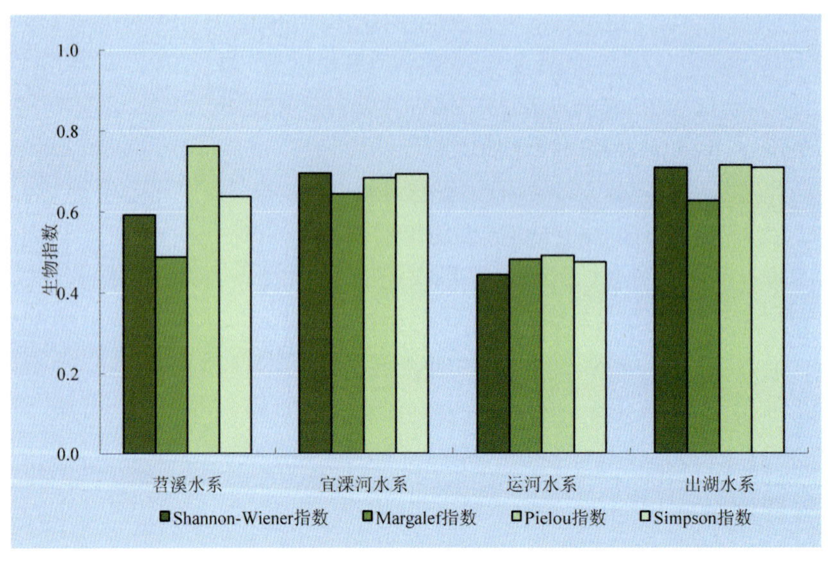

（b）丰水期

图 4-3 各水系浮游植物物种多样性

4.2.4 水质生物学评价

浮游植物是水域生态系统食物网底层的初级生产者，在藻型湖泊中更是主要的初级生产力。浮游植物生物量和群落结构能很好地反映湖泊现状。相对于其他水生植物而言，浮游植物由于其生长周期短，对环境变化敏感，所以其生物量及种群结构动态变化能很好地反映湖泊现状及变化，特别是营养水平的变化；反之，环境条件的改变也直接或间接地影响到浮游植物的群落结构。

考虑到各评价指数一般都不能全面评价水体状态，为得出一个较为合理的结果，采用藻类污染指数和硅藻商两个评价方法，前者判断水体有机物污染水平，后者判断水体营养化水平。

根据藻类对有机污染的敏感度不一样，采用 Palmer 于 1969 年对能耐污的 20 个属的藻类评分标准对水体打分（表 4-3）。根据水样中出现的这些藻类计算总污染指数，一般认为大于 20 属于重污染，介于 15～19 的为中污染，而低于 15 的为轻污染。

表 4-3 藻类的污染指数值

属名	污染指数	属名	污染指数
集胞藻 *Synethocystis*	1	微芒藻 *Micractinium*	1
纤维藻 *Ankistrodesmus*	2	舟形藻 *Navicula*	3
衣藻 *Chlamydomonas*	4	菱形藻 *Nitzschia*	3
小球藻 *Chlorella*	3	颤藻 *Ocillatoria*	5
新月藻 *Closterium*	1	实球藻 *Pandorina*	1
小环藻 *Cyclotella*	1	席藻 *Phormidium*	1
裸藻 *Euglena*	5	扁裸藻 *Phacus*	2
异极藻 *Comphonema*	1	栅藻 *Scenedesmus*	4
鳞孔藻 *Lepocinclis*	1	毛枝藻 *Stigeoclonium*	2
直硅藻 *Melosira*	1	针杆藻 *Synedra*	2

硅藻商越大表示水体的营养程度越高，一般认为硅藻商小于 1 为贫营养水体，1～5 为富营养水体，5～15 为重富营养水体。

4.3 浮游动物

4.3.1 原生动物

4.3.1.1 种类组成

对太湖流域 78 个采样点的水样鉴定与分析，共鉴定出原生动物 98 种，分属 6 纲 19 目 70 属。

原生动物种类平水期 65 种，丰水期 63 种，原生动物种类组成以肉足纲、动基片纲、寡膜纲种类为主（图 4-4），3 纲种类数占总种类数的比例依次为 27.6%、21.4%、16.3%，在平水期与丰水期，3 纲种类数占的比例分别为 23.1%、21.5%、18.5%（平水期）；28.6%、22.2%、14.3%（丰水期）。

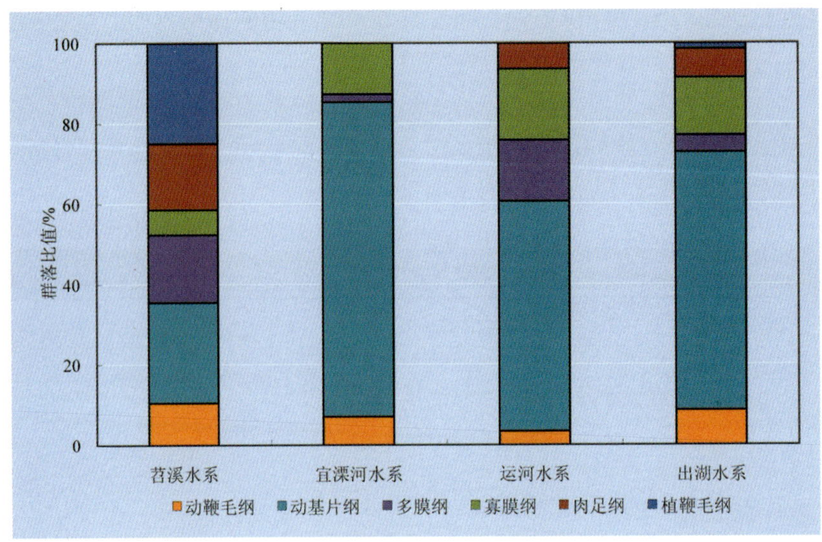

（a）平水期

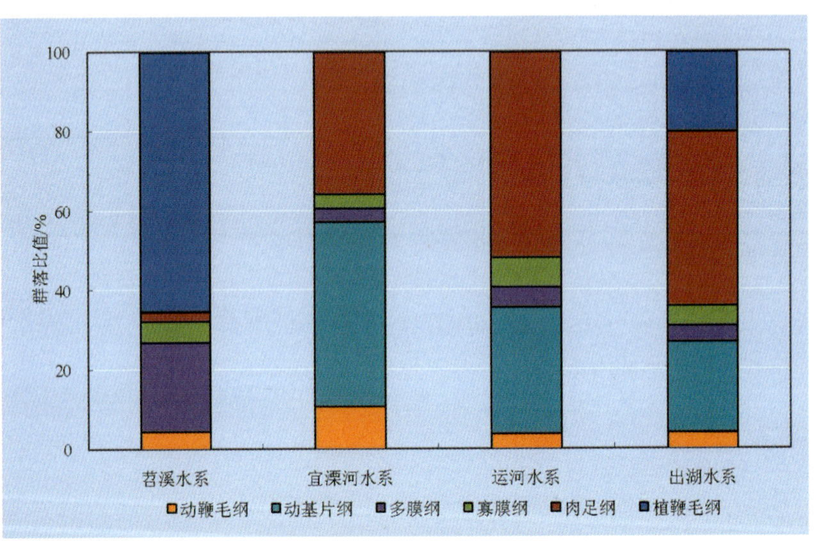

（b）丰水期

图 4-4 太湖流域原生动物群落结构

4.3.1.2 数量

平水期各类群的平均密度占总平均密度的百分比由高到低依次为动基片纲（41.4%）、肉足纲（15.9%）、寡膜纲（15.9%）、多膜纲（14.0%）、植鞭毛纲（9.3%）和动鞭毛纲（3.5%）；丰水期各类群依次排序为肉足纲（31.9%）、动基片纲（25.5%）、植鞭毛纲（18.3%）、多膜纲（8.5%）、寡膜纲（7.9%）和动鞭毛纲（7.9%）。

平水期各采样断面平均密度占总平均密度（186 174 ind/L）2%以上的种类由高到低依次为：食藻斜管虫（68 743 ind/L）、梨型四膜虫（23 991 ind/L）、暗黄睫杵虫（20 761 ind/L）、小单环栉毛虫（8 766 ind/L）、尾瘦尾虫（8 766 ind/L）、天鹅长吻虫（8 304 ind/L）、肋状半眉虫（6 459 ind/L）、鳞壳虫（5 998 ind/L）、粗圆纤虫（4 152 ind/L）、柱纤口虫（3 809 ind/L）。

在这些种类中，动基片纲种类的密度为 116 843 ind/L，占总平均密度的 63%。

丰水期各采样断面平均密度占总平均密度（109 216 ind/L）2%以上的种类由高到低依次为：鳞壳虫（15 705 ind/L）、小单环栉毛虫（14 856 ind/L）、瓶砂壳虫（8 546 ind/L）、多变明壳虫（6 367 ind/L）、弯曲变胞藻（5 808 ind/L）、尖细异丝藻（5 605 ind/L）、肋状半眉虫（3 396 ind/L）、奇观盖氏虫（2 547 ind/L）、太阳球吸管虫（2 547 ind/L）、黏液蓝环虫（2 547 ind/L）。在这些种类中，肉足纲种类的密度为 33 164 ind/L，占总平均密度的 30%；动基片纲种类的密度为 20 798 ind/L，占总平均密度的 19%。

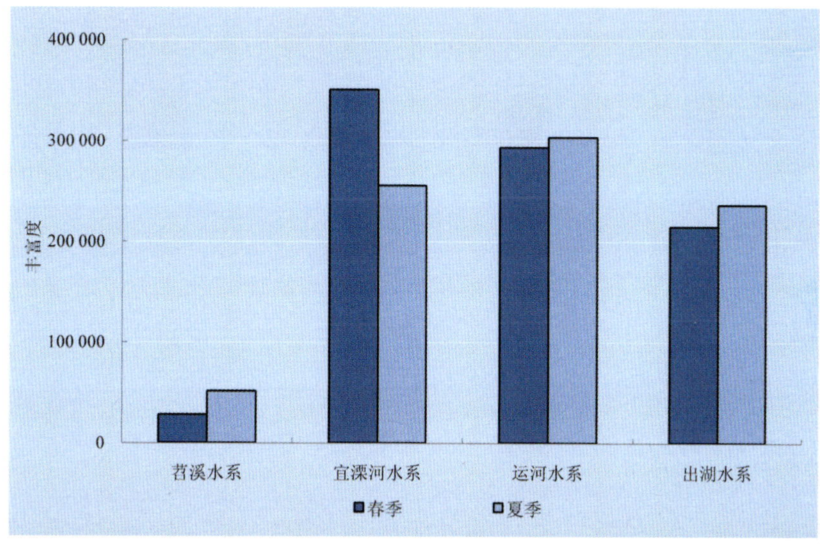

图 4-5 各水系原生动物丰富度

4.3.1.3 多样性

多样性指数、均匀度指数反映群落中生物种类组成丰富程度和各物种数量分配平均化程度，多样性指数、均匀度指数大，表明群落构成复杂、物种之间种群数量均等，群落结构稳定性好。用原生动物群落的 Shannon-Wiener 多样性指数判定水质状况，一般认为，0～1 为重污染，1～3 为中污染，大于 3 为轻污染或者无污染。用 Pielou 均匀度指数划分水质等级，0～0.3 为重污染，0.3～0.5 为中污染，0.5～0.8 为轻污染或者无污染。对全部采样断面原生动物数据分析，结果表明太湖流域水质近 1/2 的断面介于轻、中污染之间，其余断面污染程度超过中污染程度。

4.3.1.4 水质生物学评价

原生动物群落的功能类群构成，可以反映供给原生动物的饵料的性质，间接表达水体营养状况。在原生动物的评价中，一般认为有机污染较严重的水体，耐污种类将形成优势种群而导致个体数量剧增。纤毛虫是耐污类群，根据纤毛虫种类数在采样点总种类中占的比值判定水体污染程度。也可以根据 Shannon-Wiener 多样性指数和 Pielou 均匀度指数进行判别。根据 Pratt 和 Cairns（1985）将淡水原生动物分成 6 个营养功能类群（functional-trophic groups），即光合作用者（photosynthetic autotrophs，以下简称 P 群）、食藻者（algivores，以下简称 A 群）、腐生者（saprotrophs，以下简称 S 群）、食细菌–碎屑者（bactivores-detritivores，以下简称 B 群）、食肉者（raptors，以下简称 R 群）和无选择性的杂食者（nonselective omnivores，以下简称 N 群）。

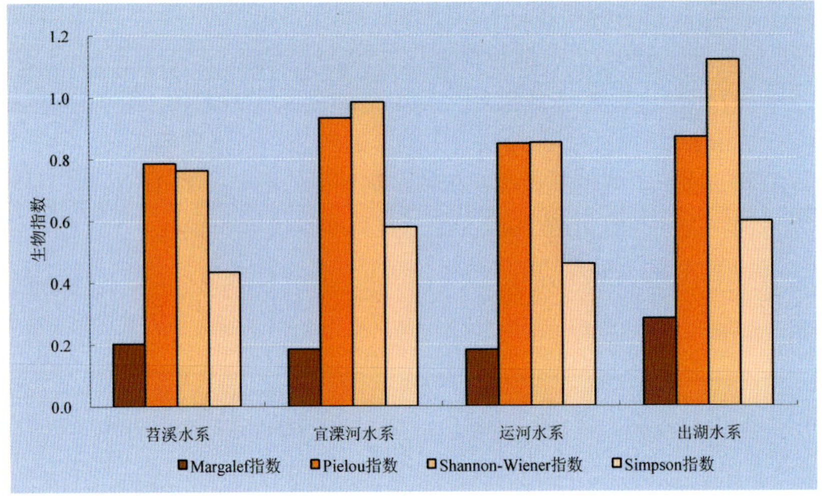

（a）平水期

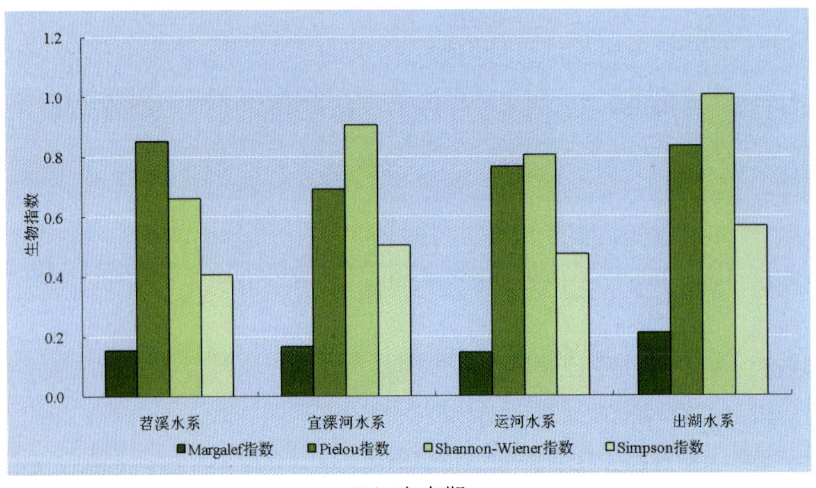

（b）丰水期

图 4-6　各水系原生动物物种多样性

平水期和丰水期太湖流域原生动物均以 B、R 功能类群种类为主，平水期 B、R 功能类群种类数占总种数的 50%～70%，丰水期占 60%～75%。丰水期 B、R 功能类群种类数比例增加，与丰水期径流将地表营养物带入水体有一定的关系。

苕溪水系 B、R 功能类群种类数所占比例维持在 50%左右，并有较高比例的 P 功能群，表明苕溪水系水质优于其他水系。流速较大、泥沙含量高的河流，并非浮游动物的理想栖息处，个体较大的浮游动物一进入夹带泥沙的流水，数量很快减少甚至消失。苕溪水系上游水流大，水样镜检未发现 P 功能群种类，仅在中下游水流平缓、水质较清洁的水体中出现。大多数采样点 B、R 功能类群种类多而 P 功能群种类少，表明太湖流域水体中悬浮颗粒和细菌较多，已有一定程度的有机污染。

表 4-4 太湖流域原生动物指示物种

水质	种类 1	种类 2	种类 3
Ⅰ	切割咽壳虫 *Pontigulasia incise*		
Ⅱ	斜口三足虫 *Trinema enchelys*		
Ⅲ	淡水筒壳虫 *Tintinnidium fluviatile*	王氏似铃壳虫 *Tintinnopsis wangi*	尾漂眼虫 *Astasia klebsii*
Ⅳ	长圆靴纤虫 *Cothurnia oblonga*	大弹跳虫 *Halteria grandinella*	尖尾异眼纽虫 *Heteronema acus*
	扭曲扁眼虫 *Phacus tortus*	陀螺侠盗虫 *Strobilidium velox*	
Ⅴ	放射矛刺虫 *Hastatella radians*	弯曲漂眼虫 *Astasia curvata*	尾眼虫 *Euglena caudata*
	钟形钟虫 *Vorticella campanula*		
劣Ⅴ	长尾扁眼虫 *Phacus longicauda*	瓶砂壳虫 *Difflugia urceolata*	

调查结果显示，太湖流域原生动物生物多样性指数值普遍较低（表 4-5），主要是各水系采样点平均原生动物种类数只有 2～3 种，一些采样点为单优势种。

表 4-5 太湖流域原生动物群落多样性指数评价

时间	水系	站点数/个	种类数/个	密度/（ind/L）	*D*	*J*	*H'*
平水期	太湖南溪水系	4	5	445 674	0.136	0.852	0.799
	太湖苕溪水系	9	22	43 843	0.202	0.857	0.801
	太湖北部平原水网	19	17	252 995	0.191	0.894	0.923
	太湖东南平原水网	37	52	158 428	0.268	0.817	1.003
丰水期	太湖南溪水系	4	8	143 253	0.144	0.928	0.805
	太湖苕溪水系	10	13	20 997	0.116	0.909	0.554
	太湖北部平原水网	23	29	139 793	0.144	0.929	0.798
	太湖东南平原水网	38	43	110 343	0.213	0.871	0.954

如果按照 Shannon-Wiener 多样性指数以及 Pielou 均匀度指数评价太湖流域水体营养化水平，则会得出不相同的结论：太湖流域水体多数为中污染、部分重污染——Shannon-Wiener 多样性指数；太湖流域水体多数轻污染或者无污染、部分中污染——Pielou 均匀度指数。

根据原生动物密度评价水体营养状况，一般认为，小于 1 000 ind/L 为贫营养，1 000～3 000 ind/L 为中营养，大于 3 000 ind/L 为富营养。太湖流域各水系采样点原生动物平均密度基本都大于 3 000 ind/L，仅在平水期 6 个采样点的密度小于 1 000 ind/L。

根据太湖流域原生动物优势种的污染指示（表 4-4），太湖流域多数水体在全年基本处于中度污染，少数的轻污染水体出现在山区独立水系的丰水期。综合太湖流域水质理化指标的测定结果，以及水体原生动物种类少、部分水体单优势种的特点，太湖流域水体的健康状况为多数水体属于中度污染，有营养化程度加剧的趋势。

4.3.2 轮虫

4.3.2.1 种类组成

在平水期和丰水期两次对太湖流域 78 个采样断面进行水样鉴定与分析，共鉴定出轮虫 89 种，分属 2 目 13 科 37 属。游泳亚目占种类组成的 91%，有 81 种。臂尾轮科 32 种，占全部种类的 36%；鼠轮科 14 种，占 15.7%。

平水期轮虫 66 种，分属 11 科，其中臂尾轮科 21 种、鼠轮科 11 种、椎轮科 9 种，为该时期的主要类群；丰水期轮虫 48 种，分属 10 科，主要组成类群为晶囊轮科（20 种）、鼠轮科（7 种）、腔轮科（6 种）。臂尾轮科和晶囊轮科在平水期、丰水期轮虫种类数量构成比例上与总的组成比例基本一致，差异较大的是椎轮科的种类，平水期 9 种，丰水期仅 1 种（图 4-7）。

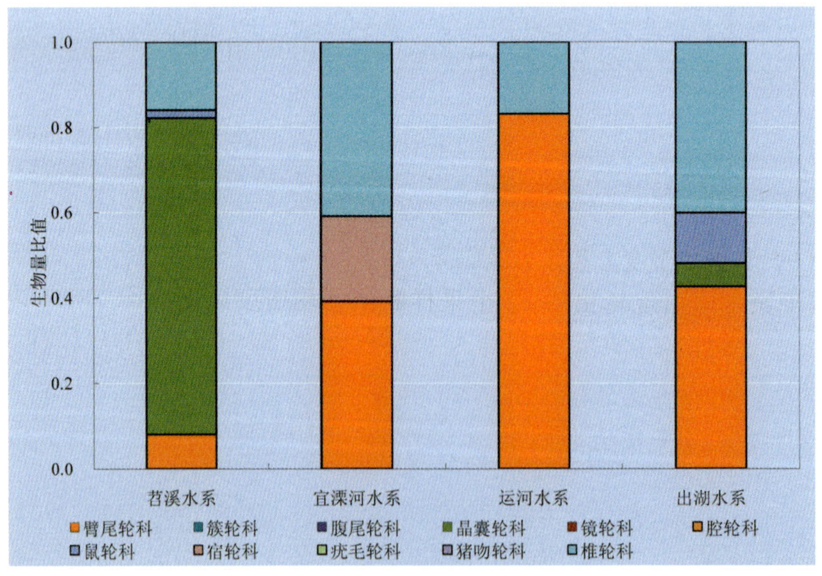

（a）平水期

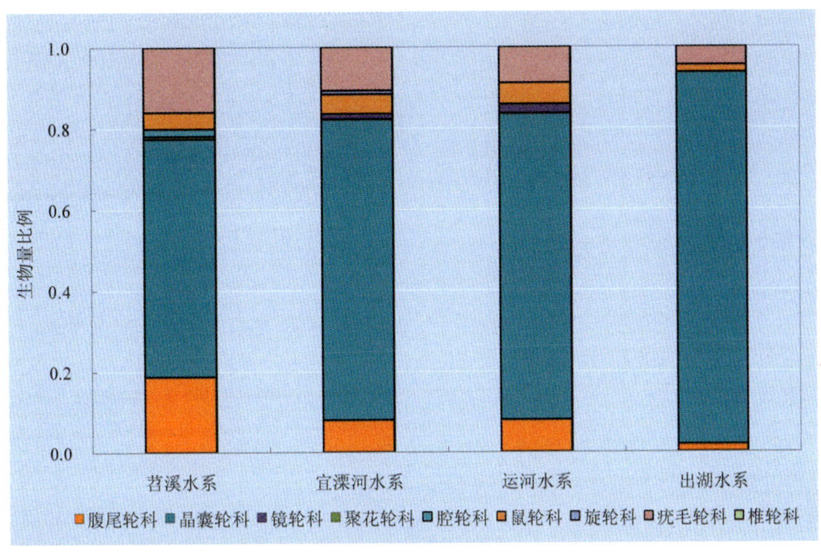

（b）丰水期

图 4-7 各水系轮虫生物量组成

平水期出现频率大于 50%的种类依次为针簇多肢轮虫、螺形龟甲轮虫、矩形龟甲轮虫、角突臂尾轮虫、缘板龟甲轮虫、迈氏三肢轮虫、萼花臂尾轮虫、前节晶囊轮虫、舞跃无柄轮虫、梳状疣毛轮虫；丰水期出现频率大于 50%的种类仅为针簇多肢轮虫，大于 10%的种类由高到低依次为暗小异尾轮虫、角突臂尾轮虫、曲腿龟甲轮虫、迈氏三肢轮虫、螺形龟甲轮虫、卜氏晶囊轮虫和萼花臂尾轮虫。

4.3.2.2 数量

各采样断面轮虫密度差异较大，平水期流域西部山区独立水系出现轮虫的 10 个采样断面平均密度为 160±190 ind/L，最小值为 4ind/L，最大值为 520ind/L。位于西苕溪中上游的 5 个采样断面轮虫平均密度只有 30 ind/L。平均密度大于 100 ind/L 的种类依次为针簇多肢轮虫（480 ind/L）、螺形龟甲轮虫（250 ind/L）、矩形龟甲轮虫（200 ind/L）、角突臂尾轮虫（200 ind/L）、缘板龟甲轮虫（200 ind/L）、迈氏三肢轮虫（200 ind/L）和萼花臂尾轮虫（130 ind/L），其平均密度之和占总平均密度的 83.4%。

流域平原水网出现轮虫的 38 个采样断面平均密度为 2 500± 2 700 ind/L，最小值为 20 ind/L，最大值为 9 600 ind/L。

丰水期流域西部山区独立水系出现轮虫的 15 个采样断面平均密度为 19 500± 28 700 ind/L，最小值为 150 ind/L，最大值为 64 000 ind/L；密度最低的断面为西苕溪进入湖州市（ZHU07）和东苕溪进入瓶窑镇（ZHZ02）的通航河道，密度仅为 50 ind/L，河水浑浊、泥沙含量大，悬浮有机颗粒物含量分别为 11.3 mg/L 和 18.9 mg/L。对悬浮有机颗粒物含量与轮虫密度进行相关性检验，结果 r=0.76（p<0.01），表明轮虫的密度受水体悬浮有机颗粒物含量的影响较大。

流域平原水网出现轮虫的 46 个采样断面平均密度为 16 000± 38 000 ind/L，最小值为 50 ind/L，最大值为 190 000 ind/L。

丰水期平均密度大于 1 500 ind/L 的种类依次为针簇多肢轮虫（9 800 ind/L）、卜氏晶囊轮虫（5 700 ind/L）、角突臂尾轮虫（2 700 ind/L）、跃进三肢轮虫（2 600 ind/L）、欧氏鞍甲轮虫（2 100 ind/L）、曲腿龟甲轮虫（1 600 ind/L）和纵长异尾轮虫（1 600 ind/L）。

丰水期轮虫丰度大于平水期，可能与水温升高，水体周围营养物质因雨水、径流冲刷进入水体有关。温度升高、营养物质增加，有利于轮虫繁殖生长。

平水期流域西部山区独立水系出现轮虫的 10 个采样断面平均生物量为 200±500 μg/L，最小值为 3 μg/L，最大值为 1 600 μg/L。位于西苕溪中上游的 5 个采样断面轮虫平均生物量只有 15 μg/L。

流域平原水网出现轮虫的 38 个采样断面平均生物量为 1 800± 2 100 μg/L，最小值为 2 μg/L，最大值为 5 300 μg/L。

丰水期流域西部山区独立水系出现轮虫的 15 个采样断面平均生物量为 30±40μg/L，最小值为 1 μg/L，最大值为 160 μg/L；平原水网出现轮虫的 46 个采样断面平均生物量为 420±260 μg/L，最小值为 1 μg/L，最大值为 1 900 μg/L。

丰水期流域轮虫生物量小于平水期，主要原因是轮虫繁殖速度快，优势种个体较小。

4.3.2.3 多样性

用多样性指数分析太湖流域轮虫群落的多样性，结果表明，平水期太湖流域西部山区独立水系和东南部平原水网的水体生物多样性指数均大于丰水期；西北部山区独立水系因缺少平水期数据无法判明，东北部平原水网平水期与丰水期无显著差异。

西北部山区独立水系、北部平原水网原生动物种类组成简单，只有 19 种；平水期出现轮虫的断面仅为 15 个，且有 9 个断面只有 1 种轮虫；丰水期出现轮虫的断面虽然增加了 1 倍，但只有 1 种轮虫断面达到 18 个。西部山区独立水系和东南部平原水网的水体中，轮虫群落构成相对比较复杂，在丰水期仅有 2 个断面没有采集到轮虫。

西北部山区独立水系、北部平原水网各水体平水期与丰水期群落种类组成相似性程度低，相似性系数为 0.250，表明群落更替明显，环境因子的改变对群落的影响较大。西部山区独立水系、东南部平原水网各水体平水期与丰水期之间群落种类组成相似性程度较高，相似性系数为 0.622。主要优势种多为平水期、丰水期均出现的种类。说明西部山区独立水系、东南部平原水网的水环境因子变动幅度较小，结构复杂的群落抵御环境变化的能力更强。

4.3.2.4 水质生物学评价

轮虫是淡水浮游动物的主要类群，湖泊型水体轮虫的物种多样性与水体富营养化有关。许多学者将某些轮虫种类作为污染指示生物，并以轮虫富营养种数与贫营养种数的比值（*E*/*O* 值）和臂尾轮虫属（*B*）种数与异尾轮虫属（*T*）种数的比值（$Q_{B/T}$值）对水质污染和水体营养状况进行评价。轮虫类群中的臂尾轮虫与富营养化水体关系密切，而异尾轮虫类则多生活在贫寡营养型水体中。所以用轮虫评价水质状况，一般采用 $Q_{B/T}$ 指数，$Q_{B/T}>2$ 为富营养，$2>Q_{B/T}>1$ 为中营养，$Q_{B/T}<1$ 为寡营养。

运用轮虫群落生物多样性评价水体健康，Margalef 多样性指数法：$D<0.5$ 表示重污染，0.5～1 表示中污染，1～2 表示轻污染，$D>2.5$ 表示清洁水体；Shannon-Wiener 多样性指数：*H* 值在 0～1 表示重污染，1～2 表示中污染，$H>2$ 表示轻污染。

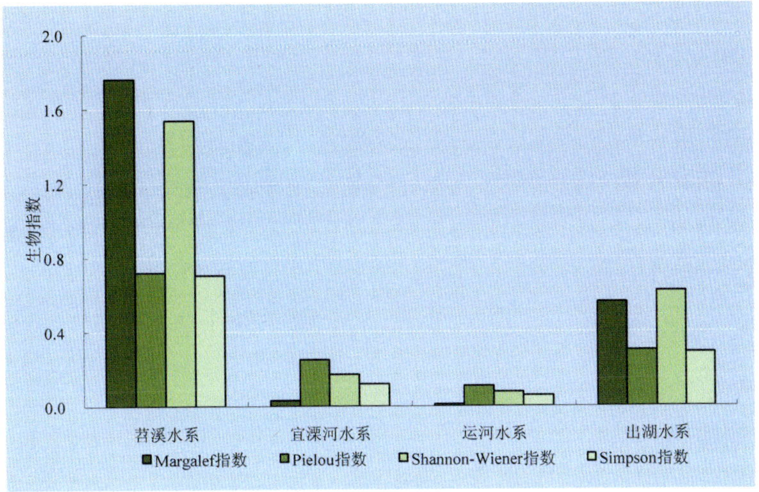

（a）平水期

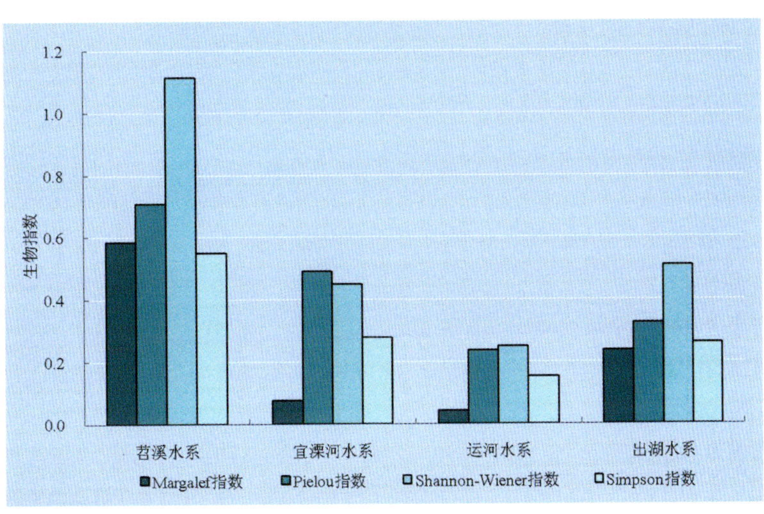

（b）丰水期

图 4-8 各水系轮虫物种多样性

表 4-6 太湖流域轮虫指示物种

水质	种类 1	种类 2	种类 3
I	月形单趾轮虫 *Monostyla lunaris*	长刺异尾轮虫 *Trichocerca longiseta*	刺盖异尾轮虫 *T. capucina*
II	对棘同尾轮虫 *Diurella stylata*	螺形龟甲轮虫 *Keratella cochlearis*	缘板龟甲轮虫 *K. ticinensis*
III	萼花臂尾轮虫 *Brachionus calyciflorus*	迈氏三肢轮虫 *Filinia maior*	
IV	暗小异尾轮虫 *T. pusilla*	曲腿龟甲轮虫 *K.valga*	
V	针簇多肢轮虫 *Polyarthra trigla*		
劣 V	角突臂尾轮虫 *Brachionus angularis*		

Shannon-Wiener 多样性指数和 Margalef 多样性指数的评价结果存在一定的差别，

Margalef 多样性指数评价显示西部山区独立水系、东南部平原水网重污染水体数量相对要少，半数以上的水体属于轻、中污染；对西北部山区独立水系和北部平原水网评价则显示全部为重污染。Shannon-Wiener 多样性指数评价西北部山区独立水系和北部平原水网评价则显示少部分水体属于中度污染，对西部山区独立水系、东南部平原水网的评价显示轻污染水体不存在。两种指数的评价与理化指标检测结果存在一定的误差，与现场考察（当地居民的用水及水环境状况）也有一定的差距。

在全部调查站点中，东苕溪中上游水体为轻污染，2/3 水体为中污染，1/3 水体有重污染趋势。这些重污染水体主要在流域内养殖、轻工业发达区域，以及居民密集居住地。

4.3.3 甲壳动物

4.3.3.1 种类组成

调查共采集到浮游甲壳动物 36 种，分别属于 12 科 24 属。其中桡足类有 5 科 11 属 14 种，枝角类 7 科 13 属 10 种。最多的样点有 11 种，最少的仅有 1 种。桡足类的剑水蚤科有 10 种，枝角类的溞科有 9 种，两科的种类数合计超过总种数的 1/2。

平水期桡足类 13 种，枝角类 12 种；丰水期桡足类 9 种，枝角类 17 种。从种类组成分析，太湖流域浮游甲壳动物具有两个特点：（1）平水期枝角类与桡足类的种类数基本相同，丰水期枝角类种类数则明显增加，为桡足类种类数的近 2 倍；（2）总种类数平水期与丰水期基本相同，但各采样点的种类数，丰水期比平水期明显增加，方差分析结果差异极显著（$p<0.01$）。

平水期出现频率大于 40%的种类依次为简弧象鼻溞（70.9%）、广布中剑水蚤（59.5%）和特异荡镖水蚤（43.0%）。无节幼体出现率为 98.7%，桡足幼体出现率为 88.6%。其余种类的出现率均小于 20%，有 16 种出现率小于 10%。

丰水期出现频率大于 40%的种类依次为广布中剑水蚤（81.0%）、短尾秀体溞（74.7%）、远东裸腹溞（74.7%）、宽尾网纹溞（69.6%）、简弧象鼻溞（55.7%），特异荡镖水蚤出现率为 39.2%，与平水期较接近。无节幼体出现率为 97.5%，桡足幼体出现率比平水期上升，为 98.7%。平水期出现率高的种类，在丰水期仍比较高，这些种类对环境变化的耐受性较强，为流域内的常见种、广布种。

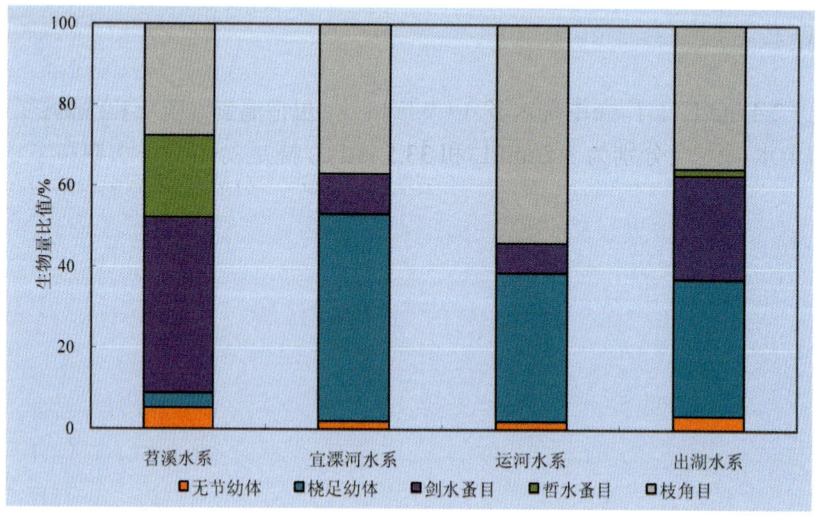

（a）平水期

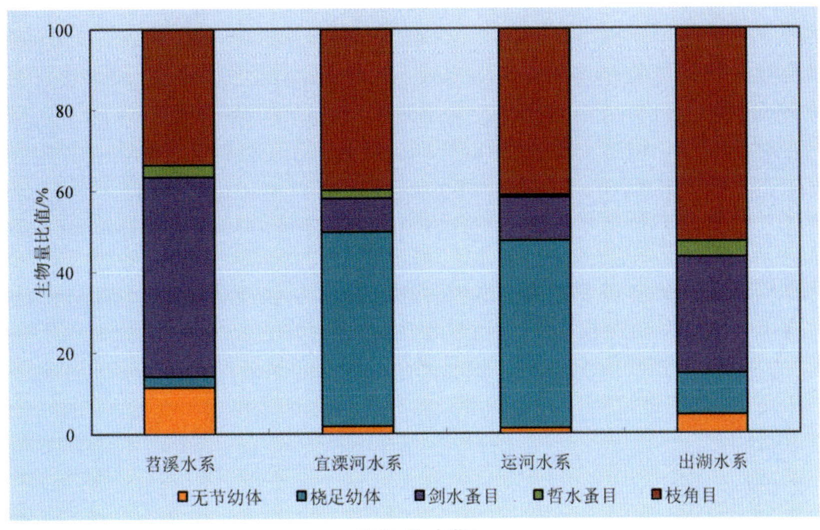

（b）丰水期

图 4-9 各水系浮游甲壳动物生物量组成

4.3.3.2 数量

各采样断面浮游甲壳动物平均密度差异较大。流域西北部山区独立水系，平水期 6 个采样断面浮游甲壳动物平均密度（包括无节幼体和桡足幼体，以下同）为 6±3 ind/L，最小值 2 ind/L，最大值 9 ind/L；丰水期平均密度为 40±31 ind/L，最小值 6 ind/L，最大值 92 ind/L。流域西部山区独立水系，平水期 10 个采样断面浮游甲壳动物平均密度为 5±10 ind/L，最小值 1 ind/L，最大值 30 ind/L；丰水期平均密度为 24±29 ind/L，最小值 2 ind/L，最大值 90 ind/L。流域北部平原水网，平水期 23 个采样断面浮游甲壳动物平均密度为 9±7 ind/L，最小值 3 ind/L，最大值 35 ind/L；丰水期平均密度为 43±35 ind/L，最小值 5 ind/L，最大值 137 ind/L。流域东南部平原水网，平水期 23 个采样断面浮游甲壳动物平均密度为 9±11 ind/L，最小值 1 ind/L，最大值 65 ind/L；丰水期平均密度为 98±118 ind/L，最小值 1 ind/L，最大值 568 ind/L。

平水期除无节幼体和桡足幼体之外，平均密度大于 1 ind/L 的种类只有中华窄腹剑水蚤和特异荡镖水蚤；丰水期平均密度大于 1 ind/L 的种类增加至 7 种，有：台湾温剑水蚤（11.8 ind/L）、宽尾网纹溞（7.9 ind/L）、短尾秀体溞（4.7 ind/L）、简弧象鼻溞（3.8 ind/L）、远东裸腹溞（2.4 ind/L）、广布中剑水蚤（1.7 ind/L）、虫宿温剑水蚤（1.2 ind/L）。无节幼体在平水期和丰水期丰度分别为 3.5 ind/L 和 33.5 ind/L，桡足幼体在平水期和丰水期分别为 3.0 ind/L 和 14.1 ind/L。丰水期种群数量大的种类数增加，以及浮游甲壳动物的幼体数量增加，在一定程度上表明水体营养物质丰富度提高。从幼体在各站点丰度中所占的比例分析发现，平水期幼体比例平均为 75.4%，丰水期为 64.3%。方差分析结果显示差异极显著（$p<0.01$）。

平水期流域西北部山区独立水系出现轮虫的 6 个采样断面平均生物量为 12.5±9.8 μg/L，最小值 5.1 μg/L，最大值 30.7 μg/L。丰水期平均生物量为 102.8±78.0 μg/L，最小值 13.0 μg/L，最大值 243.3 μg/L。流域西部山区独立水系，平水期 10 个采样断面浮游甲壳动物平均生物量为 37.0±33.0 μg/L，最小值 1.0 μg/L，最大值 90.5 μg/L；丰水期平均生物量为 74.4±133.2 μg/L，最小值 0.3 μg/L，最大值 339.5 μg/L。流域北部平原水网，平水期 23 个采样断面浮游甲壳动物平均生物量为 31.6±41.1 μg/L，最小值 7.4 μg/L，最大值 213.6 μg/L；丰水期平均生物量为 110.3±97.7 μg/L，最小值 11.3 μg/L，最大值 362.0 μg/L。流域东南部平原水网，平水期 23 个采样断面浮游甲壳动物平均生物量为 26.5±22.0 μg/L，最小值 0.1 μg/L，最大值 96.7 μg/L；丰水期平均生物量为 321.6±570.0 μg/L，最小值 6.0 μg/L，最大值 2 957.8 μg/L。

4.3.3.3 多样性

用多样性指数分析太湖流域浮游甲壳动物群落的多样性，结果表明，太湖流域西部山区独立水系和东南部平原水网的水生生物各项多样性指数值表现一致，平水期均大于丰水期；西北部山区独立水系和东北部平原水网的生物多样性指数中，Shannon-Wiener 多样性指数与 Pielou 指数、Margalef 多样性指数、Simpson 多样性指数的表现结果相反，主要是部分站点种类数较多，每种个体数量比较低，导致 Shannon-Wiener 多样性指数过大的缘故。

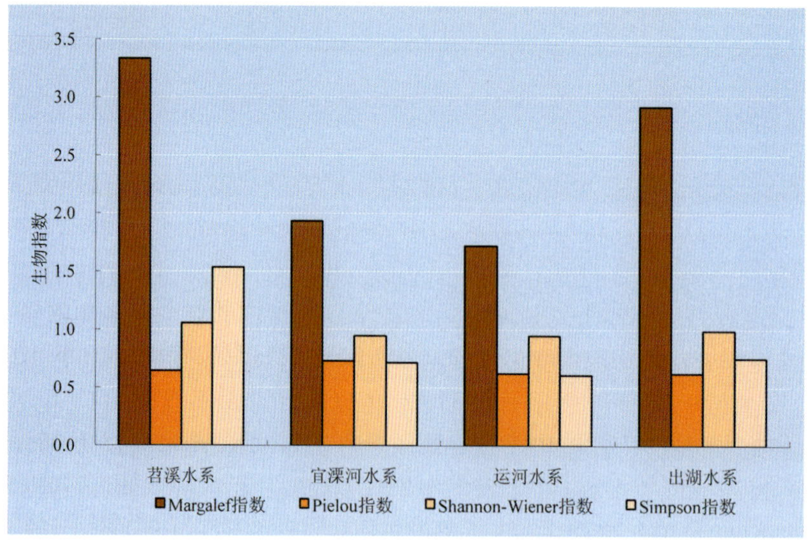

（a）平水期

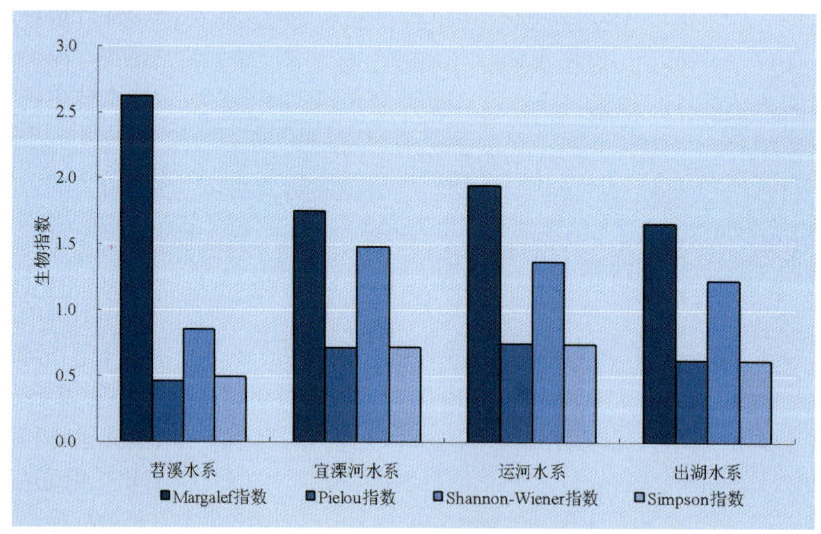

（b）丰水期

图 4-10 各水系浮游甲壳动物物种多样性

4.3.3.4 水质生物学评价

浮游甲壳动物多样性评价，采用 Shannon-Wiener 多样性指数（H 值）。H 值在 0～1 表示重污染，1～2 表示中污染，$H>2$ 表示轻污染。

H 值为 1～2 的采样站点仍占大多数，说明多数水体处于中等污染水平，丰水期甲壳动物多样性指数下降，有可能是地面径流带入的营养物所造成，但对于甲壳动物而言，更主要的是鱼类捕食所造成的压力。从鱼类调查结果看，小型杂食、肉食鱼类数量较大，如鲟鳘、麦穗鱼、鲫鱼等。

表 4-7 甲壳动物 Shannon-Wiener 多样性指数

时期	$0<H<1$		$1<H<2$	
	站点数	百分比/%	站点数	百分比/%
平水期	35	45	43	55
丰水期	21	27	57	73

桡足类中的广布中剑水蚤和台湾温剑水蚤为肉食性种类，在各样点数量较多，反映出水体原生动物和轮虫等小型浮游生物的数量较多。汤匙华哲水蚤和锯缘真剑水蚤以藻类为主要食物，数量较少，主要原因是水体中藻类数量、原生动物 P 功能类群数量较少。

广布中剑水蚤（浮游型）嗜 β-中污染水体。蚤状溞生活在小型的有机质含量较多的水池中，繁殖迅速，常成群聚现象。长刺溞生活在营养比较丰富的水体，怀卵量大，抗寒力强。圆形盘肠溞为养殖鱼池的优势种，沿岸带水草丛中生活的典型种类。长肢秀体溞广泛分布于营养丰富的各类水体。平突船卵溞适宜在低温环境条件下生长。

综合浮游甲壳动物 Shannon-Wiener 多样性指数、优势种的生态习性分析以及水体其他理化特点，水体悬浮物含量高导致水体透明度普遍较低，影响水生植物、藻类和原生动物 P 类群的数量，以这些自养生物为食的动物种类和数量也因此减少，水体中的水生生物总体多样性水平较低。

4.4 底栖动物

4.4.1 种类组成

调查共发现大型底栖动物 88 种，隶属于 3 门 8 纲 48 科。五大水系中寡毛类、腹足类、双壳类、水生昆虫（指除摇蚊幼虫以外的水生昆虫）、摇蚊幼虫以及其他物种的数量如表 4-8 所示。可以看出不同水系间种类数量和组成具有较大差异。黄浦江水系发现的物种最多（47），以寡毛类和摇蚊幼虫为主；苕溪次之（37），其中水生昆虫 26 种；南河种类数最少（15）。

表 4-8 五大水系中主要大型底栖动物的相对重要性指数（IRI）

类群	物种	IRI				
		苕溪	南河	洮滆	黄浦江	沿江
寡毛类	霍甫水丝蚓 *Limnodrilus hoffmeisteri*	46.97	107.07	103.37	47.37	97.59
	苏氏尾鳃蚓 *Branchiura sowerbyi*	8.50			2.63	1.53
腹足类	铜锈环棱螺 *Bellamya aeruginosa*		49.11	25.87	35.50	34.73
	长角涵螺 *Alocinma longicornis*				1.90	
双壳类	河蚬 *Corbicula fluminea*		1.48	1.49	2.28	3.38
水生昆虫	扁蜉属一种 *Heptagenia* sp.	2.19				
	宽基蜉属一种 *Choroterpes trifurcata*	2.12				
	四节蜉属一种 *Baetis* sp.	1.20				
摇蚊幼虫	小摇蚊属一种 *Microchironomus* sp.				2.74	
	红裸须摇蚊 *Propsilocerus akamusi*				1.37	
	羽摇蚊 *Chironomus plumosus*	1.76				
	摇蚊亚科一种 Chironominae sp.	3.64				
其他	钩虾属一种 *Gammarus* sp.	1.15			1.57	

注：仅列出 IRI＞1 的种。

表 4-8 列出了在五大水系（即苕溪水系、南河水系、洮滆水系、黄浦江水系和沿江水系）中相对重要性指数大于 1 的物种，霍甫水丝蚓的相对重要性指数（IRI）均处在第一位，且与其他物种的 IRI 值相差较大，可见霍甫水丝蚓在五个水系中均处于优势地位，但其在苕溪和黄浦江水系的 IRI 值明显低于其他三个水系。铜锈环棱螺在各水系（除苕溪外）相对重要性指数也较高。值得注意的是，三种对水质要求较高的蜉蝣目昆虫也为苕溪水系的优势种类，而在其他水系很少甚至未出现。

4.4.2 数量组成

全流域主要河流大型底栖动物的平均密度和生物量分别为 5888.91 ind/m^2 和 105.18 g/m^2。寡毛类占平均密度的 94.19%，腹足类占平均生物量的 72.50%。表 4-9 和图 4-11 为五种类群底栖动物在各水系中密度和生物量以及占总量的百分比。密度方面，沿江水系总密度最高（21648.80 ind/m^2），其次是洮滆水系（3025.33 ind/m^2）和南河水系（2966.33 ind/m^2）。苕溪水系最低（254.12 ind/m^2），仅为沿江水系密度的 1.17%，远远小于其他四个水系。寡毛类占绝对优势，在苕溪水系中所占比例最少（40%），在南河、洮滆以及沿江水系中都在 90%以上，其中在沿江水系中高达 97.8%。水生昆虫在苕溪水系中占到 37.3%，而在其他水系所占比例均小于 1%。摇蚊幼虫在黄浦江水系中所占比例最多（26.7%），其次是苕溪水系（19.6%）。腹足类和双壳类在各水系中所占密度均较低（＜9%）。

表 4-9 五种常见类群大型底栖动物在各水系中的平均密度和平均生物量

类群	平均密度（ind/m²）					平均生物量（g/m²）				
	苕溪	南河	洮滆	黄浦江	沿江	苕溪	南河	洮滆	黄浦江	沿江
寡毛类	101.65	2814.72	2778.58	868.91	21171.20	0.43	12.12	10.53	1.30	34.64
腹足类	0.92	37.61	33.92	138.53	172.00	0.01	53.56	36.54	118.18	172.78
双壳类	0.00	15.69	39.67	20.85	68.00	0.00	6.15	20.30	11.85	42.49
水生昆虫	94.78	0.00	0.00	0.19	0.00	0.49	0.00	0.00	0.01	0.00
摇蚊幼虫	49.91	54.86	136.50	413.63	216.00	0.03	0.14	0.45	1.74	0.80
其他	6.87	43.44	36.67	107.84	21.60	0.20	0.12	0.09	0.89	0.08

（a）相对密度

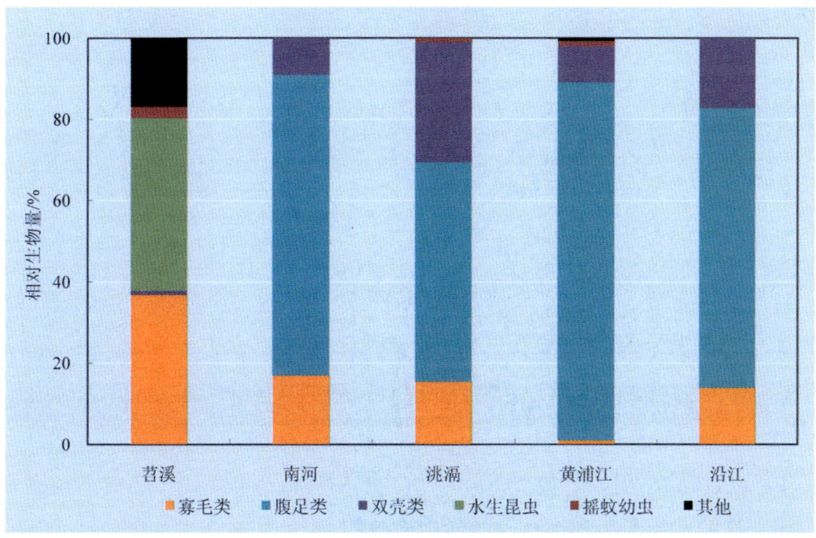

（b）相对生物量

图 4-11 五大水系中五种常见大型底栖动物密度和生物量所占百分比

最高生物量同样出现在沿江水系（250.78 g/m^2），其次在黄浦江水系（133.98 g/m^2）。苕溪水系生物量最低（1.16 g/m^2），与密度相似，远远低于其他水系。腹足类由于个体较大，因而在南河、洮滆、黄浦江以及沿江水系中比例都至少达到 50%，最高值出现在黄浦江水系（88.2%）。寡毛类密度较高，因而在各水系的生物量中占到一定比例，但腹足类的密度百分比在黄浦江水系达到最大，导致黄浦江水系中寡毛类的生物量百分比较低。水生昆虫的生物量在苕溪水系中所占比例最大，其他水系中的生物量百分比均小于 1%。

4.4.3 多样性评价

用 Shannon-Wiener 多样性指数分析太湖流域底栖动物的多样性，结果表明，苕溪上游多样性最高，太湖出湖河流底栖动物多样性次之，再次为洮滆水系，无锡和常州市区之间及其东北部多样性极低（图 4-12）。

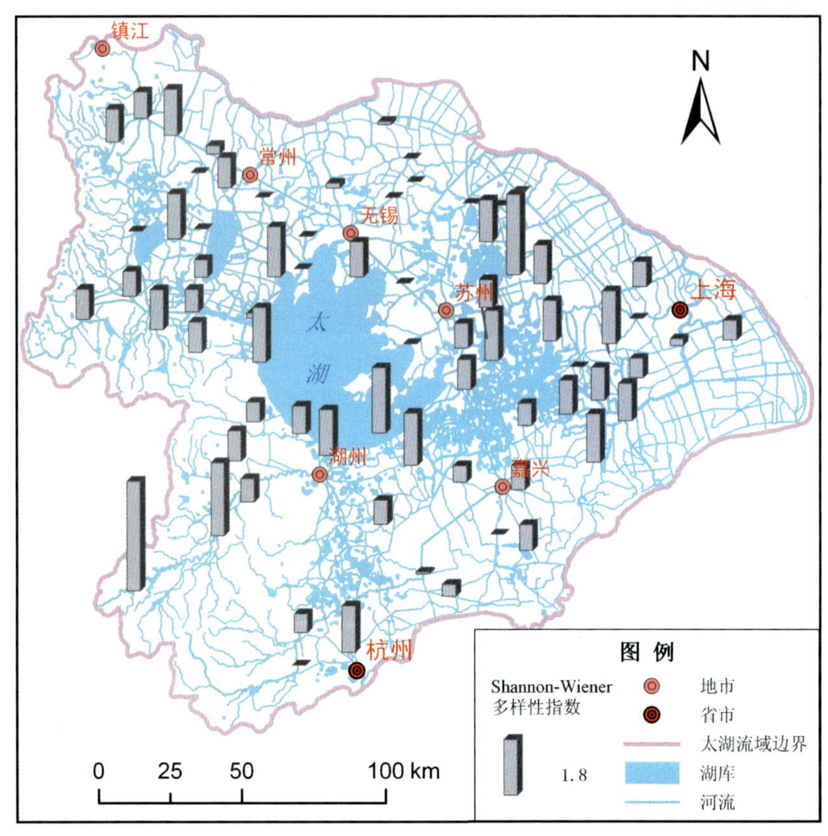

图 4-12 太湖流域底栖动物多样性指数

相似性分析（ANOSIM）检验结果表明沿江水系与其他四个水系的底栖群落结构均存在显著差异（苕溪、南河、洮滆、黄浦江水系的 p 值分别为＜0.0001、0.0435、0.047、0.0006），此外，群落结构的显著差异还表现在洮滆和苕溪水系之间（p=0.018）。相似百分比（SIMPER）分析发现，霍甫水丝蚓是造成五水系之间底栖群落结构差异的主要原因，其次是铜锈环棱螺、苏式尾鳃蚓、羽摇蚊、钩虾属一种、红裸须摇蚊、河蚬、小摇蚊属一种、摇蚊亚科一种、侧叶雕翅摇蚊、中国长足摇蚊和长角涵螺（表 4-10）。其中许多种类只出现在部分水系，而在各水系均出现的种类中，大部分种类的密度在各水系间均存在显著差异（Kruskal-Wallis 非参数检验，$p<0.05$）。这种结果表明底栖群落的差异主要源于不同种类底栖动物在各水系间的分布和密度差异。

表 4-10 SIMPER 结果分析

物种	贡献率/%	各水系密度百分比/%				
		苕溪	南河	洮滆	黄浦江	沿江
霍甫水丝蚓 *Limnodrilus hoffmeisteri*	48.35	34.86	90.66	94.71	45.40	95.56
铜锈环棱螺 *Bellamya aeruginosa*	5.05	0.00	1.21	0.98	5.47	0.79
苏氏尾鳃蚓 *Branchiura sowerbyi*	3.06	3.33	0.20	0.31	3.68	2.14
羽摇蚊 *Chironomus plumosus*	2.85	2.79	0.68	2.15	1.22	0.05
钩虾属一种 *Gammarus* sp.	2.27	0.36	1.42	0.91	3.39	0.06
红裸须摇蚊 *Propsilocerus akamusi*	2.26	0.00	0.00	0.35	9.80	0.18
河蚬 *Corbicula fluminea*	2.11	0.00	0.46	1.25	0.73	0.31
小摇蚊属一种 *Microchironomus* sp.	1.61	0.00	0.32	0.02	12.53	0.00
摇蚊亚科一种 Chironominae sp.	1.28	10.72	0.00	0.00	0.04	0.00
侧叶雕翅摇蚊 *Glyptotendipes lobiferus*	1.25	0.00	0.63	0.18	0.38	0.11
中国长足摇蚊 *Tanypus chinensis*	1.18	0.00	0.12	0.84	1.93	0.00
长角涵螺 *Alocinma longicornis*	1.16	0.00	0	0.02	3.16	0.00

4.4.4 水质生物学评价

选用 BPI 和 Wright 两种标准来评价太湖流域水质状况，两种评价方法侧重点不同，造成评价结果的差异。BPI 综合考虑了底栖动物的多个类群，包括寡毛类、水蛭、摇蚊幼虫、多毛类、甲壳类、除摇蚊幼虫以外的水生昆虫以及软体动物；而 Wright 在评价时则只考虑了耐污的寡毛类密度。此外，国内底栖动物水质生物评价研究仍有待发展，特别是建立适合我国底栖动物水质生物评价标准的研究。但这两种评价方法均在一定程度从底栖动物层面上反映了水体的水质状况。

BPI 和 Wright 评价结果表明五大水系处在轻污染及以上的状态（表 4-11）。总体而言，太湖流域主要河流污染均较为严重，沿江水系污染最为严重，苕溪水系水质最好。两种方法显示沿江水系重污染程度点位分别达到 50%和 40%。根据 Wright 的标准，苕溪水系处在无污染或轻微污染的状态，南河和洮滆则有不到 30%的采样点处在中污染程度以上。黄浦江水系更多的是处在轻微污染至中污染状态。与 Wright 指数评价结果相比，BPI 的评价结果略严重，在苕溪水系表现最为明显。BPI 评价结果显示苕溪水系整体处在中污染状态，而 Wright 指数评价结果表明该水系处在轻微污染状态。

表 4-11 BPI 生物学指数和 Wright 评价各水系水质状况*

水系	BPI					Wright			
	清洁	轻污染	β-中污染	α-中污染	重污染	无	轻微	中	重
苕溪	—	—	5 （38.46）	8 （61.54）	—	8 （61.54）	5 （38.46）	—	—
南河	—	—	2 （33.33）	4 （66.67）	—	4 （66.67）	1 （16.66）	—	1 （16.67）
洮滆	—	—	4 （33.33）	5 （41.67）	3 （25.00）	2 （16.67）	7 （58.33）	1 （8.33）	2 （16.67）
黄浦江	—	1 （3.12）	12 （37.50）	18 （56.26）	1 （3.12）	9 （28.12）	19 （59.38）	3 （9.38）	1 （3.12）
沿江	—	1 （10.00）	3 （30.00）	1 （10.00）	5 （50.00）	1 （10.00）	2 （20.00）	3 （30.00）	4 （40.00）

注：*表中括号内值为该水质状况在该水系所占百分比，单位为%。

综合评价结果表明，太湖流域整体处在中污染水平。苕溪水系污染程度最轻，水质最好。评价结果与各水系的密度和生物量在一定程度上表现出一致性，苕溪水系的密度和生物量最低，水质最好；而沿江水系密度和生物量均为最高，水质污染状况最为严重；其他三水系的密度、生物量以及污染状况均处在中间状态。从类群组成上来看，苕溪水系中的水生昆虫占到 37.3%，水生昆虫的有些种类只适宜在清水中生存，耐污能力差。沿江水系水质最差，同样为耐污种的寡毛类和摇蚊幼虫共占其总密度百分比的 98.8%；南河和洮滆水系水质次于苕溪，黄浦江水系由于其采样面积最大，采样点最多，分布范围较广，这使得两种方法在评价水质时，黄浦江水系表现为少数采样点处在无污染或重污染状态，整体处于中污染水平。从化学指标来看，TN、TP 在苕溪水系中最低，在沿江水系中最高；黄浦江和沿江水系的电导率都是其他水系的 2 倍以上。

苕溪水系是太湖上游最大水系，发源于天目山，上游人类干扰较小，但从上游至下游水质逐渐恶化，污染来源包括工农业点源污染和农田等肥料流失、生活污水等，主要表现在 N、P 含量上。与苕溪水系一样，南河和洮滆水系，也是入湖水系，这两个水系的入湖水量分别占到总水量的 25%和 20%，但受人类活动影响较大，如河道周边畜禽养殖业的发展对流域造成的污染。沿江与黄浦江水系所处地区交通便利、资源丰富、人口稠密、工业发达，流域经济高速发展，生活污水和工业废水等污染物的排放，对该地区的流域生态系统影响很大。沿江水系由于入江口门全部建闸控制，污染物不能及时排出，在该区域停留时间长，进一步加大对其生态系统健康的危害。

五大水系的 BPI 和 Wright 评价结果、化学指标与他人的研究具有很好的一致性，说明这两种方法能很好地反映太湖流域的水生态健康状况，表明太湖流域水质状况目前整体处在中污染状态。

4.5 水生维管束植物

4.5.1 种类组成

调查区域内，水生维管束植物出现较少，一般表现为透明度小于 50cm 的站点河道不存在水生维管束植物。

调查共获得 16 科 21 属 23 种水生（湿生）维管束植物，其名录如表 4-12 所示。

表 4-12 太湖流域水生维管束植物名录

科	属	种名
豆科 Leguminosae	野豌豆属 *Vicia*	大巢草 *Vicia sativa*
浮萍科 Lemnaceae	青萍属 *Lemna*	青萍 *Lemna minor*
	紫萍属 *Spirodela*	紫萍 *Spirodela polyrrhiza*
禾本科 Poaceae	芦苇属 *Phragmites*	芦苇 *Phragmites australis*
	水禾属 *Hygroryza*	水禾 *Hygroryza aristata*
	狗牙根属 *Cynodon*	狗牙根 *Cynodon dactylon*
槐叶萍科 Salviniaceae	槐叶萍属 *Salvinia*	槐叶萍 *Salvinia natans*
金鱼藻科 Ceratophyllaceae	金鱼藻属 *Ceratophyllum*	金鱼藻 *Ceratophyllum demersum*
菊科 Asteraceae	马兰属 *Kalimeris*	马兰头 *Kalimeris indica*
千屈菜科 Lythraceae	菱属 *Trapa*	野菱 *Trapa incisa*
伞形花科 Umbelliferous	天胡荽属 *Hydrocotyle*	肾叶天胡荽 *Hydrocotyle wilfordi*
莎草科 Cyperaceae	藨草属 *Scirpus*	藨草 *Scirpus triqueter*
十字花科 Brassicaceae	碎米荠属 *Cardamine*	水田碎米荠 *Cardamine lyrata*
	黑藻属 *Hydrilla*	黑藻 *Hydrilla verticillata*
水鳖科 Hydrocharitaceae	苦草属 *Vallisneria*	苦草 *Vallisneria spiralis*
	水鳖属 *Hydrocharis*	水鳖 *Hydrocharis dubia*
睡莲科 Nymphaeaceae	水盾草属 *Cabomba*	水盾草 *Cabomba caroliniana*
苋科 Amaranthaceae	莲子草属 *Alternanthera*	空心莲子草 *Alternanthera philoxeroides*
小二仙草科 Haloragidaceae	狐尾藻属 *Myriophyllum*	轮叶狐尾藻 *Myriophyllum verticillatum*
眼子菜科 Potamogetonaceae	眼子菜属 *Potamogeton*	尖叶眼子菜 *Potamogeton oxyphyllus*
		竹叶眼子菜 *Potamogeton malaianus*
		菹草 *Potamogeton crispus*
雨久花科 Pontederiaceae	凤眼莲属 *Eichhornia*	凤眼莲 *Eichhornia crassipes*

4.5.2 数量组成

仅 11 个采样点采集到水生维管束植物。调查发现，河道平缓、底质为沙泥质的水体比较适宜水生和湿生维管束植物生长，水体周边农田、经济林和土壤有机物经雨水冲刷流入水体与水生维管束植物生长有一定的关系。平原河网水体中，水生维管束植物生长与水体营养水平和水体透明度有关。大部分采样点水体透明度都小于 50 cm，且水体堤岸多为垂直、石砌，缺少水陆交界的缓坡，这是影响水生维管束植物分布的主要原因。

表 4-13 水生维管束植物主要种类密度分布 单位：ind/m^2

种名	HSH06	HSH08	ZHU01	ZHU02	ZHU02	ZHU05	ZHU09	ZHU11	ZJX03	ZJX06	ZJX08
菹草	134	—	—	—	96	68	—	—	133	134	214
水盾草	—	234	—	—	36	—	—	—	67	—	—
马兰头	—	—	—	—	—	—	—	84	—	—	—
水田碎米荠	—	—	—	—	—	—	—	42	—	—	—
狗牙根	—	—	—	—	—	—	—	1 582	—	—	—
芦苇	—	—	132		32	69	—	—	334	—	—
狐尾藻	—	—	—	198	—	—	—	—	—	—	—
肾叶天胡荽	—	—	—	67	—	—	—	—	—	—	—
大巢草	—	—	—	—	—	—	4	—	—	—	—
水鳖	—	—	—	—	11	—	—	—	—	—	—
喜旱莲子草	—	—	92	—	33	—	—	—	—	—	—
合计	134	234	224	265	208	137	4	1 708	534	134	214

4.5.3 多样性评价

在采集到水生维管束植物的 11 个采样点，Shannon-Wiener 多样性指数平均为 0.413，有 5 个采样点为单优势种。菹草、水盾草、芦苇优势度相对较高。

对西太湖水生植物进行 Shannon-Wiener 多样性指数分析结果表明（表 4-14），2002 年 12 月多样性指数最低，主要原因可能是季节的影响，冬季气温下降，部分水草进入休眠期，因此种类较少。2003 年 4 月的多样性指数较低则是因为春季部分水草尚未完全进入生长期，或者形体太小，采样时未能完全采集到，因此造成统计频率偏低。其他年份的 6、7、9、10 月，多样性指数大体相同，平均为 2.51。从多样性指数分析可以看出，2002—2005 年西太湖水生植物的种类虽然在不同季节上有小幅增减，主要是由于植物的生理周期影响，植物的种类并未发生显著变化（刘伟龙等，2007）。

表 4-14 水生植物不同时期分布频率及多样性指数

水生植物	调查时间					
	2002-09	2002-12	2003-04	2003-07	2005-06	2005-10
芦苇	29.0	65.0	21.0	24.0	18.0	44.0
凤眼莲	3.6	11.8	3.0	2.6	1.7	5.0
水花生	6.0	10.0	5.0	3.7	1.5	1.5
菱	8.0	0.0	0.0	6.8	5.0	1.5
无根萍	3.6	0.0	0.0	0.0	0.0	2.5
紫背浮萍	9.0	0.0	0.0	7.8	3.3	5.0
魁叶萍	4.9	0.0	0.0	3.0	1.7	2.5
荇菜	31.0	48.0	18.0	26.0	16.0	35.0
马来眼子菜	18.0	78.0	13.0	33.0	17.0	55.0
苦草	18.0	13.0	7.0	21.0	10.0	27.0
轮叶黑藻	9.0	9.8	8.0	13.0	10.0	11.0
尹乐藻	8.0	6.0	4.0	9.0	6.7	6.0
微齿眼子菜	10.0	15.0	6.0	14.0	8.0	12.0
菹草	8.0	8.0	6.0	9.0	9.0	8.0
金鱼藻	12.0	6.8	5.0	13.0	6.0	15.0
狐尾藻	8.0	3.2	4.0	15.0	9.0	16.0
总种类	16.0	12.0	12.0	15.0	15.0	16.0
Shannon-Wiener 指数	2.57	2.01	2.29	2.50	2.49	2.48

4.6 鱼类

根据《中国鱼类系统检索》（成庆泰和郑葆珊，1987）和《中国动物志：硬骨鱼纲鲤形目》（中国科学院中国动物志编辑委员会，1995，1998，2000）等文献资料以及历年公开发表的相关文献进行鉴定。

调查渔船 45 艘次，统计 15 043 尾（389 054 g）渔获物，分类结果表明，属于 5 目 13 科，共计 49 种。其中鲤形目 35 种，鲈形目 7 种，鲇形目 5 种，合鳃鱼目、鲱行目各 1 种。

鲤形目鱼类中，以鲤科鱼类的种数最多，有 33 种，占总种数的 67.3%。

鲱行目鳀科鲚属的鲚鱼为洄游性鱼类，分布很广，在钱塘江、长江、黄河、辽河以及其他各省与东海、黄海、渤海相通的江河中均存在，但由于过度捕捞，目前天然水体中数量极少。

马口鱼、宽鳍鱲、盎堂拟鲿为典型溪流型鱼类，仅在西苕溪上游杭垓（ZHU11）捕获。其他鱼类基本属于湖泊型或河湖型鱼类。

对调查的渔获物组成进行分析，近 2/3 的站点鱼类多样性指数低于 2.000，多数种类为常见种，以底层鱼类为主。麦穗鱼（*Pseudorasbora parva*）、鲤（*Cyprinus carpio*）、䱗（*Hemiculter leucisculus*）、鲫（*Carassius auratus*）、乌鳢（*Channa argus*）为各站点的优势类群。这些鱼类对污染环境的耐受性程度较高。渔获物中，鲤、䱗、鲫、乌鳢合计达 309 445 g，占总渔获物质量的 79.54%。

小型鱼类个体数量在渔获物组成中占绝对优势，大规格经济鱼类以底层耐污型种类鲤、鳢为主，种类组成存在简单化的趋势。主要的原因有2个方面：①环境破碎化，因为挖砂、吸砂，破坏了原有的水生生境，大规格鱼类所需要的宽阔、稳定的“三场”基本不存在。②破碎的生境，对小型鱼类、小规模的种群可能是合适的，沿岸居民住宅生活污水、农田施肥污染，为水中底栖生物提供丰富的营养物质。

太湖流域西部山区独立水系由于受到的点源污染较少，水体属于II类水质。调查结果显示，水体以浙江原缨口鳅（*Vanmanenia stenosoma*）、马口鱼（*Opsariichthys bidens*）、宽鳍鱲（*Zacco platypus*）为主。这与相同纬度其他山区河流鱼类调查研究结果是一致的。

表 4-15　太湖流域平原水网淡水鱼类指示物种

水质	种类 1	种类 2	种类 3
I	黑鳍鳈 *Sarcocheilichthys nigripinnis*	江西鳈 *S. kiangsiensis*	彩副鱊 *Paracheilognathus imberbis*
II	银飘鱼 *Pseudolaubuca sinensis*	大眼华鳊 *Sinibrama macrops*	兴凯鱊 *Acheilognathus chankaensis*
III	长须黄颡鱼 *Pelteobagrus eupogon*	兴凯鱊 *Acheilognathus chankaensis*	
IV	棒花鱼 *Abbottina rivularis*	高体鳑鲏 *Rhodeus ocellatus*	大鳍鱊*A. macropterus*
V	𩷶*Hemiculter leucisculus*	鲫 *Carassius auratus*	
劣V	乌鳢 *Channa argus*	鲤鱼 *Cyprinus carpio*	

从水生生物调查的结果分析，太湖流域主要水体水生生物群落结构比较简单，各生物类群均匀度相对比较低，优势类群比较明显，部分水体主要水生生物类群出现单优势种的现象。这与水质调查的结果比较吻合：多数水体为III—IV类水质，有少部分水体的水质有向V类、劣V类发展的趋势。

水生生物对水环境的变化具有一定的耐受性，表 4-15 中筛选出的水质指示物种，只是在相对比较多的断面中有较高的优势度，最终应结合水质理化指标的综合评价而确定。

太湖流域平原水网入湖与出湖水系之间的水生生物群落结构并不存在显著的差异性，山区入湖独立水系在其上游与中下游水体有较显著的差异。

5 太湖流域水生态功能分区方法体系

5.1 水生态功能分区的思路

5.1.1 分区内涵

水生态功能区是指具有相对一致的水生态系统组成、结构、格局、过程、功能的水体和具有“水陆一致性”的陆水集合体。水生态功能分区是在研究流域水生态系统结构、过程和功能的空间分异规律基础上，按照一定的原则、指标体系和方法进行区域的划分。

水生态系统具有很强的地域性，地区差异十分明显，按区内相似和区际差异来划分水生态功能区，可以反映流域水生态系统的特征、空间分布规律，及其与自然因素的相应关系。流域水生态功能分区为保护生态和环境，维持水生生物及其栖息环境的健康，合理开发利用水资源，实现水污染控制、治理和预防、水生态管理目标与制定措施方案等提供科学依据。

5.1.2 分区层级体系

水生态系统由多个层次等级体系所组成，在不同的空间尺度中，其结构与功能具有不同的相互依存关系。水生态系统发生过程的多层次性，形成了结构的多等级层次，因而，水生态功能分区也是多层次的，具有一定的等级体系。水生态功能分区还需满足不同级别行政管理部门宏观指导与分级管理的需要，这就要求分区是多等级的。在确立水生态分区等级时，一般至少需要同时考虑 3 个相邻层次：核心层、上一层和下一层。在太湖流域，根据实际情况将其划分为 4 个等级的水生态功能区，其中在“十一五”期间主要开展一级、二级和三级 3 个级别的水生态功能分区，由上到下其级别名称分别命名为水生态区、水生态亚区和功能区（图 5-1）。

5.1.3 分区目的与原则

分区原则是进行流域水生态分区的依据和准则，在分区过程中起指导性作用，其合理与否直接关系到分区结果的正确性与可信度，为此，在依据水生态系统原理进行流域水生态分区时遵循以下基本共性原则：

1）区内相似性原则　即同一分区内的水生态系统在格局、特征、功能、过程及服务功能等方面相近，具有最大的相似特性。

2）区间差异性原则　即同一级别不同分区间的水生态系统在格局、特征、功能、过程及服务功能等方面具有最大的差异。由于受自然条件和社会经济发展状况的影响，不同分区之间水生态系统表现出特定的区域特征。

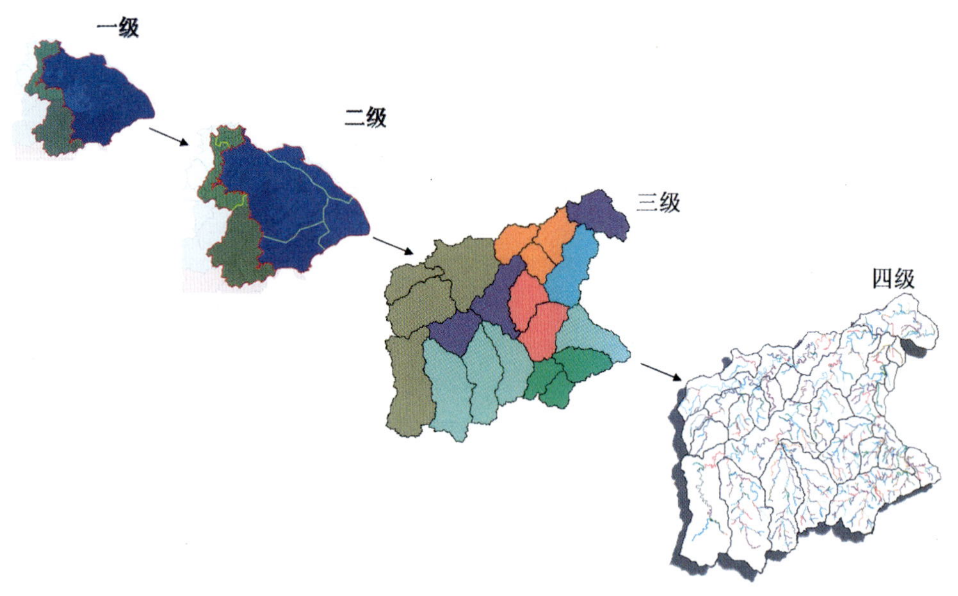

图 5-1 水生态功能分区的层级体系

3）等级性原则　即水生态功能分区为包容性等级系统，具有明显的尺度特征，在不同空间尺度上对水生态系统进行分区，形成不同等级的分区方案，高等级分区包含低等级分区，低等级分区依赖于高等级分区的存在，水生态系统过程与格局之间的关系取决于尺度大小，低层次非平衡过程可以被整合到高层次稳定过程中，这是逐级划分或合并的理论基础。

4）综合性与主导性原则　即水生态功能分区是以特定区域的水生态系统的综合特征为基础的，而不是仅仅对某一个水生态因子的分区，因此，在分区过程中必须全面考虑构成水生态系统的各组成成分的自身格局特征，以及由其组成的水生态系统综合特征的相似性和差异性。

5）共轭性原则　即同一级别分区之间边界不相交，相邻分区边界之间既不重复也不留有间隙，它们之间是一种无缝拼接的关系，在空间上具有连续性，任何一个水生态功能区都是完整的个体，不存在彼此分离和重叠的部分。

5.1.3.1　一级分区目的与原则

（1）分区目的

针对太湖流域水生态系统的层次结构特征和管理需求，设定不同级别水生态功能分区的目的。一级分区的目的是体现太湖流域水生态系统中生物群落和生物种群类型的分布与格局。

（2）分区原则

同一分区内水生态系统格局、特征、功能、过程及服务功能具有最大的相似性和不同分区之间具有最大的差异性，即相似性原则和差异性原则是根据水生态系统原理进行水生态分区的根本性原则。

除上述 5 条基本原则外，在进行太湖流域水生态功能一级分区时，尚遵循以下特有原则：

1）以水定陆、水陆耦合原则：陆地生态、气候、土壤等自然条件以及人类活动等是流域水生态特征与功能的重要影响或决定因素，在水文汇流过程下，各种陆源营养盐或污染物输移到水体中，形成特定的水生态结构和特征，从而体现出不同的功能特征；考虑水流方向，体现陆水一致性是进行一级水生态功能分区的首要原则；

2）发生学原则：流域水生态本底特征及其功能的形成是由多种因素驱动的，驱动因素特征决定了流域水生态功能，应结合流域自然本底因素的空间特征综合进行水生态功能区的划分；

3）子流域完整性原则：流域内地表水体生态系统的格局、特征、结构、过程和服务功能等不仅受水体环境自身的影响，也受到陆面汇水区域物质输移的影响，因此，水生态功能分区不仅仅是对流域内水体的划分，还必须考虑影响地表水体生态系统的陆地集水区，其与地表水体是一个完整的统一体。

5.1.3.2 二级分区目的与原则

（1）分区目的

二级分区的目的是体现太湖流域水生态系统生物群落多样性和完整性的空间差异。

（2）分区原则

在太湖流域水生态功能一级分区原则即区内相似性原则，区间差异性原则，等级性原则，综合性与主导性原则，以水定陆、水陆耦合原则、发生学原则和子流域完整性原则的基础上，二级分区尚遵循以下特有原则：

突出湖体重要性原则：太湖湖体与出入湖河流及流域水体在水生态系统生物群落和生物种群类型上具有较大的一致性，但其作为一个特殊的生态系统，在生物群落多样性与完整性等方面与周围水体具有较大的差异性。

5.1.3.3 三级分区目的与原则

（1）分区目的

三级分区的目的是体现太湖流域水生态系统支持和调节等维持功能的空间差异。

（2）分区原则

三级分区除遵循共性原则外，尚遵循以下特有原则：

1）体现水生态自然维持功能差异性原则：不同的河流、湖泊等水体由于自然背景特征的差异，水生态系统的组成、结构、格局和过程等必然存在一定差异，决定了流域水生态系统自然维持功能特征的空间异质性。三级分区要能体现流域水生态系统功能类型的空间差异特征，为河流、湖泊等水体的水生态保护目标的制定提供基础，以维持流域的水生态平衡。

2）湖体与非湖体分区指标的一致性与差异性原则：太湖作为我国第三大淡水湖泊，其生态系统结构与营养盐水平空间分异较大，对其进行进一步细化分区是必要的，然而其分区对象是水体，与非湖体区的“水陆一致性”分区略有差异，但作为一个完整统一的分区体系，其分区指标在总体上应保持一致。

3）突出底栖动物的代表性原则：太湖流域地处长江三角洲，是我国经济发展最快的地区之一，由于受剧烈人类活动等的影响，其水生态系统特征发生了巨大变化，而底栖动物相对稳定，能够反映太湖流域水生生物特征。

5.2 水生态功能分区的指标体系

指标体系是水生态分区的关键。由于水生态分区需要体现水陆的一致性，既要反映水生态的特点，又要反映相关的陆地区域特征，在指标的选取、定量表达方面存在极大的复杂性。

5.2.1 一级分区指标

流域水生态系统格局、特征、结构、过程和服务功能是极其复杂的，受多种因素的综合驱动，分区指标体系的建立应能反映太湖流域水生态系统的空间分异规律，因此，在选取分区指标时，应在综合分析各要素的基础上，抓住其主导因素，这样既可把握住流域水生态系统的本质，又不会使指标体系过于繁杂而重复。针对太湖流域特点，根据太湖流域不同级别水生态功能分区目的和分区原则的差异，从发生学角度建立太湖流域水生态功能一级分区的指标体系，选择河网密度和地面高程作为一级水生态功能分区指标。

5.2.1.1 河网密度指标

河网密度指标反映水系分布影响下的流域水文水资源特征，体现地表水资源量分布异质性（图 5-2）。

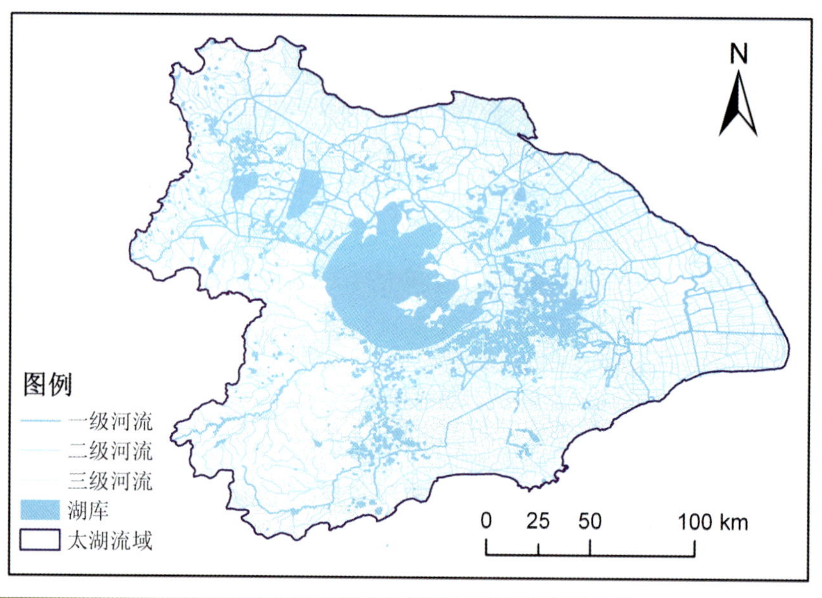

图 5-2 太湖流域一级分区指标——河网分布

5.2.1.2 地面高程指标

地面高程指标反映区域地形状况，影响降水分配、地表径流及其空间分布，在太湖流域综合反映了降水和气温等多种要素对水生态的影响特征，体现地势等宏观尺度要素对流域水生态系统空间差异的影响（图 5-3）。

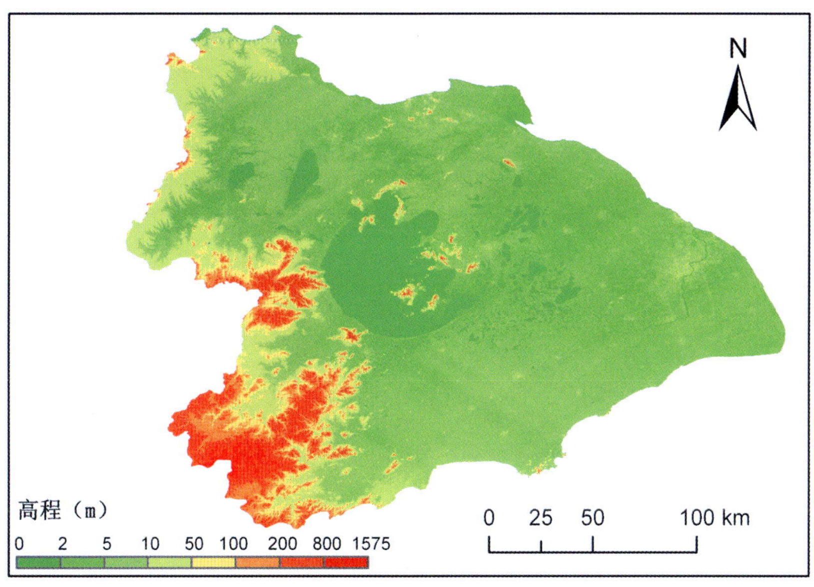

图 5-3 太湖流域一级分区指标——地面高程

5.2.2 二级分区指标

针对太湖流域特点，根据太湖流域水生态功能二级分区目的和分区原则，从发生学角度建立太湖流域水生态功能二级分区的指标体系，选用的指标包括建设用地面积比、耕地面积比、土壤类型和坡度。

5.2.2.1 建设用地面积比

建设用地面积比反映点源和生活面源污染物潜在负荷强度对水生态系统的影响，由土地利用现状图（图 5-4）按照分区单元计算而得。

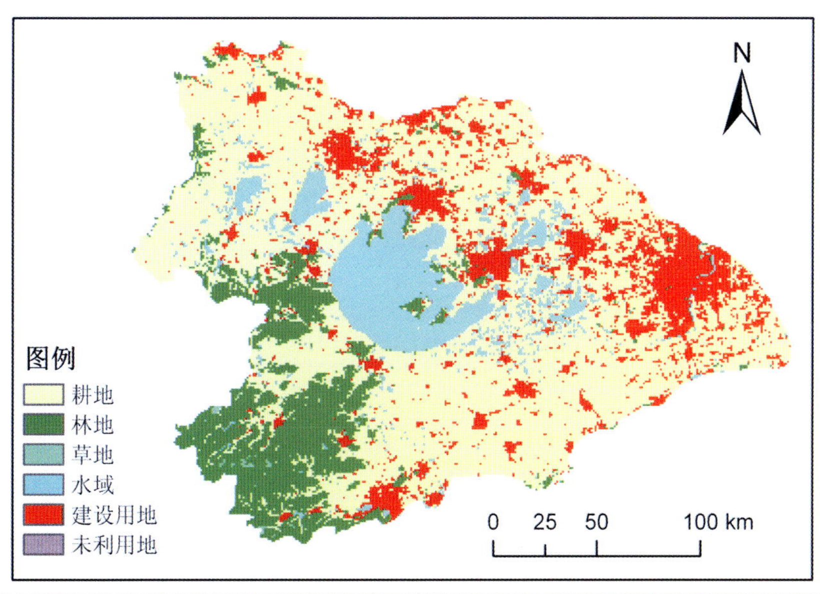

图 5-4 太湖流域二级分区指标——土地利用类型

5.2.2.2　耕地面积比

耕地面积比反映农业面源污染物潜在负荷强度对水生态系统的影响，由土地利用现状图（图 5-4）按照分区单元计算而得。

5.2.2.3　土壤类型

土壤类型反映土壤的空间分布异质性对水生态系统的影响（图 5-5）。

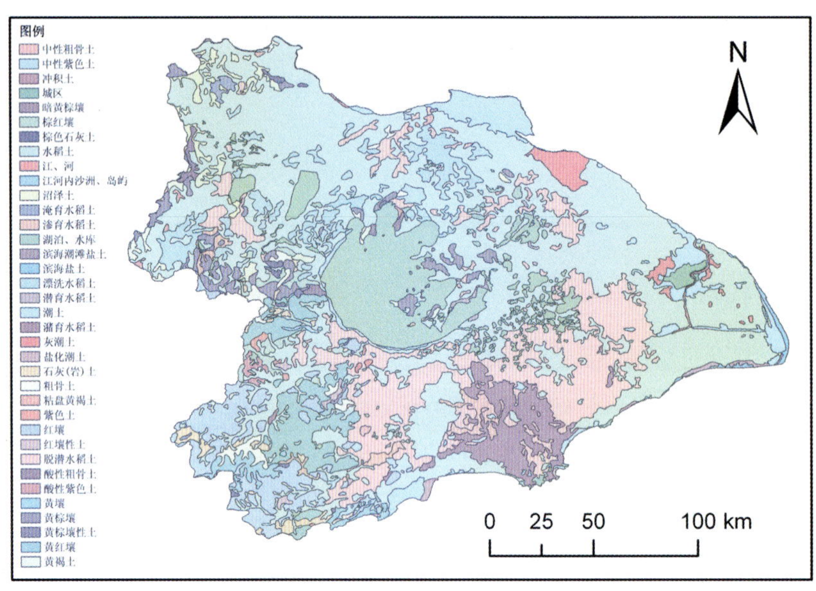

图 5-5　太湖流域二级分区指标——土壤类型

5.2.2.4　坡度

坡度反映地表起伏差异导致的水动力条件的变化，引起的营养盐或污染物质的输移的变化导致水生态系统异质性，体现潜在的冲淤强度（图 5-6）。

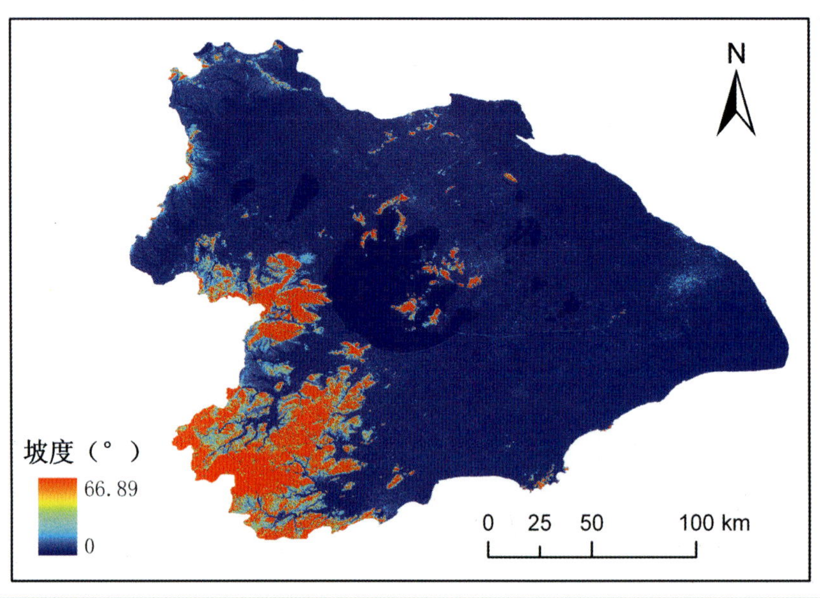

图 5-6　太湖流域二级分区指标——坡度

5.2.3 三级分区指标

太湖流域水生态功能三级分区涉及太湖湖体和非太湖湖体区，在分区过程中区别对待，其分区指标在保持一致性的基础上，也略有差异。与一级、二级分区指标以驱动指标为主不同，三级分区主要以功能表征指标进行区划。

5.2.3.1 非太湖湖体区水生态分区指标

（1）底栖动物 Shannon-Wiener 多样性指数

反映水生物多样性维持功能，体现以底栖动物为代表的水生生物稳定性（图 5-7）。

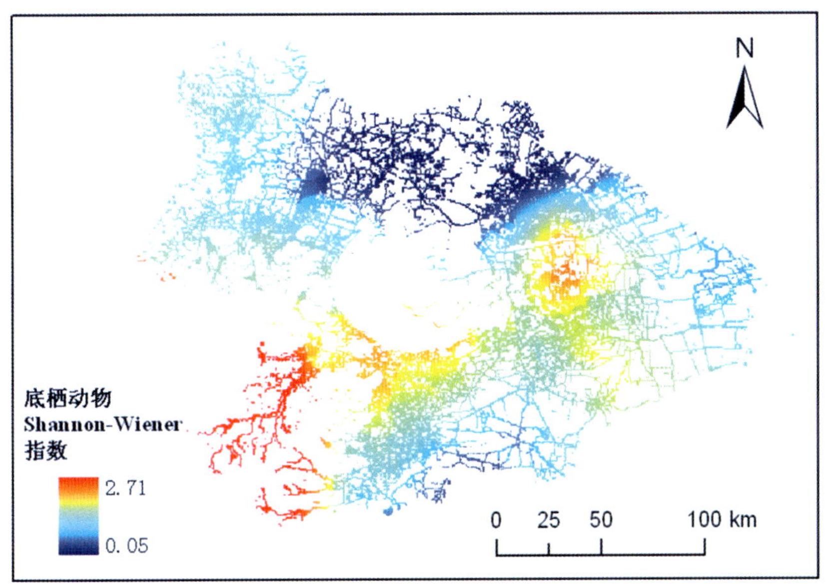

图 5-7 底栖动物 Shannon-Wiener 多样性指数分布

（2）叶绿素含量

浮游植物生产力反映水生物初级生产功能（图 5-8）。

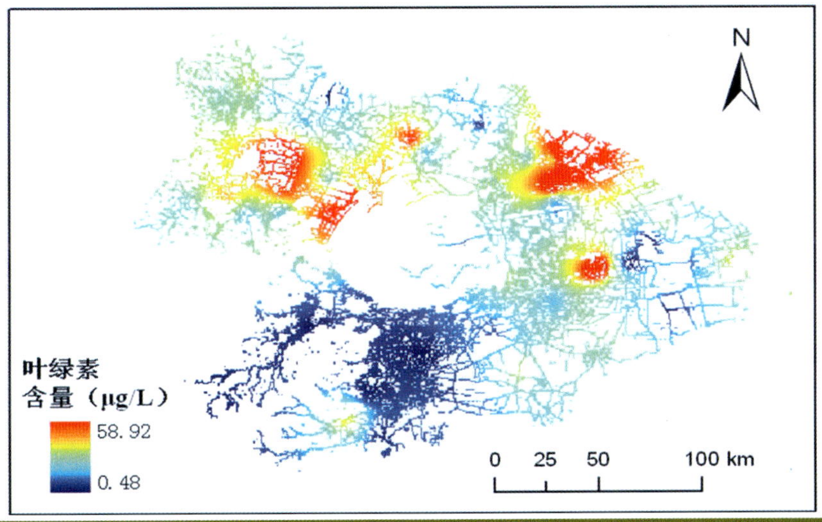

图 5-8 叶绿素含量分布

（3）水生生物生境（水系级别、水体流速和水域面积）

反映生境维持功能，体现以水系级别（图 5-9）、水体流速（图 5-10）和水域面积（图 5-11）表征的水生生物生境特征。

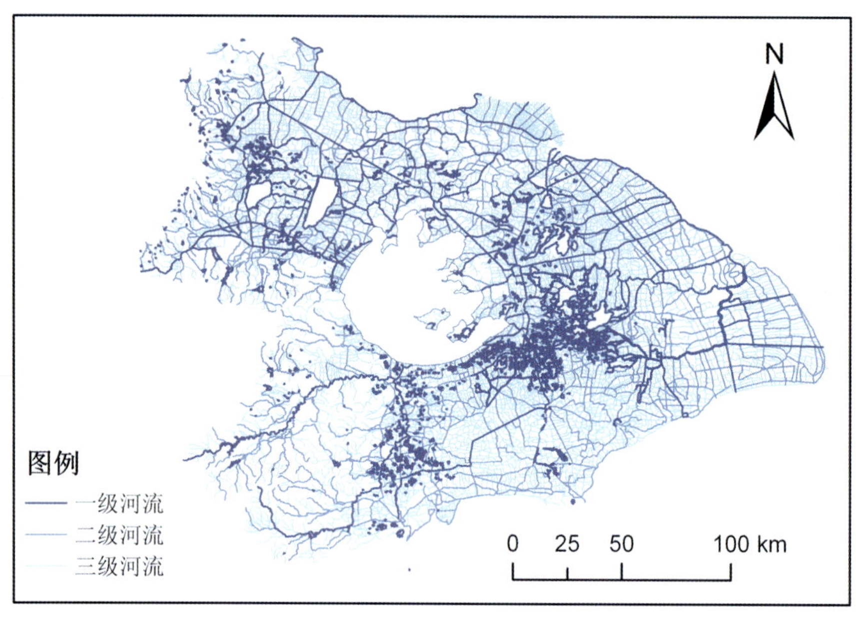

图 5-9 水系级别分布

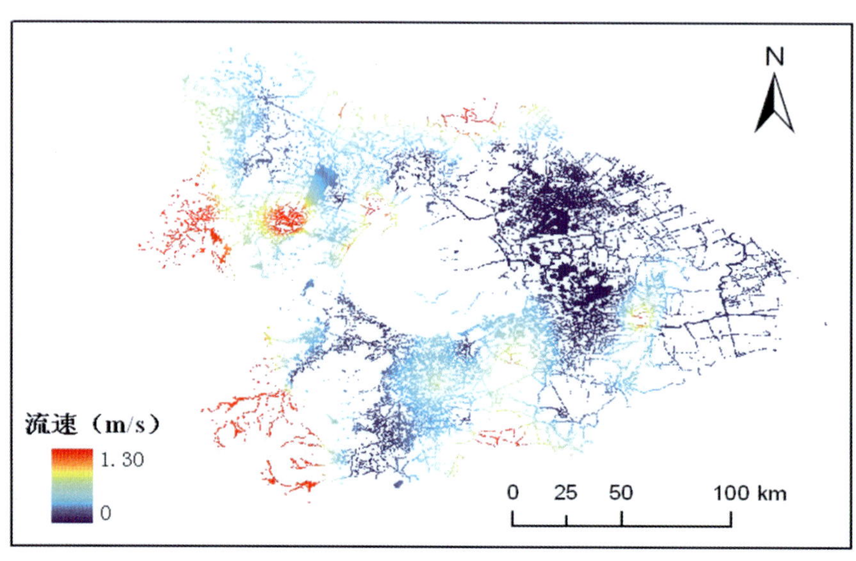

图 5-10 水体流速分布

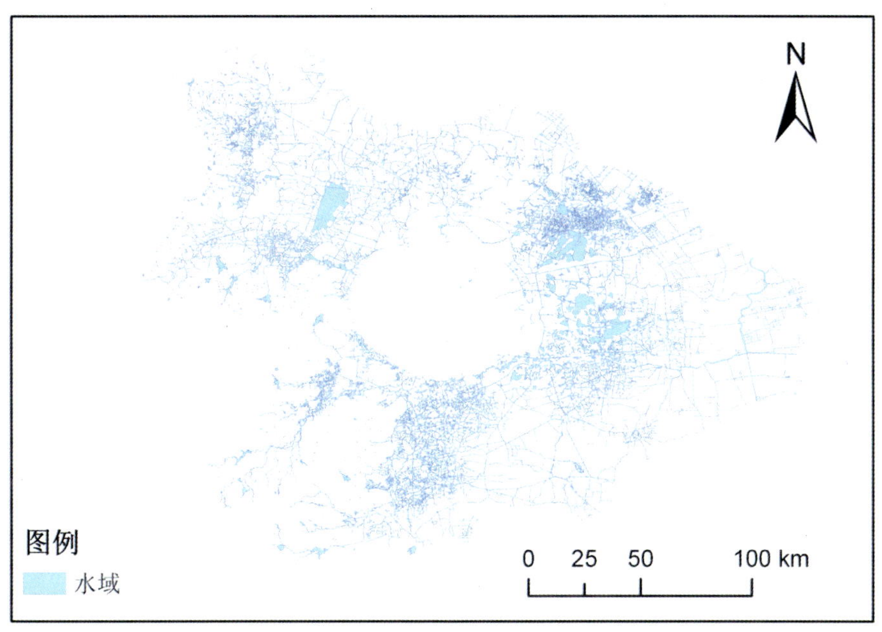

图 5-11 水域分布

（4）特征指示物种（蜉蝣/双壳类/螺类/摇蚊/寡毛类）类别

反映特征指示物种维持功能，体现以底栖动物特征指示物种（蜉蝣/双壳类/螺类/摇蚊/寡毛类）比例为表征的维持功能差异。

特征指示物种中，蜉蝣、双壳类、螺类、摇蚊和寡毛类 5 类底栖动物的水环境意义如图 5-12 所示。

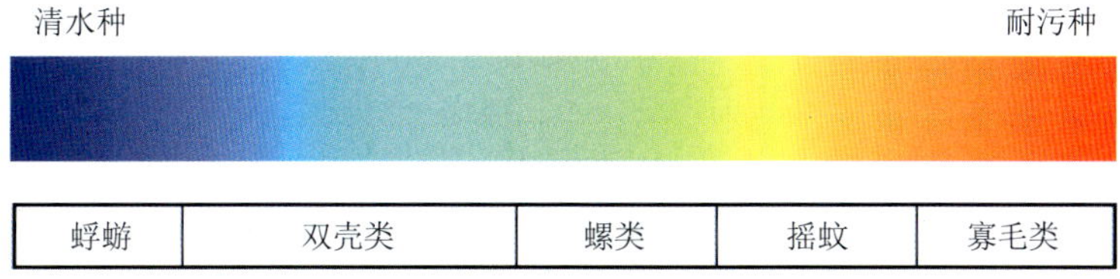

图 5-12 特征指示物种的水环境意义

蜉蝣、双壳类、螺类、摇蚊和寡毛类 5 类底栖动物比例的空间分布如图 5-13（a）至（e）所示。

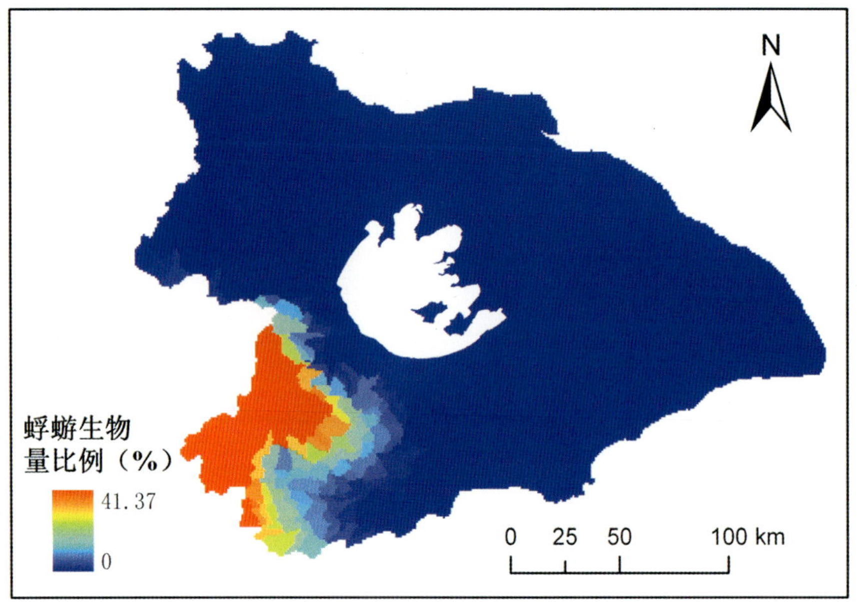

（a）蜉蝣生物量比例

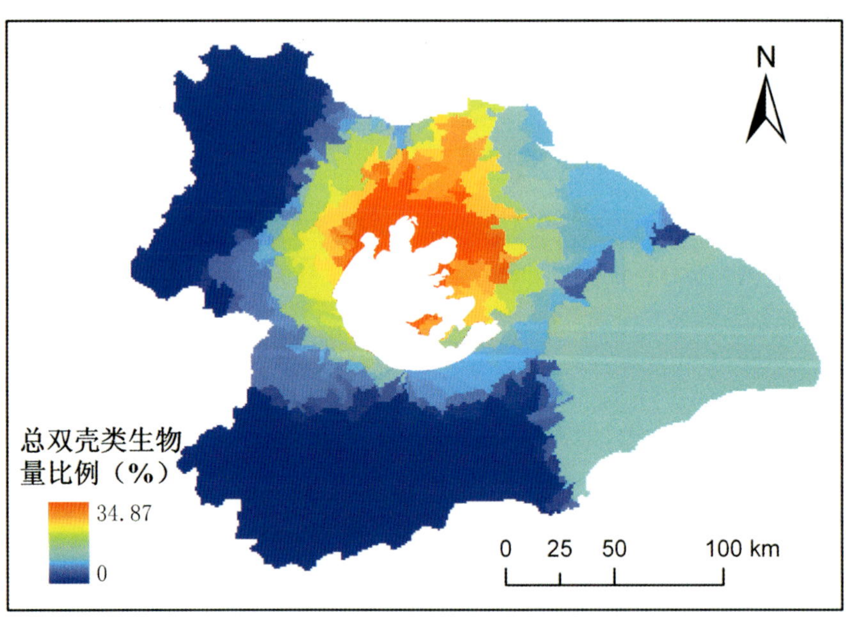

（b）总双壳类生物量比例

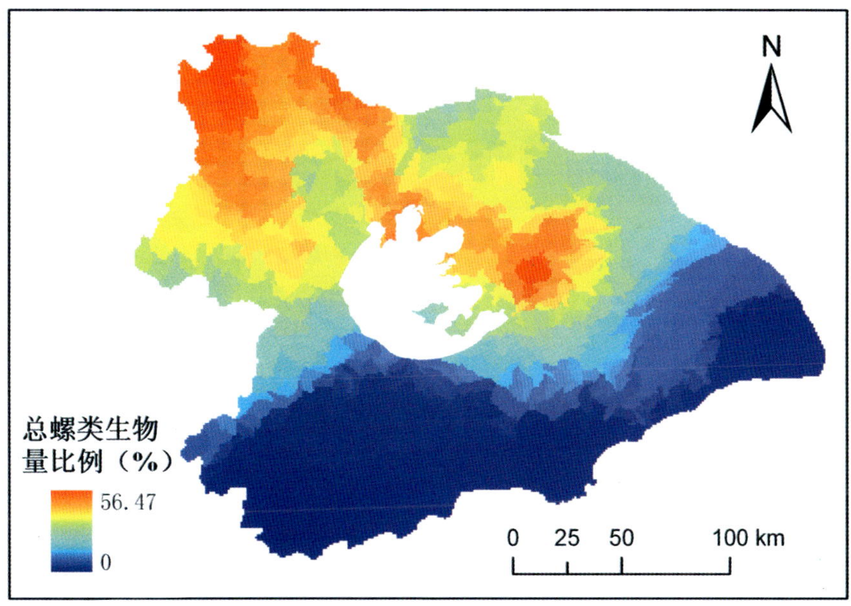

（c）总螺类生物量比例

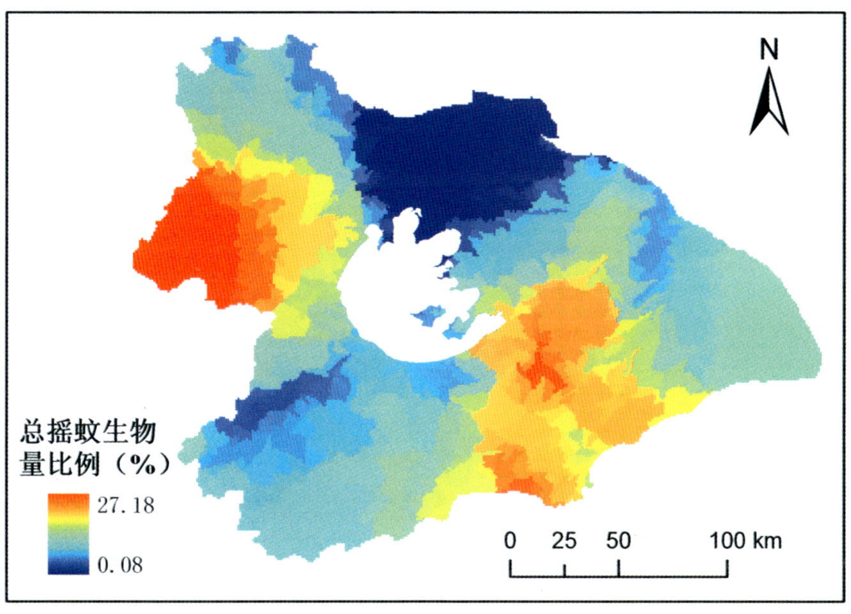

（d）总摇蚊生物量比例

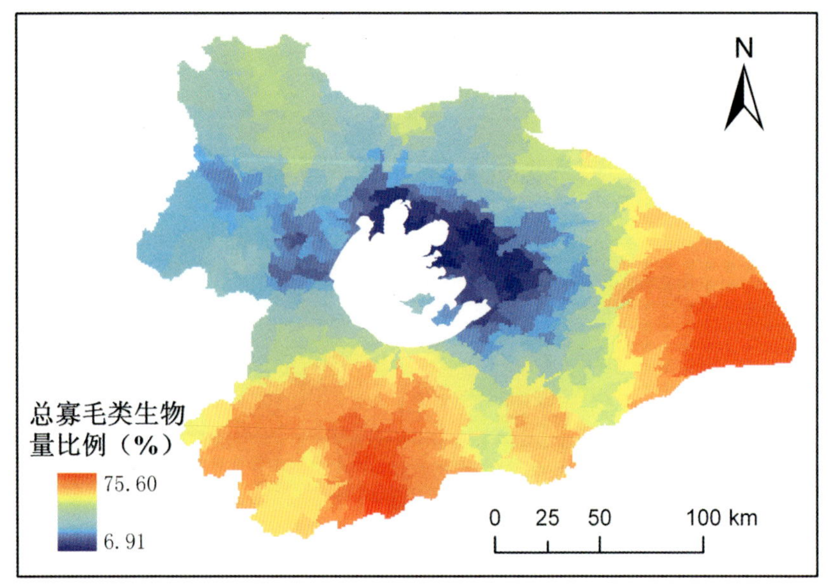

（e）总寡毛类生物量比例

图 5-13 特征指示物种（蜉蝣/双壳类/螺类/摇蚊/寡毛类）比例分布

5.2.3.2 太湖湖体区水生态分区指标

（1）底栖动物 Shannon-Wiener 多样性指数

反映太湖水生物多样性维持功能，体现以底栖动物为代表的水生生物稳定性（图 5-14）。

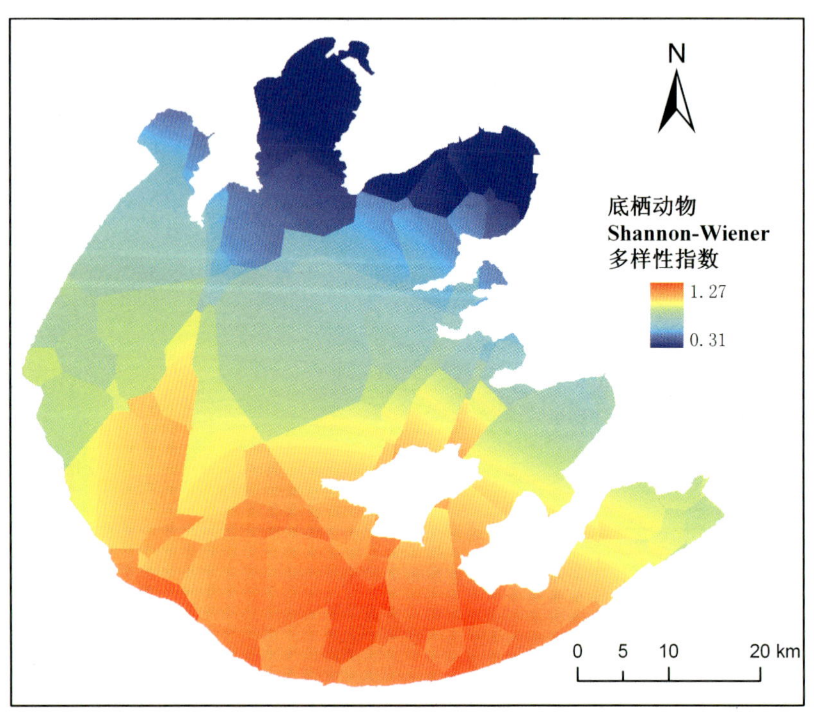

图 5-14 底栖动物 Shannon-Wiener 多样性指数分布

（2）叶绿素含量

反映水生物初级生产功能，体现浮游植物生产力（图 5-15）。

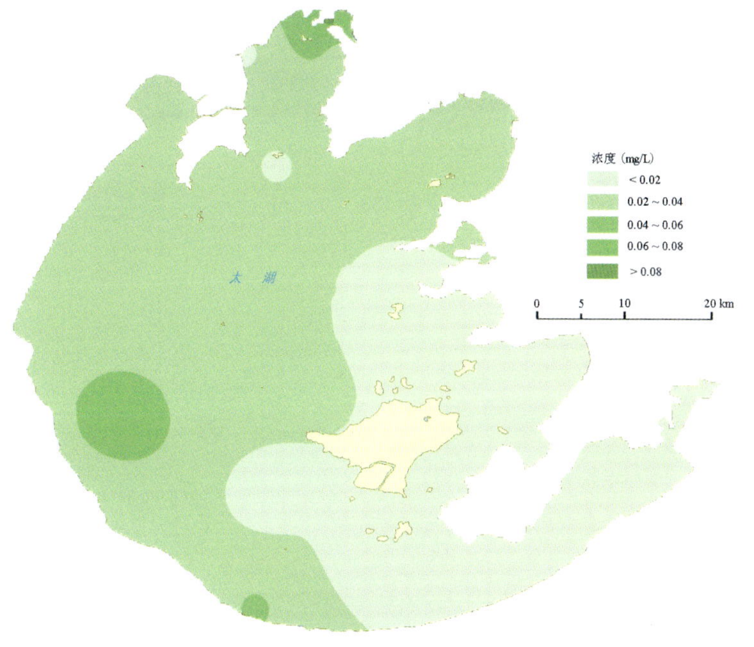

图 5-15 叶绿素含量分布

（3）水体流速

反映太湖湖体内生境维持功能的空间差异，体现水体物理特征（图 5-16）。

图 5-16 水体流速分布

（4）特征指示物种（寡毛类/摇蚊类/双壳类/螺类/其他类）比例

反映底栖动物特征指示物种（寡毛类/摇蚊类/双壳类/螺类/其他类）维持功能（图 5-17（a）至（e））。

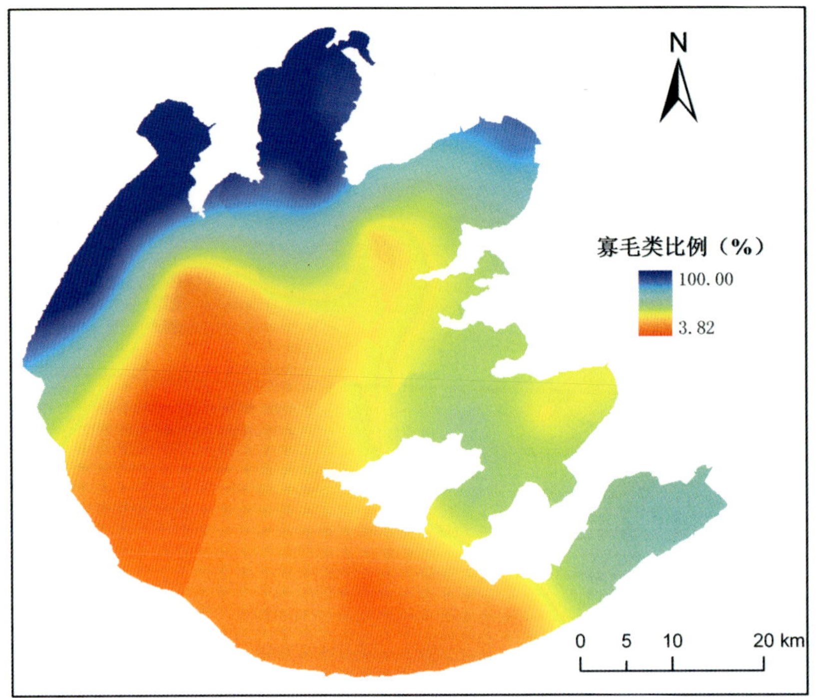

（a）寡毛类密度比例

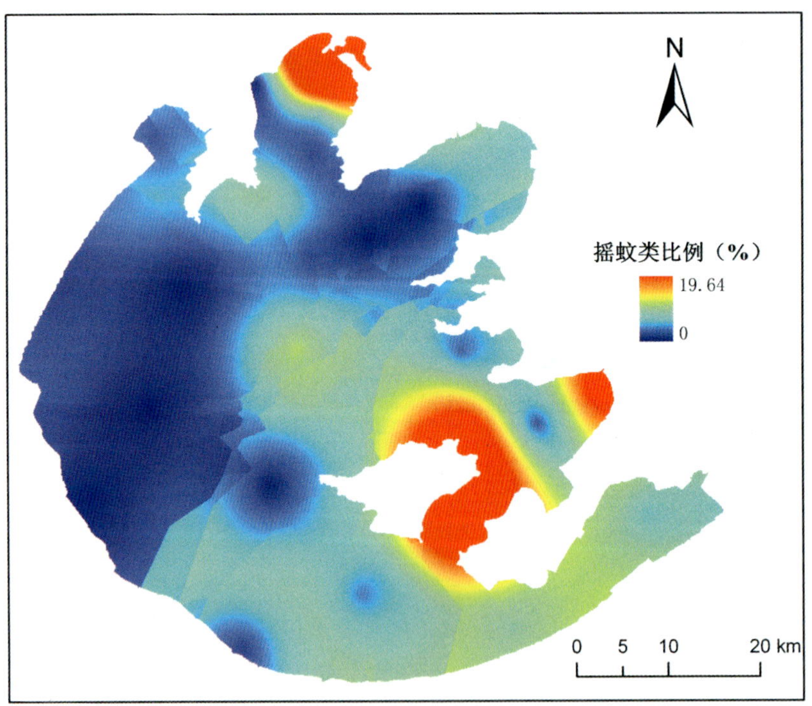

（b）摇蚊类密度比例

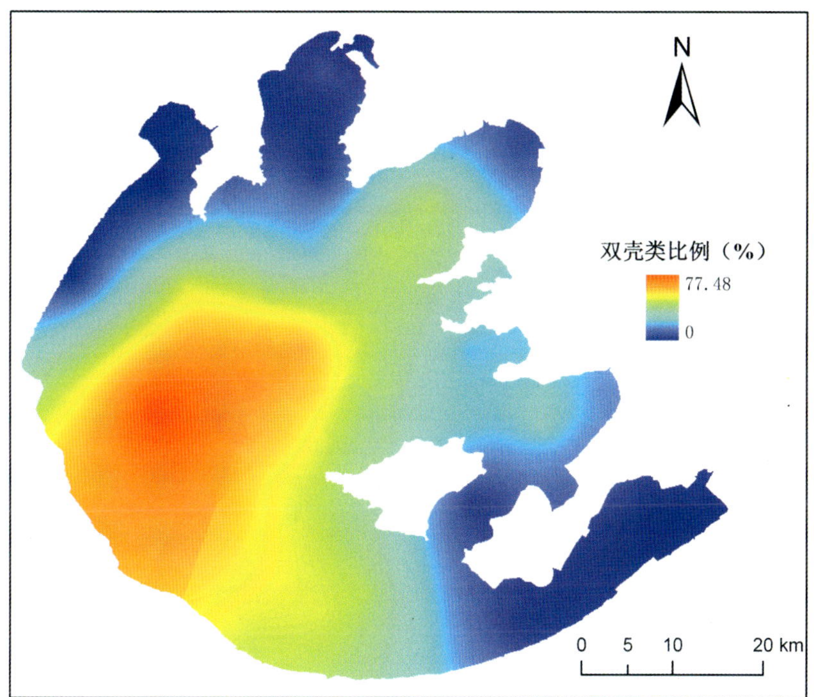

（c）双壳类密度比例

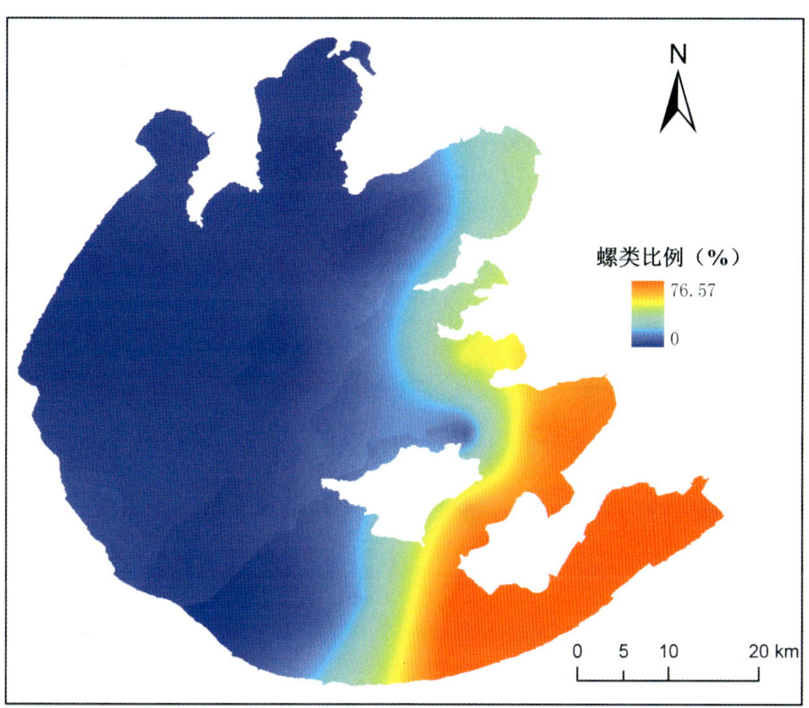

（d）螺类密度比例

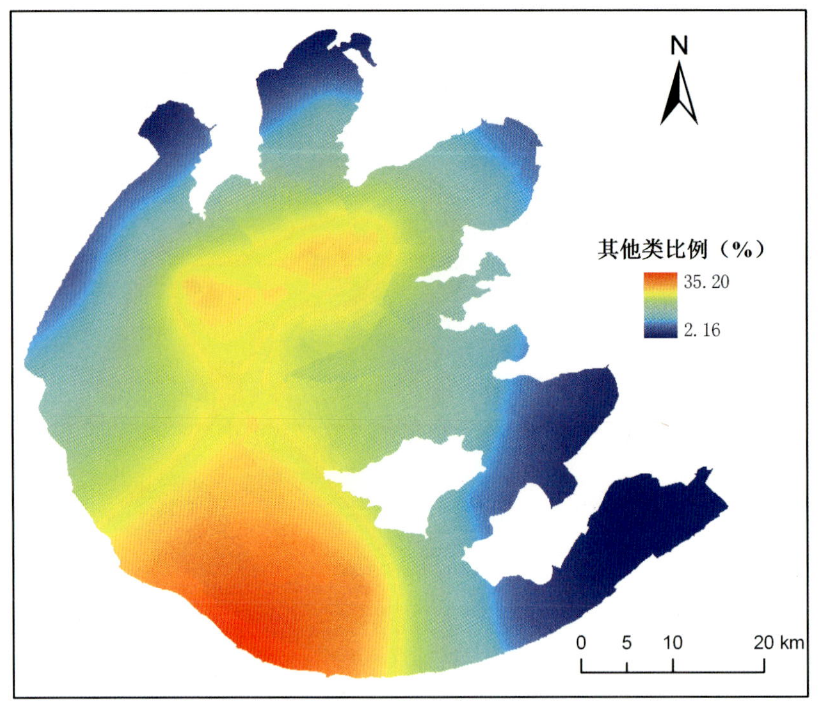

（e）其他类密度比例

图 5-17 特征指示物种（寡毛类/摇蚊类/双壳类/螺类/其他类）比例

5.3 水生态功能分区的划分方法

5.3.1 划分程序

5.3.1.1 水生态功能分区划分流程

在流域的基础上进行一级水生态功能区的划分，在一级水生态功能区内进行二级水生态功能区的划分，在二级水生态功能区内进行三级水生态功能区的划分。

水生态功能分区首先需要根据本章 5.1 和 5.2 所述，确定各级分区的分区目的、分区原则和分区指标。在此基础上利用 GIS 空间分析方法将各指标进行空间离散，空间离散的方法根据指标的不同有所差别，一般有整体插值离散和局部插值离散两类。整体插值法以整个研究区的样点数据集为基础来计算，通常使用方差分析和回归方程等标准的统计方法，计算比较简单。整体插值法有边界内插法、趋势面分析、变换函数插值。局部插值方法只使用临近的数据点来估计未知点的值，所使用的插值函数、区域大小、形状和方向，数据点的个数，数据点的分布形式是规则的还是不规则的等都会影响插值结果，插值方法包括泰森多边形方法、移动平均插值方法、样条函数插值方法、空间自协方差最佳插值方法（Kriging 插值）等。

利用 DEM 数据，经过填洼、流向生成、水流累积量分析等步骤，获得集水区分布图。平原区有圩区分布的，以圩区边界作为分区基本单元；其他区域，以每一单元内单一土地利用类型所占比例大于 80%作为判别标准，若单元内某一类土地利用类型所占比例大于 80%，则确定为一个分区单元；若没有一类土地利用类型所占比例大于 80%，则将集水区进一步细化，直到单元内单一土地利用类型大于 80%为止，最后结合太湖流域水系分布，采用人工修整的方式对其进行修整，获得太湖流域水生态功能单元空间分布图（图 5-18）。

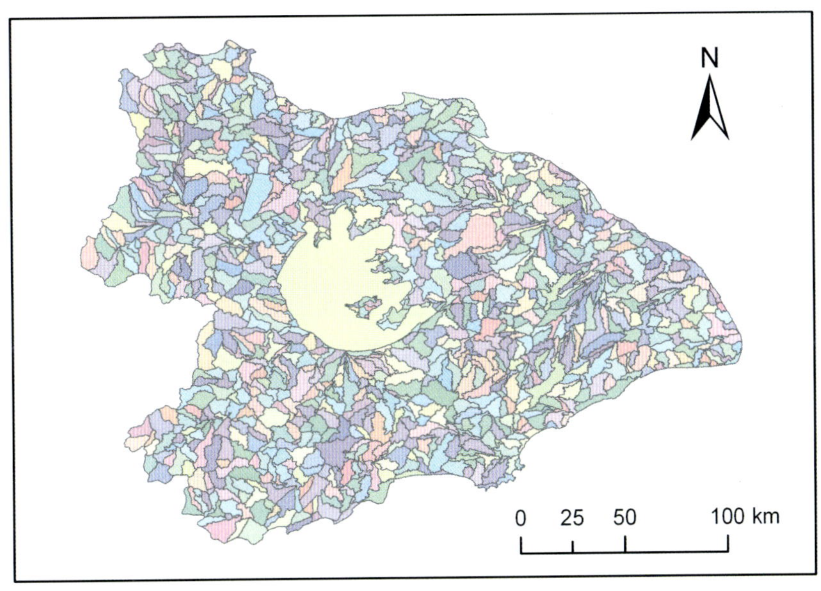

图 5-18 太湖流域水生态功能单元空间分布

将各分区指标在分区功能单元基础上进行空间离散，形成基于分区功能单元的分区指标空间分布图。

将各级分区指标进行空间聚类分析，形成分区结果草图。对于零散分布的单元根据就近合并的原则进行人工辅助判识，形成修正的分区图。对分区界线，采用分区结果校验方法验证分区的合理性和可靠性，进行必要的调整和修正，最后进行分区特征的描述。

分区技术流程如图 5-19 所示。

5.3.1.2 二阶空间聚类法

二阶聚类模型（Two Step Cluster）是一种新型的分层聚类算法，可对一阶不显而易见的数据聚成几个自然组或类。

传统意义上的二阶聚类是对样本数据的类别划分，而水生态功能分区指标具有地表空间连续性，利用传统二阶聚类方法聚类后的结果投射到地理空间上后，往往得不到理想的分区结果，即聚类结果在空间上不完整，存在不同程度的破碎化状况，最常见的是零星分布、面积较小的类别，这主要是地表参数自身的复杂性和不确定性造成的。因此，传统的二阶聚类法无法直接应用到水生态功能分区过程中，需要基于空间要素信息改进传统二阶聚类方法，形成新的二阶空间聚类法，以便进行分区应用。二阶空间聚类不仅可以发现分区聚类单元（即子流域）指标属性间的内在联系和相似度，而且也融合了聚类单元的空间属性信息即能够有效解决空间不连续的问题。

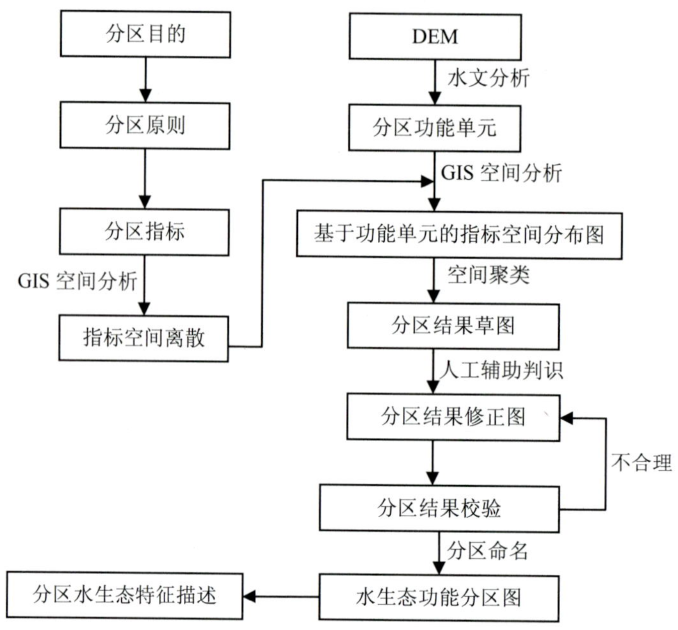

图 5-19　太湖流域水生态功能分区技术路线

二阶空间聚类法应用于水生态功能分区主要有两种聚类方式，即：

①先不考虑空间属性直接根据图斑的属性信息（子流域单元上的各分区指标值）即聚类变量进行二阶聚类，然后根据空间分布特征对初步聚类结果进行空间判别；

②直接将空间属性加入聚类变量中进行空间聚类，这时的聚类变量除包括子流域单元上的各分区指标值外，还包括聚类单元即子流域的空间位置及其空间关系特征值。

下面以二阶空间聚类的第一种聚类方式为例，介绍其空间判别规则。具体来看，第一种方式的二阶聚类空间判别规则主要包括以下几个方面：

①单个独立的零星聚类单元：采用特定算法搜索该聚类单元周边一定范围内的其他聚类单元的类别，若周边单元均为同一类别，则将该零星单元赋予周边单元同样的类别；若周边单元为多个不同类别，则再依据该单元与邻接单元的公共边界长来进行判别，将公共边界最长的邻接单元的类别赋予该单元。

②小面积相邻成片聚类单元：首先，设定一个面积临界阈值，若相邻成片聚类单元的面积大于这个临界阈值，则单独成为一个区；若小于这个临界阈值，则再与周边单元进行空间关系判断。其次，将该小面积相邻成片聚类单元视作一个独立零星单元，再采用情况①的判别规则和工作程序进行类别赋予。

③大面积相邻成片聚类单元：对情况②中面积大于临界阈值的相邻成片聚类单元进行再分析。首先，采用特定指标判别这个成片聚类单元的形状特征。其次，若该成片聚类单元为狭长形状且满足其他特定条件，则将该相邻成片聚类单元视作一个独立零星单元，再采用情况①的判别规则和工作程序进行类别赋予。

二阶聚类算法分为两步进行，第一步称为准聚类过程，采用 BIRCH（Balanced Iterative Reducing and Clustering using Hierarchies）算法构建一个高度稳定的多水平结构聚类特征树（Cluster Feature Tree，CF-tree）；第二步为具体的聚类分析，主要利用似然函数作为测距公式对前一步结果的样本进行聚类分析，常用算法是一般的层次聚类方法（Hierarchical Cluster）（祝迎春，2005）。

BIRCH 算法（Zhang et al.，1996）是传统层次聚类算法的一个改进算法，其实质是把层次方法与其他聚类技术相结合以进行多阶段的聚类。这种算法采用把原始数据压缩以后的数据进行计算，理论上在大样本聚类算法中是最合适的。该算法中最主要的两个概念是聚类特征（Cluster Feature，CF）和聚类特征树（Cluster Feature Tree，CF-tree），通过这两个概念对簇进行概括，计算各个簇之间的距离，采用层次方法的平衡迭代对数据集进行归约和聚类（祝迎春，2005）。

BIRCH 算法的关键步骤是通过聚类特征（CF）对簇的信息进行汇总描述，并构建聚类特征树（CF-tree）对簇进行聚类。假设某个簇中包含 n 个 d 维的数据点或者数据对象 $\{O_i\}$，则该簇的聚类特征定义如下：$\mathrm{CF}=\left(N,\overrightarrow{\mathrm{LS}},\mathrm{SS}\right)$，其中，$\overrightarrow{\mathrm{LS}}=\sum_{i=1}^{n}\overrightarrow{O_i}$，$\mathrm{SS}=\sum_{i=1}^{n}\overrightarrow{O_i}^2$。衡量簇之间距离可以通过聚类特征 CF 求出，后利用其建立 CF-tree。

聚类中的两个簇的质心距离用欧几里德距离 D_1 和曼哈顿距离 D_2 表示：

$$D_1=\left[\left(\vec{x}\,O_1-\vec{x}\,O_2\right)^2\right]^{\frac{1}{2}} \tag{5-1}$$

$$D_2=\left|\vec{x}\,O_1-\vec{x}\,O_2\right|=\sum_{i=1}^{d}\left|\vec{x}\,O_1^{(i)}-\vec{x}\,O_2^{(i)}\right| \tag{5-2}$$

而聚类中的两个簇的各个样本点之间的距离用 D_3、D_4 和 D_5（Zhang et al.，1996）三种形式表示：

簇内平均距离 D_3（average inter-cluster distance）：

$$D_3=\left[\frac{\sum_{i=1}^{n_1}\sum_{j=n_1+1}^{n_1+n_2}\left(\overrightarrow{x_i}-\overrightarrow{x_j}\right)^2}{n_1n_2}\right]^{\frac{1}{2}} \tag{5-3}$$

簇间平均距离 D_4（average intra-cluster distance）：

$$D_4=\left[\frac{\sum_{i=1}^{n_1+n_2}\sum_{j=1}^{n_1+n_2}\left(\overrightarrow{x_i}-\overrightarrow{x_j}\right)^2}{\left(n_1+n_2\right)\left(n_1+n_2-1\right)}\right]^{\frac{1}{2}} \tag{5-4}$$

变量变化距离 D_5（variance increase distance）：

$$D_5=\sum_{k=1}^{n_1+n_2}\left(\overrightarrow{x_k}-\frac{\sum_{l=1}^{n_1+n_2}\overrightarrow{x_l}}{n_1+n_2}\right)^2-\sum_{i=1}^{n_1}\left(\overrightarrow{x_i}-\frac{\sum_{l=1}^{n_1}\overrightarrow{x_l}}{n_1}\right)^2-\sum_{j=n_1+1}^{n_1+n_2}\left(\overrightarrow{x_j}-\frac{\sum_{l=n_1+1}^{n_1+n_2}\overrightarrow{x_l}}{n_2}\right)^2 \tag{5-5}$$

式中，$\overrightarrow{x_i}$ 表示为有 n_1 个 d 维的样本点，而 $\overrightarrow{x_j}$ 表示为有 n_2 个 d 维的样本点。$i=1,2,\cdots,n_1$; $j=1,2,\cdots,n_2$。

算法以“树”的结构来进行聚类：先是最大数值的进入，再依次一个个处理样本选择接近它保留在它的枝节或是节点上，否则就形成新的枝节。距离变化的衡量方式采用以下对数似然函数（祝迎春，2005）：

$$d(j,s)=\xi_j+\xi_j-\xi_{(j,s)} \tag{5-6}$$

$$\xi_v=-N_v\left[\sum_{k=1}^{K^A}\frac{1}{2}\log\left(\hat{\sigma}_k^2+\hat{\sigma}_{vk}^2\right)+\sum_{k=1}^{K^B}\hat{E}_{vk}\right] \tag{5-7}$$

$$\hat{E}_{vk}=-\sum_{l=1}^{L_k}\frac{N_{vkl}}{N_v}\log\frac{N_{vkl}}{N_v} \tag{5-8}$$

式中：K^A——所用的连续变量；

K^B——所用的离散变量；

L_k——离散变量的个数；

N_v——第 v 组中的样本个数；

$\hat{\sigma}_k^2$——第 k 个连续变量的方差；

$\hat{\sigma}_{vk}^2$——v 组中的第 k 个连续变量的方差；

N_{vkl}——从第 v 组中第 k 个离散变量中取出第 l 个分类的个数。

5.3.1.3 水生态功能分区的命名

水生态功能分区的命名在水生态功能区划中占有重要地位，命名的科学、合理、准确与否关系到方案的科学性、严谨性和可操作性。

（1）水生态分区命名原则

水生态功能区的命名要准确体现各个分区的主要特点、所处地理空间位置、水生态系统特征，同一级别水生态功能区的名称应相互对应，文字简明扼要。水生态功能区的命名应遵循以下原则：

①体现流域水生态系统特征空间差异性原则。一级区名称要能够体现流域水生态系统中生物群落和生物种群类型的分布与格局，二级区名称要能够体现流域水生态系统生物群落多样性和完整性的空间差异，三级区名称要能够体现流域水生态系统自然维持功能的空间差异。

②反映分区地理空间位置原则。有利于根据分区名称就能简单确定各分区所处的空间区位。

③反映分区级别原则。水生态功能分区是一个层级体系，要能够从名称上识别区分区所处的级别。

④合理性、稳定性和简明性原则。水生态功能区名称结构要与分区分级和分类体系相适应；水生态功能区名称一经确定，主要分区不发生变化，应保持不变；分区名称应尽量

简单、明了。

（2）水生态分区命名规则

①一级区命名规则

一级水生态功能分区名称由 3 部分组成，即由“区位＋水生态系统类型＋‘水生态区’”构成，其中：

“区位”可由各分区涉及的主导子流域名称或地域名称表示。

“水生态系统类型”可由水生物群落类型或生物种群类型、水体类型、水文类型等能够体现水生态系统类型特征的指标表示。如淡水生物群落包括湖泊、池塘、河流等群落，淡水群落又可划分为流水和静水两大群落类型，流水群落又可分为急流和缓流两类。又如水体类型可表述为山区河流、平原河流、山区湖泊和平原湖泊等。

各分区涉及的水生态系统类型按重要顺序排列，命名择其中典型或最重要者，或以组合的方式表示，如用“平原河流湖泊”表示组合水体类型。

②二级区命名规则

二级水生态功能分区名称由 3 部分组成，即由“区位＋水生态系统结构特征＋‘水生态亚区’”构成，其中：

“区位”可由各分区涉及的主导子流域名称或地域名称表示。

“水生态系统结构特征”可由水生生物群落结构类型、生境类型或“（地貌）生态系统类型＋生境类型”等能够体现水生生物群落或种群结构特征的指标表示。如山区森林河源生境、丘陵森林农田交错河源生境、湿地生境、平原农田河网生境等。

各分区涉及的水生态系统结构特征按重要顺序排列，命名择其中典型或最重要者，或以组合的方式表示。

③三级区命名规则

三级水生态功能分区名称由 3 部分组成，即由“区位＋水生态功能类型+‘（综合）功能区’”构成，其中：

“区位”可由各分区涉及的主导子流域名称或地域名称表示。

“水生态功能类型”从水生态系统的支持和调节等自然维持功能角度考虑，如可划分为水源涵养、生物多样性维持、水资源调蓄、水质净化、气候调节、洪水调蓄、营养物质循环、初级生产、释氧支持 9 种功能类型。

各分区涉及的水生态系统类型按重要顺序排列，命名择其中典型或最重要者，或以组合的方式表示。当分区主导水生态功能类型较多时，则名称第 3 部分由“综合功能区”表示；否则以“功能区”表示。

5.3.2 一级分区的划分方法

以太湖流域水生态功能单元空间分布图为基本评价单元，制作河网密度分布图（图 5-20）和地面高程分布图（图 5-21）。

太湖流域水生态功能一级分区采用定量自动为主，人工修整为辅助的方式进行。以图 5-20 和图 5-21 所示的分区指标空间分布图为分区变量，采用二阶空间聚类法进行分类，形成初步分类结果。部分分区单元会零星分布于整个流域或其他分区中，而且面积较小，无法单独形成 1 个区，按照就近原则将其分别归并于原始分类中的“成片”区。且在聚类过程中采用多方案比较的方式择优确定最佳分类方案，以减小分区结果的不确定性，结合人工辅助比较、判断和优化调整，最终形成一级分区结果。

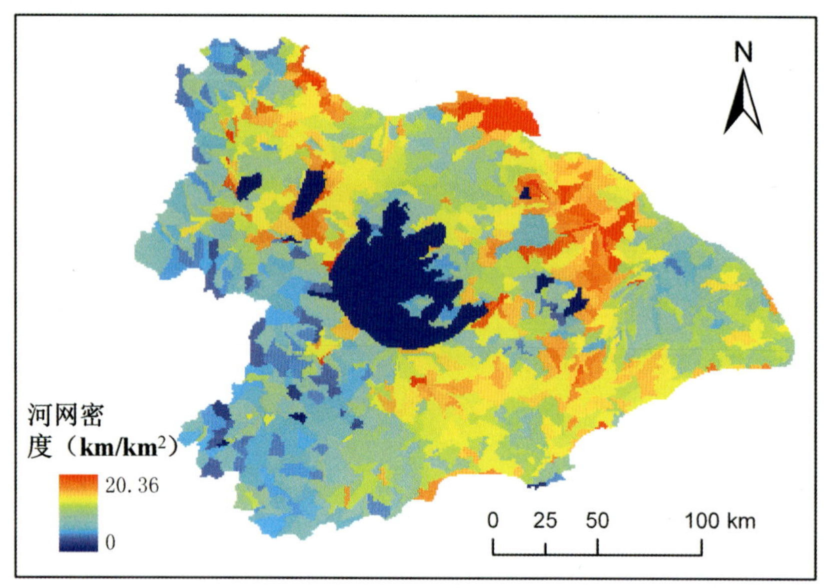

图 5-20 基于分区单元的河网密度

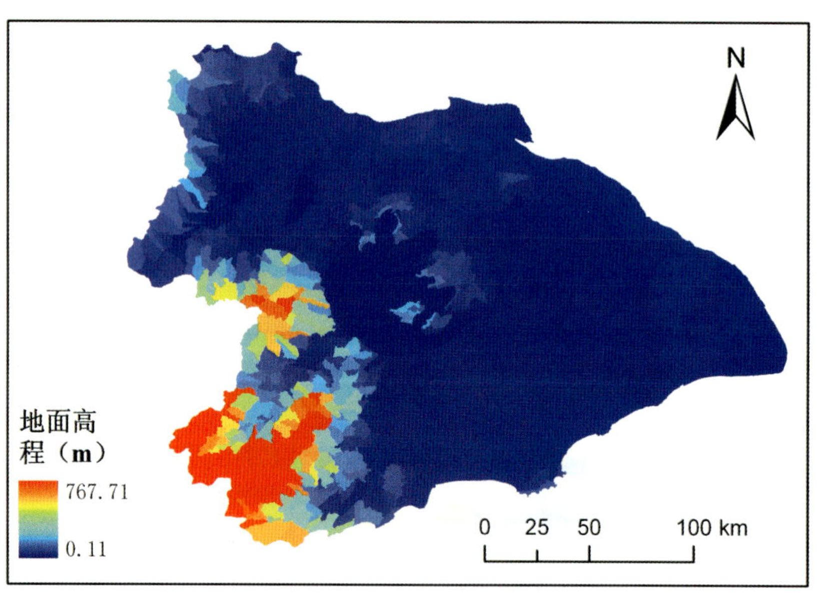

图 5-21 基于分区单元的地面高程分布

5.3.3 二级分区的划分方法

以太湖流域水生态分区单元为基本单元，制作建设用地面积比、耕地面积比、土壤类型和坡度等指标的空间分布图（图 5-22（a）至（d））。

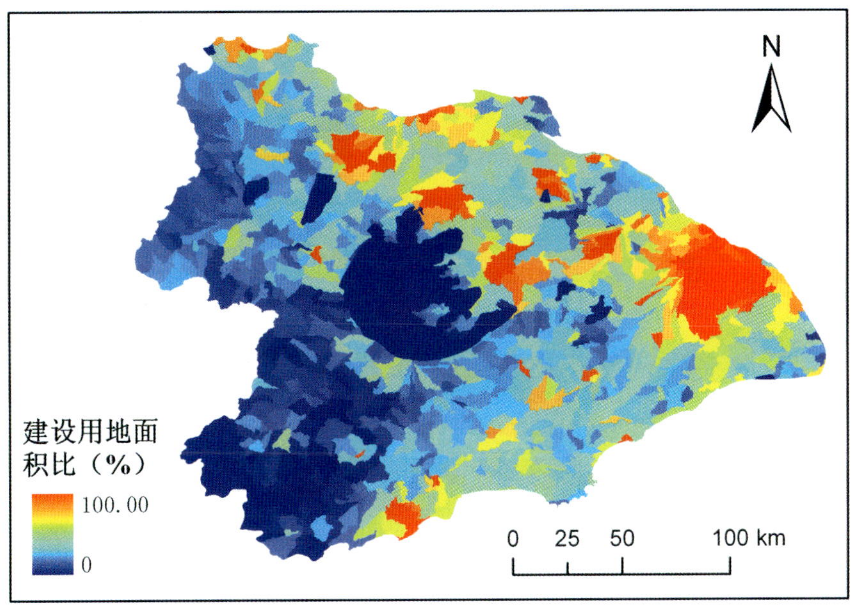

（a）建设用地面积比

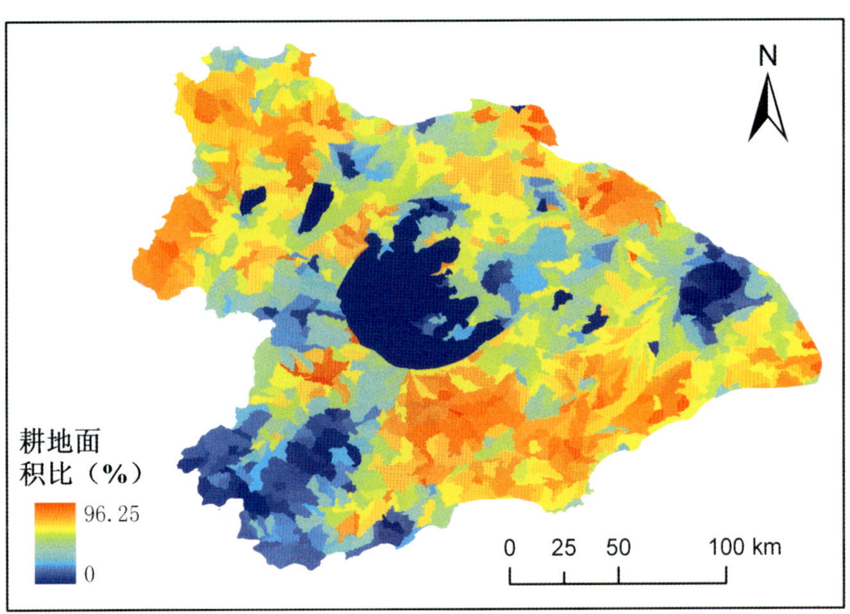

（b）耕地面积比

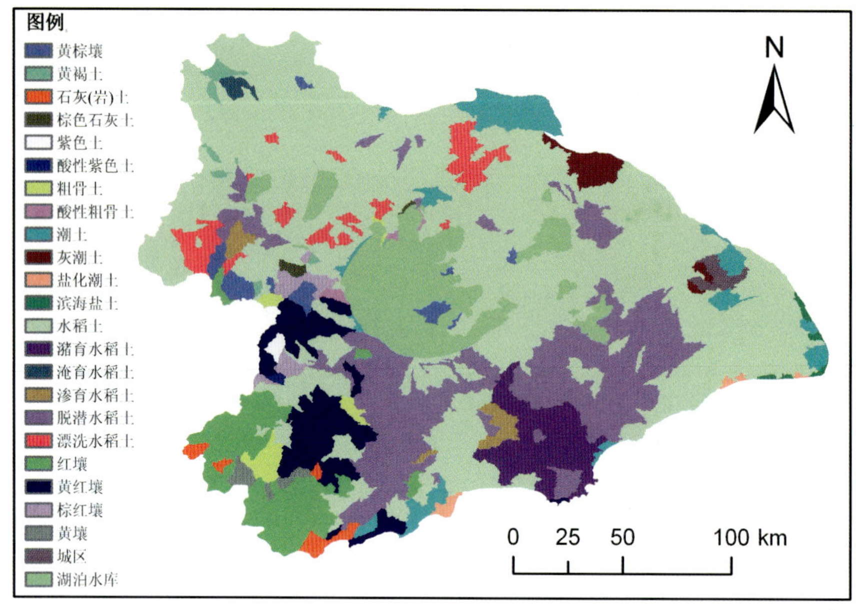

（c）土壤类型

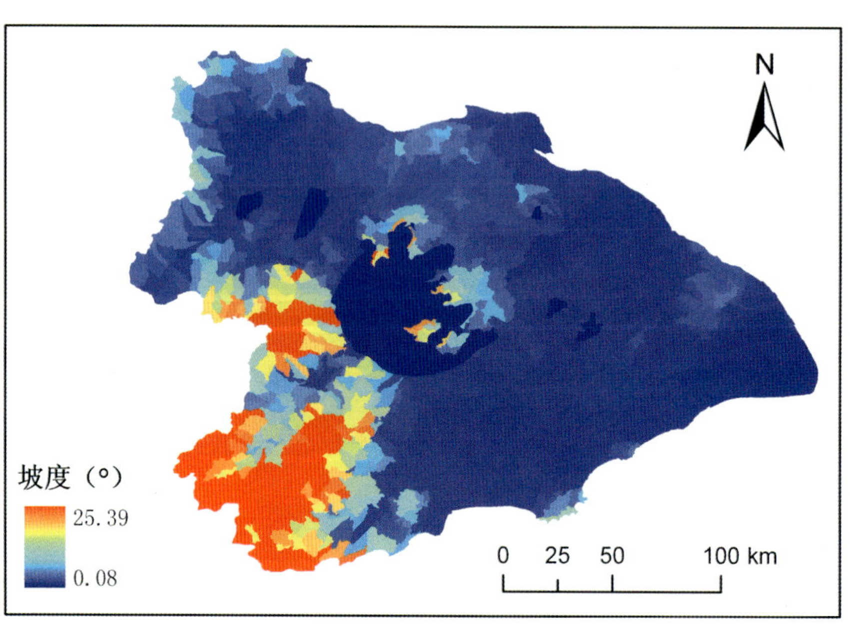

（d）坡度

图 5-22 基于水生态功能单元的太湖流域水生态功能二级分区指标空间分布

与太湖流域水生态功能一级分区相同，二级分区采用定量自动为主，人工修整为辅助的方式进行，以图 5-22（a）至（d）所示的分区指标为分区变量，采用二阶空间聚类法分别在太湖流域两个水生态功能一级区内进行再分类。在初始空间聚类结果的基础上，对部分零星分布、面积较小、无法单独形成一个区的水生态功能单元进行归并整合，按照就近原则将其分别归并于原始分类中的“成片”区。且在聚类过程中采用多方案比较的方式择优确定最佳分类方案，以减小分区结果的不确定性，结合人工辅助比较、判断和优化调整，最终形成二级分区结果。

5.3.4 三级分区的划分方法

在三级分区过程中，太湖湖体区和非太湖湖体区分别对待。与一级和二级分区类似，太湖流域水生态功能三级分区过程主要包括 3 步，即分区目的与原则确定、分区指标选择及其处理、分区图制作及验证。

5.3.4.1 非太湖湖体区水生态分区指标

以太湖流域水生态基本分区单元为基础，结合分区指标数据，制作各指标的空间分布图。非太湖湖体区主要包括底栖动物 Shannon-Wiener 多样性指数、叶绿素含量、水生境（水系级别、水体流速和水域面积）类别和特征指示物种类别（蜉蝣/双壳类/螺类/摇蚊/寡毛类）等指标的空间分布图（图 5-23、图 5-24、图 5-25 和图 5-26）。

a. 底栖动物 Shannon-Wiener 多样性指数　该指标空间分布如图 5-23 所示。

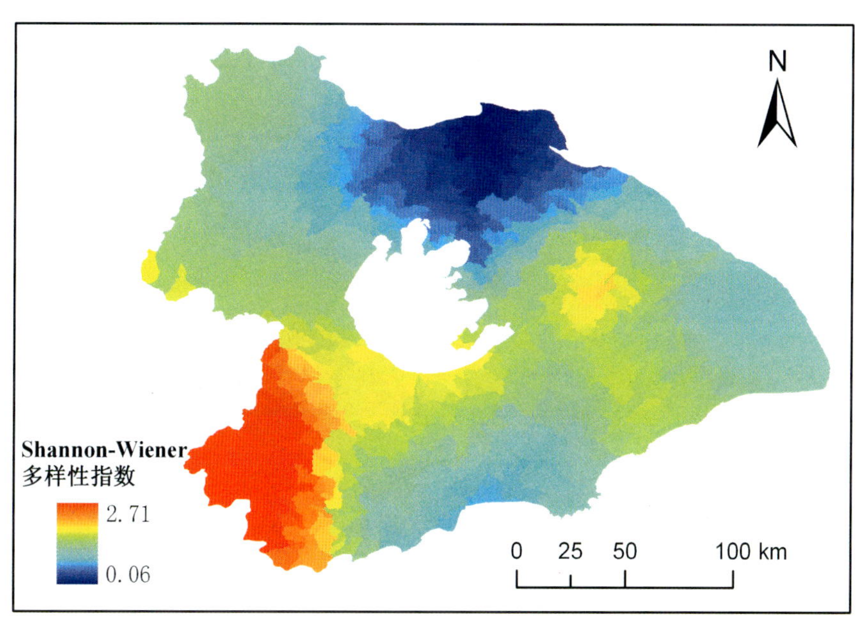

图 5-23 底栖动物 Shannon-Wiener 多样性指数分布

b. 叶绿素含量　该指标空间分布如图 5-24 所示。

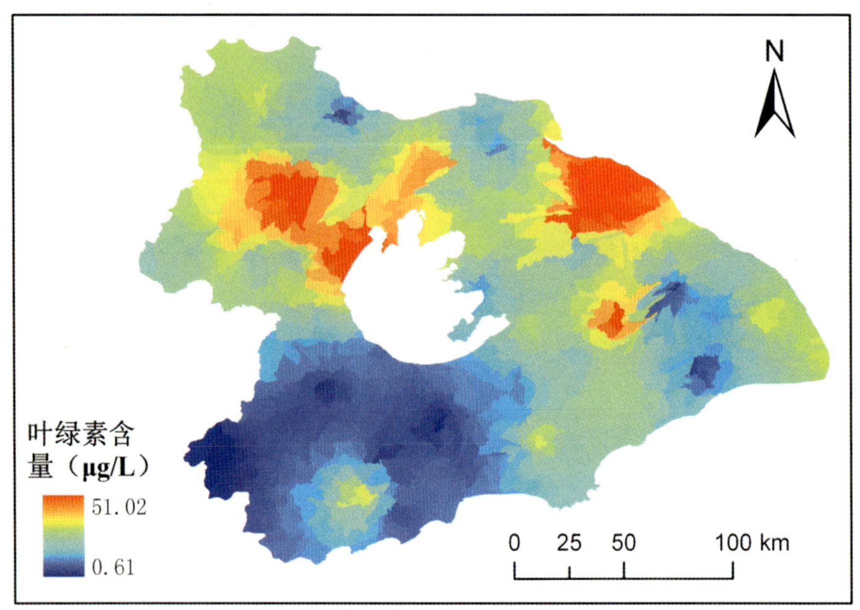

图 5-24　叶绿素含量分布

c. 水生生物生境（水系级别、水体流速和水域面积） 基于功能单元的水体流速和水域面积分布分别如图 5-25 和图 5-26 所示。

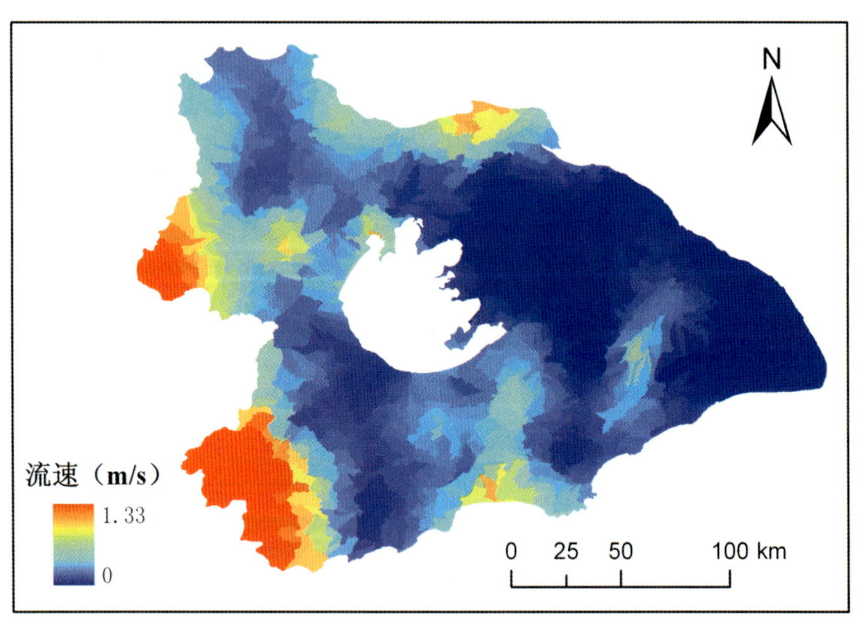

图 5-25　水体流速分布

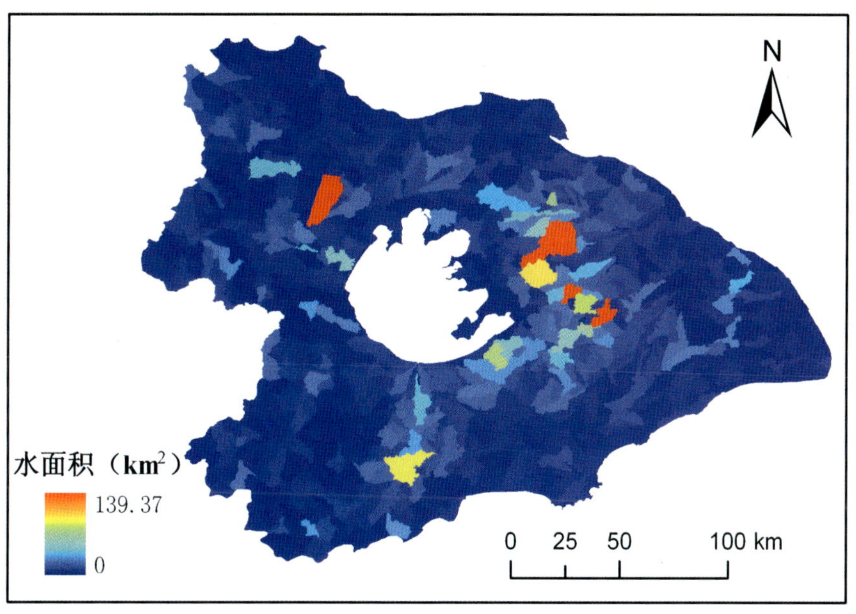

图 5-26 水域面积分布

水生境类别主要根据水系级别、水体流速和水域面积 3 个指标确定。首先，对水系级别、水体流速和水域面积 3 个指标进行级别划分，3 个指标分别划分为 3 个级别，即一、二、三级，则水生境类别可划分为 3×3×3=27 个类别（表 5-1）。

表 5-1 水生境类别表

类号	编码	类号	编码	类号	编码
1	1-1-1	10	2-1-1	19	3-1-1
2	1-1-2	11	2-1-2	20	3-1-2
3	1-1-3	12	2-1-3	21	3-1-3
4	1-2-1	13	2-2-1	22	3-2-1
5	1-2-2	14	2-2-2	23	3-2-2
6	1-2-3	15	2-2-3	24	3-2-3
7	1-3-1	16	2-3-1	25	3-3-1
8	1-3-2	17	2-3-2	26	3-3-2
9	1-3-3	18	2-3-3	27	3-3-3

注：编码含义依次为“水系级别-水体流速-水域面积”，水系级别为 1～3，水体流速级别为 1～3，水域面积级别为 1～3。

生境类型划分结果如图 5-27 所示。

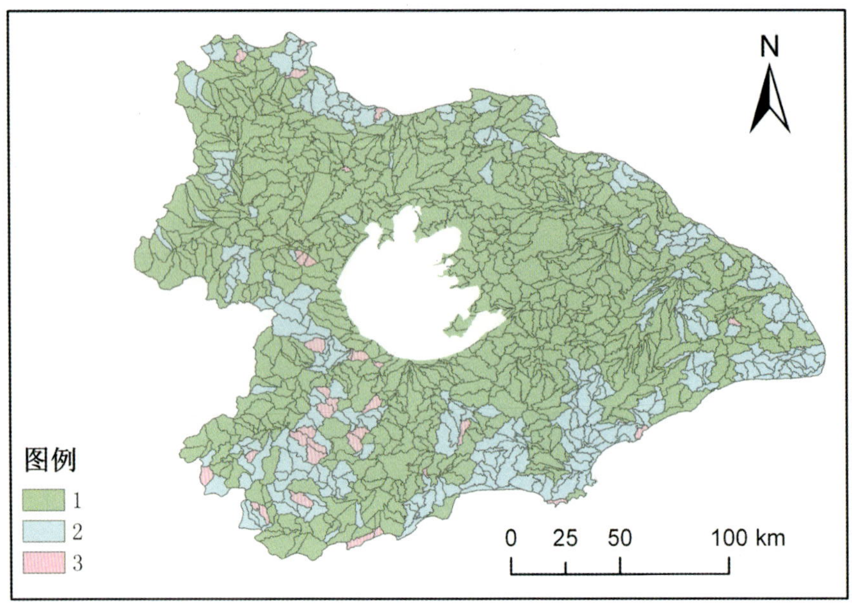

（a）水系级别类别

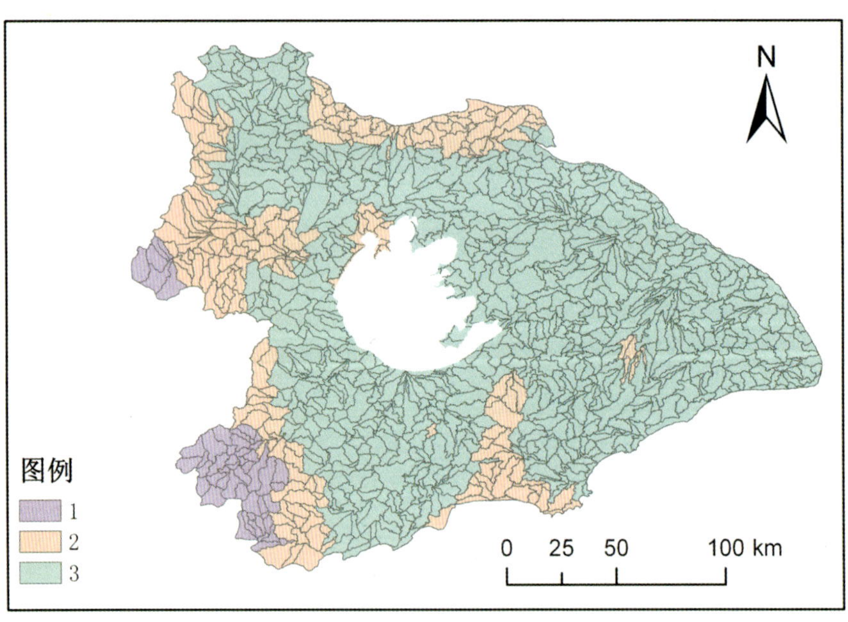

（b）水体流速类别

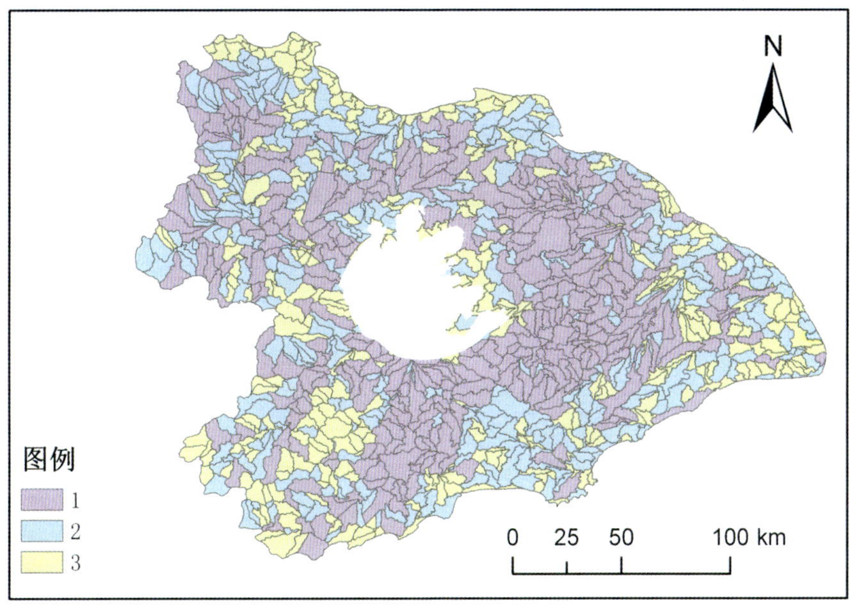

（c）水域面积类别

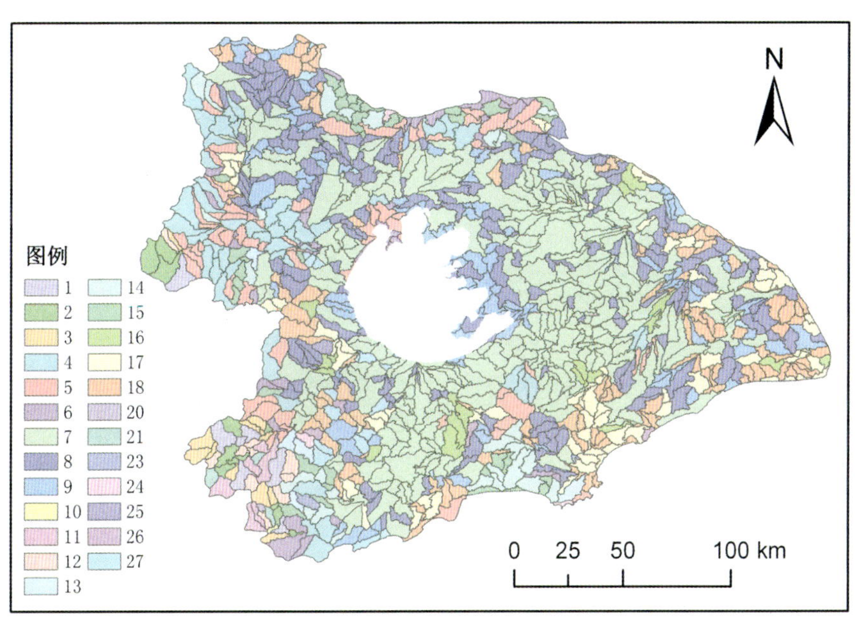

（d）水生生物生境类别

图 5-27　水生生物生境及其涉及指标类别分布

d. 特征指示物种类别（蜉蝣/双壳类/螺类/摇蚊/寡毛类） 基于功能单元的蜉蝣、双壳类、螺类、摇蚊和寡毛类 5 类底栖动物比例的空间分布如图 5-28 所示。

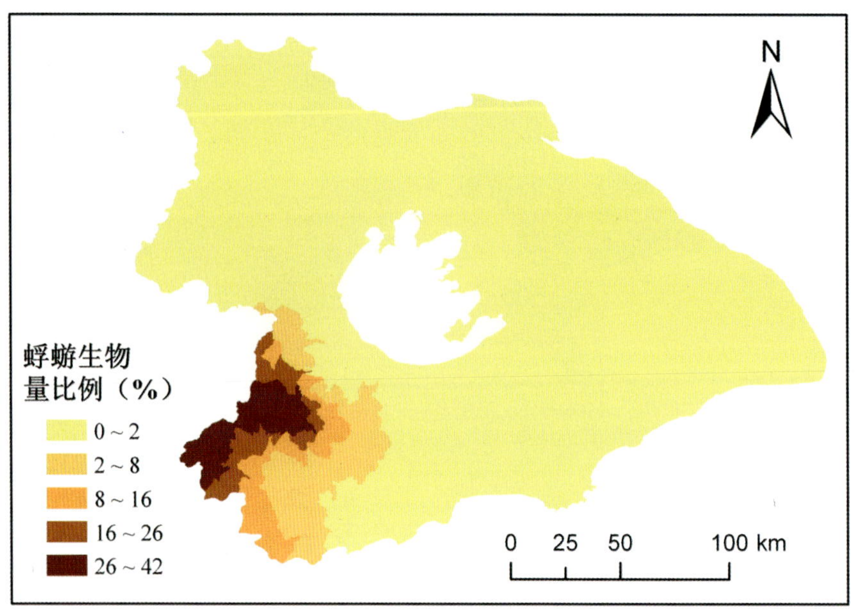

（a）蜉蝣生物量比例

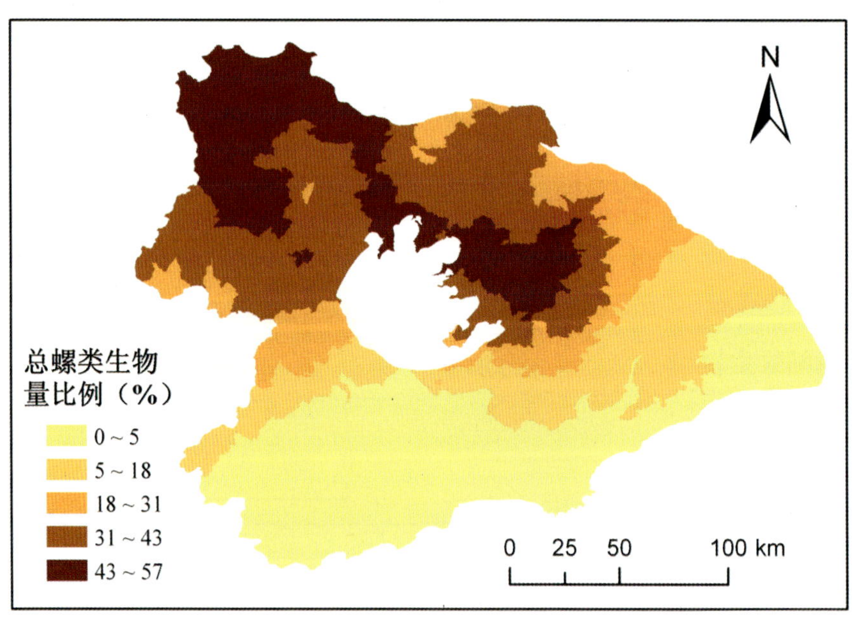

（b）总双壳类生物量比例

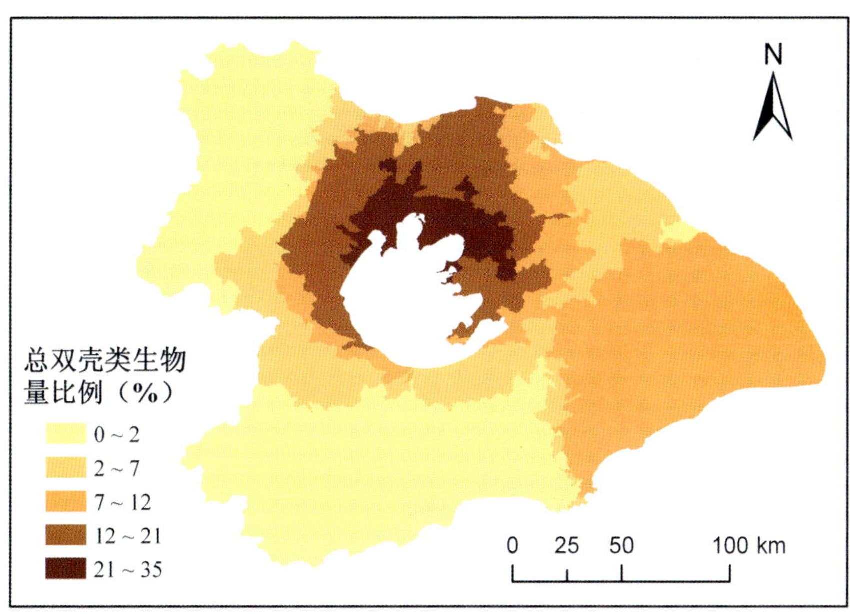

（c）总螺类生物量比例

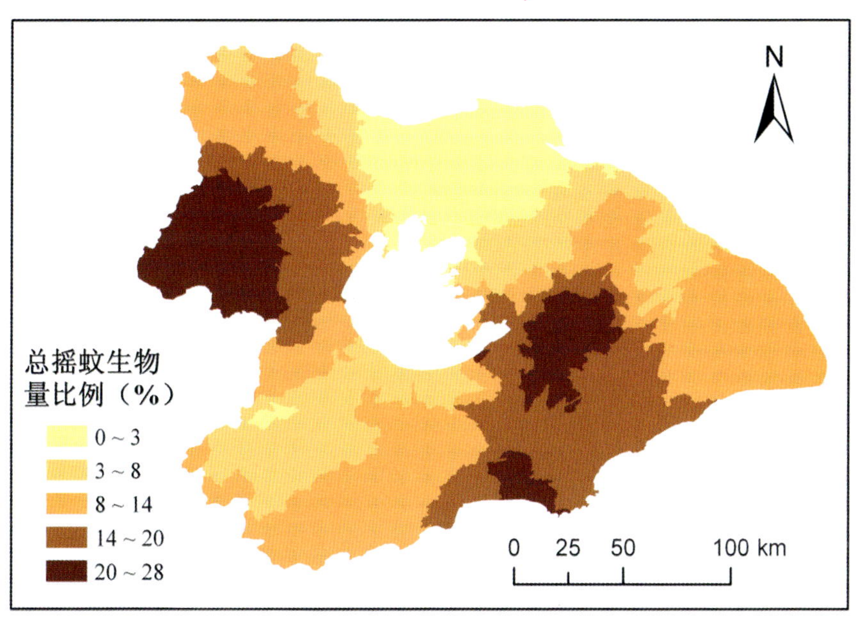

（d）总摇蚊生物量比例

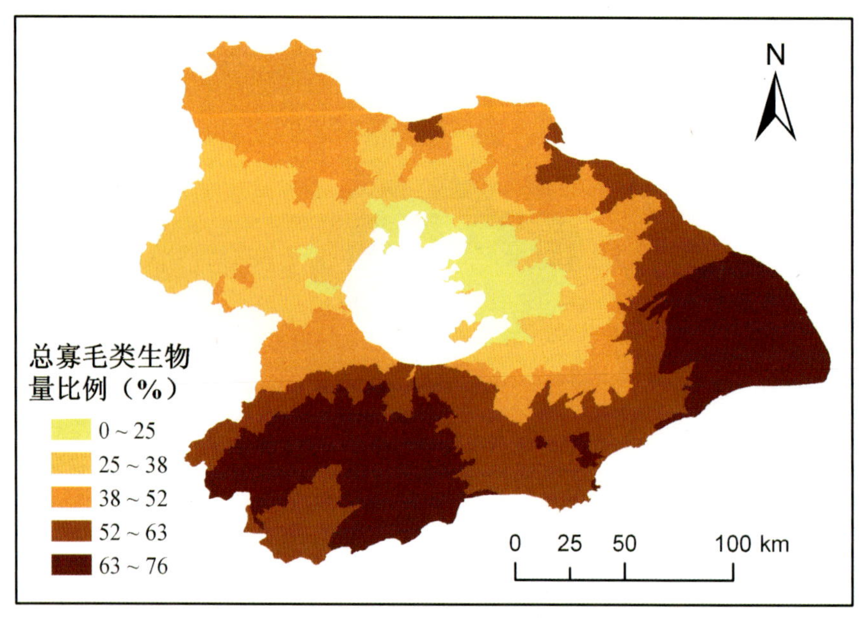

（e）总寡毛类生物量比例

图 5-28 特征指示物种（蜉蝣/双壳类/螺类/摇蚊/寡毛类）比例分布

特征指示物种类别划分方法由下述公式计算：

$$T = \max\left(\frac{F}{D}, \frac{S}{D}, \frac{L}{D}, \frac{Y}{D}, \frac{G}{D}\right) \tag{5-9}$$

式中：T——特征指示物种类别；

F——蜉蝣生物量；

S——双壳类生物量；

L——螺类生物量；

Y——摇蚊生物量；

G——寡毛类生物量；

D——总生物量。

特征指示物种类别 T 用 1、2、3、4 和 5 表示，若 $\frac{F}{D}$ 最大，则赋值 1；若 $\frac{S}{D}$ 最大，则赋值 2；若 $\frac{L}{D}$ 最大，则赋值 3；若 $\frac{Y}{D}$ 最大，则赋值 4；若 $\frac{G}{D}$ 最大，则赋值 5。据此，可得太湖流域特征指示物种类别分布（图 5-29）。

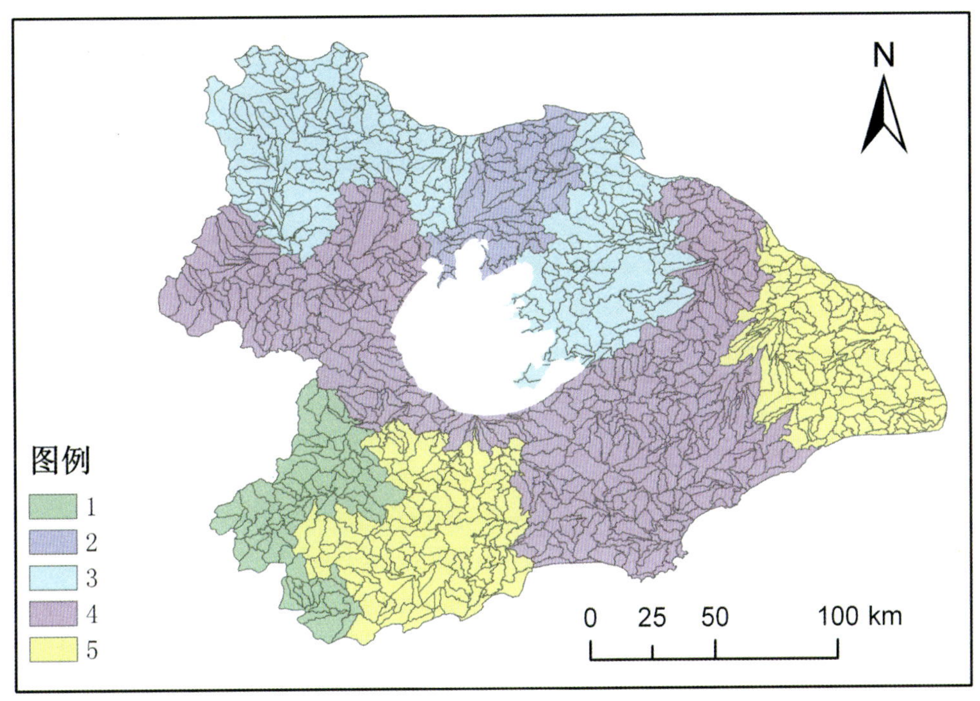

图 5-29 特征指示物种类别分布

太湖流域水生态功能三级分区同样采用定量自动为主，人工修整为辅助的方式进行。对于非太湖湖体区，采用底栖动物 Shannon-Wiener 多样性指数、叶绿素含量、水生境类别和特征指示物种类别 4 个基于水生态功能单元尺度的指标空间分布图为分区变量，采用二阶空间聚类法进行分类，在此基础上根据就近原则、零星归总等原则，采用人工辅助的方式进行优化调整，最终形成非太湖湖体区水生态功能三级分区结果。

5.3.4.2 太湖湖体区水生态分区指标

将 5.2 太湖三级水生态分区指标按照 500 m×500 m 的正方形网格进行空间离散，形成分区指标的空间分布图。太湖湖体共划分为 3 568 个网格（图 5-30）。将底栖动物 Shannon-Wiener 多样性指数、叶绿素含量、水体流速、特征指示物种（寡毛类/摇蚊类/双壳类/螺类/其他类）比例等指标空间分布图为分区变量，采用二阶空间聚类法进行分类，在此基础上根据就近原则、零星归总等原则，采用人工辅助的方式进行优化调整，最终形成太湖湖体区水生态功能三级分区结果。

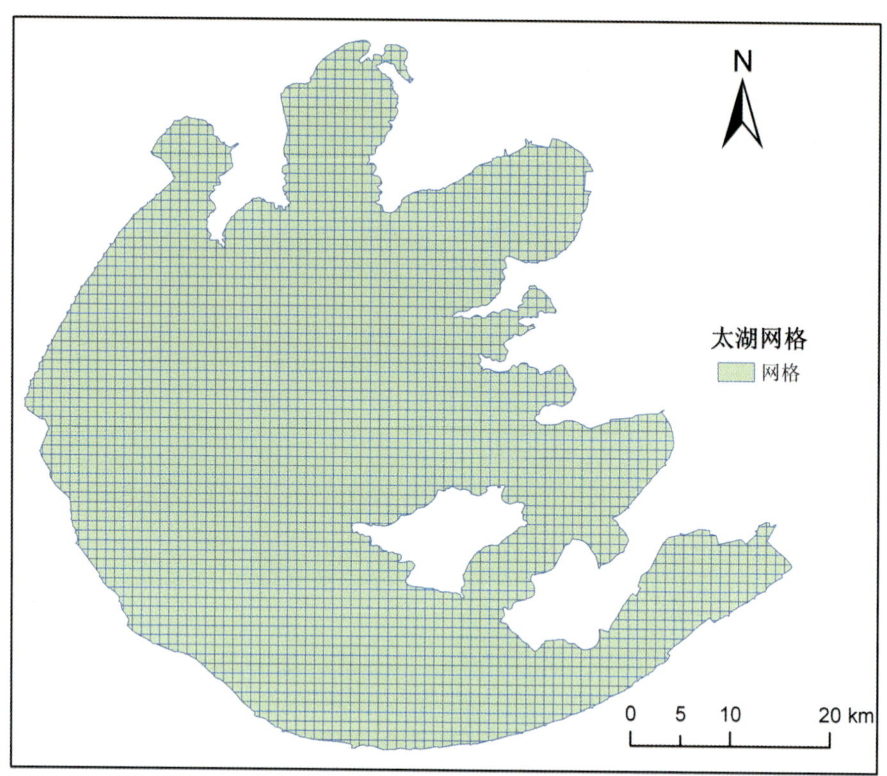

图 5-30　太湖湖体网格分布

将非太湖湖区和太湖湖区的三级水生态功能分区结果合并，形成整个太湖流域的水生态功能分区方案。

6 太湖流域水生态功能分区方案

通过前述的水生态功能分区体系，将太湖流域水生态功能分为 2 个一级区，5 个二级区，21 个三级区（附图）。

6.1 一级分区方案

6.1.1 分区方案

6.1.1.1 一级分区方案概况

将太湖流域划分为 2 个一级水生态区即 I 1 和 I2（图 6-1）。一级区根据"区位＋水生态系统类型＋'水生态区'"命名，其中区位可表述为西部和东部，水生态系统类型可分为丘陵河流和平原河流湖泊。I 1 和 I2 两个一级区分别命名为西部丘陵河流水生态区和东部平原河流湖泊水生态区。

（1）西部丘陵河流水生态区：编号为 I 1，总面积为 1.04 万 km^2，占太湖流域总面积的 28.18%，地理位置为东经 119°3′1″—120°22′19″，北纬 30°7′19″—32°14′56″，涉及行政区主要包括镇江市区、句容市、丹阳市、金坛市、溧阳市、武进区、溧水县、高淳县、郎溪县、广德县、宁国市、宜兴市、长兴县、安吉县、吴兴区、德清县、临安市、余杭区、西湖区、拱墅区、下城区、上城区和江干区，该区人口密度相对较小，工农业相对欠发达，对水生态影响相对较小。

（2）东部平原河流湖泊水生态区：编号为 I 2，总面积为 2.65 万 km^2，占太湖流域总面积的 71.82%，地理位置为东经 119°16′17″—121°54′26″，北纬 30°20′6″—32°13′5″，涉及行政区主要包括丹阳市、金坛市、溧阳市、武进区、常州市区、江阴市、宜兴市、无锡市区、张家港市、常熟市、太仓市、昆山市、吴江市、苏州市区、嘉定区、宝山区、青浦区、松江区、闵行区、浦东新区、南汇区、奉贤区、金山区、上海市区、嘉善县、平湖市、秀城区、秀洲区、海盐县、海宁市、桐乡市、南浔区、德清县、余杭区和江干区，人口密度大，工农业发达、经济水平高，对水生态影响大。

6.1.1.2 一级分区图与分区简表

太湖流域 2 个一级水生态区即 I 1 和 I 2 的空间分布如图 6-1 所示。

太湖流域 2 个水生态功能一级区分别具有不同的水生态系统特征，具体特征如表 6-1 所示，从表 6-1 可以看出，各区在河流/湖泊生态系统主要类型、水生生物、水量与水情特征、水质与水生态系统健康、主要水生态功能等方面均具有较大的差异性。

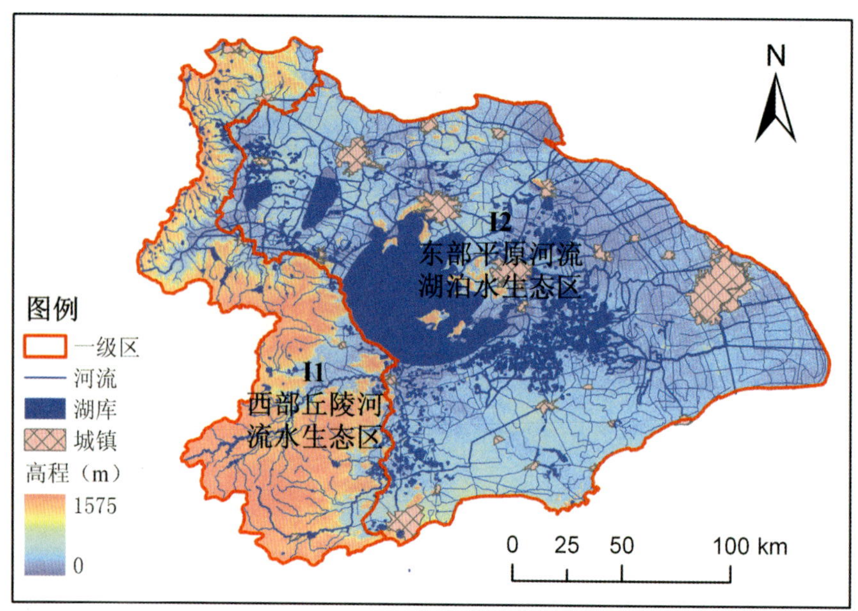

图 6-1 太湖流域水生态功能一级分区

表 6-1 太湖流域水生态功能一级分区特征

分区代码/名称/面积	分区指标特征		水生态功能一级分区主要特征				在流域中的主体水生态功能定位	主要水生态功能特征
			流域主要生态特征		河流/湖泊生态系统主要特征			
Ⅰ1/西部丘陵河流水生态区/1.04 万 km^2	水网密度	水网分布相对稀疏，河网密度约为全流域平均值的 71.62%	地貌特征	以山地、丘陵为主，平原所占面积少，海拔高，地表起伏相对较大	河流/湖泊生态系统主要类型	淡水浅水型湖泊，以山区丘陵河流为主	区域多为山区和丘陵，自然生态条件相对较好，茂密的森林能够涵养水源，水库能够调节水量分配	水源涵养、生物多样性维持、水资源调蓄、水质净化、气候调节
	高程	高程最高达 1 575 m，平均高程 103.22 m，其中高程大于等于 10 m 的区域面积占西部丘陵水生态区总面积的 73.97%	土壤特征	南部为红壤，酸性至微酸性；北部主要是黄棕壤，微酸性至中性；红壤与黄壤因受坡度等自然条件的影响，土层厚薄不一	水生生物（两栖、鱼类、植物、底栖）	鱼类以鲫鱼和鳘鱼为主，底栖动物以颤蚓科和摇蚊科为主，分布有霍甫水丝蚓、雕翅摇蚊、环棱螺、苏氏尾鳃蚓、巨毛水丝蚓等		
			气候特征	湿润气候，苕溪流域气温相对较低，降水丰富，多年平均降水量达 1 305.79 mm	水量与水情特征	水量相对较少，水流速度相对较快；该区为地下水的补给区，水化学特征受降水和岩性控制，多为低矿化度、中硬度的 HCO_3-Ca、HCO_3-Ca·Mg 型地下水		
			植被特征	以次生性自然植被为主，主要有以马尾松林与杉木林为主的常绿针叶林，以麻栎、栓皮栎、化香、黄檀等为主的落叶阔叶林，以短柄枹栎、木栎、苦槠和青冈栎等树种为主的落叶和常绿阔叶混交林，以青冈栎、苦槠、石栎、小红栲、木荷与紫楠等树种为主的常绿阔叶林，以毛竹、刚竹、淡竹等为主的竹林	水质与水生态系统健康	地表水水质相对较好，以Ⅱ类和Ⅲ类水为主，水生物生存条件相对较好，区内大型湖泊水库以轻度富营养为主		

分区代码/名称/面积	分区指标特征		水生态功能一级分区主要特征					
			流域主要生态特征		河流/湖泊生态系统主要特征		在流域中的主体水生态功能定位	主要水生态功能特征
I2/东部平原河流湖泊水生态区/2.65 万 km^2	水网密度	水网分布相对密集，河网密度约为全流域平均值的 112.48%	地貌特征	以平原为主，兼有零星山丘分布，海拔低，地表相对较为平坦	河流/湖泊生态系统主要类型	淡水浅水型湖泊，平原河流	地势平坦低洼，水网密集；水资源丰富，蓄洪调洪；人口众多、经济发达；流域水污染严重，同时肩负着水质净化功能	水质净化、调蓄洪水、营养物质循环、初级生产、生物多样性维持、释氧支持
	高程	高程最高达 331 m，平均高程 5.27 m，其中高程小于 10 m 的区域面积占东部平原水生态区总面积的 95.15%	土壤特征	以水稻田和爽水水稻田为主，质地剖面均一，无障碍层，通透性好，肥力高；另分布有滞水水稻田、漏水水稻田和滨海盐土等	水生生物（两栖、鱼类、植物、底栖）	有鱼类 60 多种；底栖动物以颤蚓科和摇蚊科为主，伴有扁卷螺科、钩虾科和石蛭科等。大型底栖无脊椎动物约 60 个种属，优势种类为河蚬、水丝蚓、光滑狭口螺等 8 个种类		
			气候特征	湿润气候，年平均气温约为 15.4℃，降水丰富，多年平均降水约为 1 300.93 mm	水量与水情特征	水量丰富，水流速度较平缓，以 HCO_3-Ca·Na 和 HCO_3·Cl-Na·Ca 型地下水为主，矿化度较高，在 0.4～1.0 g/L，滨海一带增高至 1.0 g/L 以上，总硬度低于西部地区，地下水从西向东由淡水逐渐向微咸水过渡		
			植被特征	以栽培植被为主，主要有农作物和经济林。农作物以粮食为主，经济作物棉花、油料次之。棉花较为集中，主要分布在沿江与沿海；油料以油菜为主，分布很广。蔬菜品种繁多，主要在城市郊区。经济林中以桃、梨等为主的果园散布各地。区内开垦历史悠久，除少数残丘外，均为农田	水质与水生态系统健康	地表水水体污染严重，水质较差，以Ⅳ类、Ⅴ类和劣Ⅴ类水为主，水生物生存条件相对较差，区内大型湖泊水库以中度富营养为主		

6.1.2 分区校验

分区结果是否科学合理、是否能够反映太湖流域水生态特征的空间异质性，需要利用水生态数据进行验证，其中水生态数据主要涉及鱼类、底栖动物、浮游植物和浮游动物等。在太湖流域，鱼类和底栖动物相对比较稳定，基本能够反映太湖流域的水生态空间异质性特征，因此，选择鱼类和底栖动物指标从定性和定量的角度进行比较、分析、验证。鱼类指标主要选择优势种进行分析，底栖动物指标主要选择各区种类数、优势种名称、密度、生物量、Margalef 种类丰度指数、Shannon-Wiener 指数、Pielou 均匀度指数、Simpson 指数、生态优势度和丰富度指数（表 6-2、表 6-3、图 6-2）。

在平水期，Ⅰ1 区鱼类的优势种为鲫鱼和鳘鱼；I2 区除鲫鱼和鳘鱼外，还包括麦穗鱼和鲤鱼。在丰水期，Ⅰ1 区鱼类的优势种为鲫鱼、鳘鱼和鲤鱼；I2 区除鲫鱼、鳘鱼和鲤鱼外，还包括大眼华鳊。Ⅰ1 区底栖动物密度为 5 544 个/m^2，生物量为 204.82 g/m^2，优势种为环棱螺和羽摇蚊；I2 区底栖动物密度为 3 777 个/m^2，生物量为 117.61 g/m^2，优势种为霍甫水丝蚓和环棱螺。可以看出，全流域内各一级分区之间鱼类和底栖动物特征具有较大的变异性，反映出流域内水生物的空间差异和不均匀性（表 6-2、表 6-3）。

表 6-2 太湖流域水生态功能一级分区的鱼类优势种

时段	区号	物种 1	物种 2	物种 3	物种 4
平水期	Ⅰ1	鲫	鳘		
	Ⅰ2	鲫	鳘	麦穗鱼	鲤
丰水期	Ⅰ1	鲫	鳘	鲤	
	Ⅰ2	鲫	鳘	大眼华鳊	鲤

表 6-3 太湖流域水生态功能一级分区的底栖动物特征

区号	优势种名称	密度/（个/m^2）	生物量/（g/m^2）
Ⅰ1	环棱螺、羽摇蚊	5 544	204.82
Ⅰ2	霍甫水丝蚓、环棱螺	3 777	117.61

从各一级区底栖动物的 Margalef 种类丰度指数来看，Ⅰ1 区为 1.1141，Ⅰ2 区为 1.2497，Ⅰ2 区明显高于 Ⅰ1 区。进一步比较 Shannon-Wiener 指数、Pielou 均匀度指数、Simpson 指数和生态优势度可以发现， Ⅰ1 区和 Ⅰ2 区表现出明显的差异性，且 Ⅰ1 区分别为 Ⅰ2 区的 1.20 倍、1.31 倍、1.2 倍和 88%（图 6-2）。

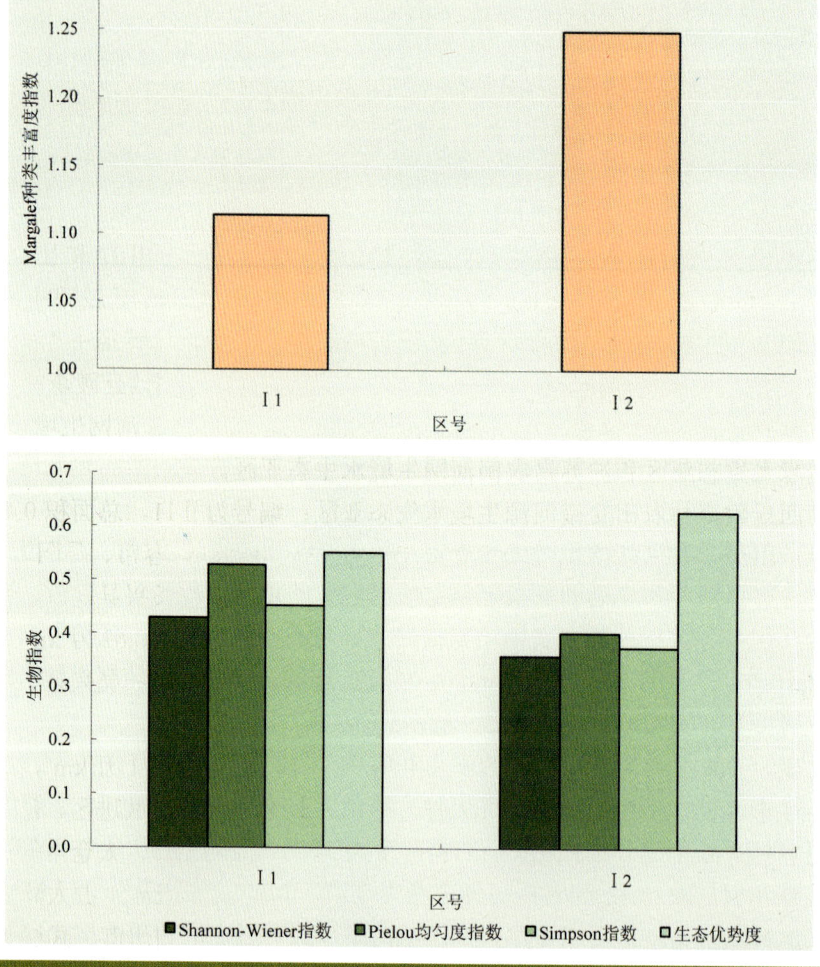

图 6-2 太湖流域水生态功能一级分区底栖动物指数差异

6.1.3 分区功能定位与保护目标

Ⅰ1 区主导水生态功能为水源涵养、生物多样性维持、水资源调蓄、水质净化和气候调节，主导水功能为保护区、保留区、农业用水区、饮用水水源区和工业用水区，近期水质目标为Ⅲ类和Ⅱ类。Ⅰ2 区主导水生态功能为水质净化、调蓄洪水、营养物质循环、初级生产、生物多样性维持和释氧支持，主导水功能为工业用水区、保护区、农业用水区、饮用水水源区、缓冲区和景观娱乐用水区，近期水质目标为Ⅲ类、Ⅳ类和Ⅱ类（表 6-4）。

表 6-4 太湖流域水生态功能一级区功能定位与保护目标

区号	主导水生态功能	主导水功能	近期水质目标
Ⅰ1	水源涵养、生物多样性维持、水资源调蓄、水质净化、气候调节	保护区、保留区、农业用水区、饮用水水源区、工业用水区	Ⅲ类、Ⅱ类
Ⅰ2	水质净化、调蓄洪水、营养物质循环、初级生产、生物多样性维持、释氧支持	工业用水区、保护区、农业用水区、饮用水水源区、缓冲区、景观娱乐用水区	Ⅲ类、Ⅳ类、Ⅱ类

6.2 二级分区方案

6.2.1 分区方案

6.2.1.1 二级分区方案概况

将太湖流域划分为 5 个二级水生态亚区即Ⅱ11、Ⅱ12、Ⅱ21、Ⅱ22 和Ⅱ23（图 6-3）。其中一级区Ⅰ1 包含Ⅱ11 和Ⅱ12 2 个二级区，一级区Ⅰ2 包含Ⅱ21、Ⅱ22 和Ⅱ23 3 个二级区，其空间分布如图 6-3 所示。二级区根据“区位＋水生态系统结构特征＋‘水生态亚区’”命名，Ⅱ11、Ⅱ12、Ⅱ21、Ⅱ22 和Ⅱ23 5 个二级区可分别命名为湖西丘陵森林农田交错河源生境水生态亚区、浙西山区森林河源生境水生态亚区、武锡虞农田河网生境水生态亚区、太湖湿地生境水生态亚区和沪苏嘉农田河网生境水生态亚区。

（1）湖西丘陵森林农田交错河源生境水生态亚区：编号为Ⅱ11，总面积 0.42 万 km^2，占太湖流域总面积的 11.38%，涉及行政区主要包括镇江市区、句容市、丹阳市、金坛市、溧阳市、武进区、溧水县、高淳县、郎溪县、广德县、宜兴市、长兴县等。

（2）浙西山区森林河源生境水生态亚区：编号为Ⅱ12，总面积 0.62 万 km^2，占太湖流域总面积的 16.80%，涉及行政区主要包括宁国市、长兴县、安吉县、吴兴区、德清县、临安市、余杭区、西湖区、拱墅区、下城区、上城区、江干区等。

（3）武锡虞农田河网生境水生态亚区：编号为Ⅱ21，总面积 0.71 万 km^2，占太湖流域总面积的 19.24%，涉及行政区主要包括丹阳市、金坛市、溧阳市、武进区、常州市区、江阴市、宜兴市、无锡市区、张家港市、吴江市、苏州市区、昆山市、太仓市等。

（4）太湖湿地生境水生态亚区：编号为Ⅱ22，总面积 0.25 万 km^2，占太湖流域总面积的 6.78%，涉及行政区主要包括宜兴市、无锡市区、苏州市区、湖州市、武进区等。

（5）沪苏嘉农田河网生境水生态亚区：编号为Ⅱ23，总面积 1.69 万 km^2，占太湖流域总面积的45.80%，涉及行政区主要包括昆山市、吴江市、苏州市区、嘉定区、宝山区、青浦区、松江区、闵行区、浦东新区、南汇区、平湖市、秀城区、秀洲区、海盐县、海宁市、桐乡市、南浔区、德清县等。

6.2.1.2 二级分区图与分区简表

太湖流域5个二级水生态区即Ⅱ11、Ⅱ12、Ⅱ21、Ⅱ22和Ⅱ23的空间分布及其与一级区Ⅰ1和Ⅰ2的关系如图6-3所示。

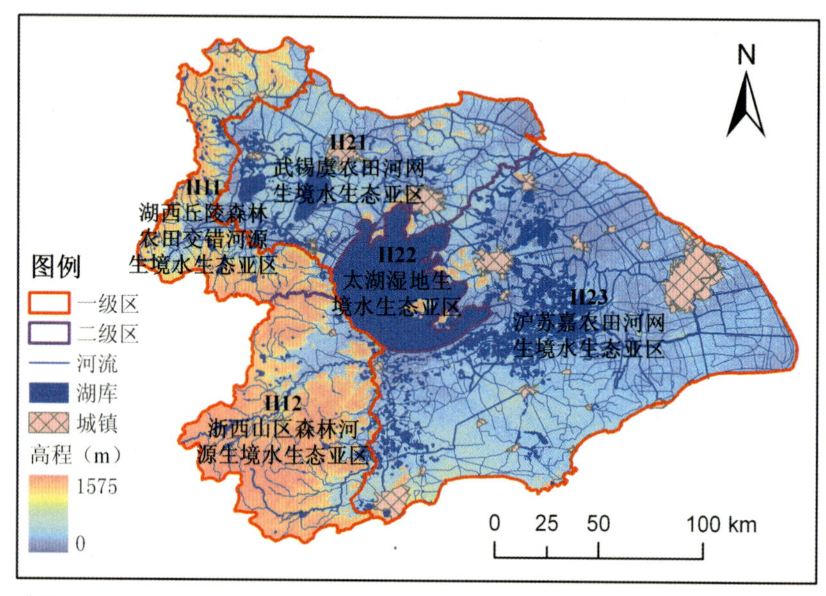

图6-3 太湖流域水生态功能二级分区

太湖流域5个水生态功能二级区分别具有不同的水生态系统特征，具体特征如表6-5所示，从表6-5可以看出，各区在河流/湖泊生态系统主要类型、水生生物、水量与水情特征、水质与水生态系统健康、主要水生态功能等方面均具有较大的差异性。

6.2.2 分区校验

为验证二级分区结果的科学性和合理性，采用底栖动物指标从定性和定量的角度进行比较分析验证。底栖动物指标主要选择各区种类数、优势种名称、密度、生物量、Margalef种类丰度指数、Shannon-Wiener指数、Pielou均匀度指数、Simpson指数、生态优势度和丰富度指数（表6-6、图6-4）。

Ⅱ11区底栖动物密度为12 435个/m^2，生物量为475.33 g/m^2，优势种为环棱螺和霍甫水丝蚓；Ⅱ12区底栖动物密度为376个/m^2，生物量为1.94 g/m^2，优势种为霍甫水丝蚓、羽摇蚊和苏氏尾鳃蚓；Ⅱ21区底栖动物密度为8 339个/m^2，生物量为56.19 g/m^2，优势种为霍甫水丝蚓和环棱螺；Ⅱ22区底栖动物密度为45个/m^2，生物量为0.13 g/m^2，优势种为霍甫水丝蚓和仙女虫属一种；Ⅱ23区底栖动物密度为2 117个/m^2，生物量为167.90 g/m^2，优势种为霍甫水丝蚓和环棱螺。可以看出，全流域内各二级分区之间底栖动物在密度、生物量和优势种3个特征方面具有较大的变异性，反映出流域内水生物的空间差异和不均匀性（表6-6）。

表 6-5　太湖流域水生态功能二级分区特征情况统计

分区代码/名称/面积	分区指标特征		水生态功能二级分区主要特征					
			流域主要生态特征		河流/湖泊生态系统主要特征		在流域中的主体水生态功能定位	主要水生态功能特征
II11/湖西丘陵森林农田交错河源生境水生态亚区/0.42 万 km²	土地利用类型	以耕地和林地为主，分布有旱地	地貌特征	主要为丘陵，地表起伏相对较大，高程最高达 586 m，平均高程 37.62 m	河流/湖泊生态系统主要类型	淡水浅水型湖泊，丘陵河流为主	该区为太湖流域上游水源涵养区，应突出清水产流、饮用水资源保障。天目湖为重点饮用水水源保护区	水源涵养、水资源调蓄、水质净化
	土壤类型	以淋溶土和人为土为主，主要是黄棕壤	土壤特征	微酸性至中性；受坡度等自然条件的影响，土层厚薄不一	水生生物（两栖、鱼类、植物、底栖）	分布有霍甫水丝蚓、雕翅摇蚊、环棱螺、苏氏尾鳃蚓、巨毛水丝蚓等		
	坡度	0°～41.30°，平均坡度 3.04°	气候特征	多年年均降水量 1252.73 mm；平均气温 15.06℃	水量与水情特征	水系分布相对较为稀疏，水资源量相对较少，分布有沙河水库、大溪水库和新浮山水库等，水流速度相对较快，水量季节变化大		
			植被特征	植被覆被条件好，主要为林地、农业作物	水质与水生态系统健康	水质水生态条件相对较好，以III类水为主，水质达标率较高，该分区内以III类水质功能区划为主，占 82%，Ⅳ类水质功能区划占 18%，区内水库处于轻度富营养状态		
II 12/浙西山区森林河源生境水生态亚区/0.62 万 km²	土地利用类型	以林地为主，分布少量水田和建设用地	地貌特征	主要为山区，地表起伏大，高程最高达 1 575 m，平均高程 140.92 m	河流/湖泊生态系统主要类型	淡水浅水型湖泊，山区河流为主	该区为太湖流域上游水源涵养区，森林覆盖好，应突出水源涵养和水源地保护	水源涵养、生物多样性维持、调节气候
	土壤类型	以铁铝土和人为土为主，伴有初育土，主要为红壤	土壤特征	酸性至微酸性；受坡度等自然条件的影响，土层厚薄不一	水生生物（两栖、鱼类、植物、底栖）	以鲫鱼和鳘鱼为主，底栖动物以颤蚓科和摇蚊科为主		
	坡度	0°～66.89°，平均坡度 8.55°	气候特征	多年年均降水量 1344.59 mm；平均气温 15.14℃	水量与水情特征	以山区河流为主，水网密度相对较小，上游流速快，下游流速相对较为平缓		
			植被特征	植被覆盖度高，植被茂密，以林地为主，兼有茶园、农作物等	水质与水生态系统健康	水生态环境质量总体较好，其中苕溪水系和泗安溪水系水质最好。该区除南部部分区域外，水质以III类为主，东苕溪水质达标率 60%，西苕溪水质达标率 100%，入湖断面以III类水为主，水质良好		

分区代码/名称/面积	分区指标特征		水生态功能二级分区主要特征				在流域中的主体水生态功能定位	主要水生态功能特征
			流域主要生态特征		河流/湖泊生态系统主要特征			
II 21 武锡虞农田河网生境水生态亚区/0.71万 km^2	土地利用类型	以城镇建设用地和水田为主，分布有湖泊	地貌特征	主要为平原，高程最高达 353 m，平均高程 5.96 m	河流/湖泊生态系统主要类型	淡水浅水型湖泊，平原水网河流	经济发达，水网密布，河道水体污染严重，对太湖水生态系统具有十分显著的影响。应强化水质净化功能，保护河网湖荡的水生态，起到上游污染入太湖前的净化作用	水质净化、洪水调蓄、营养物质循环
	土壤类型	以水稻田和爽水水稻田为主，主要是黄棕壤，并有部分灰潮土分布于钱塘江沿岸	土壤特征	土壤肥沃，营养物质含量高	水生生物（两栖、鱼类、植物、底栖）	底栖动物以霍甫水丝蚓和环棱螺为主		
	坡度	0°～35.27°，平均坡度 1.00°	气候特征	多年年均降水量 1257.2 mm，平均气温 15.19℃	水量与水情特征	水资源量丰富，大量人工开挖河流，水流速度平缓，具有季节性往复流特征		
			植被特征	主要为农业作物，建设用地扩展快，农业作物用地面积减少较快	水质与水生态系统健康	该区水质基本为劣Ⅴ类和Ⅴ类水，主要超标因子为氨氮和总磷，水生物生存条件差		
II22 太湖湿地生境水生态亚区/0.25万 km^2	土地利用类型	以太湖湖泊水面为主，分布少量林地	地貌特征	主要为水面，高程最高达 324 m，平均高程 1.57 m	河流/湖泊生态系统主要类型	大型淡水浅水型湖泊	流域洪水调节中枢，污染严重，应突出水资源供给、水质净化、生物多样性维持功能	水资源调蓄、水质净化、生物多样性维持、释氧支持、初级生产、洪水调蓄
	土壤类型	以太湖水面为主，湖底部为黄土层硬底，湖水直接覆盖在黄土之上	土壤特征	底泥中氮磷含量、重金属含量较高，污染较严重	水生生物（两栖、鱼类、植物、底栖）	鱼类约 60 种，大型底栖无脊椎动物 59 个种属，优势种类为河蚬、水丝蚓、光滑狭口螺等 8 个种类		
	坡度	0°～31.91°，平均坡度 0.33°	气候特征	多年年均降水量 1296.39 mm，年均温 15.54℃	水量与水情特征	水位 2.99 m 时的库容为 44.23 亿 m^3，平均水深 1.89 m；水位 4.65 m 时的库容约 83 亿 m^3		
			植被特征	主要为太湖水面，兼有少量林地植被	水质与水生态系统健康	该区以劣Ⅴ类水为主，富营养化居高不下，蓝藻水华暴发频率高，严重影响到饮用水安全		

分区代码/名称/面积	分区指标特征		水生态功能二级分区主要特征					
			流域主要生态特征		河流/湖泊生态系统主要特征		在流域中的主体水生态功能定位	主要水生态功能特征
II23 沪苏嘉农田河网生境水生态亚区/1.69 万 km²	土地利用类型	建设用地和水田占主导，有部分湖泊	地貌特征	主要为平原，高程最高达 331 m，平均高程 5.55 m	河流/湖泊生态系统主要类型	淡水浅水型湖泊，平原水网河流	经济发达，除部分河流汇入太湖外，以出湖和入海河流为主，太湖水交换应突出河流营养物质输送和洪水调蓄功能	营养物质循环、水质净化、洪水调蓄
	土壤类型	主要为红壤，并有部分灰潮土分布于长江、钱塘江沿岸，另有滞水水稻田、漏水水稻田和滨海盐土等	土壤特征	土壤肥沃，营养物质高，部分土壤盐分含量高	水生生物（两栖、鱼类、植物、底栖）	有鱼类约 50 种，底栖动物以颤蚓科和摇蚊科为主，伴有扁卷螺科、钩虾科和石蛭科等		
	坡度	0°～39.79°，平均坡度 0.79°	气候特征	多年年均降水量 1 324.68 mm，年均温 15.55℃	水量与水情特征	有淀山湖、阳澄湖等湖泊，水资源量丰富，由于太湖的调蓄，其下游平原虽然地势比较低洼，一般年份仍可免受洪水威胁		
			植被特征	以农作物为主，伴有林地植被	水质与水生态系统健康	该区水质多为劣Ⅴ类和Ⅴ类，氮、磷污染负荷大，超标严重，水生物生存条件差		

表 6-6　太湖流域水生态功能二级分区的底栖动物特征

区号	优势种名称	密度/（个/m^2）	生物量/（g/m^2）
II11	环棱螺、霍甫水丝蚓	12 435	475.33
II12	霍甫水丝蚓、羽摇蚊、苏氏尾鳃蚓	376	1.94
II21	霍甫水丝蚓、环棱螺	8 339	56.19
II22	霍甫水丝蚓、仙女虫属一种	45	0.13
II23	霍甫水丝蚓、环棱螺	2 117	167.90

从各二级区底栖动物的 Margalef 种类丰度指数来看，II 11 区为 0.5557，II 12 区为 1.5328，II21 区为 1.4297，II 22 区为 0.1150，II 23 区为 1.34888，即 II 12 区最高，II 22 区最低。进一步比较 Shannon-Wiener 指数、Pielou 均匀度指数、Simpson 指数和生态优势度可以发现，II 12 区 Shannon-Wiener 指数、Pielou 均匀度指数和 Simpson 指数最大，生态优势度最小；II 22 区的生态优势度最大，Shannon-Wiener 指数和 Simpson 指数最小。可以看出，各区底栖动物特征表现出明显的差异性（图 6-4）。

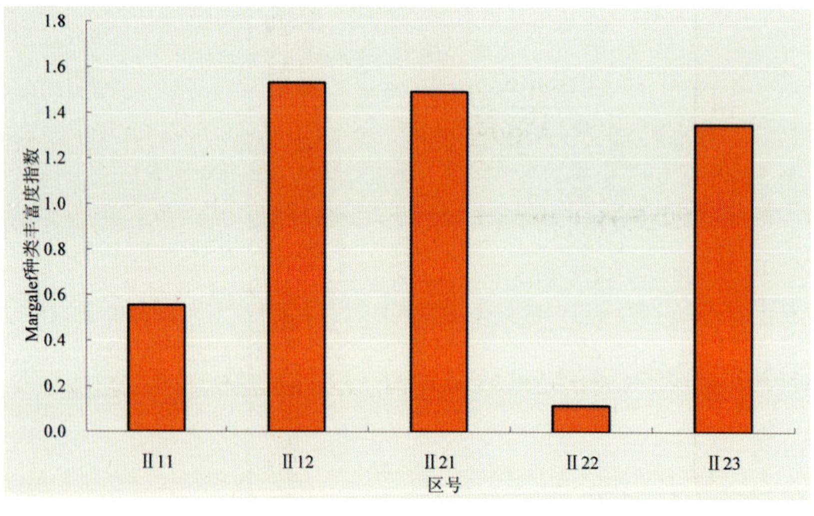

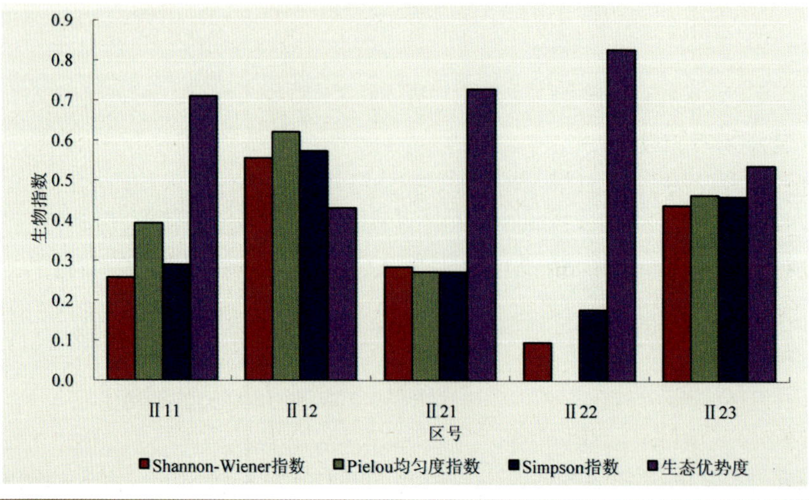

图 6-4　太湖流域水生态功能二级分区底栖动物指数差异

6.2.3 分区功能定位与保护目标

Ⅱ11 区主导水生态功能为水源涵养、水资源调蓄和水质净化，主导水功能为保护区、保留区、工业用水区和农业用水区，近期水质目标为Ⅲ类和Ⅱ类。Ⅱ12 区主导水生态功能为水源涵养、生物多样性维持、调节气候和水质净化，主导水功能为保护区、保留区、农业用水区、饮用水水源区和工业用水区，近期水质目标为Ⅲ类和Ⅱ类。Ⅱ21 区主导水生态功能为水质净化、洪水调蓄和营养物质循环，主导水功能为工业用水区、农业用水区、缓冲区、饮用水水源区和渔业用水区，近期水质目标为Ⅲ类和Ⅳ类。Ⅱ22 区主导水生态功能为洪水调蓄、水质净化、生物多样性维持、释氧支持和初级生产，主导水功能为保护区、缓冲区和饮用水水源区，近期水质目标为Ⅱ类和Ⅲ类。Ⅱ23 区主导水生态功能为营养物质循环、水质净化和洪水调蓄，主导水功能为工业用水区、农业用水区、保护区、缓冲区、饮用水水源区和景观娱乐用水区，近期水质目标为Ⅲ类和Ⅳ类（表 6-7）。

表 6-7 太湖流域水生态功能二级区功能定位与保护目标

区号	主导水生态功能	主导水功能	近期水质目标
Ⅱ11	水源涵养、水资源调蓄、水质净化	保护区、保留区、工业用水区、农业用水区	Ⅲ类、Ⅱ类
Ⅱ12	水源涵养、生物多样性维持、调节气候、水质净化	保护区、保留区、农业用水区、饮用水水源区、工业用水区	Ⅲ类、Ⅱ类
Ⅱ21	水质净化、洪水调蓄、营养物质循环	工业用水区、农业用水区、缓冲区、饮用水水源区、渔业用水区	Ⅲ类、Ⅳ类
Ⅱ22	洪水调蓄、水质净化、生物多样性维持、释氧支持、初级生产	保护区、缓冲区、饮用水水源区	Ⅱ类、Ⅲ类
Ⅱ23	营养物质循环、水质净化、洪水调蓄	工业用水区、农业用水区、保护区、缓冲区、饮用水水源区、景观娱乐用水区	Ⅲ类、Ⅳ类

6.3 三级分区方案

6.3.1 分区方案

6.3.1.1 三级分区方案概况

将太湖流域划分为 21 个三级水生态功能区，即Ⅲ111、Ⅲ112、Ⅲ113、Ⅲ121、Ⅲ122、Ⅲ123、Ⅲ124、Ⅲ125、Ⅲ211、Ⅲ212、Ⅲ213、Ⅲ221、Ⅲ222、Ⅲ223、Ⅲ224、Ⅲ231、Ⅲ232、Ⅲ233、Ⅲ234、Ⅲ235 和Ⅲ236（图 6-5）。三级区根据“区位＋水生态功能类型＋‘（综合）功能区’”命名，其中水生态功能类型可划分为水源涵养、生物多样性维持、水资源调蓄、水质净化、气候调节、洪水调蓄、营养物质循环、初级生产、释氧支持 9 种功能类型。三级分区名称及其与一级、二级分区的隶属关系如表 6-8 所示。

6.3.1.2 三级分区图与分区简表

太湖流域 21 个三级水生态功能区的空间分布及其与一级区和二级区的空间关系如图 6-5 所示。

表 6-8 太湖流域水生态功能三级分区与一级、二级分区的关系

一级区编码	二级区编码	三级区编码	三级区名称
Ⅰ1	Ⅱ11	Ⅲ111	镇丹水源涵养与水质净化功能区
		Ⅲ112	句溧水源涵养与水资源调蓄功能区
		Ⅲ113	溧宜水源涵养与水资源调蓄功能区
	Ⅱ12	Ⅲ121	长兴北水源涵养与生物多样性维持功能区
		Ⅲ122	长安水源涵养与生物多样性维持功能区
		Ⅲ123	安临水源涵养与生物多样性维持功能区
		Ⅲ124	南德余水源涵养与生物多样性维持功能区
		Ⅲ125	临余水源涵养与水质净化功能区
Ⅰ2	Ⅱ21	Ⅲ211	常州水质净化与营养物质循环功能区
		Ⅲ212	长滆水质净化与洪水调蓄功能区
		Ⅲ213	锡张水质净化与营养物质循环功能区
	Ⅱ22	Ⅲ221	竺山梅梁湾水质净化与生物多样性维持综合功能区
		Ⅲ222	湖心湖西洪水调蓄和水质净化综合功能区
		Ⅲ223	西山生物多样性维持功能区
		Ⅲ224	湖东生物多样性维持和初级生产综合功能区
	Ⅱ23	Ⅲ231	苏州水质净化功能区
		Ⅲ232	苏常水质净化与洪水调蓄功能区
		Ⅲ233	太嘉水质净化与营养物质循环功能区
		Ⅲ234	上海营养物质循环与水质净化功能区
		Ⅲ235	湖杭水质净化与生物多样性维持功能区
		Ⅲ236	桐平水质净化与营养物质循环功能区

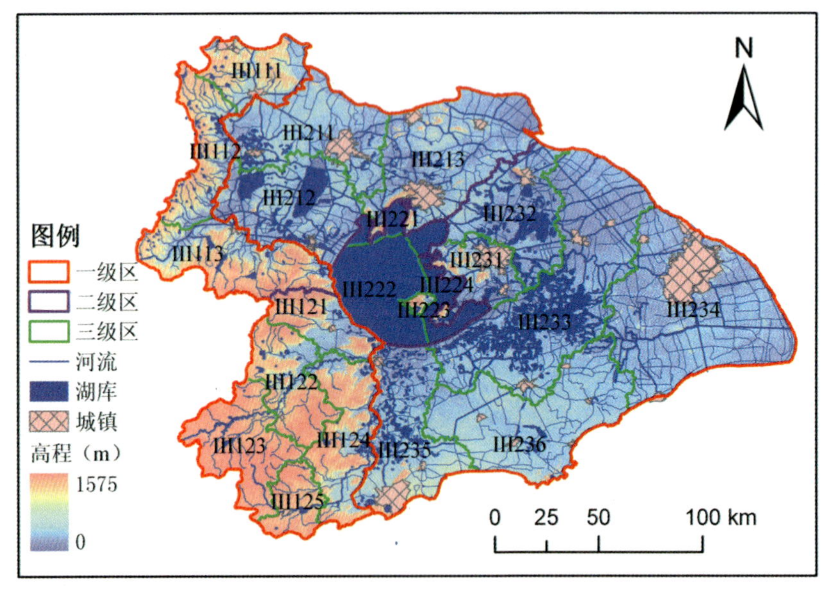

图 6-5 太湖流域水生态功能三级分区

太湖流域 21 个水生态功能三级区分别具有不同的水生态系统特征及其背景条件，具体特征如表 6-9 所示。从表 6-9 可以看出，各区在河流/湖库水系、水质、水生生物、土壤类型等方面均具有较大的差异性。

表 6-9　太湖流域水生态功能三级分区特征情况统计

区号	面积	涉及行政区	地形条件	土壤类型	水系分布	水质类别	水生物（底栖优势种）
III111	1 096.14 km^2，占2.97%	镇江市辖区、丹阳市	丘陵	水稻土、黄褐土	有京杭大运河、九曲河、团结河、运粮河等，水库有西鹿水库、岭塘水库、吴塘水库以及太山水库	III类、V类	大沼螺、霍甫水丝蚓
III112	1 225.59 km^2，占3.32%	句容市、金坛市、丹阳市、溧阳市、溧水县	丘陵	水稻土、黄褐土、黄棕壤	为通济河、胜利河等丘陵源头河流；小水库众多，如竹林水库、大坝坊水库、下姚水库、永和水库、吕庄水库、唐马水库、向阳水库、茅东水库、海底水库、老虎洞水库、上会水库等	III类、II类	环棱螺、淡水壳类
III113	1 894.77 km^2，占5.14%	溧阳市、高淳县、宜兴市、郎溪县、广德县	丘陵山区	水稻土、漂洗水稻土、黄棕壤、黄褐土、棕红壤	河流有淳溧河、桃溪、屋溪河等丘陵山区源头河流，水库有丁村水库、前宋水库、大溪水库、沙河水库、横山水库等	IV类、II类	环棱螺、霍甫水丝蚓
III121	902.81 km^2，占2.45%	长兴县、湖州市辖区	丘陵山区及平原	黄红壤、脱潜水稻土、水稻土、棕红壤	为长兴运河水系，主要河流有合溪新港、长兴港、杨家浦港、合溪（北涧、南涧）、夹浦港等	II类、III类	霍甫水丝蚓、羽摇蚊
III122	1 325.14 km^2，占3.60%	长兴县、安吉县、德清县、湖州市辖区、广德县	丘陵山区	黄红壤、水稻土、棕红壤	为长兴运河水系、西苕溪水系，主要水体有泗安水库、泗安塘、泥桥港、西苕溪干流（中段）和递铺港等	II类、III类	寡脉摇蚊亚科一种、宽基蜉属的一种
III123	1 657.88 km^2，占4.50%	安吉县、临安市、余杭区、宁国市	山区	红壤、黄壤、粗骨土、水稻土	主要水体有西苕溪上游源头、赋石水库、老石坎水库、南溪、西溪、大溪、浒溪等	II类	霍甫水丝蚓、苏氏尾鳃蚓
III124	1 634.42 km^2，占4.43%	长兴县、湖州市辖区、德清县、余杭区	丘陵山区	脱潜水稻土、黄红壤、水稻土	东苕溪上游、对河口水库	III类、II类	霍甫水丝蚓、羽摇蚊、苏氏尾鳃蚓
III125	647.71 km^2，占1.76%	临安市、余杭区	山区	红壤、水稻土、黄红壤	东苕溪上游、青山水库	III类、IV类	霍甫水丝蚓、羽摇蚊
III211	2 126.26 km^2，占5.77%	常州市辖区、丹阳市、金坛市、江阴市	平原	水稻土、漂洗水稻土	河流有京杭大运河、丹金溧漕河、新孟河等滨江水系，湖荡水库有钱资荡、南大荒等	V类、IV类	霍甫水丝蚓、环棱螺
III212	2 124.26 km^2，占5.76%	金坛市、溧阳市、武进区、宜兴市	平原	水稻土、漂洗水稻土、脱潜水稻土	有宜溧河、竹箦河、简渎河、太滆运河、殷村港、湟里河、北干河、百渎港、官渎港、洪巷港等众多入湖河流，有长荡湖、滆湖、东氿、西氿、都山荡、马公荡等湖荡	IV类、劣V类	霍甫水丝蚓

区号	面积	涉及行政区	地形条件	土壤类型	水系分布	水质类别	水生物（底栖优势种）
III213	2 870.04 km^2，占7.79%	江阴市、张家港市、无锡市辖区、武进区	平原，伴有小山丘	水稻土、漂洗水稻土、潮土	主要为锡澄运河、张家港等滨江河流、京杭大运河	V类、IV类	霍甫水丝蚓、环棱螺
III221	224.32 km^2，占0.61%	宜兴市、武进区、无锡市辖区	湖面	湖面	竺山湾、梅梁湾、五里湖	劣V类	霍甫水丝蚓、河蚬
III222	1 493.40 km^2，占4.05%	宜兴市、无锡市辖区、苏州市辖区	湖面	湖面	太湖西部及湖心区	劣V类、V类	河蚬、嫩丝蚓
III223	79.12 km^2，占0.21%	苏州市辖区	丘陵	黄棕壤、水稻土、黄褐土		III类	水丝蚓
III224	654.74 km^2，占1.78%	苏州市辖区、无锡市辖区、吴江市	湖面	湖面	太湖东部、贡湖湾、东太湖	IV类、V类、劣V类	河蚬、水丝蚓
III231	919.18 km^2，占2.49%	苏州市辖区、吴江市	平原，伴有小山丘	水稻土、黄棕壤	京杭大运河、横塘河、浒光运河、苏东河，为东部重要的出湖河流水系	IV类、V类	环棱螺、霍甫水丝蚓
III232	1 808.04 km^2，占4.90%	苏州市辖区、常熟市、无锡市辖区、昆山市	平原、湖荡	水稻土、脱潜水稻土	望虞河、元和塘、阳澄湖、昆承湖、独墅湖、金鸡湖等河湖水系	III类、V类、劣V类	霍甫水丝蚓、环棱螺
III233	4 470.08 km^2，占12.13%	常熟市、太仓市、昆山市、吴江市、嘉定区、青浦区、嘉善县、秀洲区、秀城区	平原、湖荡	水稻土、脱潜水稻土、灰潮土	盐铁塘、吴淞江、京杭大运河、淀山湖、澄湖、元荡湖、北麻漾等河湖水系	劣V类、V类、III类、	霍甫水丝蚓
III234	4 436.69 km^2，占12.04%	上海市、平湖市、太仓市	平原	水稻土、脱潜水稻土、潮土	黄浦江、大治河、川杨河等通江入海水系	IV类、V类、劣V类	霍甫水丝蚓
III235	2 198.41 km^2，占5.96%	湖州市辖区、德清县、桐乡市、海宁市、余杭区、拱墅区、下城区、上城区、西湖区、江干区	平原，伴有小山丘	脱潜水稻土、水稻土、潮土	湖州东部平原河网，有东苕溪下游、双林塘、京杭大运河等	III类、V类	苏氏尾鳃蚓、二叉摇蚊属的一种
III236	3 074.91 km^2，占8.34%	桐乡市、海宁市、海盐县、秀洲区、秀城区、嘉善县、平湖市、金山区、松江区、湖州市辖区	平原	潴育水稻土、脱潜水稻土、水稻土、渗育水稻土	海盐塘、塘山河、长水塘、上海塘等滨海通海河流、京杭大运河	劣V类、V类	霍甫水丝蚓

6.3.2 分区校验

为验证分区结果的科学性和合理性，采用底栖动物指标从定性和定量的角度进行比较分析验证。底栖动物指标主要选择各区种类数、优势种名称、密度、生物量、Margalef 种类丰度指数、Shannon-Wiener 指数、Pielou 均匀度指数、Simpson 指数、生态优势度和丰富度指数（表 6-10、图 6-6）。

III123 区底栖动物种类数最多，有 25 种；其次是III233 区，有 22 种；再次为III212 区，有 18 种；最少的为III222 区，仅 2 种。III111 区底栖动物密度最大，为 36 424 个/m^2；其次是III213 区，为 17 340 个/m^2；再次是III233 区，为 5 529 个/m^2；最小的是III222 区，为 45 个/m^2。III111 区底栖动物生物量最大，为 981.41 g/m^2；其次是III231 区，为 476.89 g/m^2；再次是III232 区，为 434.14 g/m^2；最小的是III222 区，为 0.13 g/m^2。对于底栖动物优势种，III123 区为霍甫水丝蚓和苏氏尾鳃蚓，III212 区为霍甫水丝蚓，III111 区为大沼螺和霍甫水丝蚓，III213 区为霍甫水丝蚓和环棱螺，III233 区为霍甫水丝蚓，III222 区为霍甫水丝蚓和仙女虫属一种，III231 区为环棱螺和霍甫水丝蚓，III232 区为霍甫水丝蚓和环棱螺。可以看出，全流域内各三级分区之间底栖动物在种类数、密度、生物量和优势种 4 个特征方面具有较大的变异性，反映出流域内水生物的空间差异和不均匀性（表 6-10）。

表 6-10 太湖流域水生态功能三级分区的底栖动物特征

区号	种类数	优势种名称	密度/（个/m^2）	生物量/（g/m^2）
III111	4	大沼螺、霍甫水丝蚓	36 424	981.41
III112	3	环棱螺、淡水壳菜	688	388.13
III113	6	环棱螺、霍甫水丝蚓	194	56.45
III121	5	霍甫水丝蚓、羽摇蚊	88	0.17
III122	7	寡脉摇蚊亚科一种、宽基蜉属的一种	176	0.21
III123	25	霍甫水丝蚓、苏氏尾鳃蚓	1 141	6.90
III124	5	霍甫水丝蚓、羽摇蚊、苏氏尾鳃蚓	100	0.48
III211	5	霍甫水丝蚓、环棱螺	4 810	28.93
III212	18	霍甫水丝蚓	2 869	84.09
III213	13	霍甫水丝蚓、环棱螺	17 340	55.54
III222	2	霍甫水丝蚓、仙女虫属一种	45	0.13
III231	13	环棱螺、霍甫水丝蚓	1 233	476.89
III232	14	霍甫水丝蚓、环棱螺	2 113	434.14
III233	22	霍甫水丝蚓	5 529	72.36
III234	8	霍甫水丝蚓	135	0.43
III235	5	苏氏尾鳃蚓、二叉摇蚊属的一种	2 300	12.80
III236	5	霍甫水丝蚓	1 394	10.76

从各三级区底栖动物的 Margalef 种类丰度指数、Shannon-Wiener 指数、Pielou 均匀度指数、Simpson 指数和生态优势度来看，各三级区均存在明显的差异。对于 Margalef 种类丰度指数，III123 区最大，为 3.3899；其次是III233 区，为 2.3969；再次是III212 区，为 2.3011。对于 Shannon-Wiener 指数，III123 区最大，为 0.9155；其次是III231 区，为 0.8222；再次是III232 区，为 0.5883。对于 Pielou 均匀度指数，III231 区最大，为 0.7847；

其次是Ⅲ123 区，为 0.6673；再次是Ⅲ124 区，为 0.6580。对于 Simpson 指数，Ⅲ231 区最大，为 0.8165；其次是Ⅲ123 区，为 0.7929；再次是Ⅲ122 区，为 0.5588。对于生态优势度，Ⅲ213 区最大，为 0.8827；其次是Ⅲ222 区，为 0.8247；再次是Ⅲ211 区，为 0.8084。可以看出，各区底栖动物特征表现出明显的差异性（图 6-6）。

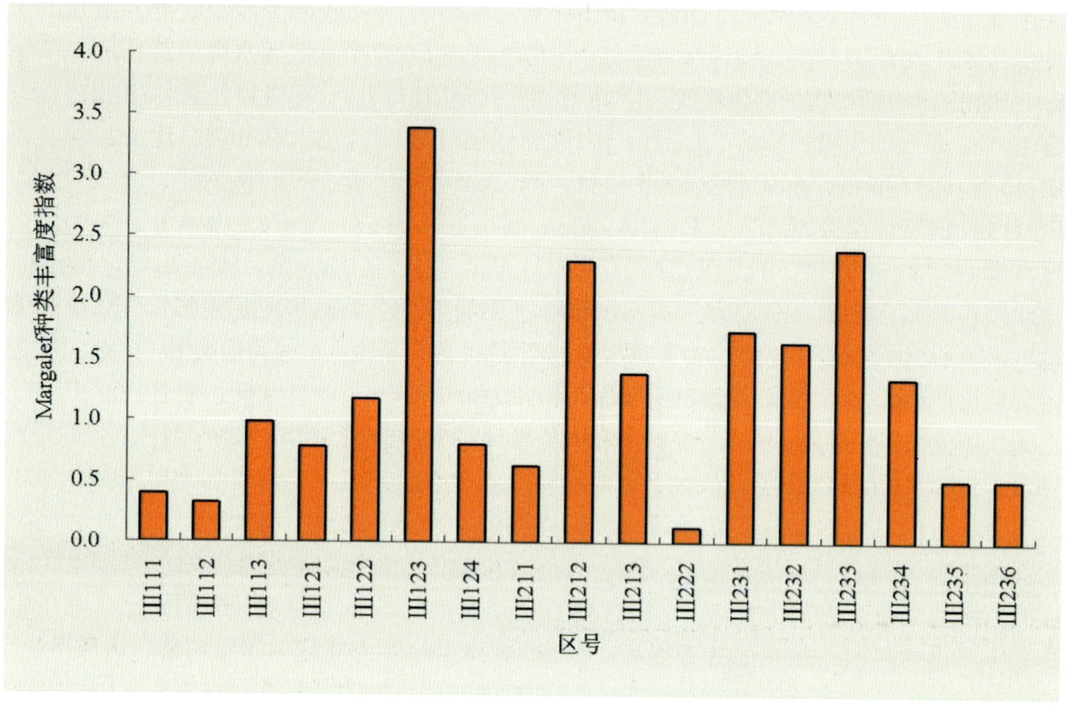

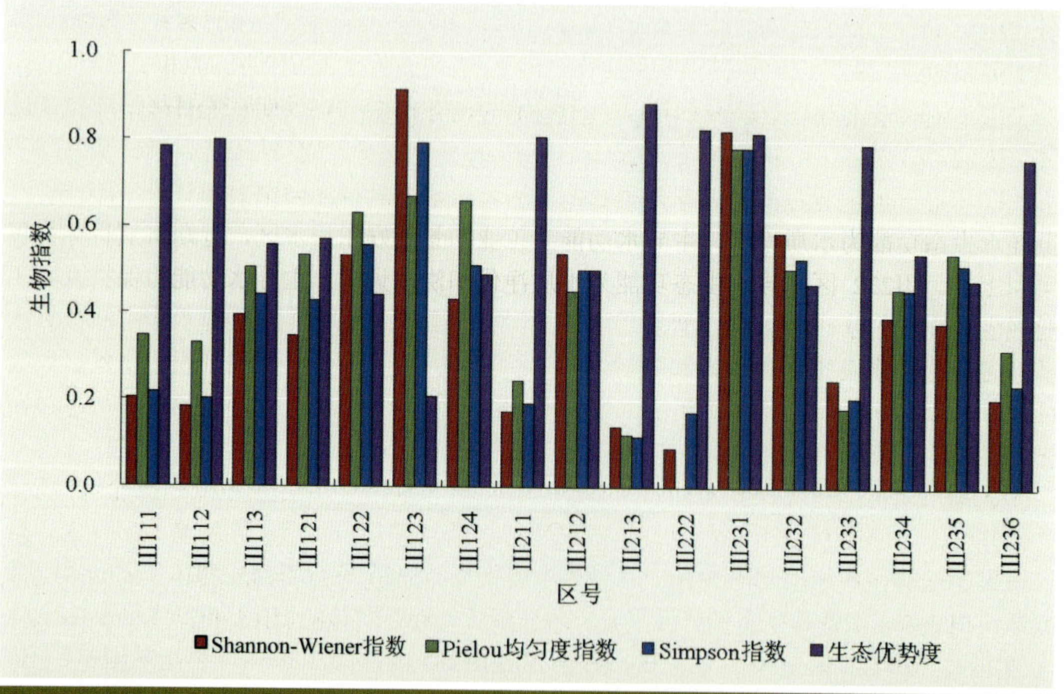

图 6-6 太湖流域水生态功能三级分区底栖动物指数差异

6.3.3 分区功能定位与保护目标

Ⅲ111 区主导水生态功能为水源涵养和水质净化，水功能以工业用水和农业用水为主，近期水质目标为Ⅲ类。Ⅲ112 区主导水生态功能为水源涵养和水资源调蓄，水功能以保护区为主，近期水质目标为Ⅲ类。Ⅲ113 区主导水生态功能为水源涵养和水资源调蓄，水功能以保护区、保留区和饮用水水源区为主，辅以工农业用水区，近期水质目标为Ⅱ类和Ⅲ类。Ⅲ121 区主导水生态功能为水源涵养和生物多样性维持，主导水功能为保留区，渔业、饮用、农业和工业用水区，近期水质目标为Ⅲ类和Ⅱ类。Ⅲ122 区主导水生态功能为水源涵养和生物多样性维持，主导水功能为缓冲区、保护区、农业和工业用水区，近期水质目标为Ⅲ类和Ⅱ类。Ⅲ123 区主导水生态功能为水源涵养、生物多样性维持和调节气候，水功能以保护区、保留区和饮用水水源区为主，辅以工农业用水区，近期水质目标为Ⅰ类、Ⅱ类和Ⅲ类。Ⅲ124 区主导水生态功能为水源涵养和生物多样性维持，主导水功能为农业用水区和饮用水水源区，近期水质目标为Ⅲ类和Ⅱ类。Ⅲ125 区主导水生态功能为水源涵养和水质净化，主导水功能为工业用水区、农业用水区和过渡区，近期水质目标为Ⅲ类。Ⅲ211 区主导水生态功能为水质净化和营养物质循环，主导水功能为工业用水区、景观娱乐用水区和农业用水区，近期水质目标为Ⅳ类和Ⅲ类。Ⅲ212 区主导水生态功能为水质净化和洪水调蓄，主导水功能为缓冲区、渔业用水区、饮用水水源区和景观娱乐用水区，近期水质目标为Ⅲ类。Ⅲ213 区主导水生态功能为水质净化和营养物质循环，主导水功能为缓冲区、工业用水区、景观娱乐用水区和饮用水水源区，近期水质目标为Ⅲ类和Ⅳ类。Ⅲ221 区主导水生态功能为洪水调蓄、水质净化、生物多样性维持、释氧支持和初级生产，主导水功能为保护区和饮用水水源区，近期水质目标为Ⅲ类。Ⅲ222 区主导水生态功能为洪水调蓄、水质净化、生物多样性维持、释氧支持和初级生产，主导水功能为保护区和缓冲区，近期水质目标为Ⅱ类和Ⅲ类。Ⅲ223 区主导水生态功能为生物多样性维持，主导水功能为保护区，近期水质目标为Ⅱ类和Ⅲ类。Ⅲ224 区主导水生态功能为洪水调蓄、水质净化、生物多样性维持、释氧支持和初级生产，主导水功能为保护区和饮用水水源区，近期水质目标为Ⅲ类和Ⅱ类。Ⅲ231 区主导水生态功能为水质净化，主导水功能为工业和景观娱乐用水区，近期水质目标为Ⅳ类和Ⅲ类。Ⅲ232 区主导水生态功能为水质净化和洪水调蓄，主导水功能为保护区、工业用水区和饮用水水源区，近期水质目标为Ⅳ类和Ⅱ类。Ⅲ233 区主导水生态功能为水质净化和营养物质循环，主导水功能为工业用水区、农业用水区、景观娱乐用水区和缓冲区，近期水质目标为Ⅲ类和Ⅳ类。Ⅲ234 区主导水生态功能为营养物质循环和水质净化，主导水功能为工业用水区、景观娱乐用水区、农业用水区、过渡区、保护区和缓冲区，近期水质目标为Ⅳ类、Ⅴ类和Ⅲ类。Ⅲ235 区主导水生态功能为水质净化和生物多样性维持，主导水功能为农业用水区、工业用水区、景观娱乐用水区和渔业用水区，近期水质目标为Ⅲ类。Ⅲ236 区主导水生态功能为水质净化和营养物质循环，主导水功能为工业用水区、农业用水区和景观娱乐用水区，近期水质目标为Ⅲ类和Ⅳ类（表 6-11）。

表 6-11 太湖流域水生态功能三级区功能定位与保护目标

区号	主导水生态功能	主导水功能	近期水质目标
Ⅲ111	水源涵养、水质净化	工业和农业用水区为主	Ⅲ类
Ⅲ112	水源涵养、水资源调蓄	保护区	Ⅲ类
Ⅲ113	水源涵养、水资源调蓄	保护区、保留区、饮用水水源区为主，辅以工农业用水区	Ⅱ类、Ⅲ类
Ⅲ121	水源涵养、生物多样性维持	保留区、渔业用水区、饮用水水源区、农业用水区、工业用水区	Ⅲ类、Ⅱ类
Ⅲ122	水源涵养、生物多样性维持	缓冲区、保护区、农业用水区、工业用水区	Ⅲ类、Ⅱ类
Ⅲ123	水源涵养、生物多样性维持、调节气候	保护区、保留区、饮用水水源区为主，辅以工农业用水区	Ⅰ类、Ⅱ类、Ⅲ类
Ⅲ124	水源涵养、生物多样性维持	农业用水区、饮用水水源区	Ⅲ类、Ⅱ类
Ⅲ125	水源涵养、水质净化	工业用水区、农业用水区、过渡区	Ⅲ类
Ⅲ211	水质净化、营养物质循环	工业用水区、景观娱乐用水区、农业用水区	Ⅳ类、Ⅲ类
Ⅲ212	水质净化、洪水调蓄	缓冲区、渔业用水区、饮用水水源区、景观娱乐用水区	Ⅲ类
Ⅲ213	水质净化、营养物质循环	缓冲区、工业用水区、景观娱乐用水区、饮用水水源区	Ⅲ类、Ⅳ类
Ⅲ221	洪水调蓄、水质净化、生物多样性维持、释氧支持、初级生产	保护区、饮用水水源区	Ⅲ类
Ⅲ222	洪水调蓄、水质净化、生物多样性维持、释氧支持、初级生产	保护区、缓冲区	Ⅱ类、Ⅲ类
Ⅲ223	生物多样性维持	保护区	Ⅱ类、Ⅲ类
Ⅲ224	洪水调蓄、水质净化、生物多样性维持、释氧支持、初级生产	保护区、饮用水水源区	Ⅲ类、Ⅱ类
Ⅲ231	水质净化	工业用水区、景观娱乐用水区	Ⅳ类、Ⅲ类
Ⅲ232	水质净化、洪水调蓄	保护区、工业用水区、饮用水水源区	Ⅳ类、Ⅱ类
Ⅲ233	水质净化、营养物质循环	工业用水区、农业用水区、景观娱乐用水区、缓冲区	Ⅲ类、Ⅳ类
Ⅲ234	营养物质循环、水质净化	工业用水区、景观娱乐用水区、农业用水区、过渡区、保护区、缓冲区	Ⅳ类、Ⅴ类、Ⅲ类
Ⅲ235	水质净化、生物多样性维持	农业用水区、工业用水区、景观娱乐用水区、渔业用水区	Ⅲ类
Ⅲ236	水质净化、营养物质循环	工业用水区、农业用水区、景观娱乐用水区	Ⅲ类、Ⅳ类

7 太湖流域分区水生态与自然特征

7.1 一级分区水生态与自然特征

7.1.1 西部丘陵河流水生态区（I1）

西部丘陵河流水生态区（I1）在太湖流域的位置及其空间分布情况如图 7-1 所示。

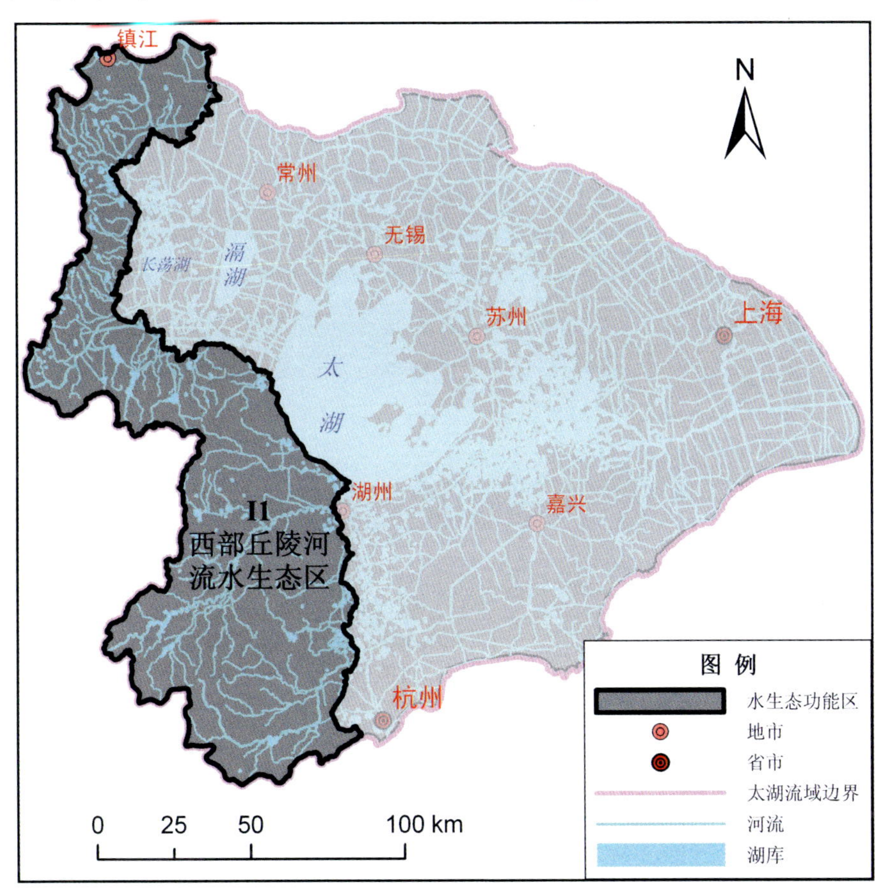

图 7-1 西部丘陵河流水生态区（I1）

7.1.1.1 水生态系统特征

（1）水生生物

对于轮虫，平水期为螺形龟甲轮虫-缘板龟甲轮虫群落，丰水期为针簇多肢轮虫-螺形龟甲轮虫；对于浮游甲壳动物，平水期为简弧象鼻溞-广布中剑水蚤群落，丰水期为短尾秀体溞、宽尾网纹溞-广布中剑水蚤群落。鱼类群落组成均以鲫和䱗为主要群落特征种，麦穗鱼、鲤、大眼华鳊在该分区内的部分站点为优势种或显著优势种。对于浮游植物，平水期主要为硅藻门（44.7%），其次为绿藻门（21%）和隐藻门（17.1%）；丰水期主要为硅藻门（32.4%），其次为隐藻门（25.4%）、裸藻门（17.2%）和绿藻门（16.2%）；各站点平均种类数相对较少，但是由于缺少显著的优势种。区内多数水体为中度富营养水平（β-中污带），部分水体（河流上游）为寡营养水平。

（2）水质

主要为丘陵河流水系，水质状况较好，根据太湖水资源公报（水利部太湖流域管理局，2005—2010 年），该分区以Ⅱ—Ⅲ类水为主。沙河水库和大溪水库水质均达Ⅲ类，赋石水库、对河口水库和老石坎水库为Ⅳ类，4—9 月整体上以轻度富营养为主。南部水系主要包括苕溪水系、泗安溪水系、杭州河网和运河水系。南部水系中仅有 11 个省控断面满足水功能区要求，占该区省控断面总数的 68.75%。苕溪水系和泗安溪水系水质最好，以Ⅲ类为主。东苕溪水质达标率为 60%，西苕溪水质达标率为 100%；杭州河网和运河水系中各有一个断面位于此区，水质均为劣Ⅴ类。该区共有 5 个入湖断面，除夹浦断面水质为Ⅳ类外，其余断面水质均为Ⅲ类。

7.1.1.2　自然环境特征

（1）地质地貌特征

该区地质类型多样，分布有中生界三叠系下统、新生界第四纪上更新系统、侏罗纪上侏罗统、志留纪志留系、震旦纪震旦系、燕山早期花岗岩和新古生代上古生界等。该区地貌类型多样，主要包括中海拔大起伏山地、低海拔小起伏山地、低海拔中起伏山地、低海拔丘陵、低海拔洪积台地和低海拔冲积洪积台地等。该区地形复杂，地表起伏大，高程最高达 1 575 m，平均高程为 107.84 m。

（2）气候特征

该区位于北亚热带湿润季风区，气候总体特点是温和湿润，季风特点显著，冬冷夏热，四季分明。从空间上看，多年平均气温在 8.8～16.3℃，均温为 15.0℃。一年之中，月平均气温 1 月最低，7 月平均气温最高。从空间上看，该区年降水量在 1 202.41～1 429.69 mm，平均降水量 1 305.79 mm，雨量最多月份为 7 月，最少的为 12 月。从时间上看，春季由于冷暖空气活动频繁，气温回升快，雨水增多，3—4 月常有低温连阴雨天气。

（3）土壤特征

该区土壤类型属 5 个土纲，即淋溶土、初育土、半水成土、人为土和铁铝土；分属 10 个土类，即黄棕壤、黄褐土、新积土、石灰（岩）土、紫色土、粗骨土、潮土、水稻土、红壤和黄壤；涵盖 27 个亚类，即黄棕壤、暗黄棕壤、黄棕壤性土、黄褐土、黏盘黄褐土、冲积土、石灰（岩）土、棕色石灰土、紫色土、酸性紫色土、中性紫色土、粗骨土、酸性粗骨土、中性粗骨土、潮土、灰潮土、水稻土、潴育水稻土、淹育水稻土、渗育水稻土、脱潜水稻土、漂洗水稻土、红壤、黄红壤、棕红壤、红壤性土和黄壤。面积最大的土壤类型为水稻土，占 33.71%；其次为红壤，占 14.32%；再次为黄红壤，占 13.00%；第四为脱潜水稻土，占 6.49%。

（4）植被覆盖特征

该区植被覆被条件好，主要为林地和农业作物。其中，有林地 3 782.66 km^2，灌木林

143.53 km^2，疏林地 314.62 km^2，其他林地 71.82 km^2，水田作物 3 760.84 km^2，旱地作物 829.27 km^2，草地 118.87 km^2，裸土地和裸岩石砾地等未利用地 7.08 km^2。林地覆盖区总面积为 4 312.63 km^2，占该区总面积的 41.53%；农业作物覆盖区总面积为 4 590.11 km^2，占该区总面积的 44.20%；二者占到该区总面积的 85.73%。

7.1.1.3 保护区

该区涉及的自然保护区主要有龙池山自然保护区、天目湖湿地自然保护区、八都芥自然保护区、白岘洞山自然保护区、顾渚山自然保护区、尹家边扬子鳄自然保护区、长兴地质遗迹自然保护区和龙王山自然保护区共计 8 个区。

该区涉及的水功能保护区主要有大溪水库及其上游常州水源地保护区、沙河水库及其上游常州水源地保护区、横山水库及其上游宜兴水源地保护区、西苕溪安吉源头水和大型水库水源保护区、南溪安吉龙王山自然保护区、南苕溪临安源头水保护区和余英溪德清源头水保护区共计 7 个区。

7.1.2 东部平原河流湖泊水生态区（I2）

东部平原河流湖泊水生态区（I2）在太湖流域的位置及其空间分布情况如图 7-2 所示。

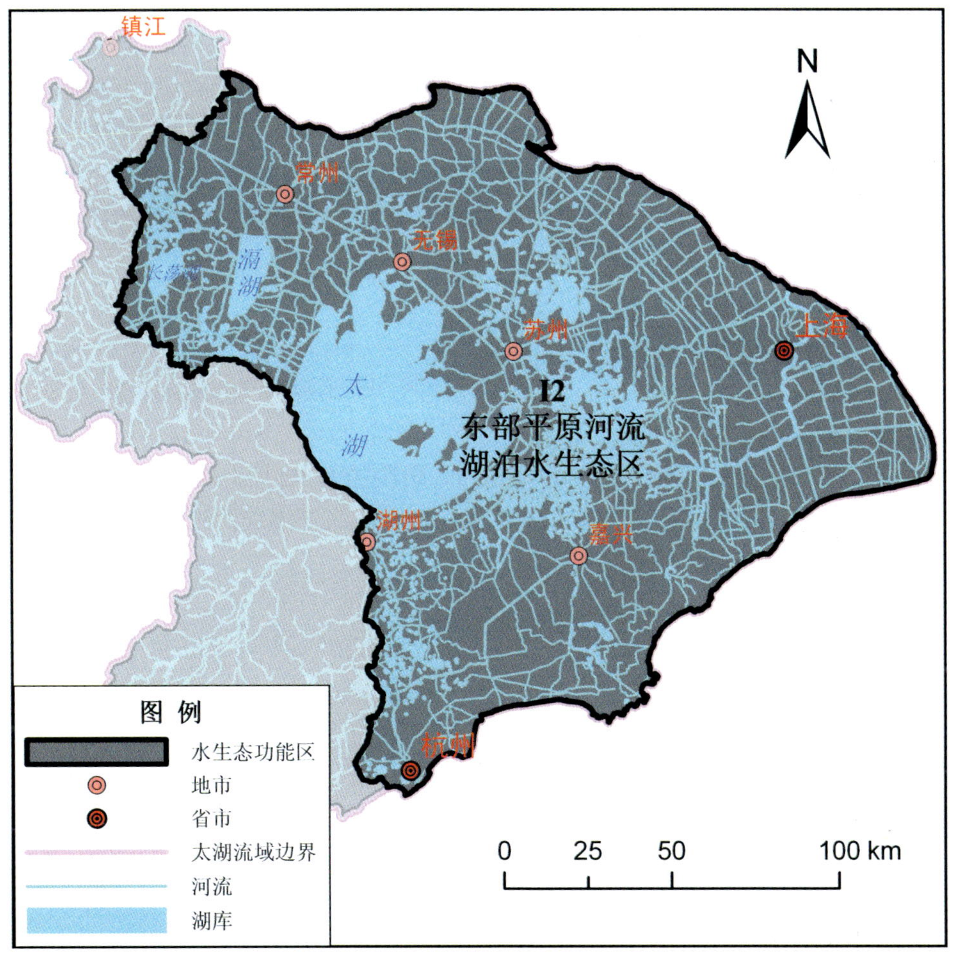

图 7-2 东部平原河流湖泊水生态区（I2）

7.1.2.1　水生态系统特征

（1）水生生物

对于轮虫，平水期为针簇多肢轮虫-暗小异尾轮虫群落，丰水期为针簇多肢轮虫-角突臂尾轮虫群落。对于浮游甲壳动物，平水期为简弧象鼻溞-广布中剑水蚤群落。丰水期为宽尾网纹溞、短尾秀体溞-台湾温剑水蚤群落。鱼类群落以鲫和鳘为主要群落特征种，麦穗鱼、鲤、大眼华鳊在区内的部分站点为优势种或显著优势种。对于浮游植物，平水期主要为硅藻门（35.6%）和绿藻门（31.2%），其次为隐藻门（21.8%）。丰水期主要为隐藻门（24.3%），其次为绿藻门（19.7%）和裸藻门（18.6%）。区内多数水体为中度富营养化（β-α中污带），部分水体有向重污染发展的趋势。

（2）水质

主要为平原河网水系，水质状况较差，根据太湖流域水资源公报（水利部太湖流域管理局，2005—2010 年），该分区以Ⅳ—劣Ⅴ类水为主。太湖全年仅东太湖水质为Ⅳ类，五里湖、东部沿岸区和南部沿岸区为Ⅴ类，其余湖区均为劣于Ⅴ类；淀山湖和西湖全年水质均为劣于Ⅴ类。太湖和淀山湖均为中度富营养，西湖为轻度富营养。主要河流中望虞河受“引江济太”作用的影响，全年均为Ⅲ类水质；太浦河江苏段全年为Ⅲ类，上海段非汛期为Ⅲ类，汛期为Ⅳ类；黄浦江全年不同段以Ⅳ和Ⅴ类水为主；江南运河以劣Ⅴ类为主，部分河段为Ⅲ类—Ⅳ类。苏沪省界 85.7%的断面水质劣于Ⅲ类，浙沪省界 66.6%的断面水质劣于Ⅲ类。浙北河网水质较差，仅有两个省控断面满足水功能区要求，且全部位于湖州河网，占该区省控断面总数的 7.14%。湖州河网水质相对较好，以Ⅲ类和Ⅳ类为主，Ⅲ类和Ⅳ类水质断面数占断面总数的 60%；嘉兴河网水质以Ⅴ类和劣Ⅴ类为主，占断面总数的 89.5%；运河水系杭州段全部为Ⅴ类和劣Ⅴ类水体。该区有一个入湖断面即大钱，水质良好，为Ⅲ类。

7.1.2.2　自然环境特征

（1）地质地貌特征

该区地质类型主要分布有第四纪全新统，零星分布有第四纪上更新系统、志留纪志留系、泥盆纪上泥盆统、二叠纪二叠系和侏罗纪上侏罗统等，其中第四纪全新统占绝大部分。该区地貌类型以平原为主，主要包括低海拔冲积平原、低海拔洪积湖积平原、低海拔湖积平原、低海拔海积平原和低海拔小起伏山地等。该区地形平坦，地表起伏小，高程最高为 351 m，平均高程为 5.56 m。

（2）气候特征

该区位于北亚热带湿润季风区，气候总体特点是温和湿润，季风特点显著，冬冷夏热，四季分明。从空间上看，多年平均气温在 14.1～16.3℃，均温为 15.4℃。月平均气温 1 月最低，7 月平均气温最高。该区年降水量在 1 217.57～1 383.52 mm，区平均降水量 1 300.93 mm，雨量最多月份为 7 月，最少的为 12 月。从时间上看，春季由于冷暖空气活动频繁，气温回升快，雨水增多，3—4 月常有低温连阴雨天气。

（3）土壤特征

该区土壤类型属 7 个土纲，即淋溶土、初育土、半水成土、水成土、盐碱土、人为土和铁铝土；分属 10 个土类，即黄棕壤、黄褐土、新积土、石灰（岩）土、粗骨土、潮土、沼泽土、滨海盐土、水稻土和红壤；涵盖 25 个亚类，即黄棕壤、黄褐土、暗黄棕壤、冲积土、石灰（岩）土、棕色石灰土、粗骨土、酸性粗骨土、中性粗骨土、潮土、灰潮土、盐化潮土、沼泽土、滨海盐土、滨海潮滩盐土、水稻土、潴育水稻土、渗育水稻土、潜育水稻土、脱潜水稻土、漂洗水稻土、红壤、黄红壤、棕红壤和红壤性土。面积最大的土壤类型为水稻土，占 48.58%；其次为脱潜水稻土，占 17.73%；再次为湖泊、水库，占 13.28%；潮土占 5.35%。

（4）植被覆盖特征

该区植被覆被主要以农业作物为主。其中，有林地 332.59 km^2，水田作物 13 795.36 km^2，旱地作物 340.63 km^2。林地覆盖区总面积为 512.85 km^2，占该区总面积的 1.94%，农业作物覆盖区总面积为 14 136.00 km^2，占该区总面积的 53.38%，林地覆盖区和农业作物覆盖区占到该区总面积的 55.32%。该区水域面积和建设用地面积较大，分别为 4 490.60 km^2 和 7 225.29 km^2，占该区总面积的比例分别高达 16.96%和 27.29%。

7.1.2.3 自然保护区

该区涉及的自然保护区主要有上黄水母山自然保护区和光福自然保护区 2 个区。

该区涉及的水功能保护区主要有太湖湖体保护区、太湖饮用水水源保护区、太湖竺山湖保护区、望虞河江苏调水保护区、拦路港—泖河—斜塘上海水源地保护区、黄浦江上海水源地保护区和太浦河苏浙沪调水保护区共计 7 个区。

7.2 二级分区水生态与自然特征

7.2.1 湖西丘陵森林农田交错河源生境水生态亚区（Ⅱ11）

湖西丘陵森林农田交错河源生境水生态亚区（Ⅱ11）在太湖流域的位置及其空间分布情况如图 7-3 所示。

7.2.1.1 水生态系统特征

（1）水生生物

对于原生动物，平水期为食藻斜管虫-暗黄睫杵虫群落，丰水期为小单环栉毛虫-肋状半眉虫群落。对于轮虫，丰水期为针簇多肢轮虫群落，区内水体轮虫群落结构较为简单，基本属于单优势种。对于浮游甲壳动物，平水期为简弧象鼻溞单优势种群落，丰水期为短尾秀体溞单优势种群落。对于浮游植物，平水期共鉴定有 34 属，优势属为隐藻属和纤维藻属；丰水期共鉴定有 23 属，优势属为隐藻属和裸藻属；平水期硅藻门、绿藻门和隐藻门所占比例比较均衡，分别为 27.8%、23.8%和 28.1%，丰水期主要以隐藻门（35.3%）和裸藻门（29.6%）为主，其次为硅藻门（19.9%）；平水期物种数要大于丰水期（平水期为 34 属，丰水期为 23 属）。平水期细胞丰度平均值为 2.3×10^6 ind/L，其中优势属中纤维藻为 3.5×10^5 ind/L、隐藻属为 2.8×10^5 ind/L；丰水期细胞丰度平均值为 1.5×10^6 ind/L，优势属中隐藻属为 1.9×10^5 ind/L、裸藻属为 2×10^4 ind/L。平水期生物量平均值为 1.26 mg/L，优势属中隐藻属为 0.34 mg/L、纤维藻属为 0.21 mg/L、锥囊藻属为 0.17 mg/L；丰水期生物量平均值为 0.58 mg/L，优势属中隐藻属为 0.26 mg/L、裸藻属为 0.1 mg/L。

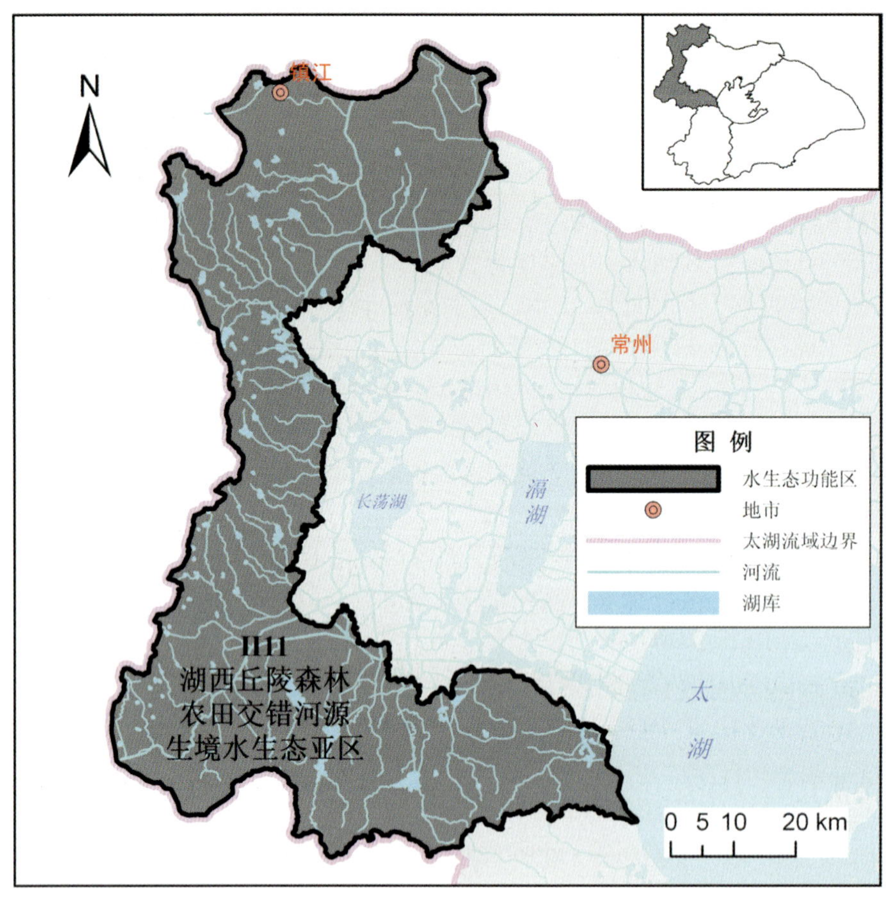

图 7-3 湖西丘陵森林农田交错河源生境水生态亚区（Ⅱ11）

Shannon-Wiener 多样性指数和 Margalef 多样性指数均表明该区平水期和丰水期处于污染状态（平水期 $H'=0.9$，$D=0.89$；丰水期 $H'=0.58$，$D=0.34$）；硅藻商则表明该区营养水平丰水期（1.2）要高于平水期（0.4）。藻类污染指数表明河流有机污染程度丰水期（9）要轻于平水期（17），说明夏季雨季雨水给河流带来大量营养物质，而有机物浓度较低，河水起到了稀释有机物的作用。主要污染物为营养盐和有机物。

（2）水质

该区主要河流有京杭运河、团结河、运粮河、桃溪河、中河、梅渚河、大溪河、溢洪河、戴埠河、大港河黄渎港和乌溪港等，水库有西鹿水库、岭塘水库、吴塘水库、大坝坊水库、下姚水库、永和水库、吕庄水库、太山水库、大溪水库、沙河水库和横山水库等。江苏省太湖流域水质监测结果显示，该分区水质以Ⅱ—Ⅴ类水为主，10 个监测断面中有 2 个为Ⅱ类，3 个为Ⅲ类，2 个为Ⅳ类，3 个为Ⅴ类。

7.2.1.2 自然环境特征

（1）地形地貌特征

该区地貌类型多样，主要包括低海拔冲积洪积台地、低海拔冲积平原、低海拔冲积扇平原、低海拔冲积台地、低海拔洪积台地、低海拔湖积平原、低海拔丘陵、低海拔小起伏山地和湖泊。该区以丘陵山地为主，地形相对复杂，地表起伏相对较大，高程最高达 586 m，平均高程为 36.82 m。

（2）土壤特征

该区土壤类型属 5 个土纲，即半水成土、初育土、淋溶土、人为土和铁铝土；分属 9 个土类，即潮土、粗骨土、红壤、黄褐土、黄棕壤、石灰（岩）土、水稻土、新积土和紫色土；涵盖 19 个亚类，即潮土、冲积土、粗骨土、红壤、黄褐土、黄红壤、黄棕壤、黄棕壤性土、漂洗水稻土、渗育水稻土、石灰（岩）土、水稻土、酸性粗骨土、脱潜水稻土、淹育水稻土、黏盘黄褐土、中性紫色土、棕红壤和棕色石灰土。面积最大的土壤类型为水稻土，占 50.83%；其次为黄褐土，占 12.75%；再次为黄棕壤，占 11.18%；漂洗水稻土占 7.65%。

（3）植被覆盖特征

该区植被覆被条件好，主要为农业作物和林地。其中，有林地 576.94 km^2，灌木林 30.37 km^2，疏林地 127.70 km^2，其他林地 7.26 km^2，水田作物 1 983.80 km^2，旱地作物 617.14 km^2，草地 5.07 km^2，裸土地等未利用地 3.78 km^2，水域面积 167.63 km^2，建设用地面积 617.32 km^2。林地覆盖区总面积为 742.27 km^2，占该区总面积的 17.94%，农业作物覆盖区总面积为 2 600.94 km^2，占该区总面积的 62.87%，林地覆盖区和农业作物覆盖区占到该区总面积的 80.81%。

7.2.1.3 保护区

该区涉及的自然保护区有龙池山自然保护区和天目湖湿地自然保护区 2 个区（表 7-1）。

表 7-1 Ⅱ11 分区内自然保护区

保护区名称	行政区域	面积/hm^2	主要保护对象	类型	级别	始建时间	主管部门
龙池山	宜兴市	123	常绿落叶阔叶混交林	森林生态	省级	1982-04-01	林业
天目湖湿地	溧阳市	643	湿地生态系统	内陆湿地	县级	2005-03-21	其他

该区涉及的水功能保护区有大溪水库及其上游常州水源地保护区、沙河水库及其上游常州水源地保护区、横山水库及其上游宜兴水源地保护区 3 个区（表 7-2）。

表 7-2 Ⅱ11 分区内水功能一级区划保护区

名称	范围		库容/亿 m^3	水质目标
	起始断面	终止断面		
大溪水库及其上游常州水源地保护区	源头	大溪水库坝址	1.71	Ⅱ
沙河水库及其上游常州水源地保护区	源头	沙河水库坝址	1.09	Ⅱ
横山水库及其上游宜兴水源地保护区	源头	横山水库坝址	1.13	Ⅱ—Ⅲ

7.2.2 浙西山区森林河源生境水生态亚区（Ⅱ12）

浙西山区森林河源生境水生态亚区（Ⅱ12）在太湖流域的位置及其空间分布情况如图7-4所示。

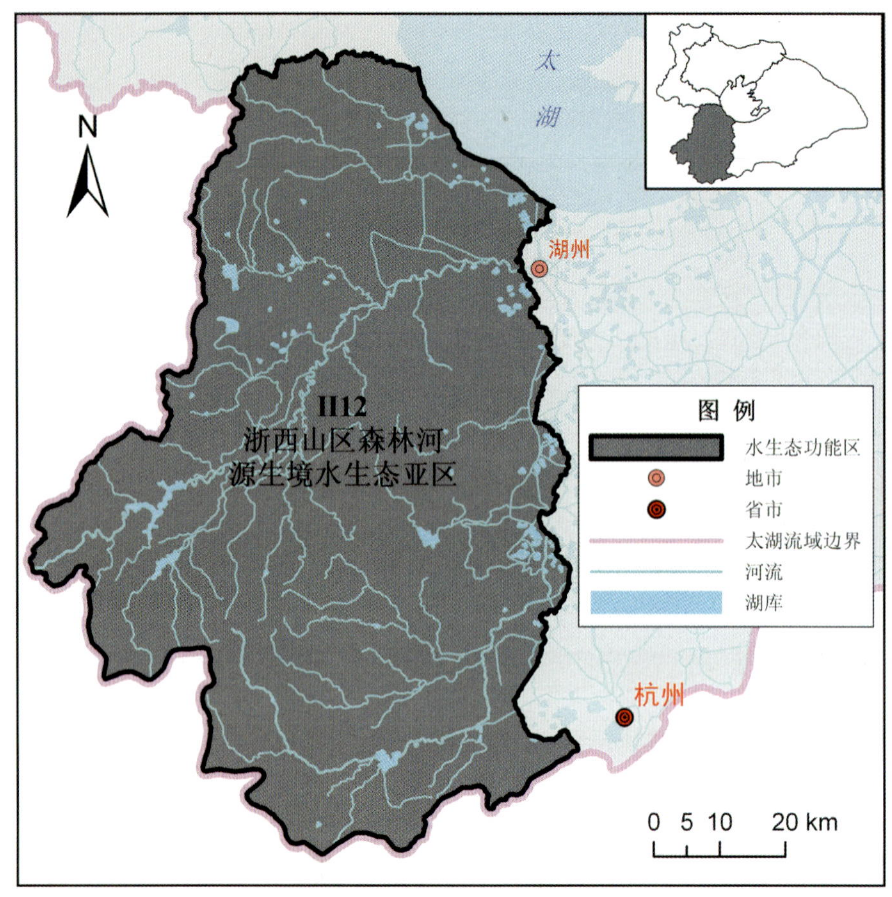

图 7-4 浙西山区森林河源生境水生态亚区（Ⅱ12）

7.2.2.1 水生态系统特征

（1）水生生物

对于原生动物，平水期为陀螺侠盗虫-绿急游虫群落，丰水期为淡水筒壳虫-大弹跳虫群落。对于轮虫，平水期为螺形龟甲轮虫-缘板龟甲轮虫，丰水期为针簇多肢轮虫-角突臂尾轮虫群落。对于浮游甲壳动物，平水期为简弧象鼻溞单优势种群落，丰水期为广布中剑水蚤单优势种群落。对于浮游植物，平水期共鉴定有32属，优势属为栅藻属、直链硅藻属和针杆藻属；主要为硅藻门（61.6%），丰水期共鉴定有25属，优势属为隐藻属和十字藻属；其次为绿藻门（22.2%）和隐藻门（15.6%）。平水期细胞丰度平均值为0.55×10^6ind/L，优势属中直链硅藻为5.7×10^4ind/L、栅藻属为3.7×10^4ind/L、针杆藻属为6.8×10^4ind/L；丰水期细胞丰度平均值为1.1×10^6ind/L，优势属链硅藻为1.2×10^5ind/L、栅藻属为6.3×10^4ind/L。平水期生物量平均值为 41.2 mg/L，优势属中直链硅藻属为 4.9 mg/L、针杆藻属为 4.7 mg/L、栅藻属为 2.7 mg/L；丰水期生物量平均值为 29.6 mg/L，优势属中隐藻属为 3.8 mg/L、十字藻属为 3.1 mg/L。物种数平水期（32 属）高于丰水期（25 属）。

Shannon-Wiener 多样性指数和 Margalef 多样性指数均表明该区污染水平丰水期要高于平水期（平水期 $H'=0.75$，$D=0.58$；丰水期 $H'=0.47$，$D=0.36$）。硅藻商表明营养水平丰水期（2.4）远高于平水期（0.9）；藻类污染指数表明有机污染水平平水期（17）要高于丰水期（12.5）。该区污染主要为营养物质和有机物污染。

（2）水质

主要水系包括苕溪水系、泗安溪水系、杭州河网和运河水系。该区中有 11 个省控断面满足水功能区要求，占该区省控断面总数的 68.75%。苕溪水系和泗安溪水系水质最好，以Ⅲ类为主，东苕溪水质达标率为 60%，西苕溪水质达标率为 100%；杭州河网和运河水系中各有一个断面位于此区，水质均为劣Ⅴ类。该区共有 5 个入湖断面，除夹浦断面水质为Ⅳ类外，其余断面水质均为Ⅲ类。

7.2.2.2 自然环境特征

（1）地形地貌特征

该区地貌类型多样，主要包括低海拔剥蚀台地、低海拔冲积平原、低海拔湖积平原、低海拔丘陵、低海拔小起伏山地、低海拔中起伏山地和中海拔大起伏山地。该区以山地为主，地形复杂，地表起伏大，高程最高达 1 575 m，平均高程为 156.85 m。

（2）土壤特征

该区土壤类型属 5 个土纲，即半水成土、初育土、淋溶土、人为土和铁铝土；分属 8 个土类即潮土、粗骨土、红壤、黄壤、黄棕壤、石灰（岩）土、水稻土和紫色土；涵盖 21 个亚类，即暗黄棕壤、潮土、粗骨土、红壤、红壤性土、黄红壤、黄壤、黄棕壤、黄棕壤性土、灰潮土、渗育水稻土、石灰（岩）土、水稻土、酸性粗骨土、脱潜水稻土、淹育水稻土、中性粗骨土、潴育水稻土、紫色土、棕红壤和棕色石灰土。土壤类型面积最大的为红壤，占 23.52%；其次为水稻土，占 22.03%；再次为黄红壤，占 21.86%；脱潜水稻土占 9.93%。

（3）植被覆盖特征

该区植被覆被条件好，主要为林地和农业作物。其中，有林地 3 205.72 km^2，灌木林 113.16 km^2，疏林地 186.92 km^2，其他林地 64.56 km^2，水田作物 1 777.04 km^2，旱地作物 212.13 km^2，草地 113.80 km^2，裸土地和裸岩石砾地等未利用地 3.30 km^2，水域面积 122.37 km^2，建设用地面积 332.80 km^2。林地覆盖区总面积为 3 570.36 km^2，占该区总面积的 58.23%；农业作物覆盖区总面积为 1 989.17 km^2，占该区总面积的 32.44%；林地覆盖区和农业作物覆盖区占到该区总面积的 90.67%。

7.2.2.3 保护区

该区涉及的自然保护区有八都芥自然保护区、白岘洞山自然保护区、顾渚山自然保护区、尹家边扬子鳄自然保护区、长兴地质遗迹自然保护区和龙王山自然保护区 6 个区（表 7-3）。

表 7-3 Ⅱ12 分区内自然保护区

保护区名称	行政区域	面积/hm^2	主要保护对象	类型	级别	始建时间	主管部门
八都芥	长兴县	250	银杏及其生境	野生植物	县级	1993-12-01	林业
白岘洞山	长兴县	2 250	洞山罗岕茶、溶洞	野生植物	县级	1994-05-01	城建
顾渚山	长兴县	2 600	紫笋贡茶、人文历史遗迹	野生植物	县级	1993-12-18	环保
尹家边扬子鳄	长兴县	122	扬子鳄及其生境	野生动物	省级	1979-06-06	林业
长兴地质遗迹	长兴县	275	二叠纪石灰岩地质剖面	地质遗迹	国家级	1980-03-14	国土
龙王山	安吉县	1 242	落叶阔叶林为主的森林植被	森林生态	国家级	1985-08-01	林业

该区涉及的水功能保护区有西苕溪安吉源头水和大型水库水源保护区、南溪安吉龙王山自然保护区、南苕溪临安源头水保护区和余英溪德清源头水保护区 4 个（表 7-4）。

表 7-4 Ⅱ12 分区内水功能一级区划保护区

名称	范围		长度/km	库容/亿 m^3	水质目标
	起始断面	终止断面			
西苕溪安吉源头水和大型水库水源保护区	天锦堂	赋石水库大坝		2.18	Ⅰ—Ⅱ
南溪安吉龙王山自然保护区	龙王山北坡	老石坎水库大坝		1.15	Ⅰ—Ⅱ
南苕溪临安源头水保护区	源头（水竹坞）	里畈水库大坝	16.5		Ⅱ
余英溪德清源头水保护区	源头（杨坞岭）	对河口水库大坝		1.16	Ⅱ

7.2.3 武锡虞农田河网生境水生态亚区（Ⅱ21）

武锡虞农田河网生境水生态亚区（Ⅱ21）在太湖流域的位置及其空间分布情况如图 7-5 所示。

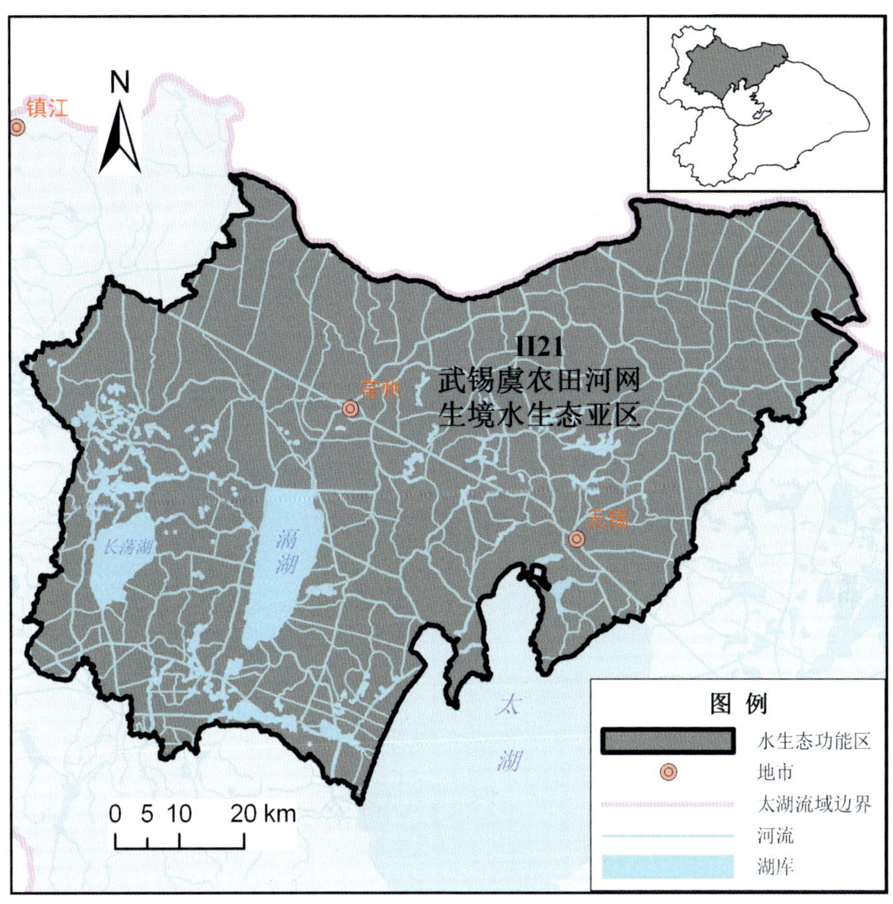

图 7-5 武锡虞农田河网生境水生态亚区（II21）

7.2.3.1 水生态系统特征

（1）水生生物

对于原生动物，平水期为食藻斜管虫-梨型四膜虫群落，丰水期为鳞壳虫-小单环栉毛虫群落。对于轮虫，平水期为针簇多肢轮虫-螺形龟甲轮虫，丰水期为卜氏晶囊轮虫-针簇多肢轮虫群落。对于浮游甲壳动物，平水期为广布中剑水蚤和特异荡镖水蚤-简弧象鼻溞群落，丰水期为宽尾网纹溞-短尾秀体溞群落。对于浮游植物，平水期共鉴定有 42 属，优势属为纤维藻属、针杆藻属和隐藻属，硅藻门、绿藻门和隐藻门次之，三者比例相近；丰水期共鉴定有 28 属，优势属为隐藻属、裸藻属和角甲藻属；平水期和枯水期各门浮游植物分布比较均匀。平水期细胞丰度平均值为 1.8×10^6 ind/L，优势属中纤维藻属细胞丰度为 1.5×10^5 ind/L、隐藻属细胞丰度为 2.1×10^5 ind/L、针杆藻属为 1.5×10^5 ind/L，丰水期细胞丰度为 2×10^7 ind/L，优势属中隐藻属为 2×10^5 ind/L、裸藻属为 5×10^4 ind/L。平水期生物量平均值为 1.0 mg/L，优势属中隐藻属为 0.25 mg/L、针杆藻属为 0.2 mg/L、纤维藻属为 0.1 mg/L；丰水期生物量平均值为 1.36 mg/L，优势属中隐藻属为 0.26 mg/L、裸藻属为 0.2 mg/L。物种数平水期（42 种）要高于丰水期（28 种）。

Shannon-Wiener 多样性指数和 Margalef 多样性指数均表明该区污染水平丰水期要高于

平水期（平水期 $H'=0.8$，$D=0.75$；丰水期 $H'=0.56$，$D=0.49$）。硅藻商表明营养水平丰水期（3.5）远高于平水期（0.3）；藻类污染指数表明有机污染水平丰水期（22.3）要高于平水期（20）。

（2）水质

该区主要河流有京杭运河、丹金溧漕河、简渎河、北塘河、扁担河、德胜河、澡港河、新孟河、采菱港、锡澄运河、直湖港、梁溪河、锡北运河和张家港等，包含了大多数的入湖河流，水库有西鹿水库、岭塘水库、吴塘水库、大坝坊水库、下姚水库、永和水库、吕庄水库、太山水库、大溪水库、沙河水库和横山水库等。江苏省太湖流域水质监测结果显示，该区水质较差，以Ⅳ—劣Ⅴ类为主，20 个水质监测断面中有 1 个为Ⅲ类，7 个为Ⅳ类，4 个为Ⅴ类，8 个为劣Ⅴ类，Ⅴ—劣Ⅴ类所占比例为 60%。

7.2.3.2 自然环境特征

（1）地形地貌特征

该区地貌类型多样，主要包括低海拔冲积平原、低海拔冲积扇平原、低海拔海积冲积平原、低海拔洪积湖积平原、低海拔洪积台地、低海拔湖积平原、低海拔丘陵、低海拔小起伏山地和湖泊。该区以平原为主，地形简单，地表起伏相对较小，高程最高达 315 m，平均高程为 6.01 m。

（2）土壤特征

该区土壤类型属 6 个土纲，即半水成土、初育土、淋溶土、人为土、水成土和铁铝土；分属 9 个土类，即潮土、粗骨土、红壤、黄褐土、黄棕壤、石灰（岩）土、水稻土、新积土和沼泽土；涵盖 13 个亚类，即潮土、冲积土、粗骨土、黄褐土、黄棕壤、漂洗水稻土、水稻土、酸性粗骨土、脱潜水稻土、黏盘黄褐土、沼泽土、棕红壤和棕色石灰土。土壤类型面积最大的为水稻土，占 61.52%；其次为漂洗水稻土，占 13.63%；再次为潮土，占 8.99%；脱潜水稻土占 6.77%。

（3）植被覆盖特征

该区植被覆被条件较好，主要为农业作物。其中，有林地 120.72 km^2，灌木林 6.37 km^2，疏林地 13.73 km^2，其他林地 4.91 km^2，水田作物 4 061.48 km^2，旱地作物 112.09 km^2，草地 11.58 km^2，裸土地和裸岩石砾地等未利用地 0.47 km^2，水域面积 777.61 km^2，建设用地面积 1 992.68 km^2。林地覆盖区总面积为 145.73 km^2，占该区总面积的 2.02%；农业作物覆盖区总面积为 4 173.57 km^2，占该区总面积的 58.77%；林地覆盖区和农业作物覆盖区占到该区总面积的 60.56%，建设用地占 28.06%。

7.2.3.3 保护区

该区涉及的自然保护区有上黄水母山自然保护区 1 个区（表 7-5）。

表 7-5 Ⅱ21 分区内自然保护区

保护区名称	行政区域	面积/hm^2	主要保护对象	类型	级别	始建时间	主管部门
上黄水母山	溧阳市	40	古生物化石	古生物遗迹	省级	1998-11-13	国土

7.2.4 太湖湿地生境水生态亚区（Ⅱ22）

太湖湿地生境水生态亚区（Ⅱ22）在太湖流域的位置及其空间分布情况如图 7-6 所示。

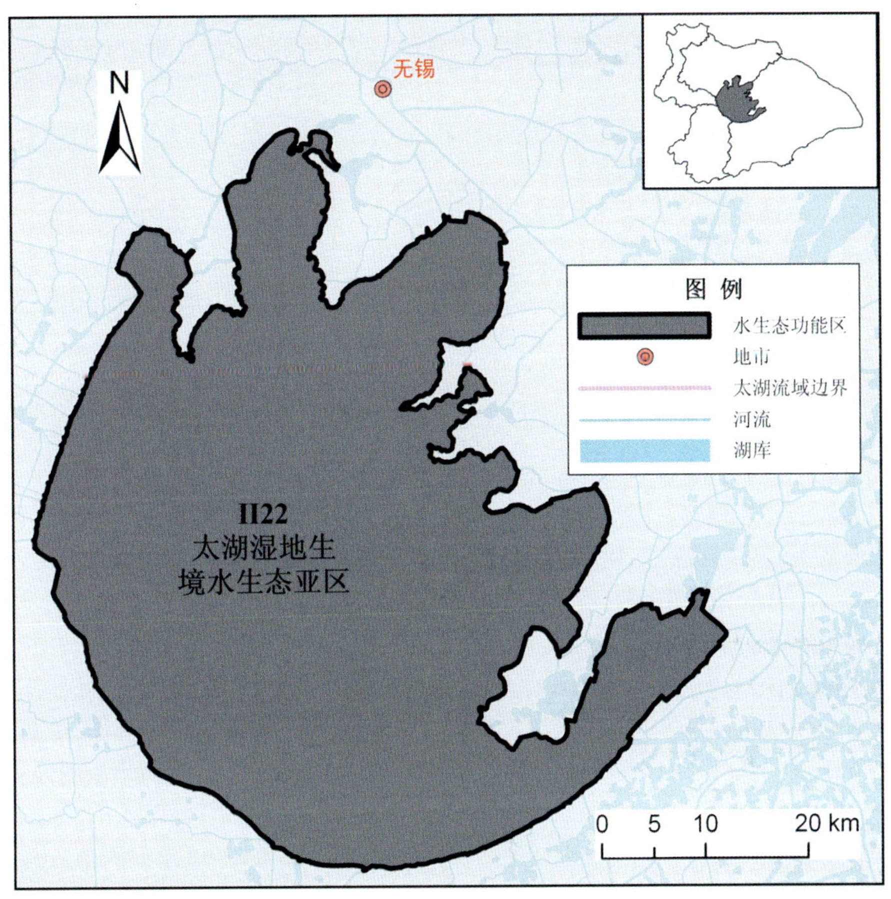

图 7-6 太湖湿地生境水生态亚区（Ⅱ22）

7.2.4.1 水生态系统特征

（1）水生生物

太湖湖体中 7 大门藻类均有出现，其中蓝藻、绿藻和硅藻是主要优势种，裸藻和甲藻在个别水域呈局部优势。近几十年来，太湖浮游植物种数减少、数量增加，优势种也发生了明显的变化，已由 20 世纪 50－80 年代的蓝藻和硅藻，20 世纪 90 年代的蓝藻和隐藻，演变成 2000 年后蓝藻、绿藻和硅藻，特别是夏季这种现象尤为明显，说明太湖的富营养化状况有了较大程度的发展。太湖浮游动物包括原生动物、轮虫、枝角类和桡足类。太湖底栖动物主要包括软体动物、环节动物和水生昆虫。从底栖动物的分布看，五里湖、梅梁湖和竺山湖的部分湖区以耐污性强的寡毛类和摇蚊幼虫为主体，表征水体污染较为严重；湖心区、东太湖以不耐污的河蚬和螺类为主，属于寡污带，水质相对较好。挺水植物、沉水植物和浮叶植物等水生高等植物在太湖沿岸带均有分布。挺水植物以芦苇为绝对优势种，其次是茭草和莲，除少数风浪大、无底泥或陡峭山体裸露岩石岸带，在太湖沿岸带几乎均有芦苇分布。沉水植物以马来眼子菜、轮叶黑藻、苦草、金鱼藻和狐尾藻为主，主要分布在南部沿岸区、东太湖、东部沿岸区及贡湖的东南水域。浮叶植物以荇菜和菱为优势种类（中国科学院南京地理与湖泊研究所，2010）。

（2）水质

太湖全年仅东太湖水质为Ⅳ类，共 172.4 km^2，占全湖面积的 7.4%；五里湖、东部沿岸区和南部沿岸区为Ⅴ类，共 636.8 km^2，占 27.2%；其余湖区均劣于Ⅴ类，共 1 528.8 km^2，占 65.4%。东太湖和东部沿岸区为轻度富营养，占湖区面积的 18.8%，其他湖区为中度富营养。汛期营养状况与非汛期基本持平。

7.2.4.2 自然环境特征

（1）地形地貌特征

该区地貌类型多样，主要包括低海拔湖积平原、低海拔小起伏山地和湖泊。该区以太湖湖面为主，伴有零星岛屿和小山，高程最高 324 m，平均高程为 1.56 m。

（2）土壤特征

该区土壤类型属 4 个土纲，即半水成土、初育土、淋溶土和人为土；分属 6 个土类，即潮土、粗骨土、黄褐土、黄棕壤、石灰（岩）土和水稻土；涵盖 12 个亚类，即潮土、粗骨土、黄褐土、黄棕壤、漂洗水稻土、潜育水稻土、石灰（岩）土、水稻土、酸性粗骨土、脱潜水稻土、黏盘黄褐土和棕色石灰土。湖泊水面面积最大，占 93.46%；其次为黄棕壤，占 2.63%；再次为水稻土，占 2.01%；最后为潮土，占 0.71%。

（3）植被覆盖特征

该区植被覆被最少，主要以太湖水面为主，在湖内伴有零星小山丘如西山等，林地、农业作物等面积较小。其中，有林地 38.02 km^2，疏林地 2.79 km^2，其他林地 21.44 km^2，水田作物 27.66 km^2，旱地作物 2.03 km^2，草地 1.50 km^2，裸土地和裸岩石砾地等未利用地 4.67 km^2，水域面积 2 340.40 km^2，建设用地面积 13.06 km^2。林地覆盖区总面积为 62.25 km^2，占该区总面积的 2.54%；农业作物覆盖区总面积为 29.69 km^2，占该区总面积的 1.21%；林地覆盖区和农业作物覆盖区占到该区总面积的 3.75%，水域面积所占比例为 95.47%。

7.2.4.3 保护区

该区涉及的水功能保护区有太湖湖体保护区、太湖饮用水水源保护区和太湖竺山湖保护区 3 个区（表 7-6）。

表 7-6 Ⅱ分区内水功能保护区

名称	范围	面积/km^2	水质目标
太湖湖体保护区	西部省界、大雷山、小雷山、东部省界一线以北湖区（五里湖、梅梁湖、贡湖、竺山湖、胥湖除外）	1 345.1	Ⅱ—Ⅲ
太湖饮用水水源保护区	贡湖	163.8	Ⅲ
太湖竺山湖保护区	竺山湖	68.3	Ⅲ

7.2.5 沪苏嘉农田河网生境水生态亚区（Ⅱ23）

沪苏嘉农田河网生境水生态亚区（Ⅱ23）在太湖流域的位置及其空间分布情况如图 7-7 所示。

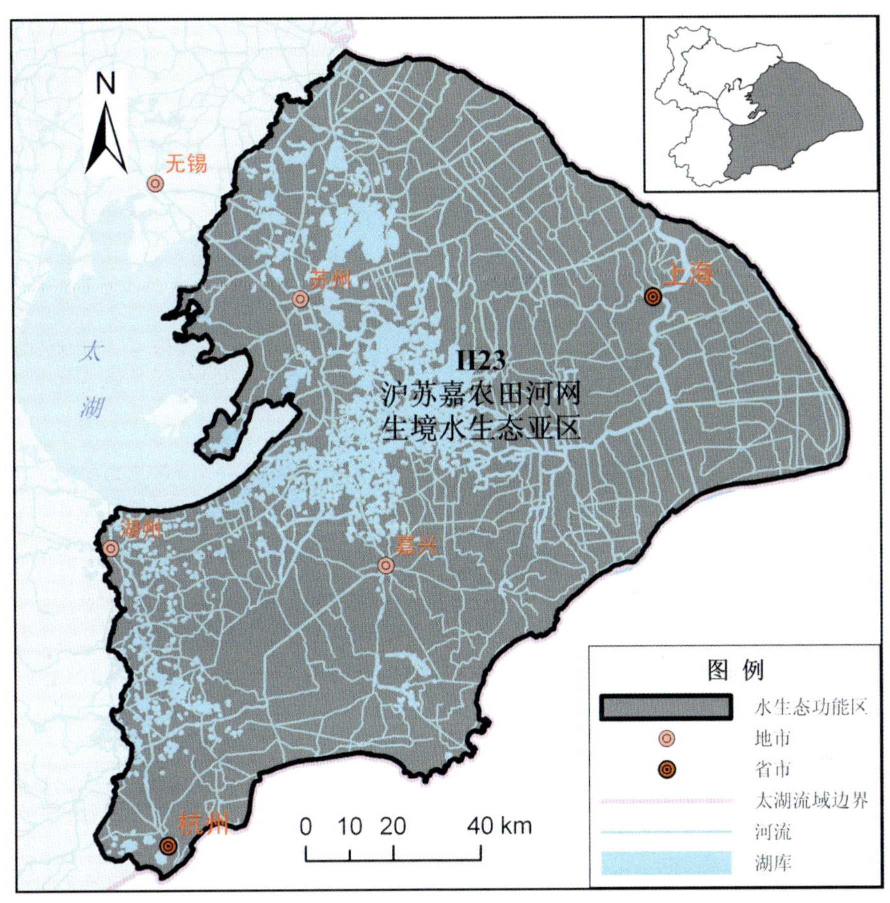

图 7-7 沪苏嘉农田河网生境水生态亚区（Ⅱ23）

7.2.5.1 水生态系统特征

（1）水生生物

对于原生动物，平水期为食藻斜管虫-暗黄睫杵虫群落，丰水期为鳞壳虫-旋转锥滴虫与小单环栉毛虫群落。对于轮虫，平水期为针簇多肢轮虫-螺形龟甲轮虫群落，丰水期为针簇多肢轮虫-角突臂尾轮虫群落。对于浮游甲壳动物，平水期为简弧象鼻溞和广布中剑水蚤-特异荡镖水蚤群落，丰水期为台湾温剑水蚤和短尾秀体溞-远东裸腹溞群落。对于浮游植物，平水期共鉴定有 59 属，优势属为直链硅藻属、隐藻属和栅藻属；硅藻门、绿藻门和隐藻门次之，三者比例相近；丰水期共鉴定有 42 属，优势属为隐藻属、微囊藻属、伪鱼腥藻属和栅藻属等。平水期浮游植物以硅藻门和绿藻门为主，隐藻门次之。丰水期则以隐藻门（28.7%）、绿藻门（25.3%）和硅藻门（19.4%）为主。平水期细胞丰度平均值

为 2.1×10^{6}ind/L，优势属中直链硅藻属为 2.3×10^{5}ind/L、隐藻属为 4.8×10^{5}ind/L、栅藻属为 1.8×10^{5}ind/L；丰水期细胞丰度平均值为 4.6×10^{6}ind/L；优势属中隐藻属为 5.6×10^{5}ind/L、微囊藻属为 1.3×10^{6}ind/L、伪鱼腥藻属为 1.5×10^{5}ind/L。平水期生物量平均值为 44.25 mg/L，优势属中直链硅藻属为 4.8 mg/L、栅藻属为 4.8 mg/L；丰水期生物量平均值为 30.06 mg/L，优势属中隐藻属为 3.32 mg/L、栅藻属为 2.37 mg/L、小环藻属为 2.4 mg/L、伪鱼腥藻属为 1.75 mg/L。物种数平水期（59）要高于丰水期（42 属）。

Shannon-Wiener 多样性指数和 Margalef 多样性指数均表明该区污染水平丰水期要高于平水期（平水期 $H'=0.84$，$D=0.81$；丰水期 $H'=0.68$，$D=0.62$）。硅藻商表明营养水平丰水期（4.5）高于平水期（2.4）；藻类污染指数表明有机污染水平丰水期（23.3）要高于平水期（20）。

（2）水质

该区主要河流有京杭运河、浒光运河、胥江、木光河、苏东河、西塘河、望虞河、伯渎港、元和塘、张家港、娄江、吴淞江和太浦河等，包含了大多数的出湖河流，湖泊有阳澄湖、金鸡湖、昆承湖和傀儡湖等。江苏省太湖流域水质监测结果显示，该分区水质较差，以Ⅲ—劣Ⅴ类为主，24 个水质监测断面中有 2 个为Ⅱ类，7 个为Ⅲ类，4 个为Ⅳ类，5 个为Ⅴ类，6 个为劣Ⅴ类，Ⅳ—劣Ⅴ类所占比例为 62.5%。浙北水系水质较差，有 2 个省控断面满足水功能区要求，且全部位于湖州河网，占该区省控断面总数的 7.14%。湖州河网水质相对较好，以Ⅲ类和Ⅳ类为主，Ⅲ类和Ⅳ类水质断面数占断面总数的 60%；嘉兴河网水质以Ⅴ类和劣Ⅴ类为主，Ⅴ类和劣Ⅴ类水质断面数占断面总数的 89.5%；运河水系杭州段全部为Ⅴ类和劣Ⅴ类水体；该区有一个入湖断面即大钱，水质良好，为Ⅲ类。

7.2.5.2 自然环境特征

（1）地形地貌特征

该区地貌类型多样，主要包括低海拔冲积平原、低海拔海积冲积平原、低海拔海积平原、低海拔洪积湖积平原、低海拔湖积平原、低海拔丘陵、低海拔小起伏山地、低海拔中起伏山地和湖泊。该区地形平坦低洼，地表起伏小，伴有零星小山，高程最高达 351 m，平均高程为 5.96 m。

（2）土壤特征

该区土壤类型属 7 个土纲，即半水成土、初育土、淋溶土、人为土、水成土、铁铝土和盐碱土；分属 8 个土类，即滨海盐土、潮土、粗骨土、红壤、黄褐土、黄棕壤、水稻土和沼泽土；涵盖 19 个亚类，即滨海潮滩盐土、滨海盐土、潮土、红壤、红壤性土、黄褐土、黄红壤、黄棕壤、灰潮土、漂洗水稻土、潜育水稻土、渗育水稻土、水稻土、脱潜水稻土、盐化潮土、沼泽土、中性粗骨土、潴育水稻土和棕红壤。面积最大的土壤类型为水稻土，占 49.89%；其次为脱潜水稻土，占 24.90%；再次为潴育水稻土，占 7.30%；潮土占 4.48%。

（3）植被覆盖特征

该区植被覆被条件较好，主要为农业作物，并分布有一定的林地。其中，有林地 173.85 km^2，灌木林 11.91 km^2，疏林地 28.35 km^2，其他林地 90.76 km^2，水田作物 9 706.23 km^2，旱地作物 226.51 km^2，草地 24.04 km^2，裸土地和裸岩石砾地等未利用地 1.41 km^2，水域面积 1 372.59 km^2，建设用地面积 5 219.55 km^2。林地覆盖区总面积为 304.87 km^2，占该区总面积的 1.81%；农业作物覆盖区总面积为 9 932.74 km²，占该区总面积的 58.93%；林地覆盖区和农业作物覆盖区占到该区总面积的 60.74%，建设用地所占比例为 30.97%，水域所占比例为 8.14%。

7.2.5.3 保护区

该区涉及的自然保护区有光福自然保护区 1 个区（表 7-7）。

表 7-7 Ⅱ23 分区内自然保护区

保护区名称	行政区域	面积/hm²	主要保护对象	类型	级别	始建时间	主管部门
光福	苏州市吴中区	61	北亚热带常绿阔叶林	森林生态	省级	1981-01-01	林业

该区涉及的水功能保护区有望虞河江苏调水保护区、拦路港—泖河—斜塘上海水源地保护区、黄浦江上海水源地保护区和太浦河苏浙沪调水保护区 4 个区（表 7-8）。

表 7-8 Ⅱ23 分区内水功能保护区

名称	范围		长度/km	水质目标
	起始断面	终止断面		
望虞河江苏调水保护区	吴县市望亭	常熟市花庄闸入江口	60.8	Ⅲ
拦路港—泖河—斜塘上海水源地保护区	淀山湖	三角渡	23.8	Ⅱ—Ⅲ
黄浦江上海水源地保护区	三角渡	南沙港	36.1	Ⅱ—Ⅲ
太浦河苏浙沪调水保护区	东太湖	西泖河	57.6	Ⅱ—Ⅲ

7.3 三级分区水生态与自然特征

7.3.1 镇丹水源涵养与水质净化功能区（Ⅲ111）

镇丹水源涵养与水质净化功能区（Ⅲ111）在太湖流域的位置及其空间分布情况如图 7-8 所示。

7.3.1.1 水生态系统特征

（1）水生生物

该区共鉴定浮游植物数量较少（8 属），细胞丰度为 11.4×10^5 ind/L，生物量为 0.72 mg/L。平水期优势属为纤维藻，丰水期优势属为裸藻。Shannon-Wiener 多样性指数和 Margalef 多样性指数均表明该区处于污染状态（$H'=0.69$，$D=0.5$）。硅藻商（1.1）表明该区氮磷污染严重，处于富营养化状态，而藻类污染指数（12）表明该区有机物污染为轻污染状态。

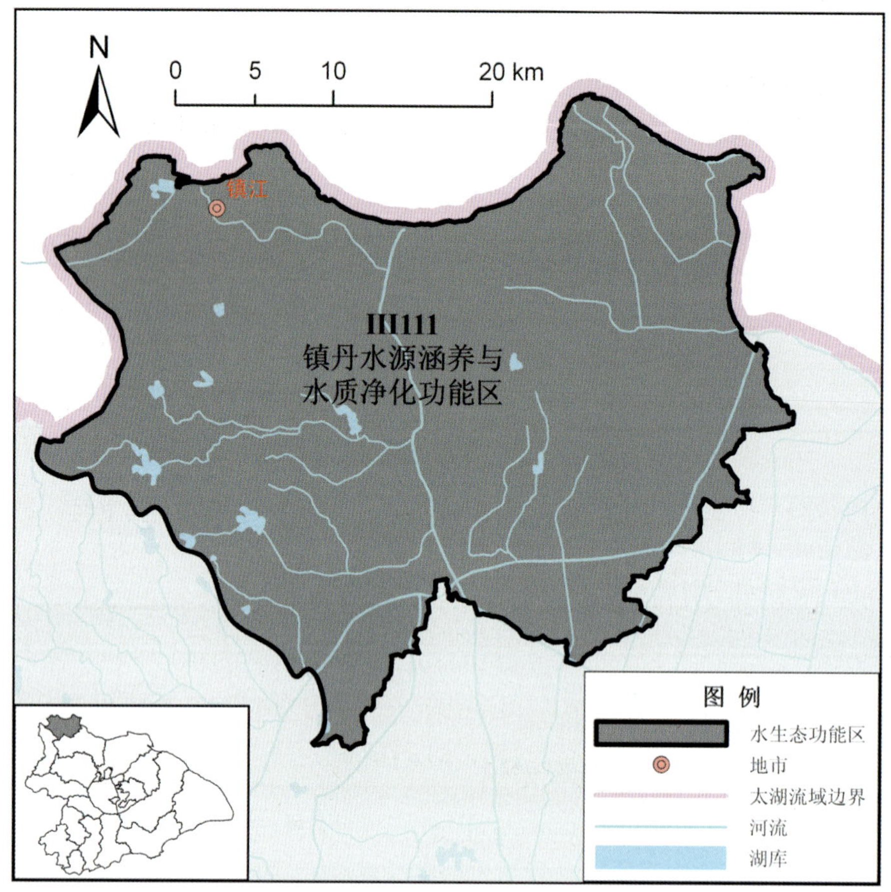

图 7-8 镇丹水源涵养与水质净化功能区（III111）

（2）水质

该区主要河流有京杭运河、团结河、运粮河等，水库有西鹿水库、岭塘水库、吴塘水库以及太山水库。江苏省太湖流域水质监测结果显示，该分区以III—V类为主，7 个水质监测断面中有 3 个为III类，1 个为II类，3 个为V类。

7.3.1.2 自然环境特征

（1）地形地貌特征

该区地貌类型主要包括低海拔冲积洪积台地、低海拔冲积平原和低海拔冲积扇平原。该区地表起伏相对较小，高程最高达 333 m，平均高程为 17.13 m。

（2）气候特征

从空间分布上看，该区多年平均气温在 14.5～15.4℃，均温为 14.95℃；年降水量在 1 202.41～1 230.08 mm，平均降水量为 1 217.04 mm。

（3）土壤特征

该区土壤类型属 3 个土纲，即初育土、淋溶土和人为土；分属 5 个土类，即粗骨土、黄褐土、黄棕壤、水稻土和新积土；涵盖 11 个亚类，即冲积土、粗骨土、黄褐土、黄红壤、黄棕壤、漂洗水稻土、水稻土、脱潜水稻土、淹育水稻土、黏盘黄褐土和棕色石灰土。

面积最大的土壤类型为水稻土，占 68.09%；其次为黄褐土，占 17.19%；再次为淹育水稻土，占 6.06%；棕色石灰土占 1.77%。

（4）植被覆盖特征

该区植被覆被条件较好，主要为农业作物，并分布有一定的林地。其中，有林地 35.73 km^2，灌木林 7.32 km^2，疏林地 41.15 km^2，其他林地 0.63 km^2，水田作物 636.5 km^2，旱地作物 39.42 km^2，草地 0.99 km^2，裸土地和裸岩石砾地等未利用地 1.58 km^2，水域面积 35.96 km^2，建设用地面积 282.22 km^2。林地覆盖区总面积为 84.83 km^2，占该区总面积的 7.84%；农业作物覆盖区总面积为 675.92 km^2，占该区总面积的 62.50%；林地覆盖区和农业作物覆盖区占到该区总面积的 70.34%，建设用地所占比例为 26.10%，水域所占比例为 3.32%。

7.3.2 句溧水源涵养与水资源调蓄功能区（Ⅲ112）

句溧水源涵养与水资源调蓄功能区（Ⅲ112）在太湖流域的位置及其空间分布情况如图 7-9 所示。

图 7-9 句溧水源涵养与水资源调蓄功能区（Ⅲ112）

7.3.2.1 水生态系统特征

（1）水生生物

该区鉴定浮游植物数量较少（10属），细胞丰度为14.8×10^5ind/L，生物量为1.53 mg/L。平水期优势属为隐藻、丰水期优势属为隐藻。Shannon-Wiener多样性指数和Margalef多样性指数均表明该区处于污染状态（$H'=0.76$，$D=0.59$）。硅藻商（0.1）表明该区处于贫营养化状态，藻类污染指数（9）表明该区有机物污染程度较轻。

（2）水质

该区为通济河、胜利河等多条河流的上游水源涵养区，小水库众多，如竹林水库、大坝坊水库、下姚水库、永和水库、吕庄水库、唐马水库、向阳水库、茅东水库、海底水库、老虎洞水库和上会水库等。该区基本没有污染源，水环境状况较好。

7.3.2.2 自然环境特征

（1）地形地貌特征

该区地貌类型主要包括低海拔冲积洪积台地、低海拔冲积台地、低海拔小起伏山地和低海拔洪积台地。该区西部为丘陵山区，东部相对平坦，山峰高程最高达398 m，平均高程为27.97 m。

（2）气候特征

从空间分布上看，该区多年平均气温在14.1～15.4℃，均温为15.05℃；年降水量在1 214.96～1 267.88 mm，平均年降水量为1 241.27 mm。

（3）土壤特征

该区土壤类型属5个土纲，即半水成土、初育土、淋溶土、人为土和铁铝土；分属8个土类，即潮土、粗骨土、红壤、黄褐土、黄棕壤、石灰（岩）土、水稻土和紫色土；涵盖17个亚类，即潮土、粗骨土、红壤、黄褐土、黄红壤、黄棕壤、黄棕壤性土、漂洗水稻土、渗育水稻土、石灰（岩）土、水稻土、酸性粗骨土、脱潜水稻土、黏盘黄褐土、中性紫色土、棕红壤和棕色石灰土。面积最大的土壤类型为水稻土，占32.44%；其次为黄棕壤，占18.17%；再次为漂洗水稻土，占15.19%；黄褐土占7.34%。

（4）植被覆盖特征

该区植被覆被条件较好，主要为农业作物，并分布有一定的林地。其中，有林地74.36 km^2，灌木林2.97 km^2，疏林地55.33 km^2，水田作物591.87 km^2，旱地作物302.39 km^2，草地0.72 km^2，裸土地和裸岩石砾地等未利用地0.80 km^2，水域面积57.74 km^2，建设用地面积104.29 km^2。林地覆盖区总面积为132.66 km^2，占该区总面积的11.14%；农业作物覆盖区总面积为894.25 km^2，占该区总面积的75.12%；林地覆盖区和农业作物覆盖区占到该区总面积的86.26%，建设用地所占比例为8.76%，水域所占比例为4.85%。

7.3.3 溧宜水源涵养与水资源调蓄功能区（Ⅲ113）

溧宜水源涵养与水资源调蓄功能区（Ⅲ113）在太湖流域的位置及其空间分布情况如图7-10所示。

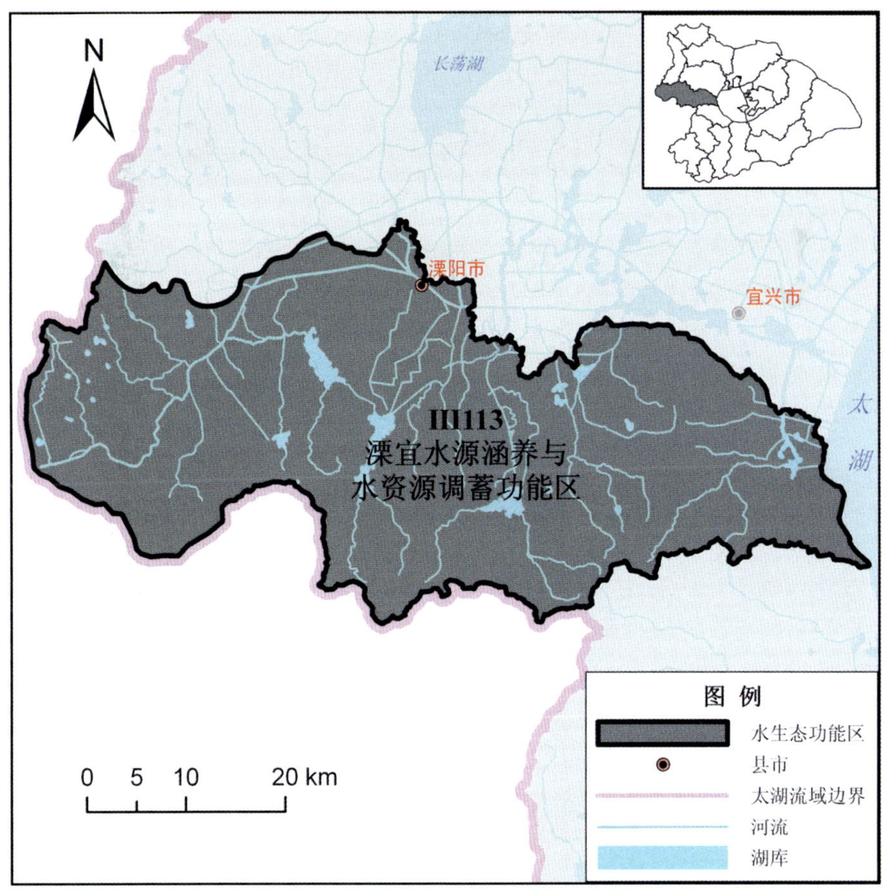

图 7-10 溧宜水源涵养与水资源调蓄功能区（III113）

7.3.3.1 水生态系统特征

（1）水生生物

该区共鉴定浮游植物 26 属，细胞丰度为 31×10^5ind/L，生物量为 1.09 mg/L。平水期优势属为锥囊藻和隐藻，丰水期优势属为隐藻。Shannon-Wiener 多样性指数和 Margalef 多样性指数均表明该区处于污染状态（$H'=0.76$，$D=0.75$）。硅藻商（0.58）表明该区处于贫营养化状态，而藻类污染指数（19.5）表明该区有机物为中污染状态。

（2）水质

该区主要河流有桃溪河、中河、梅渚河、大溪河、溢洪河、戴埠河、大港河、黄渎港和乌溪港等，水库有丁村水库、前宋水库、大溪水库、沙河水库和横山水库等。江苏省太湖流域水质监测结果显示，该区以Ⅱ—Ⅳ类为主，3 个水质监测断面中有 1 个为Ⅱ类，2 个为Ⅳ类。

7.3.3.2 自然环境特征

（1）地形地貌特征

该区地貌类型主要包括低海拔洪积台地、低海拔丘陵、低海拔小起伏山地和低海拔冲积平原。该区地形起伏相对较大，高程最高达 586 m，平均高程为 54.04 m。

（2）气候特征

从空间分布上看，该区多年平均气温在 13.4～15.7℃，均温为 15.16℃；年降水量在 1 262.08～1 317.67 mm，平均年降水量为 1 280.23 mm。

（3）土壤特征

该区土壤类型属 3 个土纲，即初育土、淋溶土和人为土；分属 5 个土类，即粗骨土、黄褐土、黄棕壤、水稻土和新积土；涵盖 11 个亚类，即冲积土、粗骨土、黄褐土、黄红壤、黄棕壤、漂洗水稻土、水稻土、脱潜水稻土、淹育水稻土、黏盘黄褐土和棕色石灰土。面积最大的土壤类型为水稻土，占 68.09%；其次为黄褐土，占 17.19%；再次为淹育水稻土，占 6.06%；棕色石灰土占 1.77%。

（4）植被覆盖特征

该区植被覆被条件较好，主要为农业作物，并分布有一定的林地。其中，有林地 466.85 km^2，灌木林 20.09 km^2，疏林地 31.21 km^2，其他林地 6.63 km^2，水田作物 755.43 km^2，旱地作物 275.34 km^2，草地 3.36 km^2，裸土地和裸岩石砾地等未利用地 1.40 km^2，水域面积 73.94 km^2，建设用地面积 230.81 km^2。林地覆盖区总面积为 524.78 km^2，占该区总面积的 28.14%；农业作物覆盖区总面积为 1 030.77 km^2，占该区总面积的 55.27%；林地覆盖区和农业作物覆盖区占到该区总面积的 83.40%，建设用地所占比例为 12.38%，水域所占比例为 3.96%。

7.3.3.3 保护区

该区的自然保护区有龙池山自然保护区和天目湖湿地自然保护区 2 个区。宜兴龙池山自然保护区位于宜兴城西南 35 km 的茗岭镇境内，太湖西侧，总面积 123 hm^2，保护区类型为森林生态，主要保护对象为常绿落叶阔叶混交林。最高海拔 488 m，年平均气温 15.7℃，森林覆盖率达 95%。属中亚热带北缘，常绿阔叶林带生长茂盛，珍稀濒危植物众多，有“天然植物王国”和“绿色氧吧”之称。溧阳市天目湖湿地自然保护区位于溧阳市天目湖镇，面积 643 hm^2，保护区类型为内陆湿地，主要保护对象为湿地生态系统。

该区涉及的水功能保护区有大溪水库及其上游常州水源地保护区、沙河水库及其上游常州水源地保护区和横山水库及其上游宜兴水源地保护区 3 个区。大溪水库及其上游常州水源地保护区范围为源头至大溪水库坝址，库容 1.71 亿 m^3，水质目标为 II 类。沙河水库及其上游常州水源地保护区范围为源头至沙河水库坝址，库容 1.09 亿 m^3，水质目标为 II 类。横山水库及其上游宜兴水源地保护区范围为源头至横山水库坝址，库容 1.13 亿 m^3，水质目标为 II—III 类。

7.3.4 长兴北水源涵养与生物多样性维持功能区（Ⅲ121）

长兴北水源涵养与生物多样性维持功能区（Ⅲ121）在太湖流域的位置及其空间分布情况如图 7-11 所示。

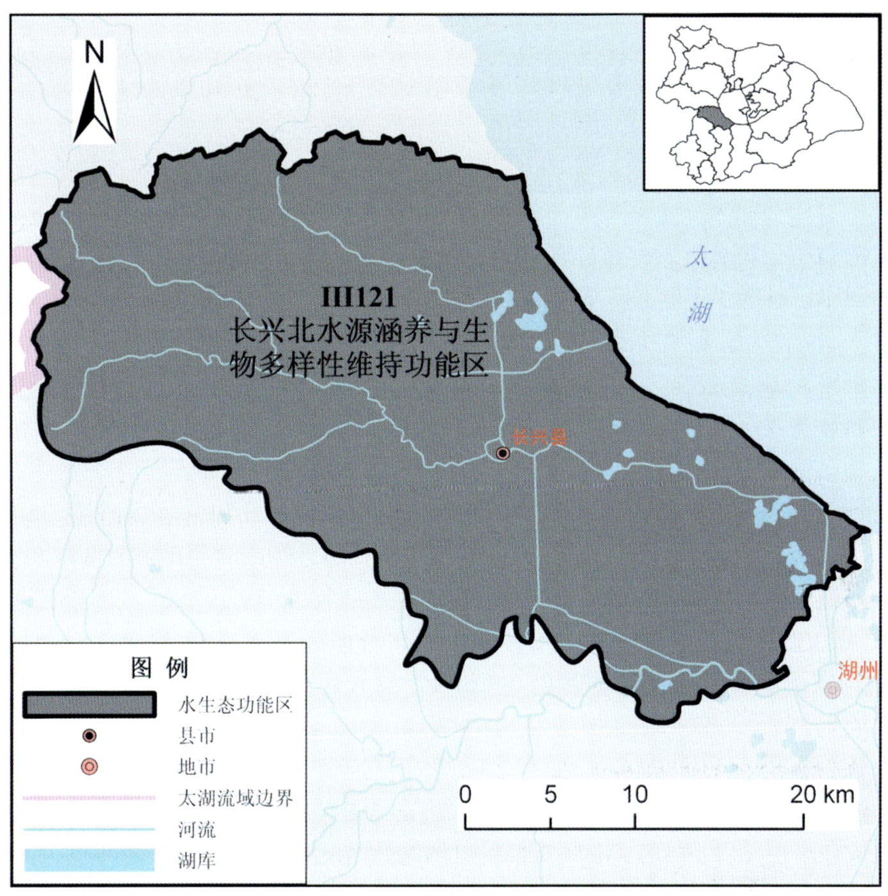

图 7-11 长兴北水源涵养与生物多样性维持功能区（III121）

7.3.4.1 水生态系统特征

（1）水生生物

该区共鉴定浮游植物数量 17 属，细胞丰度为 19.6×10^5ind/L，生物量为 34.4 mg/L。平水期优势属为栅藻和针杆藻，丰水期为十字藻。Shannon-Wiener 多样性指数和 Margalef 多样性指数均表明该区处于污染状态（$H'=0.59$，$D=0.58$）。硅藻商（2.4）表明该区处于富营养化状态，而藻类污染指数（17.5）表明该区有机物污染为中度污染状态。说明该区主要污染为营养物质。

（2）水质

该区主要水系为长兴运河水系，主要河流有合溪新港、长兴港、杨家浦港、合溪（北涧、南涧）和夹浦港等。区域内主要有包漾河、夹浦港等 9 个水质监测断面，2010 年主要以Ⅱ类和Ⅲ类水为主，无Ⅳ类—劣Ⅴ类水质断面，全部监测断面满足水功能要求。4 个直接入湖断面水质均为Ⅲ类，水质较好。

7.3.4.2 自然环境特征

（1）地形地貌特征

该区地貌类型主要包括低海拔小起伏山地和低海拔湖积平原。该区西北部以丘陵山区为主，东南部相对比较平坦，山峰高程最高达 600 m，平均高程为 85.77 m。

（2）气候特征

从空间分布上看，该区多年平均气温在 12.6～15.6℃，均温为 15.09℃；年降水量在 1 297.31～1 338.53 mm，平均年降水量为 1 309.53 mm。

（3）土壤特征

该区土壤类型属 5 个土纲，即半水成土、初育土、淋溶土、人为土和铁铝土；分属 6 个土类，即潮土、粗骨土、红壤、黄棕壤、石灰（岩）土和水稻土；涵盖 13 个亚类，即潮土、粗骨土、红壤、黄红壤、黄棕壤、黄棕壤性土、灰潮土、石灰（岩）土、水稻土、酸性粗骨土、脱潜水稻土、棕红壤和棕色石灰土。面积最大的土壤类型为黄红壤，占 24.49%；其次为水稻土，占 24.26%；再次为脱潜水稻土，占 20.06%；棕红壤占 8.42%。

（4）植被覆盖特征

该区植被覆被条件较好，主要为农业作物和林地，两者所占比例相当。其中，有林地 356.27 km^2，灌木林 1.71 km^2，疏林地 24.05 km^2，其他林地 10.25 km^2，水田作物 386.98 km^2，旱地作物 10.51 km^2，草地 3.82 km^2，裸土地和裸岩石砾地等未利用地 0.12 km^2，水域面积 22.46 km^2，建设用地面积 86.29 km^2。林地覆盖区总面积为 392.27 km^2，占该区总面积的 43.47%；农业作物覆盖区总面积为 397.49 km^2，占该区总面积的 44.05%；林地覆盖区和农业作物覆盖区占到该区总面积的 87.51%，建设用地所占比例为 9.56%，水域所占比例为 2.49%。

7.3.4.3 保护区

该区涉及的自然保护区有八都芥自然保护区、白岘洞山自然保护区、顾渚山自然保护区和长兴地质遗迹自然保护区 4 个区。八都芥自然保护区地处长兴县小浦镇，面积为 250 hm^2，保护类型为野生植物，主要保护对象为银杏及其生境。白岘洞山自然保护区地处长兴县白岘乡，面积为 2 250 hm^2，保护类型为野生植物，主要保护对象为洞山罗岕茶和溶洞。顾渚山自然保护区地处长兴县水口乡，面积为 2 600 hm^2，保护类型为野生植物，主要保护对象为紫笋贡茶和人文历史遗迹。长兴地质遗迹自然保护区地处长兴县城西北槐坎乡葆青村青塘山麓，保护区总面积 275 hm^2。其中，核心区面积 17 hm^2、缓冲区面积 43 hm^2、实验区面积 215 hm^2，保护类型为地质遗迹，主要保护对象为全球二叠—三叠系界线层型剖面、长兴阶层型剖面和古生物化石。

7.3.5 长安水源涵养与生物多样性维持功能区（Ⅲ122）

长安水源涵养与生物多样性维持功能区（Ⅲ122）在太湖流域的位置及其空间分布情况如图 7-12 所示。

7.3.5.1 水生态系统特征

（1）水生生物

该区共鉴定浮游植物数量 9 属，细胞丰度为 1.52×10^5 ind/L，生物量为 19.2 mg/L。平水期优势属为直链硅藻和舟形藻，丰水期优势属为隐藻。Shannon-Wiener 多样性指数和 Margalef 多样性指数均表明该区处于污染状态（H'=0.64，D=0.38）。硅藻商（0.1）表明该区处于贫营养化状态，而藻类污染指数（8.5）表明该区轻度有机物污染。该区污染较轻。

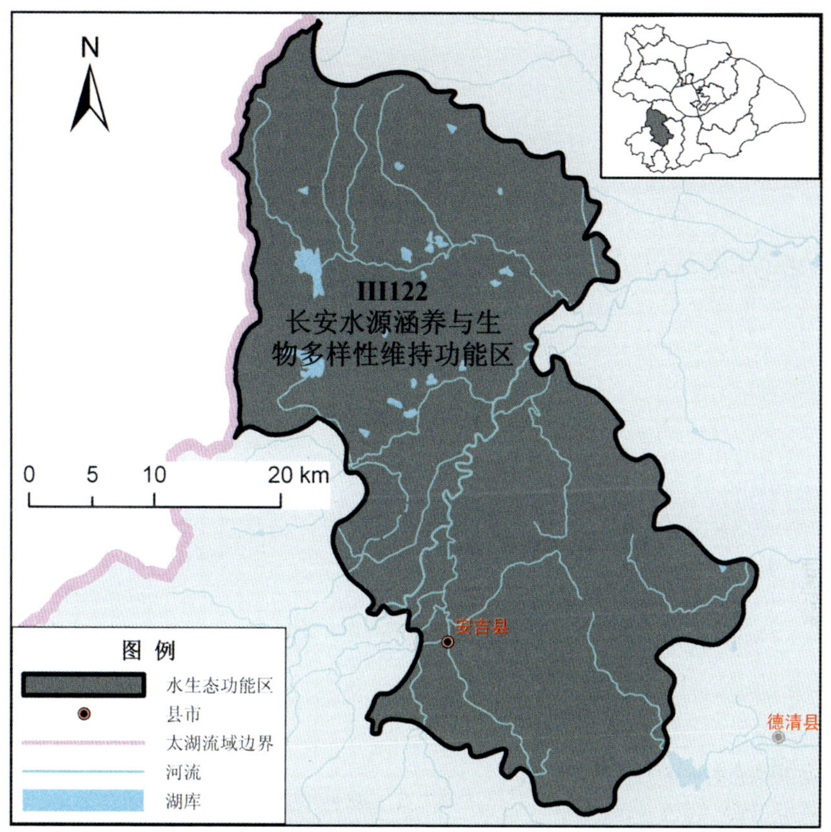

图 7-12 长安水源涵养与生物多样性维持功能区（III122）

（2）水质

该区有长兴运河水系和西苕溪水系，主要水体有泗安水库、泗安塘、泥桥港、西苕溪干流（中段）和递铺港等。该区内的水质较好，2010 年水质监测断面主要以 II 类、III类水为主，无IV类—劣 V 类水质断面，仅泗安水库断面由于生化需氧量不符合 II 类水的功能要求而为III类水，该区满足水功能要求的水质断面比例为 90%，无直接入湖断面。

7.3.5.2 自然环境特征

（1）地形地貌特征

该区地貌类型主要包括低海拔小起伏山地、低海拔剥蚀台地、低海拔湖积平原和低海拔丘陵。该区以丘陵山区为主，地表起伏相对较大，山峰高程最高达 721 m，平均高程为 107.43 m。

（2）气候特征

从空间分布上看，该区多年平均气温在 12.7～15.7℃，均温为 15.03℃；年降水量在 1 304.52～1 380.28 mm，平均年降水量为 1 327.77 mm。

（3）土壤特征

该区土壤类型属 4 个土纲，即半水成土、初育土、人为土和铁铝土；分属 6 个土类，即潮土、粗骨土、红壤、石灰（岩）土、水稻土和紫色土；涵盖 12 个亚类，即潮土、粗骨土、红壤、红壤性土、黄红壤、石灰（岩）土、水稻土、酸性紫色土、脱潜水稻土、潴育水稻土、紫色土和棕红壤。面积最大的土壤类型为黄红壤，占 36.95%；其次为水稻土，占 28.69%；再次为棕红壤，占 10.17%；红壤占 8.32%。

（4）植被覆盖特征

该区植被覆被条件较好，主要为林地，并分布有大面积的农业作物。其中，有林地 573.75 km^2，灌木林 26.04 km^2，疏林地 49.51 km^2，其他林地 23.14 km^2，水田作物 467.28 km^2，旱地作物 62.36 km^2，草地 9.58 km^2，裸土地和裸岩石砾地等未利用地 1.63 km^2，水域面积 24.30 km^2，建设用地面积 68.62 km^2。林地覆盖区总面积为 672.44 km^2，占该区总面积的 51.48%；农业作物覆盖区总面积为 529.64 km^2，占该区总面积的 40.55%；林地覆盖区和农业作物覆盖区占到该区总面积的 92.03%，建设用地所占比例为 5.25%，水域所占比例为 1.86%。

7.3.5.3 保护区

该区涉及的自然保护区有尹家边扬子鳄自然保护区 1 个。位于长兴县城西南 19km 的管埭乡尹家村。保护区面积为 122 hm^2，保护类型为野生动物，主要保护对象为扬子鳄及其生境。

该区涉及的水功能保护区有余英溪德清源头水保护区 1 个，范围为从源头（杨坞岭）至对河口水库大坝，库容 1.16 亿 m^3，水质目标为Ⅱ类。

7.3.6 安临水源涵养与生物多样性维持功能区（Ⅲ123）

安临水源涵养与生物多样性维持功能区（Ⅲ123）在太湖流域的位置及其空间分布情况如图 7-13 所示。

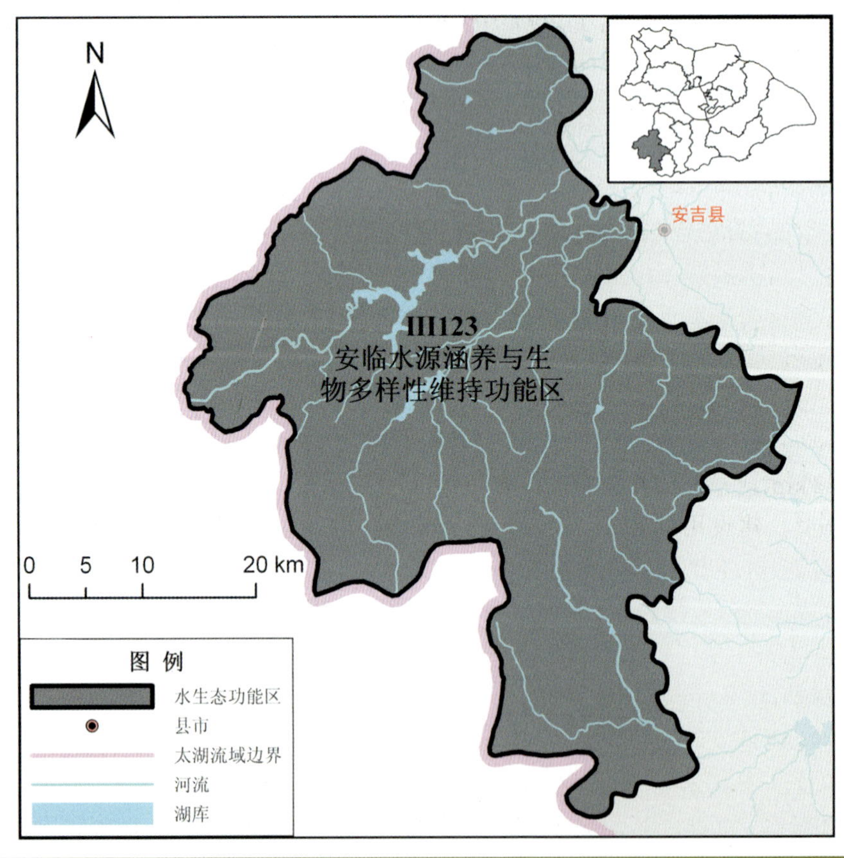

图 7-13 安临水源涵养与生物多样性维持功能区（Ⅲ123）

7.3.6.1 水生态系统特征

（1）水生生物

该区共鉴定浮游植物数量9属，细胞丰度为 3.47×10^5 ind/L，生物量为29.9 mg/L。平水期优势属为栅藻和针杆藻，丰水期优势属为隐藻和桥弯藻。Shannon-Wiener 多样性指数和 Margalef 多样性指数均表明该区处于污染状态（$H'=0.56$，$D=0.37$）。硅藻商（0.2）表明该区处于贫营养化状态，而藻类污染指数（12）表明该区为轻度有机物污染。说明该区水质状况尚好。

（2）水质

该区主要为西苕溪水系，主要水体有西苕溪上游段、赋石水库、老石坎水库、南溪、西溪、大溪和浒溪等。2010 年水质监测断面全部是Ⅱ类水，100%断面满足水功能要求。无直接入湖断面，水生态环境较好。

7.3.6.2 自然环境特征

（1）地形地貌特征

该区地貌类型主要包括低海拔丘陵、低海拔小起伏山地、低海拔中起伏山地和中海拔大起伏山地。该区基本都是丘陵山地，流域最高峰位于此区，地表起伏大，山峰高程最高达1 575 m，平均高程为324.22 m。

（2）气候特征

从空间分布上看，该区多年平均气温在 8.8～16.3℃，均温为 14.38℃；年降水量在1 320.32～1 429.69 mm，平均年降水量为1 357.71 mm。

（3）土壤特征

该区土壤类型属4个土纲，即初育土、淋溶土、人为土和铁铝土；分属7个土类，即粗骨土、红壤、黄壤、黄棕壤、石灰（岩）土、水稻土和紫色土；涵盖14个亚类，即暗黄棕壤、粗骨土、红壤、黄红壤、黄壤、渗育水稻土、石灰（岩）土、水稻土、酸性紫色土、淹育水稻土、潴育水稻土、紫色土、棕红壤和棕色石灰土。面积最大的土壤类型为红壤，占49.10%；其次为水稻土，占16.42%；再次为黄壤，占12.33%；粗骨土占7.00%。

（4）植被覆盖特征

该区植被覆被条件较好，主要为林地，并分布有农业作物。其中，有林地1 169.08 km^2，灌木林54.99 km^2，疏林地39.24 km^2，其他林地5.23 km^2，水田作物220.40 km^2，旱地作物33.52 km^2，草地64.13 km^2，裸土地和裸岩石砾地等未利用地0.18 km^2，水域面积13.25 km^2，建设用地面积34.19 km^2。林地覆盖区总面积为1 268.53 km^2，占该区总面积的77.62%；农业作物覆盖区总面积为253.92 km^2，占该区总面积的15.54%；林地覆盖区和农业作物覆盖区占到该区总面积的93.16%，建设用地所占比例为2.09%，水域所占比例为0.81%。

7.3.6.3 保护区

该区涉及的自然保护区有龙王山自然保护区1个区。位于浙皖二省三县交界处，和西天目山属同一山脉，是浙北、浙东地区第一高峰；属省级自然保护区，总面积为12 km^2。区内森林覆盖率达90%以上，有“绿色宝库”、“浙北绿色明珠”之称。黄浦江源生态风景区坐落在龙王山自然保护区内，主峰1 587.4 m的安吉西部龙王山上。

该区涉及的水功能保护区有西苕溪安吉源头水和大型水库水源保护区、南溪安吉龙王山自然保护区2个区。西苕溪安吉源头水和大型水库水源保护区范围从天锦堂至赋石水库大坝，库容2.18亿m^3，水质目标为I—II类。南溪安吉龙王山自然保护区范围从龙王山北坡至老石坎水库大坝，库容1.15亿m^3，水质目标为I—II类。

7.3.7 南德余水源涵养与生物多样性维持功能区（III124）

南德余水源涵养与生物多样性维持功能区（III124）在太湖流域的位置及其空间分布情况如图7-14所示。

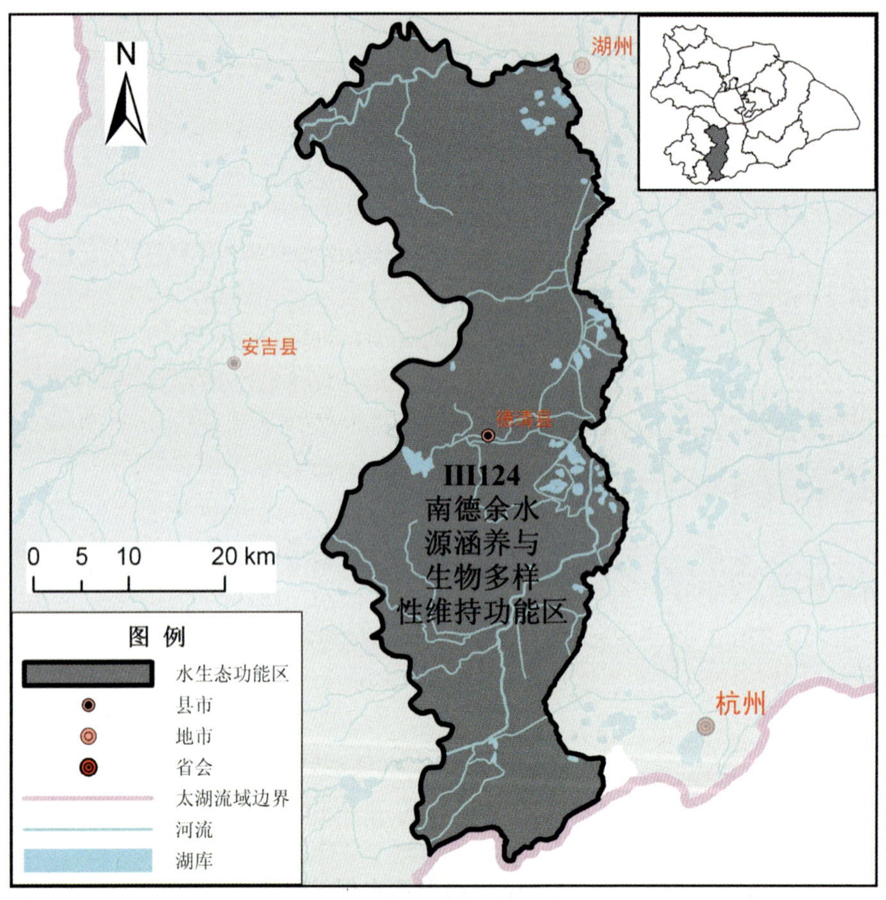

图7-14 南德余水源涵养与生物多样性维持功能区（III124）

7.3.7.1 水生态系统特征

（1）水生生物

该区共鉴定浮游植物数量19属，细胞丰度为12×10^5ind/L，生物量为51.7mg/L。平水期优势属为直链硅藻，丰水期优势属为十字藻和伪鱼腥藻。Shannon-Wiener多样性指数、Margalef多样性指数表明该区处于污染状态（$H'=0.64$，$D=0.55$）。硅藻商（4.1）表明该区处于富营养化状态，而藻类污染指数（21）表明该区有机物污染。说明该区为有机物和营养物质共同污染。

（2）水质

区内主要是东苕溪水系，主要水体有对河口水库和东苕溪上游段等。该区内的水质良好，区域内主要有对河口、城西大桥等 12 个监测断面，2010 年水质主要以Ⅱ类、Ⅲ类为主，无Ⅳ类—劣Ⅴ类水质断面，仅城西大桥断面由于总磷不符合Ⅱ类水的功能要求而为Ⅲ类，该区满足水功能要求的比例为 90.9%。无直接入湖断面。

7.3.7.2 自然环境特征

（1）地形地貌特征

该区地貌类型主要包括低海拔丘陵、低海拔小起伏山地、低海拔中起伏山地、低海拔湖积平原和低海拔冲积平原。该区地表起伏相对较大，山峰高程最高达 721 m，平均高程为 62.17 m。

（2）气候特征

从空间分布上看，该区多年平均气温在 12.9～16.2℃，均温为 15.58℃；年降水量在 1 314.59～1 389.49 mm，平均年降水量为 1 346.54 mm。

（3）土壤特征

该区土壤类型属 5 个土纲，即半水成土、初育土、淋溶土、人为土和铁铝土；分属 7 个土类，即潮土、粗骨土、红壤、黄棕壤、石灰（岩）土、水稻土和紫色土；涵盖 15 个亚类，即潮土、粗骨土、红壤、红壤性土、黄红壤、黄棕壤、灰潮土、渗育水稻土、石灰（岩）土、水稻土、脱潜水稻土、中性粗骨土、紫色土、棕红壤和棕色石灰土。面积最大的土壤类型为黄红壤，占 28.80%；其次为脱潜水稻土，占 23.35%；再次为水稻土，占 23.24%；红壤占 7.97%。

（4）植被覆盖特征

该区植被覆被条件较好，主要为林地和农业作物，两者均超过了 40%，且林地所占比例超过了农业作物。其中，有林地 694.50 km^2，灌木林 3.37 km^2，疏林地 48.72 km^2，其他林地 23.43 km^2，水田作物 601.55 km^2，旱地作物 79.13 km^2，草地 21.81 km^2，裸土地和裸岩石砾地等未利用地 1.32 km^2，水域面积 50.83 km^2，建设用地面积 109.24 km^2。林地覆盖区总面积为 770.03 km^2，占该区总面积的 47.13%；农业作物覆盖区总面积为 680.68 km^2，占该区总面积的 41.66%；林地覆盖区和农业作物覆盖区占到该区总面积的 88.79%，建设用地所占比例为 6.69%，水域所占比例为 3.11%。

7.3.7.3 保护区

该区涉及的水功能保护区有余英溪德清源头水保护区 1 个。范围从源头（杨坞岭）至对河口水库大坝，库容 1.16 亿 m^3，水质目标为Ⅱ类。

7.3.8 临余水源涵养与水质净化功能区（Ⅲ125）

临余水源涵养与水质净化功能区（Ⅲ125）在太湖流域的位置及其空间分布情况如图 7-15 所示。

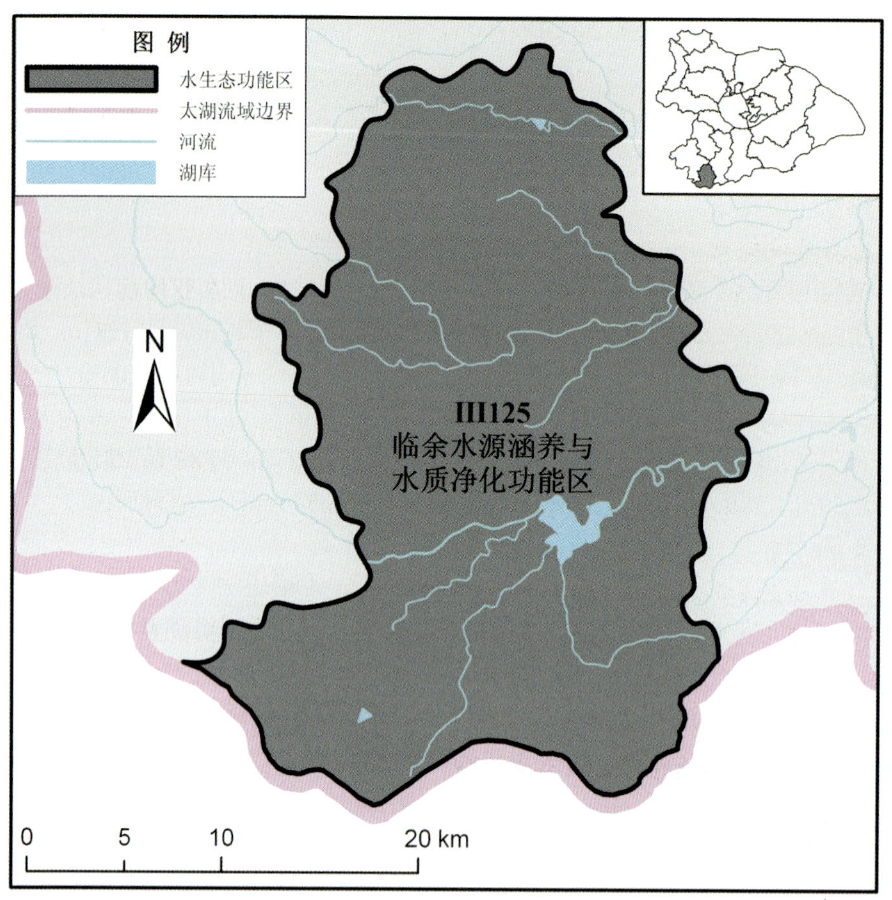

图 7-15 临余水源涵养与水质净化功能区（III125）

7.3.8.1 水生态系统特征

（1）水生生物

该区共鉴定浮游植物数量 10 余属，细胞丰度为 7×10^5ind/L，生物量为 42 mg/L。底栖动物优势种为霍甫水丝蚓和苏氏尾鳃蚓。

（2）水质

主要水系有东苕溪上游、青山水库，水质状况较好，仅有一个省控断面。汪家埠断面的水质类别为III类，可以达到水功能区水质要求，其中青山湖出口断面水质有时会超标，超标指标主要是总磷。

7.3.8.2 自然环境特征

（1）地形地貌特征

该区地貌类型主要包括低海拔小起伏山地、低海拔中起伏山地和低海拔冲积平原。该区基本均为山地，地表起伏大，高程最高达 1 091 m，平均高程为 170.43 m。

（2）气候特征

从空间分布上看，该区多年平均气温在 10.4～16.1℃，均温为 15.16℃；年降水量在 1 351.66～1 408.43 mm，平均年降水量为 1 369.99 mm。

（3）土壤特征

该区土壤类型属 3 个土纲，即初育土、人为土和铁铝土；分属 5 个土类，即红壤、黄壤、石灰（岩）土、水稻土和紫色土；涵盖 9 个亚类，即红壤、红壤性土、黄红壤、黄壤、渗育水稻土、石灰（岩）土、水稻土、紫色土和棕色石灰土。面积最大的土壤类型为红壤，占 56.48%；其次为水稻土，占 16.80%；再次为石灰（岩）土，占 9.49%；黄红壤占 8.16%。

（4）植被覆盖特征

该区植被覆被条件较好，主要为林地，并分布有一定量的农业作物。其中，有林地 406.46 km^2，灌木林 26.29 km^2，疏林地 25.26 km^2，其他林地 2.16 km^2，水田作物 100.74 km^2，旱地作物 26.61 km^2，草地 13.91 km^2，裸土地和裸岩石砾地等未利用地 0.04 km^2，水域面积 11.52 km^2，建设用地面积 30.32 km^2。林地覆盖区总面积为 460.17 km^2，占该区总面积的 71.53%；农业作物覆盖区总面积为 127.35 km^2，占该区总面积的 19.80%；林地覆盖区和农业作物覆盖区占到该区总面积的 91.33%，建设用地所占比例为 4.71%，水域所占比例为 1.79%。

7.3.9 常州水质净化与营养物质循环功能区（Ⅲ211）

常州水质净化与营养物质循环功能区（Ⅲ211）在太湖流域的位置及其空间分布情况如图 7-16 所示。

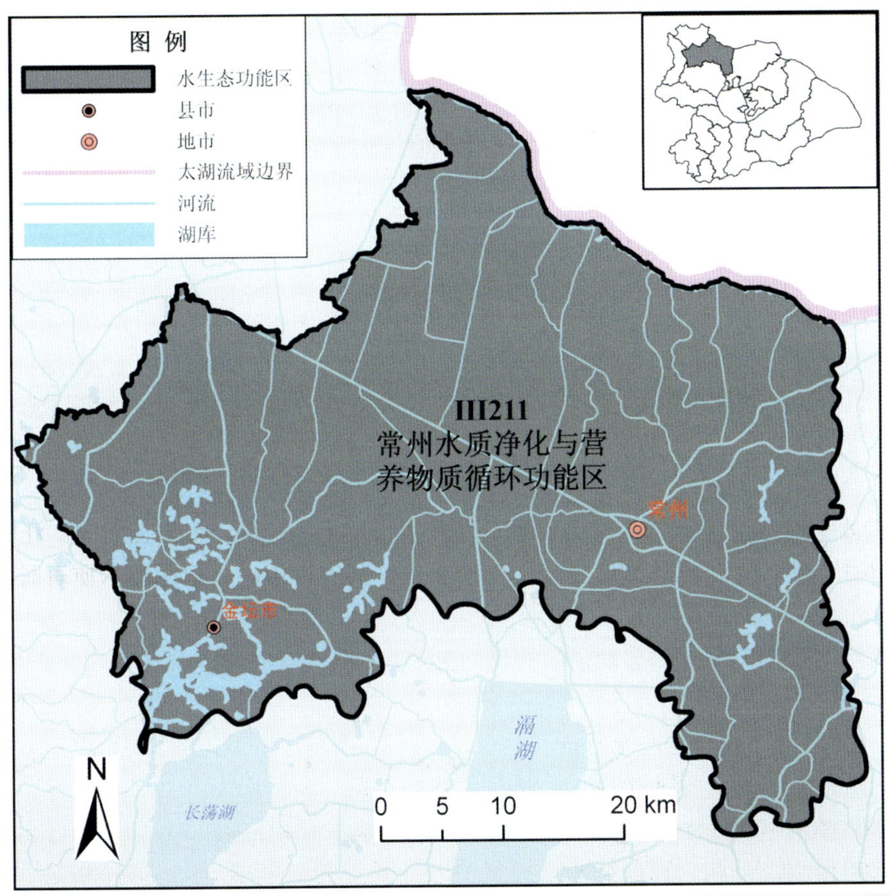

图 7-16 常州水质净化与营养物质循环功能区（Ⅲ211）

7.3.9.1 水生态系统特征

（1）水生生物

该区共鉴定浮游植物数量 22 属，细胞丰度为 47.2×10^5ind/L，生物量为 0.89 mg/L。平水期优势属为纤维藻和脆杆藻，丰水期优势属为角甲藻和脆杆藻。Shannon-Wiener 多样性指数和 Margalef 多样性指数表明该区处于污染状态（$H'=0.59$，$D=0.51$）。硅藻商（1）表明该区处于轻度富营养化状态，而藻类污染指数（18.5）表明该区为中度有机物污染。

（2）水质

该区主要河流有京杭运河、丹金溧漕河、简渎河、北塘河、扁担河、德胜河、澡港河、新孟河和采菱港等，水库有钱资荡和南大荒等。江苏省太湖流域水质监测结果显示，该区水质以 IV—V 类为主，3 个监测断面中有 1 个为Ⅳ类，2 个为Ⅴ类。

7.3.9.2 自然环境特征

（1）地形地貌特征

该区地貌类型主要包括低海拔冲积平原、低海拔湖积平原、低海拔冲积扇平原和低海拔洪积湖积平原。该区地形简单，地表起伏小，区内零星小山高程最高达 138 m，平均高程为 5.58 m。

（2）气候特征

从空间分布上看，该区多年平均气温在 14.8～15.3℃，均温为 15.09℃；年降水量在 1 217.57～1 266.08 mm，平均年降水量为 1 240.59 mm。

（3）土壤特征

该区土壤类型属 4 个土纲，即半水成土、初育土、淋溶土和人为土；分属 7 个土类，即潮土、粗骨土、黄褐土、黄棕壤、石灰（岩）土、水稻土和新积土；涵盖 9 个亚类，即潮土、冲积土、粗骨土、黄褐土、黄棕壤、漂洗水稻土、水稻土、脱潜水稻土和棕色石灰土。面积最大的为水稻土，占 86.97%；其次为漂洗水稻土，占 6.16%；再次为脱潜水稻土，占 2.77%。

（4）植被覆盖特征

该区植被覆被条件较好，主要为农业作物，林地覆盖面积较小。其中，有林地 2.71 km^2，灌木林 0.18 km^2，疏林地 1.90 km^2，其他林地 0.61 km^2，水田作物 1 289.67 km^2，旱地作物 46.37 km^2，草地 1.22 km^2，裸土地和裸岩石砾地等未利用地 0.37 km^2，水域面积 120.91 km^2，建设用地面积 652.26 km^2。林地覆盖区总面积为 5.41 km^2，占该区总面积的 0.26%；农业作物覆盖区总面积为 1 336.03 km^2，占该区总面积的 63.13%；林地覆盖区和农业作物覆盖区占到该区总面积的 63.39%，建设用地所占比例为 30.82%，水域所占比例为 5.71%。

7.3.10 长漏水质净化与洪水调蓄功能区（Ⅲ212）

长漏水质净化与洪水调蓄功能区（III212）在太湖流域的位置及其空间分布情况如图 7-17 所示。

7.3.10.1 水生态系统特征

（1）水生生物

该区共鉴定浮游植物数量 30 属，细胞丰度为 74.2×10^5ind/L，生物量为 1.92 mg/L。平水期优势属为隐藻和针杆藻，丰水期优势度为裸藻和角甲藻。Shannon-Wiener 多样性指数和 Margalef 多样性指数表明该区处于污染状态（$H'=0.73$，$D=0.72$）。硅藻商（1.7）

表明该区处于轻度富营养化状态，而藻类污染指数（22.5）表明该区有有机物污染。

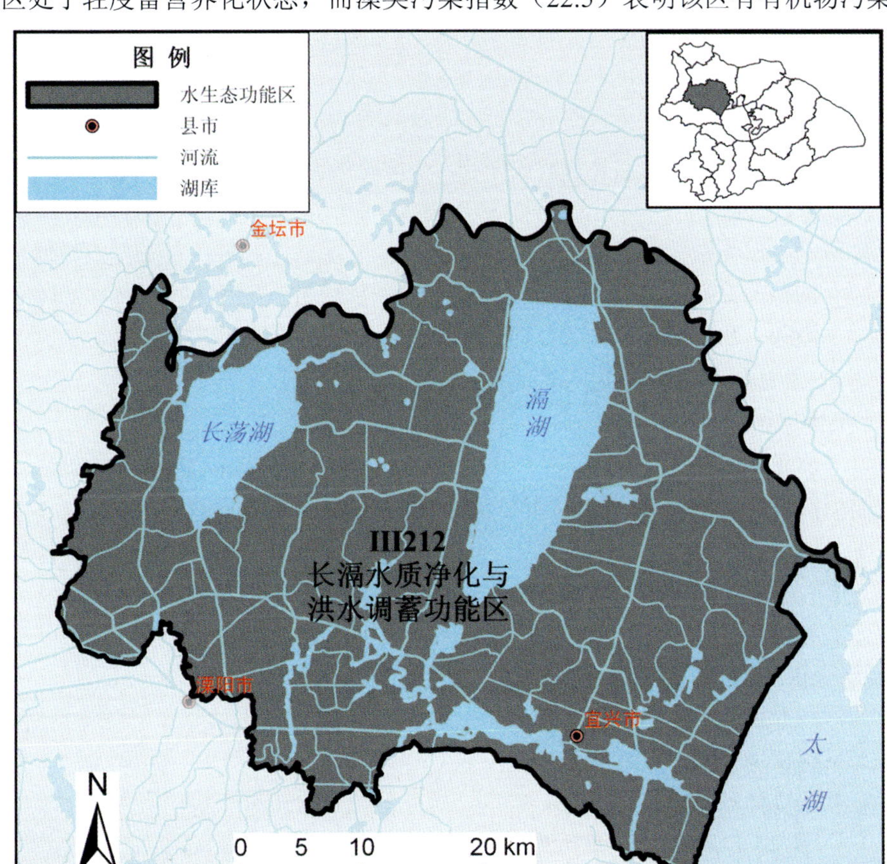

图 7-17 长滆水质净化与洪水调蓄功能区（III212）

（2）水质

该区有长荡湖、滆湖以及东氿、西氿、都山荡、马公荡等湖荡水库，以及丹金溧漕河、竹箦河、简渎河、太滆运河、殷村港、湟里河、北干河、百渎港、官渎港、洪巷港等众多河流，为湖西重要的入湖水系。江苏省太湖流域水质监测结果显示，该区水质以Ⅳ—劣Ⅴ类为主，12 个水质监测断面中有 5 个为Ⅳ类，4 个为劣Ⅴ类，1 个为Ⅲ类，2 个为Ⅴ类。

7.3.10.2 自然环境特征

（1）地形地貌特征

该区地貌类型主要包括低海拔冲积平原、低海拔湖积平原和湖泊。该区地形简单，地表起伏小，区内零星小山高程最高达 162 m，平均高程为 4.78 m。

（2）气候特征

从空间分布上看，该区多年平均气温在 15.1～15.3℃，均温为 15.21℃；年降水量在 1 244.61～1 287.77 mm，平均年降水量为 1 263.64 mm。

（3）土壤特征

该区土壤类型属 5 个土纲，即半水成土、初育土、淋溶土、人为土和铁铝土；分属 7 个土类，即潮土、粗骨土、红壤、黄褐土、黄棕壤、水稻土和沼泽土；涵盖 9 个亚类，即潮土、粗骨土、黄褐土、黄棕壤、漂洗水稻土、水稻土、脱潜水稻土、沼泽土和棕红壤。面积最大的土壤类型为水稻土，占 53.43%；其次为漂洗水稻土，占 16.47%；再次为湖库水面，占 15.36%；脱潜水稻土占 10.06%。

（4）植被覆盖特征

该区植被覆被条件较好，主要为农业作物，林地覆盖面积较小。其中，有林地 16.72 km^2，灌木林 1.96 km^2，疏林地 3.14 km^2，其他林地 0.38 km^2，水田作物 1 142.20 km^2，旱地作物 47.04 km^2，草地 5.66 km^2，水域面积 574.07 km^2，建设用地面积 333.08 km^2。林地覆盖区总面积为 22.20 km^2，占该区总面积的 1.05%；农业作物覆盖区总面积为 1 189.24 km^2，占该区总面积的 55.98%；林地覆盖区和农业作物覆盖区占到该区总面积的 57.03%，建设用地所占比例为 15.68%，水域所占比例为 27.02%。

7.3.10.3 保护区

该区涉及的自然保护区有上黄水母山自然保护区 1 个，地处溧阳市上黄镇，总面积 40 hm^2，保护区类型为古生物遗迹，主要保护对象为古生物化石。

7.3.11 锡张水质净化与营养物质循环功能区（Ⅲ213）

锡张水质净化与营养物质循环功能区（Ⅲ213）在太湖流域的位置及其空间分布情况如图 7-18 所示。

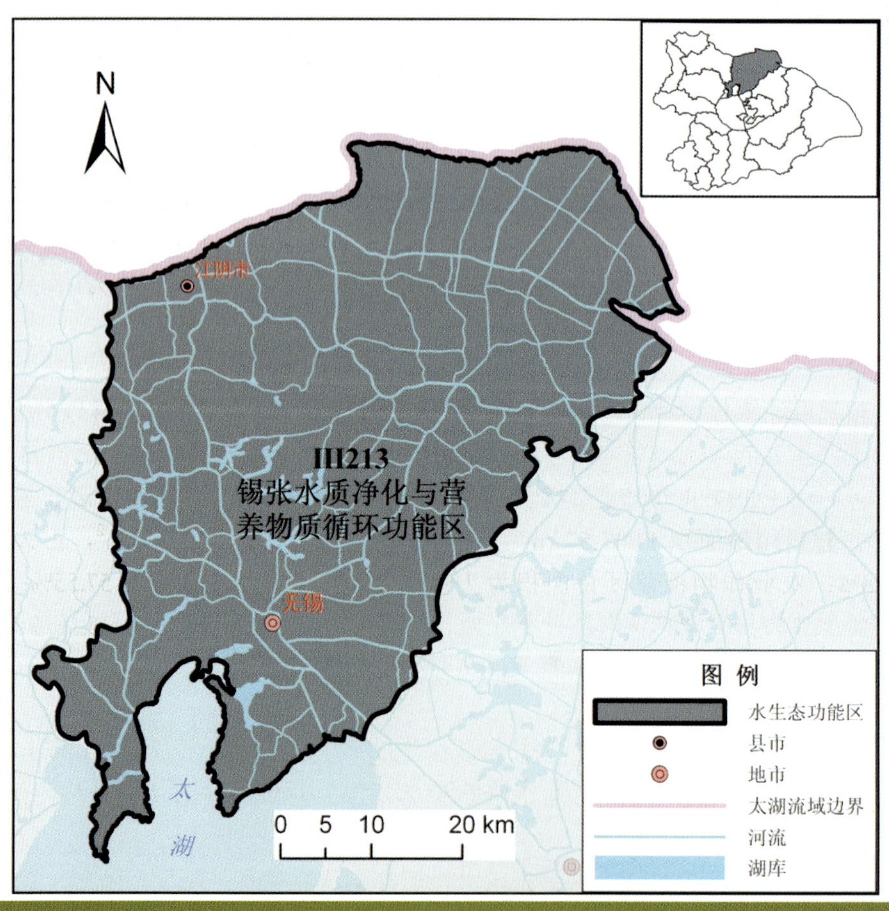

图 7-18 锡张水质净化与营养物质循环功能区（Ⅲ213）

7.3.11.1 水生态系统特征

（1）水生生物

该区共鉴定浮游植物数量 29 属，细胞丰度为 202×10^5 ind/L，生物量为 0.96 mg/L。平水期优势属为隐藻、裸藻和纤维藻，丰水期优势属为隐藻、裸藻和微囊藻。Shannon-Wiener 多样性指数和 Margalef 多样性指数表明该区处于污染状态（$H'=0.7$，$D=0.62$）。硅藻商（2.9）表明该区处于轻度富营养化状态，而藻类污染指数（22.5）表明该区水质主要为有机物污染。

（2）水质

该区主要河流有京杭运河、锡澄运河、直湖港、梁溪河、锡北运河和张家港河等。江苏省太湖流域水质监测结果显示，该区水质以劣Ⅴ类为主，5 个水质监测断面中有 4 个为劣Ⅴ类，1 个为Ⅳ类。

7.3.11.2 自然环境特征

（1）地形地貌特征

该区地貌类型主要包括低海拔海积冲积平原、低海拔冲积平原、低海拔洪积湖积平原、低海拔湖积平原和低海拔洪积小起伏山地。该区地形简单，地表起伏小，区内分布有零星小山，其高程最高达 315 m，平均高程为 7.25 m。

（2）气候特征

从空间分布上看，该区多年平均气温在 14.1～15.5℃，均温为 15.17℃；年降水量在 1 233.03～1 286.59 mm，平均年降水量为 1 256.22 mm。

（3）土壤特征

该区土壤类型属 4 个土纲，即半水成土、初育土、淋溶土和人为土；分属 5 个土类，即潮土、粗骨土、黄褐土、黄棕壤和水稻土；涵盖 10 个亚类，即潮土、粗骨土、黄褐土、黄棕壤、漂洗水稻土、水稻土、酸性粗骨土、脱潜水稻土、黏盘黄褐土和棕色石灰土。面积最大的土壤类型为水稻土，占 47.93%；其次为潮土，占 20.93%；再次为漂洗水稻土，占 17.05%；脱潜水稻土占 7.28%。

（4）植被覆盖特征

该区植被覆被条件较好，主要为农业作物，林地覆盖面积较小。其中，有林地 101.31 km^2，灌木林 4.23 km^2，疏林地 8.39 km^2，其他林地 8.69 km^2，水田作物 1 630.51 km^2，旱地作物 18.68 km^2，草地 4.70 km^2，裸土地和裸岩石砾地等未利用地 0.09 km^2，水域面积 82.63 km^2，建设用地面积 1 007.57 km^2。林地覆盖区总面积为 122.62 km^2，占该区总面积的 4.28%；农业作物覆盖区总面积为 1 649.19 km^2，占该区总面积的 57.53%；林地覆盖区和农业作物覆盖区占到该区总面积的 61.81%，建设用地所占比例为 35.15%，水域所占比例为 2.88%。

7.3.12 竺山梅梁湾水质净化与生物多样性维持综合功能区（Ⅲ221）

竺山梅梁湾水质净化与生物多样性维持综合功能区（Ⅲ221）在太湖流域的位置及其空间分布情况如图 7-19 所示。

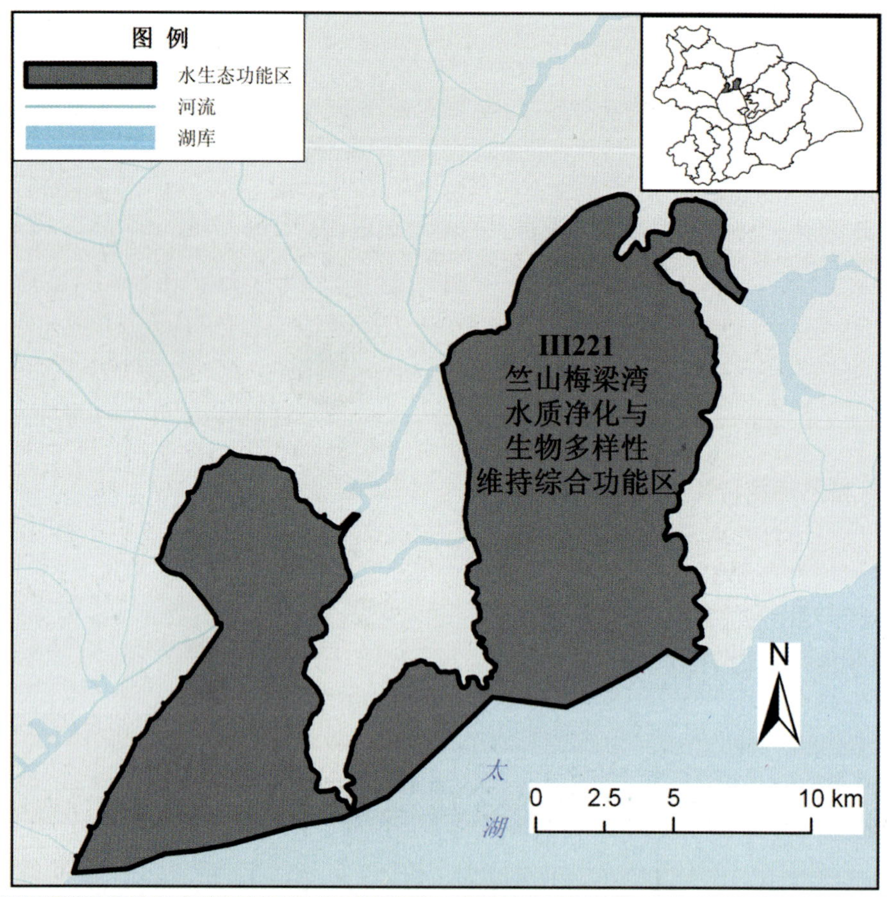

图 7-19 竺山梅梁湾水质净化与生物多样性维持综合功能区（III221）

7.3.12.1 水生态系统特征

该区位于太湖湖体的北部，属于太湖湖体的部分，为重污染生态退化区。湖区水质均为Ⅴ类或劣于Ⅴ类，蓝藻水华频发，属富营养化程度高的水域。湖区北部水生态退化严重，除沿岸尚存少量芦苇间断分布外，沉水植物已基本消亡，浮游植物蓝藻疯长；鱼类在 20 世纪 60 年代有 160 种，目前仅有 60～70 种，洄游性鱼类几乎绝迹；底栖生物物种减少，耐污类生物种类增加，生物多样性和整体性下降；湖泊底泥沉积增厚，污染逐年加重，成为湖体二次污染源。

7.3.12.2 自然环境特征

该区地貌类型主要为湖泊，主要为竺山湾、梅梁湾和五里湖湖泊水面。该区为湖体水面，区内零星小山高程最高达 51 m，平均高程为 0.25 m。

从空间分布上看，该区多年平均气温在 15.3～15.5℃，均温为 15.38℃；年降水量在 1 268.60～1 281.12 mm，平均年降水量为 1 275.57 mm。

7.3.12.3 保护区

该区涉及的水功能保护区有太湖竺山湖保护区 1 个，保护范围为竺山湖，面积为 68.3 km^2，水质目标为Ⅲ类。

7.3.13 湖心湖西洪水调蓄和水质净化综合功能区（Ⅲ222）

湖心湖西洪水调蓄和水质净化综合功能区（Ⅲ222）在太湖流域的位置及其空间分布情况如图 7-20 所示。

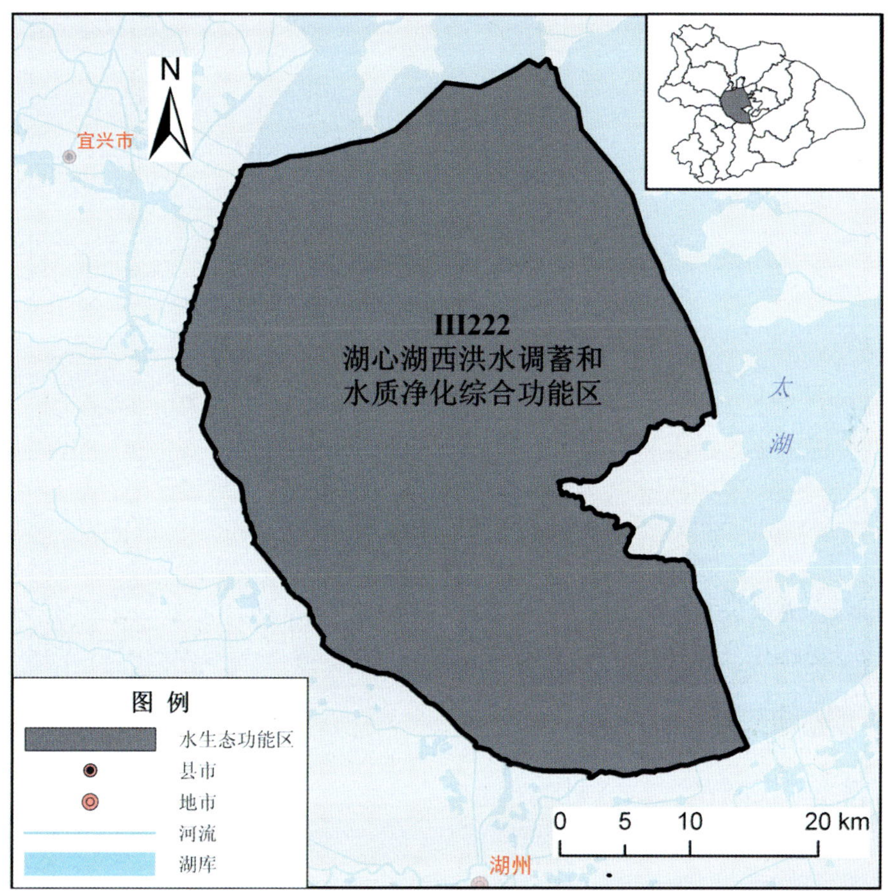

图 7-20 湖心湖西洪水调蓄和水质净化综合功能区（Ⅲ222）

7.3.13.1 水生态系统特征

水质为Ⅳ类，大部分富营养化。据监测资料分析，原水质较好的湖区部分指标（TN、NH_3-N）浓度有不同程度的上升，各湖区污染物浓度差异有所缩小，值得引起人们的重视。

7.3.13.2 自然环境特征

该区地貌类型主要为湖泊，主要为太湖西部和湖心区，区内东部分布有零星小山，其高程最高达 85 m，平均高程为 0.09 m。

从空间分布上看，该区多年平均气温在 15.3～15.7℃，均温为 15.51℃；年降水量在 1 279.96～1 318.93 mm，平均年降水量为 1 297.42 mm。

7.3.13.3 自然保护区

该区涉及的水功能保护区有太湖湖体保护区 1 个，保护范围为西部省界、大雷山、小雷山、东部省界一线以北湖区（五里湖、梅梁湖、贡湖、竺山湖、胥湖除外），总面积为 1 345.1 km^2，水质目标为Ⅱ—Ⅲ类。

7.3.14 西山生物多样性维持功能区（Ⅲ223）

西山生物多样性维持功能区（Ⅲ223）在太湖流域的位置及其空间分布情况如图 7-21 所示。

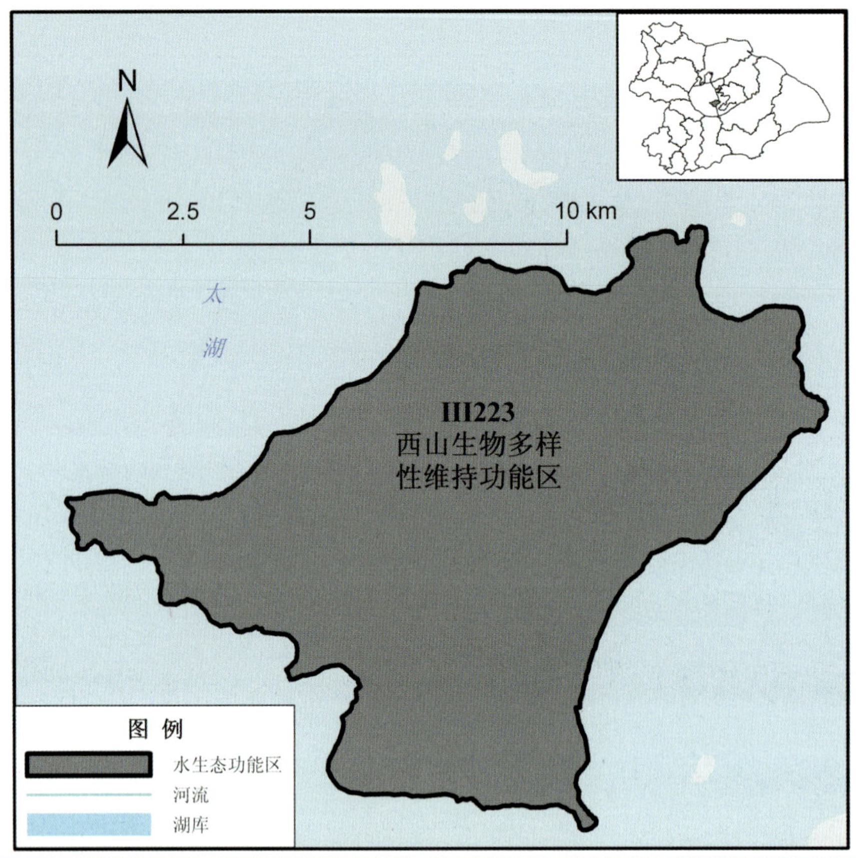

图 7-21 西山生物多样性维持功能区（Ⅲ223）

7.3.14.1 水生态系统特征

该区主要为苏州市吴中区金庭镇，是我国淡水湖泊中最大的岛屿，水质清澈，几乎无工业和农业污染，水生态条件相对较好。但由于近年来社会经济的快速发展，水生态状况有恶化趋势，区内现有的太湖湿地，多数存在着芦苇面积偏少、分布不够均匀、长势不够茂盛、水质净化能力明显下降、生态功能不断退化、湖滨环境不够优美等问题。

7.3.14.2 自然环境特征

（1）地形地貌特征

该区地貌类型主要为低海拔小起伏山地。该区地形起伏相对较大，高程最高达 324 m，平均高程为 43.83 m。

（2）气候特征

从空间分布上看，该区多年平均气温在 14.8～15.7℃，均温为 15.56℃；年降水量在 1 301.35～1 316.54 mm，平均年降水量为 1 306.87 mm。

（3）土壤特征

该区土壤类型属 3 个土纲，即初育土、淋溶土和人为土；分属 4 个土类即黄褐土、黄棕壤、石灰（岩）土和水稻土；涵盖 4 个亚类，即黄褐土、黄棕壤、水稻土和棕色石灰土。面积最大的土壤类型为黄棕壤，占 67.99%；其次为水稻土，占 23.99%；再次为黄褐土，占 5.96%；棕色石灰土占 1.46%。

（4）植被覆盖特征

该区植被覆被条件较好，主要为林地，并分布有一定量的农业作物。其中，有林地 30.35 km^2，疏林地 0.14 km^2，其他林地 16.70 km^2，水田作物 13.03 km^2，草地 0.27 km^2，裸土地和裸岩石砾地等未利用地 3.07 km^2，水域面积 5.82 km^2，建设用地面积 9.73 km^2。林地覆盖区总面积为 47.20 km^2，占该区总面积的 59.65%；农业作物覆盖区总面积为 13.03 km^2，占该区总面积的 16.47%；林地覆盖区和农业作物覆盖区占到该区总面积的 76.12%，建设用地所占比例为 12.30%，水域所占比例为 7.36%。

7.3.15 湖东生物多样性维持和初级生产综合功能区（Ⅲ224）

湖东生物多样性维持和初级生产综合功能区（Ⅲ224）在太湖流域的位置及其空间分布情况如图 7-22 所示。

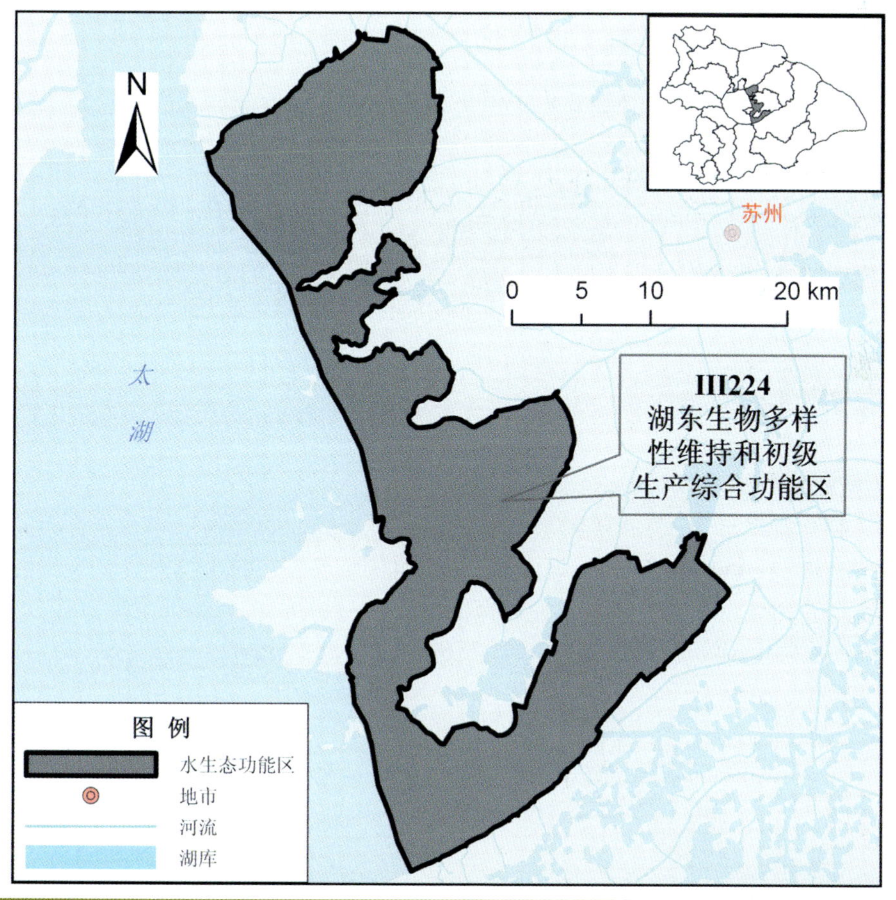

图 7-22 湖东生物多样性维持和初级生产综合功能区（Ⅲ224）

7.3.15.1 水生态系统特征

整个太湖中，东太湖和东部沿岸区水质最好。东太湖具泄洪和供水两大基础功能，是目前太湖水质和水生态环境最好的湖区之一，东太湖湖区 95%以上生长有高等水生植物，水质常年稳定在Ⅱ—Ⅲ类。但现今东太湖湖体沼泽化发生、发展，沼泽化程度最重的高位沼泽区和低位沼泽区面积占东太湖的 42%；轻、中、重度沼泽化湖区面积占 39.5%；无沼泽湖区面积仅占 17.7%。东太湖的围网养殖、生物资源的不合理利用、沼泽化过程的加速和生态系统的退化，均已危及东太湖的存亡。东太湖是太湖主要泄洪通道，沼泽化过程导致河道阻塞，大量泥沙淤积，危及流域生态安全。

7.3.15.2 自然环境特征

该区地貌类型主要为湖泊，主要包括太湖湖东区、贡湖及东太湖。区内分布有零星岛屿小山，其高程最高达 66 m，平均高程为 0.26 m。

从空间分布上看，该区多年平均气温在 15.4～15.8℃，均温为 15.66℃；年降水量在 1 277.64～1 318.78 mm，平均年降水量为 1 299.68 mm。

7.3.15.3 保护区

该区涉及的水功能保护区有太湖饮用水水源保护区 1 个，保护范围为贡湖，面积为 163.8 km^2，水质目标为Ⅲ类。

7.3.16 苏州水质净化功能区（Ⅲ231）

苏州水质净化功能区（Ⅲ231）在太湖流域的位置及其空间分布情况如图 7-23 所示。

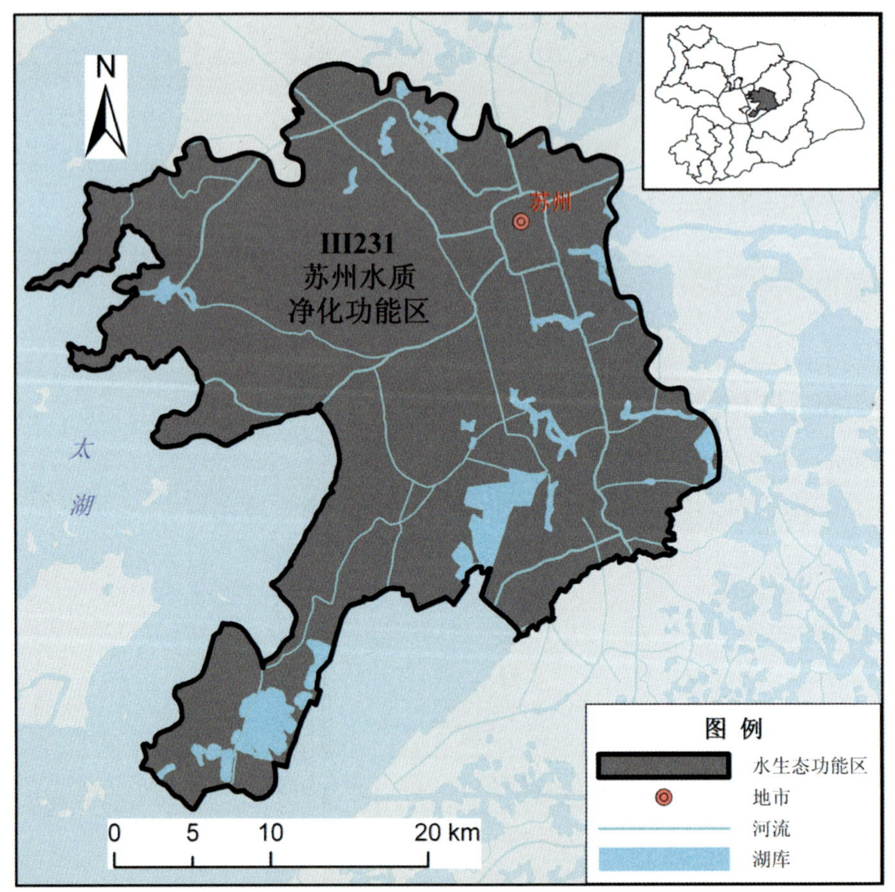

图 7-23 苏州水质净化功能区（Ⅲ231）

7.3.16.1 水生态系统特征

（1）水生生物

该区共鉴定浮游植物数量 16 属，细胞丰度为 32.8×10^5 ind/L，生物量为 1.3 mg/L。平水期优势属为直链硅藻和纤维藻，丰水期优势属为隐藻。Shannon-Wiener 多样性指数和 Margalef 多样性指数均表明该区处于污染状态（$H'=0.63$，$D=0.57$）。硅藻商（2.1）表明该区处于富营养化状态，而藻类污染指数（20）表明该区有机物污染。说明该区水质主要为有机物和营养盐物质共同污染。

（2）水质

该区主要河流有京杭运河、浒光运河、胥江、木光河、苏东河和西塘河等，为东部重要的出湖河流水系。江苏省太湖流域水质监测结果显示，该分区水质以Ⅲ—Ⅴ类为主，7 个水质监测断面中有 2 个为Ⅲ类，2 个为Ⅳ类，2 个为Ⅴ类，1 个为劣Ⅴ类。

7.3.16.2 自然环境特征

（1）地形地貌特征

该区地貌类型主要包括低海拔湖积平原、低海拔小起伏山地和低海拔洪积湖积平原。该区以平原为主，但在苏州市西部分布有一定量的小山，山峰高程最高达 331 m，平均高程为 12.22 m。

（2）气候特征

从空间分布上看，该区多年平均气温在 14.6～15.8℃，均温为 15.61℃；年降水量在 1 283.86～1 317.75 mm，平均年降水量为 1 298.76 mm。

（3）土壤特征

该区土壤类型属 2 个土纲，即淋溶土和人为土；分属 3 个土类，即黄褐土、黄棕壤和水稻土；涵盖 5 个亚类，即黄褐土、黄棕壤、潜育水稻土、水稻土和脱潜水稻土。面积最大的土壤类型为水稻土，占 75.12%；其次为黄棕壤，占 17.3%；再次为潜育水稻土，占 3.24%；脱潜水稻土占 3.01%。

（4）植被覆盖特征

该区植被覆被条件较好，主要为农业作物，并分布有一定的林地。其中，有林地 59.06 km^2，灌木林 4.41 km^2，疏林地 19.05 km^2，其他林地 15.28 km^2，水田作物 299.41 km^2，旱地作物 16.15 km^2，草地 4.41 km^2，裸土地和裸岩石砾地等未利用地 0.88 km^2，水域面积 135.18 km^2，建设用地面积 365.36 km^2。林地覆盖区总面积为 97.80 km^2，占该区总面积的 10.64%；农业作物覆盖区总面积为 315.56 km^2，占该区总面积的 34.33%；林地覆盖区和农业作物覆盖区占到该区总面积的 44.97%，建设用地所占比例为 39.75%，水域所占比例为 14.71%。

7.3.16.3 自然保护区

该区涉及的自然保护区有光福自然保护区 1 个，位于苏州市吴中区光福镇，地处长江南岸太湖之滨，面积 61 hm^2，保护区类型为森林生态，主要保护对象为北亚热带落叶常绿阔叶混交林，其中光福官山岭保护区以天然生长的木荷为主体，该木荷林是天目山、黄山、庐山以北唯一残存的地带性常绿阔叶林树种；吴中区林场茅蓬保护区以天然生长的紫楠为主体，两者均属于天然生长的常绿阔叶林，是中亚热带过渡到北亚热带的地带性树种，是保护区境内及其邻近地区发展亚热带林木的指示性树种。

7.3.17 苏常水质净化与洪水调蓄功能区（Ⅲ232）

苏常水质净化与洪水调蓄功能区（Ⅲ232）在太湖流域的位置及其空间分布情况如图7-24所示。

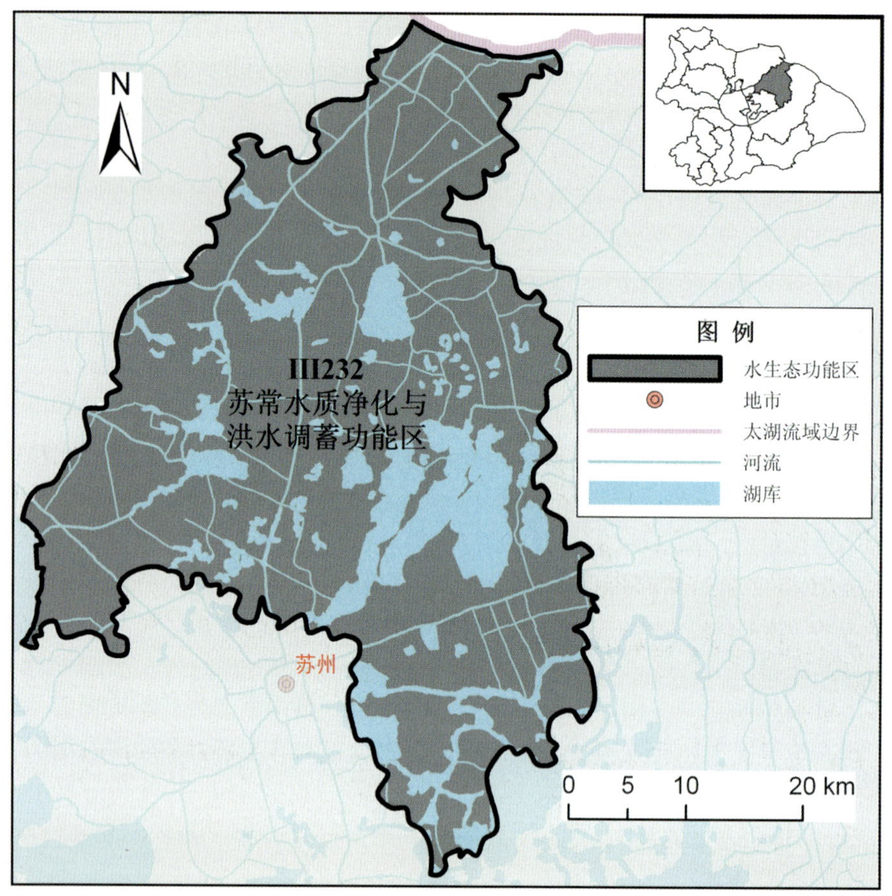

图 7-24 苏常水质净化与洪水调蓄功能区（Ⅲ232）

7.3.17.1 水生态系统特征

（1）水生生物

该区共鉴定浮游植物数量25属，细胞丰度为58.5×10^5ind/L，生物量为1.3mg/L。平水期优势属为隐藻和星杆藻，丰水期优势属为鱼腥藻和针杆藻。Shannon-Wiener多样性指数和Margalef多样性指数均表明该区处于污染状态（$H'=0.8$，$D=0.8$）。硅藻商（4.3）表明该区处于富营养化状态，而藻类污染指数（29.5）表明该区有机物污染，说明该区水质主要为有机物和营养盐物质共同污染。

（2）水质

该区主要河流有望虞河、伯渎港、元和塘、张家港、娄江和吴淞江等，湖泊有阳澄湖、金鸡湖、昆承湖和傀儡湖等。江苏省太湖流域水质监测结果显示，该区水质以Ⅲ类为主，6个水质监测断面中有3个为Ⅲ类，1个为Ⅱ类，1个为Ⅴ类，1个为劣Ⅴ类。

7.3.17.2 自然环境特征

（1）地形地貌特征

该区地貌类型主要包括低海拔洪积湖积平原、低海拔湖积平原、低海拔冲积平原和低海拔海积平原。该区地形简单，地表起伏相对较小，北部分布有一小山，高程最高达 310 m，平均高程为 4.78 m。

（2）气候特征

从空间分布上看，该区多年平均气温在 14.4～15.6℃，均温为 15.35℃；年降水量在 1 257.58～1 307.08 mm，平均年降水量为 1 280.52 mm。

（3）土壤特征

该区土壤类型属 4 个土纲，即半水成土、淋溶土、人为土和水成土；分属 4 个土类，即潮土、黄棕壤、沼泽土和水稻土；涵盖 7 个亚类，即黄棕壤、灰潮土、漂洗水稻土、潜育水稻土、水稻土、沼泽土和脱潜水稻土。面积最大的土壤类型为水稻土，占 66.80%；其次为湖库水面，占 13.47%；再次为脱潜水稻土，占 12.13%；灰潮土占 2.84%。

（4）植被覆盖特征

该区植被覆被条件较好，主要为农业作物，林地覆盖面积较小。其中，有林地 16.14 km^2，疏林地 0.18 km^2，其他林地 2.90 km^2，水田作物 934.31 km^2，旱地作物 7.67 km^2，草地 3.64 km^2，水域面积 349.07 km^2，建设用地面积 492.01 km^2。林地覆盖区总面积为 19.22 km^2，占该区总面积的 1.06%；农业作物覆盖区总面积为 941.98 km^2，占该区总面积的 52.16%；林地覆盖区和农业作物覆盖区占到该区总面积的 53.23%，建设用地所占比例为 27.24%，水域所占比例为 19.33%。

7.3.17.3 自然保护区

该区涉及的水功能保护区有望虞河江苏调水保护区 1 个，保护范围为从吴县市望亭至常熟市花庄闸入江口，长度 60.8 km，水质目标为Ⅲ类。

7.3.18 太嘉水质净化与营养物质循环功能区（Ⅲ233）

太嘉水质净化与营养物质循环功能区（Ⅲ233）在太湖流域的位置及其空间分布情况如图 7-25 所示。

7.3.18.1 水生态系统特征

（1）水生生物

该区共鉴定浮游植物数量 41 属，细胞丰度为 46.7×10^5 ind/L，生物量为 29.1 mg/L。平水期优势属为隐藻和直链硅藻，丰水期优势属为伪鱼腥藻和针杆藻。Shannon-Wiener 多样性指数和 Margalef 多样性指数均表明该区总体处于污染状态（H'=0.82，D=0.78）。硅藻商（4.9）表明该区处于富营养化状态，而藻类污染指数（24.5）表明该区有机物污染，其中丰水期为 27，平水期为 22，说明该区水质主要为有机物和营养盐物质共同污染。该区是污染最为严重的区域之一。

（2）水质

该区有澄湖、淀山湖、同里湖、南星湖、汾湖、白莲湖和万千湖等众多湖泊，流经的河流有京杭运河、太浦河和吴淞江等。江苏省太湖流域水质监测结果显示，该区水质以Ⅲ—劣Ⅴ类为主，11 个水质监测断面中有 1 个为Ⅱ类，2 个为Ⅲ类，2 个为Ⅳ类，2 个为

V类，4个为劣V类。南面有一部分的嘉兴河网和嘉兴运河水系。其中，运河水系的王江泾断面超标，水质类别为V类，主要超标指标为氨氮、高锰酸盐指数，且溶解氧含量也较低。嘉兴河网的水质类别为III—V类，其中3个断面满足功能要求，4个断面不满足功能要求，主要超标指标为五日生化需氧量和氨氮，溶解氧含量也较低。

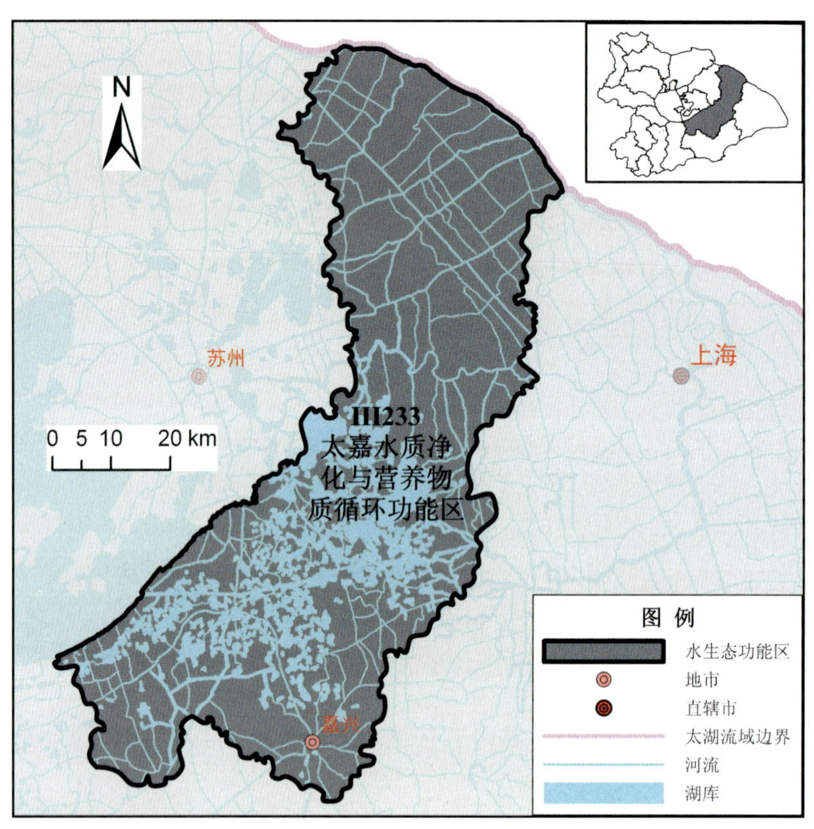

图 7-25 太嘉水质净化与营养物质循环功能区（III233）

7.3.18.2 自然环境特征

（1）地形地貌特征

该区地貌类型主要包括低海拔海积平原、低海拔湖积平原、低海拔冲积平原和低海拔洪积湖积平原。该区地形简单，地表起伏相对较小，北部比较平坦，中南部水面较多，相对低洼，高程最高仅77 m，平均高程为4.30 m。

（2）气候特征

从空间分布上看，该区多年平均气温在15.0～15.8℃，均温为15.40℃；年降水量在1 262.26～1 346.46 mm，平均年降水量为1 307.89 mm。

（3）土壤特征

该区土壤类型属2个土纲，即半水成土和人为土；分属2个土类，即潮土和水稻土；涵盖7个亚类，即潮土、灰潮土、潜育水稻土、渗育水稻土、水稻土、潴育水稻土和脱潜水稻土。面积最大的土壤类型为水稻土，占53.18%；其次为脱潜水稻土，占27.71%；再次为湖库水面，占9.84%；灰潮土占4.79%。

（4）植被覆盖特征

该区植被覆被条件较好，主要为农业作物，但林地覆盖面积较小。其中，有林地 1.37 km^2，疏林地 0.66 km^2，其他林地 14.10 km^2，水田作物 2 750.84 km^2，旱地作物 21.44 km^2，草地 0.41 km^2，水域面积 597.84 km^2，建设用地面积 1 071.57 km^2。林地覆盖区总面积为 16.12 km^2，占该区总面积的 0.36%；农业作物覆盖区总面积为 2 772.28 km^2，占该区总面积的 62.18%；林地覆盖区和农业作物覆盖区占到该区总面积的 62.55%，建设用地所占比例为 24.04%，水域所占比例为 13.41%。

7.3.18.3　保护区

该区涉及的水功能保护区有拦路港—泖河—斜塘上海水源地保护区和太浦河苏浙沪调水保护区 2 个区。拦路港—泖河—斜塘上海水源地保护区保护范围从淀山湖至三角渡，长度 23.8 km，水质目标为Ⅱ—Ⅲ类。太浦河苏浙沪调水保护区保护范围从东太湖至西泖河，长度 57.6 km，水质目标为Ⅱ—Ⅲ类。

7.3.19　上海营养物质循环与水质净化功能区（Ⅲ234）

上海营养物质循环与水质净化功能区（Ⅲ234）在太湖流域的位置及其空间分布情况如图 7-26 所示。

图 7-26　上海营养物质循环与水质净化功能区（Ⅲ234）

7.3.19.1 水生态系统特征

（1）水生生物

平水期浮游植物以绿藻门和硅藻门为主，其次为蓝藻门；丰水期浮游植物组成与平水期相比，蓝藻门、裸藻门和甲藻门所占比例有所上升，绿藻门所占比例基本维持不变，硅藻门所占比例下降。

（2）水质

区内主要分布有黄浦江、大治河和川杨河等通江入海水系。水环境质量总体保持稳定，黄浦江总体水质状况略有改善，苏州河总体水质状况轻微改善，长江口总体水质状况较2008年有所好转。与2008年相比，2009年苏州河白鹤、黄渡、华漕、北新泾桥、武宁路桥和浙江路桥断面水质综合污染指数分别下降17.6%、20.7%、19.3%、12.5%、9.0%和6.4%。与2008年相比，2009年长江口徐六泾、浏河和白龙港断面水质综合污染指数分别下降1.5%、8.3%和13.5%，吴淞口、竹园和朝阳农场断面水质综合污染指数分别上升3.4%、1.2%和4.1%。

7.3.19.2 自然环境特征

（1）地形地貌特征

该区地貌类型主要包括低海拔海积平原、低海拔冲积平原和低海拔洪积湖积平原。该区地形简单，地表起伏相对较小，高程最高达106 m，平均高程为4.92 m。

（2）气候特征

从空间分布上看，该区多年平均气温在15.2～15.8℃，均温为15.54℃；年降水量在1 286.51～1 354.07 mm，平均年降水量为1 324.75 mm。

（3）土壤特征

该区土壤类型属3个土纲，即半水成土、盐碱土和人为土；分属3个土类，即滨海盐土、潮土和水稻土；涵盖7个亚类，即滨海盐土、潮土、灰潮土、水稻土、脱潜水稻土、盐化潮土和潴育水稻土。面积最大的土壤类型为水稻土，占63.99%；其次为脱潜水稻土，占14.60%；再次为潮土，占11.30%。

（4）植被覆盖特征

该区植被覆被条件较好，主要为农业作物，但林地覆盖面积较小。其中，有林地8.16 km^2，疏林地3.01 km^2，其他林地35.67 km^2，水田作物2 129.54 km^2，旱地作物109.24 km^2，草地9.66 km^2，水域面积103.67 km^2，建设用地面积2 013.38 km^2。林地覆盖区总面积为46.84 km^2，占该区总面积的1.06%；农业作物覆盖区总面积为2 238.79 km^2，占该区总面积的50.74%；林地覆盖区和农业作物覆盖区占到该区总面积的51.80%，建设用地所占比例为45.63%，水域所占比例为2.35%。

7.3.19.3 保护区

该区涉及的水功能保护区有拦路港—泖河—斜塘上海水源地保护区和黄浦江上海水源地保护区2个。拦路港—泖河—斜塘上海水源地保护区保护范围从淀山湖至三角渡，长度23.8 km，水质目标为Ⅱ—Ⅲ类。黄浦江上海水源地保护区保护范围从三角渡至南沙港，长度36.1 km，水质目标为Ⅱ—Ⅲ类。

7.3.20 湖杭水质净化与生物多样性维持功能区（Ⅲ235）

湖杭水质净化与生物多样性维持功能区（Ⅲ235）在太湖流域的位置及其空间分布情况如图 7-27 所示。

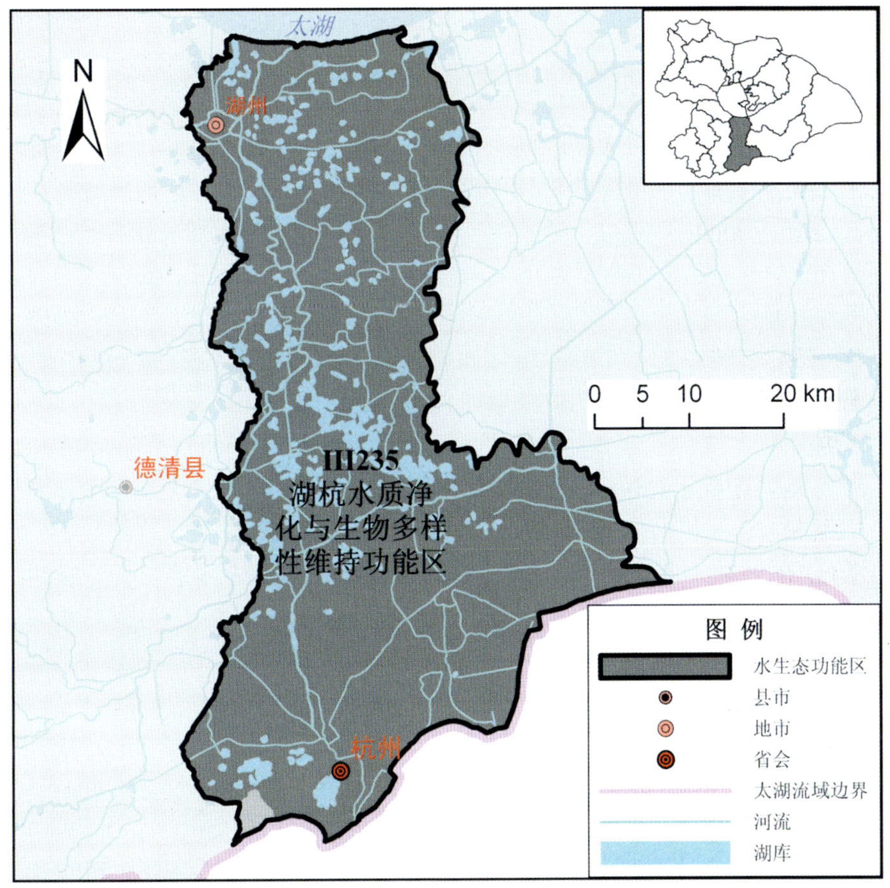

图 7-27 湖杭水质净化与生物多样性维持功能区（Ⅲ235）

7.3.20.1 水生态系统特征

（1）水生生物

该区共鉴定浮游植物数量 24 属，细胞丰度为 13.6×10^5ind/L，生物量为 59.7 mg/L。平水期优势属为直链硅藻、栅藻和蓝隐藻，丰水期优势属为隐藻、伪鱼腥藻和栅藻。Shannon-Wiener 多样性指数和 Margalef 多样性指数均表明该区总体处于污染状态（$H'=0.7$，$D=0.66$）。硅藻商（2.2）表明该区处于富营养化状态，而藻类污染指数（22）表明该区有机物污染，其中丰水期藻类污染指数为 26，平水期为 18，说明该区水质主要为有机物和营养盐物质共同污染。

（2）水质

该区主要包括湖州东部平原河网、杭州运河水系以及河网水系，主要水体有頔塘、罗溇港、双林塘、练市塘、白米塘、息塘和京杭运河等。该区内水质局部地区较差，湖州地区河网 2010 年各断面Ⅱ类、Ⅲ类、Ⅳ类、Ⅴ类和劣Ⅴ类水质断面比例分别为 13.6%、59.2%、9.1%、13.6%和 4.5%。该区满足水功能要求的断面为 77.3%，主要超标因子为氨氮、总磷、溶解氧、高锰酸盐指数和石油类。杭州运河水系的 2 个省控断面即拱宸桥断面和五杭运河大桥断面水质类别分为Ⅳ类和Ⅲ类，均达到功能要求；杭州河网的半山桥断面水质较差，为劣Ⅴ类，主要超标指标为总磷和氨氮。直接入湖断面分别有大钱港上的大钱断面、小梅港上的小梅口断面、长兜港上的新港口断面和幻溇港上的幻溇断面，2010 年的水质均为Ⅲ类。

7.3.20.2 自然环境特征

（1）地形地貌特征

该区地貌类型主要包括低海拔湖积平原、低海拔洪积湖积平原、低海拔海积平原和低海拔中起伏山地。该区地形简单，地表起伏相对较小，南部和西部分布有一些零星小山，山峰高程最高达 351 m，平均高程为 9.24 m。

（2）气候特征

从空间分布上看，该区多年平均气温在 14.7～16.3℃，均温为 15.85℃；年降水量在 1 315.60～1 383.52 mm，平均年降水量为 1 347.33 mm。

（3）土壤特征

该区土壤类型属 4 个土纲，即半水成土、初育土、铁铝土和人为土；分属 4 个土类，即粗骨土、潮土、红壤和水稻土；涵盖 12 个亚类，即潮土、红壤、红壤性土、黄红壤、灰潮土、渗育水稻土、水稻土、脱潜水稻土、盐化潮土、中性粗骨土、棕红壤和潴育水稻土。面积最大的土壤类型为脱潜水稻土，占 46.41%；其次为水稻土，占 31.98%；再次为潮土，占 8.35%；渗育水稻土占 2.82%。

（4）植被覆盖特征

该区植被覆被条件较好，主要为农业作物，并分布有少量的林地。其中，有林地 75.80 km^2，灌木林 2.38 km^2，疏林地 3.04 km^2，其他林地 13.79 km^2，水田作物 1 345.00 km^2，旱地作物 45.21 km^2，草地 5.27 km^2，裸土地和裸岩石砾地等未利用地 0.35 km^2，水域面积 144.82 km^2，建设用地面积 562.56 km^2。林地覆盖区总面积为 95.01 km^2，占该区总面积的 4.32%；农业作物覆盖区总面积为 1 390.21 km^2，占该区总面积的 63.24%；林地覆盖区和农业作物覆盖区占到该区总面积的 67.56%，建设用地所占比例为 25.59%，水域所占比例为 6.59%。

7.3.21 桐平水质净化与营养物质循环功能区（Ⅲ236）

桐平水质净化与营养物质循环功能区（Ⅲ236）在太湖流域的位置及其空间分布情况如图 7-28 所示。

7.3.21.1 水生态系统特征

（1）水生生物

该区共鉴定浮游植物数量 24 属，细胞丰度为 22.6×10^5 ind/L，生物量为 67.4 mg/L。平水期优势属为直链硅藻和栅藻，丰水期优势属为鱼腥藻、针杆藻、栅藻和隐藻。Shannon-Wiener 多样性指数和 Margalef 多样性指数均表明该区处于污染状态（H'＝0.95，D＝0.9。硅藻商（3.7）表明该区处于富营养化状态，而藻类污染指数（24）表明该区有机物污染，其中丰水期藻类污染指数为 31，平水期为 17，说明该区水质主要为有机物和营养盐物质共同污染。

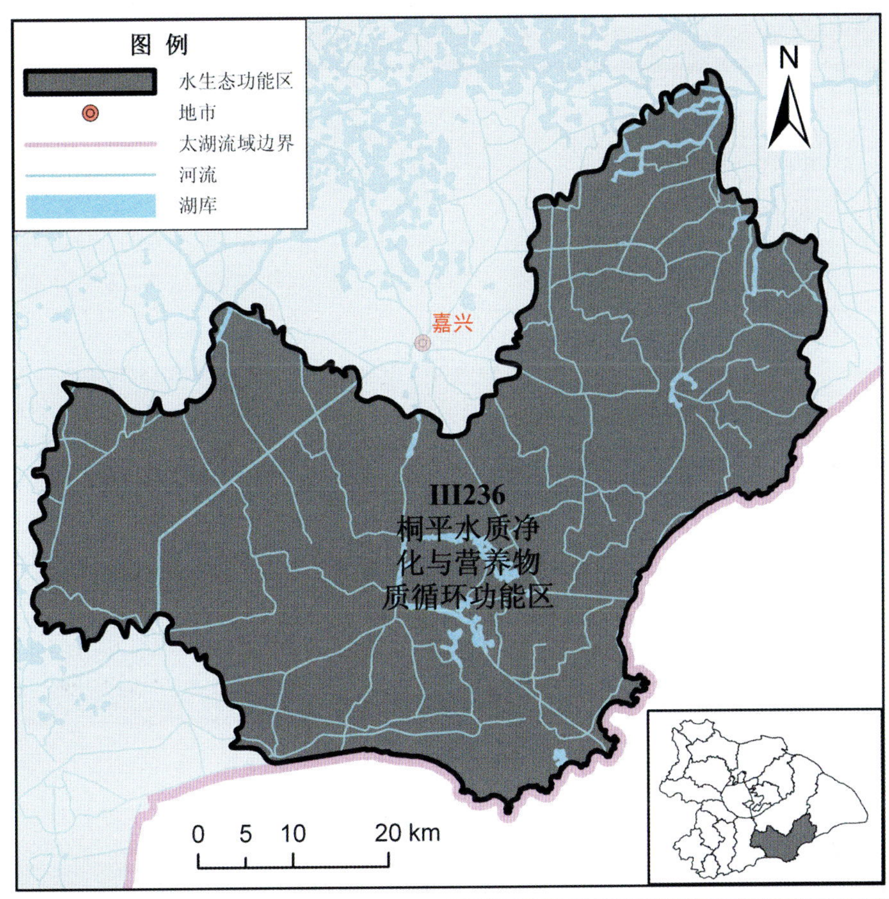

图 7-28 桐平水质净化与营养物质循环功能区（III236）

（2）水质

该区主要水系包括嘉兴运河水系和嘉兴河网水系，主要涉及海盐塘、塘山河、长水塘、上海塘等滨海通海河流和京杭大运河等。嘉兴运河中的大麻渡口和西双桥 2 个断面，水质类别分别为劣Ⅴ类和Ⅴ类，主要超标指标为氨氮和总磷。嘉兴河网水质类别为劣Ⅴ类或Ⅴ类，12 个省控断面均不满足功能要求，主要超标指标为氨氮、总磷和五日生化需氧量，且溶解氧含量也较低。

7.3.21.2 自然环境特征

（1）地形地貌特征

该区地貌类型主要包括低海拔海积平原和低海拔洪积湖积平原。该区地形简单，地表起伏相对较小，南部分布有零星小山，山峰高程最高达 241 m，平均高程为 6.58 m。

（2）气候特征

从空间分布上看，该区多年平均气温在 15.5～15.8℃，均温为 15.64℃；年降水量在 1 327.5～1 382.94 mm，平均年降水量为 1 349.90 mm。

（3）土壤特征

该区土壤类型属 4 个土纲，即半水成土、盐碱土、铁铝土和人为土；分属 4 个土类，即滨海盐土、潮土、红壤和水稻土；涵盖 9 个亚类，即滨海潮滩盐土、潮土、红壤、黄红壤、渗育水稻土、水稻土、脱潜水稻土、盐化潮土和潴育水稻土。面积最大的土壤类型为脱潜水稻土，占 34.32%；其次为潴育水稻土，占 33.51%；再次为水稻土，占 22.23%；渗育水稻土占 6.62%。

（4）植被覆盖特征

该区植被覆被条件较好，主要为农业作物，林地覆盖面积较小。其中，有林地 18.95 km^2，灌木林 5.88 km^2，疏林地 2.56 km^2，其他林地 9.39 km^2，水田作物 2 246.32 km^2，旱地作物 26.80 km^2，草地 1.20 km^2，裸土地和裸岩石砾地等未利用地 0.19 km^2，水域面积 42.01 km^2，建设用地面积 718.58 km^2。林地覆盖区总面积为 36.78 km^2，占该区总面积的 1.20%；农业作物覆盖区总面积为 2 273.12 km^2，占该区总面积的 74.00%；林地覆盖区和农业作物覆盖区占到该区总面积的 75.20%，建设用地所占比例为 23.39%，水域所占比例为 1.37%。

8 太湖流域分区社会经济与土地利用特征

太湖流域社会经济发展迅速，这里不仅是全国人口最稠密的地区之一，也是经济最发达和城市化程度最高的地区之一；伴随着 20 世纪 80 年代以来的经济高速增长，工业化、城市化带来了土地利用的快速变化，耕地非农化和耕地内部结构调整异常显著，但太湖流域内部社会经济发展和土地利用也存在着明显的空间分异性特征；从水生态功能区尺度来看，分区之间社会经济和土地利用特征差异显著（表 8-1 和图 8-1）。

表 8-1　太湖流域水生态功能分区社会经济与土地利用特征（2008 年）

一级区	二级区	三级区	社会经济		土地利用/%					
			人口/万人	GDP/亿元	耕地	林地	草地	水域	建设用地	未利用土地
Ⅰ1	Ⅱ11	Ⅲ111	147.37	888.49	62.50	7.84	0.09	3.32	26.10	0.15
		Ⅲ112	49.02	175.92	75.12	11.14	0.06	4.85	8.76	0.07
		Ⅲ113	108.11	416.55	55.27	28.14	0.18	3.96	12.38	0.08
		小计	304.50	1 480.96	62.87	17.94	0.12	4.05	14.92	0.09
	Ⅱ12	Ⅲ121	51.19	202.72	44.05	43.47	0.42	2.49	9.56	0.01
		Ⅲ122	53.57	202.55	40.55	51.48	0.73	1.86	5.25	0.13
		Ⅲ123	67.50	268.11	15.54	77.62	3.92	0.81	2.09	0.01
		Ⅲ124	126.34	692.64	41.66	47.13	1.34	3.11	6.69	0.08
		Ⅲ125	50.98	247.30	19.80	71.53	2.16	1.79	4.71	0.01
		小计	349.58	1 613.32	32.44	58.23	1.86	2.00	5.43	0.05
	合计		654.08	3 094.28	44.70	42.00	1.16	2.82	9.25	0.07
Ⅰ2	Ⅱ21	Ⅲ211	325.47	1 662.17	63.13	0.26	0.06	5.71	30.82	0.02
		Ⅲ212	182.73	1 078.81	55.98	1.05	0.27	27.02	15.68	—
		Ⅲ213	589.06	3 691.79	57.62	4.13	0.16	2.89	35.20	0.003
		小计	1 097.26	6 432.77	58.77	2.05	0.16	10.95	28.06	0.01
	Ⅱ22	Ⅲ221	—	—	0.20	0.24	—	99.27	0.29	—
		Ⅲ222	—	—	0.41	0.25	—	99.34	0.01	—
		Ⅲ223	5.08	15.50	16.47	59.65	0.34	7.36	12.30	3.88
		Ⅲ224	—	—	0.16	0.45	0.07	98.97	0.13	0.22
		小计	5.08	15.50	0.69	2.37	0.03	96.26	0.47	0.18
	Ⅱ23	Ⅲ231	212.99	976.02	34.33	10.64	0.48	14.71	39.75	0.10
		Ⅲ232	317.82	2 201.00	52.16	1.06	0.20	19.33	27.24	—
		Ⅲ233	551.56	3736.47	62.18	0.36	0.01	13.41	24.04	—
		Ⅲ234	1 536.23	12 422.01	50.74	1.06	0.22	2.35	45.63	—
		Ⅲ235	392.95	2 712.42	63.24	4.32	0.24	6.59	25.59	0.02
		Ⅲ236	339.91	1 430.13	74.00	1.20	0.04	1.37	23.39	0.01
		小计	3 351.47	23 478.07	58.93	1.81	0.14	8.14	30.97	0.01
	合计		4 453.81	29 926.33	53.53	1.94	0.14	17.00	27.36	0.02
总计			5 107.89	33 020.61	51.05	13.17	0.43	13.03	22.28	0.04

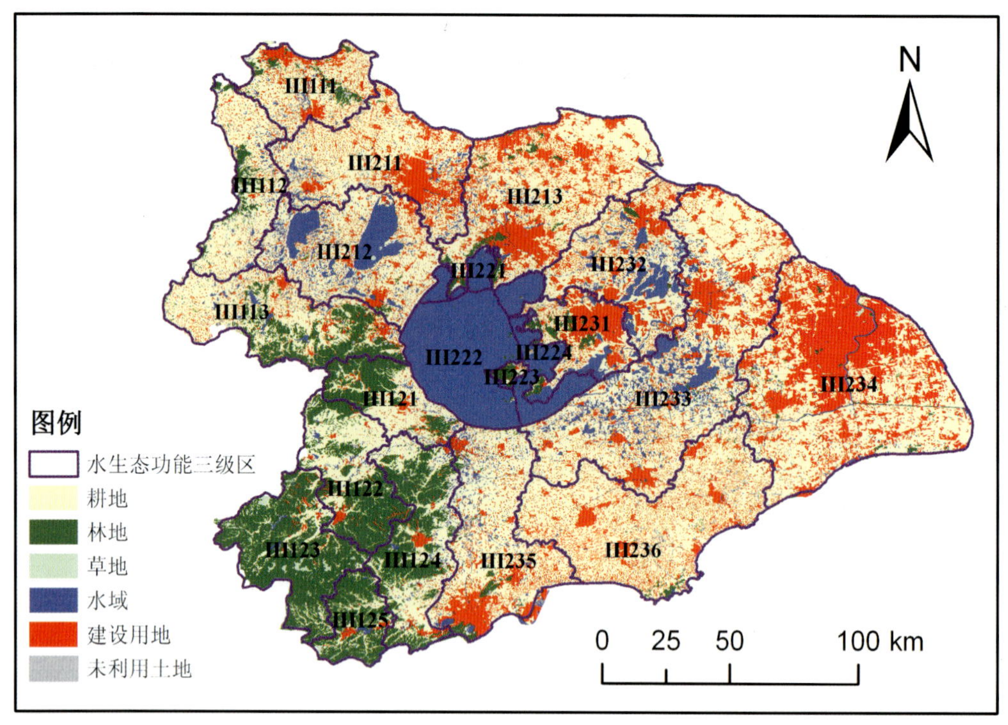

图 8-1 太湖流域水生态功能三级区土地利用分布（2008 年）

8.1 一级分区社会经济与土地利用特征

8.1.1 西部丘陵河流水生态区（I1）

8.1.1.1 社会经济特征

该区内山地丘陵面积占较大比例，交通不便，人口相对较少，严重影响社会经济的发展。2008 年西部丘陵河流水生态一级区有人口 654.08 万，区域内人口相对较少，人口密度相对较小。区内 2008 年 GDP 3 094.28 亿元，人均 GDP 47 307.40 元，是太湖流域经济条件较不发达的区域。从经济结构上看，区内第一产业产值 181.55 亿元，第二产业产值 1 801.72 亿元，第三产业产值 1 111.01 亿元。该区域以第二产业为主导，由于地形等原因，交通不便，区内工业相对不发达，主要是中小型企业，经营轻工、纺织、农产品加工等行业。由于该区域工农业发展相对落后，其污染物排放对环境所产生的影响小，减小了对水环境的压力。农业以稻麦轮作或单季稻种植为主，山区林业较为发达，油料作物、果蔬、茶叶和桑蚕也是该区域农业生产的主要产品。该区域风景秀美，名胜众多，是生态旅游的著名场所，农家乐等家庭式旅游接待较为发达，因而第三产业相对较发达，其产值高于第一产业的产值。总的来说，该区域工业源和农业源污染物排放量较少，但水库水存在轻—中度富营养化状态。

8.1.1.2 土地利用特征

2008 年，该区土地利用类型中以耕地为最多，占 44.70%；其次是林地，所占比例为 42.00%；再次为建设用地，占 9.25%；草地和水域所占比例较小，分别为 1.16%和 2.82%；未利用地所占比例最小，为 0.07%（表 8-2）。

表 8-2 2008 年 I 1 区土地利用结构

土地利用类型	百分比/%
耕地	44.70
林地	42.00
草地	1.16
水域	2.82
建设用地	9.25
未利用土地	0.07

从空间分布上看，耕地主要分布于该区的北部，在长兴县平原区，以及安吉县、德清县和临安市的山谷区域也有一定量的耕地分布。林地则主要分布在湖州市的丘陵山地区域、溧阳市和宜兴市的丘陵山地区，以及北部丘陵山地区。建设用地和水域则零星分布于整个区域中。

8.1.2 东部平原河流湖泊水生态区（I 2）

8.1.2.1 社会经济特征

太湖地区是我国经济发展的凸显地带，尤其是东部平原区，区内城市化水平高，大城市群集，水路交通便利，外来人口众多，区域内人口相对较多，人口密度相对较大。2008 年东部平原河流水生态一级区有人口 4 453.81 万，区内 2008 年 GDP 29 926.33 亿元，人均 GDP 67 192.65 元，是太湖流域经济条件发达的区域。从经济结构上看，区内第一产业产值 518.37 亿元，第二产业产值 15 834.04 亿元，第三产业产值 13 573.92 亿元。由此可见，该区域以第二产业为主导，区域工业增加值连年提升，位于我国前列，是我国最大的综合工业基地之一。从工业门类结构来看，其门类依次为电子、机械、化学、冶金、纺织和食品。随着工业的发展，大量工业污水的排放，直接导致了太湖流域水质恶化。由此可见，快速的工业发展在提高当地人民生活水平的同时，也为当地带来了严重的环境污染问题，工业污染问题的治理刻不容缓。

太湖及湖滨丘陵区和杭嘉湖平原区是太湖平原地区热量条件最优越的区域，地形平坦、河网稠密、土质肥沃。农业种植业以稻麦轮作或单季水稻为主，辅以果蔬、油料作物等。随着城市化进程的加快，畜禽养殖业发展迅速，以猪、牛、禽类和淡水产品为主要品种，规模化养殖场较多，农户散养为辅。由于农业生产中化学品的大量使用以及畜禽农田中氮磷流失已日益成为地表水环境的重要污染因素。众多研究表明，农业在极大地满足城乡生活的同时，过量的化肥农药投入、畜禽粪便排放给水环境带来极大的影响，成为流域主要的水体污染源。除此以外，太湖流域水产养殖业发展较快，尤其是围网养鱼，随着水产养殖规模的不断扩大，也加速了水体的污染和富营养化。

8.1.2.2 土地利用特征

2008 年，该区土地利用类型中以耕地为最多，占 53.53%；其次是建设用地和水域，所占比例分别为 27.36%和 17.00%；再次为林地，占 1.94%；草地所占比例较小，为 0.14%；未利用地所占比例最小，为 0.02%（表 8-3）。

表 8-3 2008 年 I 2 区土地利用结构

土地利用类型	百分比/%
耕地	53.53
林地	1.94
草地	0.14
水域	17.00
建设用地	27.36
未利用土地	0.02

从空间分布上看，建设用地主要分布于该区的北部和东北部区域，南部也有一定量的大片建设用地分布，农村居民点则散列分布于整个区域中；耕地面积最大，主要分布于该区的北部和南部；水域主要有太湖、长荡湖、滆湖和阳澄湖等大型湖泊水体，主要分布于该区的中部和西北部；林地主要分布在太湖内的岛屿及周边，其他区域也有零星分布。

8.2 二级分区社会经济与土地利用特征

8.2.1 湖西丘陵森林农田交错河源生境水生态亚区（Ⅱ11）

8.2.1.1 社会经济特征

湖西丘陵森林农田交错河源生境水生态亚区内 2008 年有人口 304.50 万。区内 2008 年实现 GDP 1 480.96 亿元，人均 GDP 48 635.80 元。2008 年三次产业分别实现产值 59.12 亿元、900.54 亿元、521.30 亿元，该区域的第二产业的产值最高，其次是第三产业，第一产业的产值最小。该区域以第二产业为主导，主要是中小型企业，经营轻工、纺织、农产品加工等行业，同时由于该区域山地丘陵面积广阔，农业相对不发达，工业发展相对落后，其污染物排放对环境所产生的影响相对降低，减小了对水环境的压力。农业以稻麦轮作或单季稻种植为主，山区林业较为发达，油料作物、果蔬、茶叶和桑蚕也是该区域农业生产的主要产品，其农业源污染物排放对水环境的影响相对较小。该区域山区风景秀美，名胜众多，是生态旅游的著名场所，农家乐等家庭式旅游接待较为发达，因而第三产业相对较发达。

8.2.1.2 土地利用特征

2008 年，该区土地利用类型中以耕地为最多，占 62.87%；其次是林地和建设用地，所占比例分别为 17.94%和 14.92%；再次为水域，占 4.05%；草地和未利用土地所占比例较小，分别为 0.12%和 0.09%（表 8-4）。

从空间分布上看，耕地主要分布于该区的北部、中部和南部的平坦区；建设用地则主要分布在北部和南部；林地则主要分布于南部、中部偏西边缘区以及北部的部分区域。

表 8-4 2008 年Ⅱ11 区土地利用结构

土地利用类型	百分比/%
耕地	62.87
林地	17.94
草地	0.12
水域	4.05
建设用地	14.92
未利用土地	0.09

8.2.2 浙西山区森林河源生境水生态亚区（Ⅱ12）

8.2.2.1 社会经济特征

浙西山区森林河源生境水生态亚区人口相对流域东部地区人口较少，人口密度较低，自改革开放以来，该二级区经济社会发展取得了显著的成绩。2008 年该区有人口 349.58 万。区内 2008 年实现 GDP 1 613.32 亿元，人均 GDP 46 150.23 元。2008 年三次产业分别实现产值 122.42 亿元、901.20 亿元、589.70 亿元，该区域的第二产业的产值最高，其次是第三产业，第一产业的产值最小。该区域以第二产业为传统支柱产业，在此区域社会经济总产值中占主导地位。近年来，工业经济实现较快增长，产业结构得到明显改善，其中金属管道和不锈钢产值所占比例较大，重点企业稳步发展，工业投资持续增长，总体来说，经济发展比较快，生态保持比较好。

该区域山清水秀，具有良好的生态环境。该区域深入推进农业结构的战略性调整，特色优势主导产业进一步凸显，特种水产、丝绸、蔬菜、茶叶、水果、竹笋等产业成为现代农业优势产业。

8.2.2.2 土地利用特征

2008 年，该区土地利用类型中以林地为最多，占到整个区域面积的一半以上，比例为 58.23%；其次是耕地，所占比例为 32.44%；再次为建设用地，占 5.43%；草地和水域所占比例较小，分别为 1.86%和 2.00%；未利用土地所占比例最小，为 0.05%（表 8-5）。

表 8-5 2008 年Ⅱ12 区土地利用结构

土地利用类型	百分比/%
耕地	32.44
林地	58.23
草地	1.86
水域	2.00
建设用地	5.43
未利用土地	0.05

从空间分布上看，林地主要分布于长兴县的西北部，以及安吉县、德清县和临安市的广大区域；耕地主要分布于长兴县的平原区域以及山谷河流两岸，在东部高程相对较低地区也有一定量的耕地分布；建设用地则散列分布在耕地边缘，主要的建设用地区包括长兴县城、安吉县城、德清县城等；区域内分布有几个大型水库，主要包括赋石水库、老石坎

水库和青山水库等。

8.2.3 武锡虞农田河网生境水生态亚区（Ⅱ21）

8.2.3.1 社会经济特征

该二级区位于苏锡常平原范围内，地势平坦，交通便利，经济发达。由于较高收入的工作岗位吸引了大量的外来人口，导致该区域的人口密度较高。2008 年该区有人口 1 097.26 万。区内 2008 年实现 GDP 6 432.77 亿元，人均 GDP 58 625.76 元。该区以第二产业为龙头，2008 年实现产值 4 243.19 亿元。以旅游业为主导的第三产业也十分发达，2008 年实现产值 2 030.42 亿元。

武锡虞农田河网生境水生态亚区交通发达，区位优势明显，在全国领先一步，获得了许多强有力的经济增长点，已占得发展先机。该区域工业门类齐全，生产水平高、规模大。冶金钢铁、石油化工、机械电子、轻纺、医药、食品等工业在全国占有举足轻重的地位。工业快速发展的同时，其污染物没能得到合理的处理而排入水体，对水环境造成了巨大的压力。农业生产广泛采用新技术，集约化程度不断提高，除粮食、棉花生产稳定在高水平外，水产、生猪、桑蚕、茶叶、油菜籽、食用菌、柑橘等产量都有明显增长。近年来，随着城市化进程的加快，耕地面积不断转化为城镇建设用地，耕地面积大量减少，但单位耕地面积的化肥、农药的使用量并没有较大变化，仍然远远高于发达国家防止水体富营养化而设定的安全上限。

该二级分区水网密布，河道水体污染严重，水产养殖业发展较快，尤其是围网养鱼，其污染物排放量直接汇入太湖，对太湖水生态系统具有十分显著的影响，加速了水体的污染和富营养化。

8.2.3.2 土地利用特征

2008 年，该区土地利用类型中以耕地为最多，占 58.77%；其次是建设用地，所占比例为 28.06%；再次为水域，占 10.95%；林地和草地所占比例较小，分别为 2.05%和 0.16%；未利用土地所占比例最小，为 0.01%（表 8-6）。

表 8-6 2008 年Ⅱ21 区土地利用结构

土地利用类型	百分比/%
耕地	58.77
林地	2.05
草地	0.16
水域	10.95
建设用地	28.06
未利用土地	0.01

从空间分布上看，耕地分布于整个区域中；大片建设用地主要分布在该区中部和东部，包括常州市区、无锡市区、江阴市区、张家港市区、金坛市区和宜兴市区等；水域主要分布在西南部，两大水体分别为长荡湖和滆湖；林地主要分布在中南部边缘区以及江阴市区周边的丘陵山地上。

8.2.4 太湖湿地生境水生态亚区（Ⅱ22）

8.2.4.1 社会经济特征

该区域主要包括太湖湖体，只有金庭镇坐落于太湖内部的一个小岛上，2008 年该区约有人口 5.08 万。区内 2008 年实现 GDP 15.50 亿元，人均 GDP 30 511.81 元。其中第一产业产值为 2.24 亿元，第二产业产值为 4.39 亿元，第三产业产值为 8.87 亿元，第三产业的产值高于第二产业。

8.2.4.2 土地利用特征

2008 年，该区土地利用类型中以水域为最多，占 96.26%；其次是林地，所占比例为 2.37%；再次为耕地，占 0.69%；建设用地和未利用土地所占比例较小，分别为 0.47%和 0.18%；草地所占比例最小，为 0.03%（表 8-7）。

表 8-7 2008 年Ⅱ22 区土地利用结构

土地利用类型	百分比/%
耕地	0.69
林地	2.37
草地	0.03
水域	96.26
建设用地	0.47
未利用土地	0.18

从空间分布上看，该区主要为水面，而耕地、林地、草地、建设用地主要分布于太湖内的岛屿上，其中西山岛面积为最大。

8.2.5 沪苏嘉农田河网生境水生态亚区（Ⅱ23）

8.2.5.1 社会经济特征

该区域社会经济发展迅速，各行业提供了较多的工业岗位，吸引了大量的外来人口，人口密度大。2008 年该区有人口 3 351.47 万。区内 2008 年实现 GDP 23 478.07 亿元，人均 GDP 70 053.04 元，是整个太湖流域乃至全国经济发达、经济活动最活跃、人口最密集、城市人口多的地区之一。该区以第二产业为龙头，2008 年实现产值 11 586.47 亿元。以金融旅游业为主导的第三产业也十分发达，2008 年实现产值 11 534.62 亿元。

该区域位于沿海，区位优越，工业发展迅速。工业的快速发展，产生大量的工业废水，而其废污水的处理力度不够，大量废污水的排放对水环境产生了巨大的压力，水体逐渐富营养化。沪苏嘉农田河网生境水生态亚区地势平坦，耕地面积占有较大比例，但随着社会经济的发展，耕地面积逐渐转换成建设用地面积。化肥、农药的使用强度并没有减少，氮磷污染物的排放对水环境产生了严重影响。

随着城市化进程的加快，人们生活水平的提高，对肉奶蛋的需求越来越大，水产养殖业快速发展，其饵料的投放和污染物的排放对水环境造成了一定的压力。

8.2.5.2 土地利用特征

2008 年，该区土地利用类型中以耕地为最多，占 58.93%；其次是建设用地，所占比例为 30.97%；再次为水域，占 8.14%；林地和草地所占比例较小，分别为 1.81%和 0.14%；未利用土地所占比例最小，为 0.01%（表 8-8）。

表 8-8 2008 年Ⅱ23 区土地利用结构

土地利用类型	百分比/%
耕地	58.93
林地	1.81
草地	0.14
水域	8.14
建设用地	30.97
未利用土地	0.01

从空间分布上看，耕地分布于整个区域中；水域则主要分布于中北部，涉及的主要水体有阳澄湖、淀山湖等；大片建设用地则主要分布在东北部和西北部以及区域南段，涉及的主要城市有上海市区、苏州市区、昆山市区、常熟市区、太仓市区、湖州市区、嘉兴市区和杭州市区等；林地主要分布在苏州市区西部及南部，以及杭州市区南部和北部。

8.3 三级分区社会经济与土地利用特征

8.3.1 镇丹水源涵养与水质净化功能区（Ⅲ111）

8.3.1.1 社会经济特征

2008 年区内有人口 147.37 万。由于包含了镇江市区和丹阳市区，城镇人口占大多数。2008 年，镇江市区人口自然增长率为 1.86‰，而丹阳市人口自然增长率呈现下降趋势，为 −1.62‰，劳动力向城市汇集，该区内人口呈现聚集趋势。

区内 2008 年 GDP 888.49 亿元，人均 GDP 60 288.71 元，是全部 17 个（湖区除外）三级分区的中值。从经济结构上看，区内第一产业产值 19.80 亿元，第二产业产值 556.36 亿元，第三产业产值 312.33 亿元。区内农业产值较低，而第二产业极为发达，第二和第三产业占主导地位。因此，区内污染物产生主要是城镇生活源和工业源。从城镇化水平来看，该区是城市化程度较高的区域之一，城市化水平约达到 60%，城市建成区面积不断扩大，农业用地减少。

8.3.1.2 土地利用特征

2008 年，该区土地利用类型中以耕地为最多，占 62.50%；其次是建设用地，所占比例为 26.10%；再次为林地，占 7.84%；水域和未利用土地所占比例较小，分别为 3.32%和 0.15%；草地所占比例最小，为 0.09%（表 8-9）。

从空间分布上看，耕地大片分布于整个区域中，大片建设用地主要分布在区域北部和南部，零星建设用地散列分布于整个区域中；林地主要分布在东北部和西北部；水域主要分布于丹阳市区周边及其北部。

表 8-9 2008 年Ⅲ111 区土地利用结构

土地利用类型	百分比/%
耕地	62.50
林地	7.84
草地	0.09
水域	3.32
建设用地	26.10
未利用土地	0.15

8.3.2 句溧水源涵养与水资源调蓄功能区（Ⅲ112）

8.3.2.1 社会经济特征

Ⅲ112 水生态功能三级区有人口 49.02 万，非城镇人口占大部分。区内 2008 年 GDP 175.92 亿元，人均 GDP 35 886.10 元，是全部 17 个（湖区除外）三级分区的最低值，是太湖流域经济条件较差的区域。从经济结构上看，区内第一产业产值 15.88 亿元，第二产业产值 93.49 亿元，第三产业产值 66.55 亿元，第二产业占主导地位。区内农业生产以水稻种植为主，辅以冬小麦、油料作物、蔬菜、水果等。养殖业也较为发达，畜禽以猪、牛、鸡为主；水产养殖品种繁复多样。区内林业资源丰富，林产品较多。污染物以面源为主。但山地丘陵地带多为河流发源及上游地带，属水源保护区域，水生态环境整体良好。

8.3.2.2 土地利用特征

2008 年，该区土地利用类型中以耕地为最多，占 75.12%；其次是林地，占 11.14%；再次为建设用地，占 8.76%；水域和未利用土地所占比例较小，分别为 4.85%和 0.07%；草地所占比例最小，为 0.06%（表 8-10）。

从空间分布上看，耕地大片分布于整个区域中；林地主要分布在中南部的西部边缘区以及区域北端；建设用地零星分布于整个区域中，未形成大片建设用地区；水域也散列分布于整个区域中，其中东部水体相对西部要多。

表 8-10 2008 年Ⅲ112 区土地利用结构

土地利用类型	百分比/%
耕地	75.12
林地	11.14
草地	0.06
水域	4.85
建设用地	8.76
未利用土地	0.07

8.3.3 溧宜水源涵养与水资源调蓄功能区（Ⅲ113）

8.3.3.1 社会经济特征

Ⅲ113 水生态功能三级区 2008 年有人口 108.11 万，GDP 416.55 亿元，人均 GDP 38 531.92 元，是太湖流域经济条件较不发达的区域。从经济结构上看，第一产业产值 23.45 亿元，第二产业产值 250.68 亿元，第三产业产值 142.42 亿元，第二产业产值＞第三产业产值＞第一产业产值。农业生产以水稻种植为主，辅以冬小麦、油料作物、蔬菜、水果等。养殖业较为发达，畜禽以猪、牛、鸡为主，宜兴东部部分河道放养散鸭；水产养殖品种繁多，水产养殖业是溧阳特色农业产业之一，也是农民增收的一大产业亮点。养殖池塘尾水污染较严重，污染物以面源为主。山地丘陵地带多为河流发源及上游地带，属水源保护区域，水生态环境整体良好。

8.3.3.2 土地利用特征

2008 年，该区土地利用类型中以耕地为最多，占 55.27%；其次是林地，所占比例为 28.14%；再次为建设用地，占 12.38%；草地和水域所占比例较小，分别为 0.18%和 3.96%；未利用土地所占比例最小，为 0.08%（表 8-11）。

从空间分布上看，耕地主要分布于该区的西部以及中北部；林地主要分布在南部及东部；建设用地主要分布在北部即东部山麓下；大型水体有天目湖等，分布在区域中部。

表 8-11 2008 年Ⅲ113 区土地利用结构

土地利用类型	百分比/%
耕地	55.27
林地	28.14
草地	0.18
水域	3.96
建设用地	12.38
未利用土地	0.08

8.3.4 长兴北水源涵养与生物多样性维持功能区（Ⅲ121）

8.3.4.1 社会经济特征

Ⅲ121 水生态功能三级区内有人口 51.19 万，GDP 202.72 亿元，其中第一产业产值 16.63 亿元，第二产业产值 113.59 亿元，第三产业产值 72.51 亿元，三次产业比重结构为 1.0∶6.83∶4.36，以第二产业为主导。

8.3.4.2 土地利用特征

2008 年，该区土地利用类型中以耕地为最多，占 44.05%；其次是林地，占 43.47%；再次为建设用地，占 9.56%；草地和水域所占比例较小，分别为 0.42%和 2.49%；未利用土地所占比例最小，为 0.01%（表 8-12）。

表 8-12 2008 年Ⅲ121 区土地利用结构

土地利用类型	百分比/%
耕地	44.05
林地	43.47
草地	0.42
水域	2.49
建设用地	9.56
未利用土地	0.01

从空间分布上看，耕地主要分布在该区的中东部；林地主要大片分布在该区的西部以及东部区；建设用地则主要分布在该区的中间，以及东部、西部的山谷区，规模建设用地主要为长兴县城；水域则主要分布在该区东部及东北部区域。

8.3.5 长安水源涵养与生物多样性维持功能区（Ⅲ122）

8.3.5.1 社会经济特征

2008 年该区有 53.57 万人，GDP 202.55 亿元，其中第一产业产值 17.52 亿元，第二产业产值 112.69 亿元，第三产业产值 72.34 亿元，三次产业比例结构为 1.0∶6.43∶4.13，以第二产业为主导。但由于该区域地形的影响，交通不便，该区域发展相对落后。Ⅲ122 水生态三级区的人均 GDP 为 37 809.68 元，是太湖流域人均 GDP 的 58.06%。

8.3.5.2 土地利用特征

2008 年，该区土地利用类型中以林地为最多，占 51.48%；其次是耕地，所占比例为 40.55%；再次为建设用地，占 5.25%；草地和水域所占比例较小，分别为 0.73%和 1.86%；未利用土地所占比例最小，为 0.13%（表 8-13）。

表 8-13 2008 年Ⅲ122 区土地利用结构

土地利用类型	百分比/%
耕地	40.55
林地	51.48
草地	0.73
水域	1.86
建设用地	5.25
未利用土地	0.13

从空间分布上看，耕地主要分布于该区的北部及中部的低海拔区域；林地主要分布在区域南部及北端，中部高海拔地区也有一定量的林地分布；建设用地主要分布在西南部及中部的平坦区，规模建设用地主要为安吉县城；水域则主要分布在中北部，主要水体有西苕溪、泗安水库、天子岗水库等。

8.3.6 安临水源涵养与生物多样性维持功能区（Ⅲ123）

8.3.6.1 社会经济特征

该区地处长三角经济圈的几何中心，是杭州大都市经济圈重要的西北节点。2008 年区域内有 67.50 万人，GDP 268.11 亿元，其中第一产业产值 24.76 亿元，第二产业产值 148.96 亿元，第三产业产值 94.39 亿元，三次产业比例结构为 1.0∶6.02∶3.81，以第二产业为主导。Ⅲ123 水生态三级区的人均 GDP 为 39 718.56 元。

8.3.6.2 土地利用特征

2008 年，该区土地利用类型中以林地为最多，占 77.62%；其次是耕地，占 15.54%；再次为草地，占 3.92%；水域和建设用地所占比例较小，分别为 0.81%和 2.09%；未利用土地所占比例最小，为 0.01%（表 8-14）。

表 8-14 2008 年Ⅲ123 区土地利用结构

土地利用类型	百分比/%
耕地	15.54
林地	77.62
草地	3.92
水域	0.81
建设用地	2.09
未利用土地	0.01

从空间分布上看，耕地主要分布于该区的山谷地区以及东北部的平坦区；林地则成片分布于整个区域；建设用地则主要分布在东北部低海拔山谷区；老石坎水库和赋石水库分布在区域中部。

8.3.7 南德余水源涵养与生物多样性维持功能区（Ⅲ124）

8.3.7.1 社会经济特征

Ⅲ124 三级分区单元的社会经济各项指标的数值普遍高于Ⅲ121、Ⅲ122 和Ⅲ123 三级分区。湖州和杭州交通便利、区位优势明显，拥有全国一流的铁路、公路、内河水运中转港，为其社会经济的发展创造了条件，其中Ⅲ124 三级分区人口达到 126.34 万人，GDP 692.64 亿元，人均 GDP 为 54 823.76 元。Ⅲ124 三级分区 GDP 中第一产业产值 41.48 亿元，第二产业产值 379.40 亿元，第三产业产值 271.76 亿元，三次产业比例结构为 1.0∶9.15∶6.55，以第二产业为主导。

8.3.7.2 土地利用特征

2008 年，该区土地利用类型中以林地为最多，占 47.13%；其次是耕地，所占比例为 41.66%；再次为建设用地，占 6.69%；草地和水域所占比例较小，分别为 1.34%和 3.11%；未利用土地所占比例最小，为 0.08%（表 8-15）。

表 8-15 2008 年Ⅲ124 区土地利用结构

土地利用类型	百分比/%
耕地	41.66
林地	47.13
草地	1.34
水域	3.11
建设用地	6.69
未利用土地	0.08

从空间分布上看，耕地主要分布在该区北端和东部及南部的低海拔区域；林地成片分布在区域中部和北部以及南端；建设用地主要分布在中部、东北端和东南端；水域主要分布在东部东苕溪、北部的西苕溪和中部的对河口水库。

8.3.8 临余水源涵养与水质净化功能区（Ⅲ125）

8.3.8.1 社会经济特征

Ⅲ125 水生态三级区主要包括临安市大部分。临安资源丰富，盛产木、竹、笋、茶、丝、果、药等。茶叶、蚕丝为全国重点产区，名贵药材萸肉、於术、杜仲和特产白果、板栗、方柿以及高山蔬菜等均为优质产品，矿产资源丰富。

2008 年该三级分区有 50.98 万人，GDP 247.30 亿元，其中第一产业产值 22.05 亿元，第二产业产值 146.54 亿元，第三产业产值 78.72 亿元，三次产业比例结构为 1.0∶6.44∶3.57，以第二产业为主导。Ⅲ125 水生态三级区的人均 GDP 为 48 510.71 元，是全国人均 GDP 的 1.96 倍。现已形成了以电缆、电子、纺织、医药、农特产品加工五大支柱产业为主体的新型行业（产业）结构体系，涌现了一批企业集团和“小巨人”企业。该区域坚持农业综合开发道路，调整农业结构，发展效益农业，以林、粮、畜为主，多种经营，综合开发。

8.3.8.2 土地利用特征

2008 年，该区土地利用类型中以林地为最多，占 71.53%；其次是耕地，所占比例为 19.80%；再次为建设用地，占 4.71%；草地和水域所占比例较小，分别为 2.16%和 1.79%；未利用土地所占比例最小，为 0.01%（表 8-16）。

表 8-16　2008 年Ⅲ125 区土地利用结构

土地利用类型	百分比/%
耕地	19.80
林地	71.53
草地	2.16
水域	1.79
建设用地	4.71
未利用土地	0.01

从空间分布上看，林地成片分布在整个区域中，耕地则主要分布于该区的山谷中，建设用地主要分布在中部的临安市区；主要水体为青山水库，分布在该区中部即临安市区东。

8.3.9 常州水质净化与营养物质循环功能区（Ⅲ211）

8.3.9.1 社会经济特征

Ⅲ211 水生态功能三级区 2008 年总人口为 325.47 万，GDP 总量为 1 662.17 亿元，人均 GDP 51 069.63 元，是全部 17 个（湖区除外）三级分区的中值。从经济结构上看，区内第一产业产值 49.14 亿元，第二产业产值 1 112.17 亿元，第三产业产值 500.87 亿元，三产比约为 1∶23∶10。该三级分区第二产业产值最高，人们生活水平较高。区内污染物产生主要是城镇生活源和工业源。而第二、第三产业由于所辖生产部门较多，产业中生产门类繁复，希望寻找出高排污的企业门类和服务种类仍需要进一步细化研究。从城镇化水平来看，该区是城市化程度较高的区域之一，城镇人口占年末常住人口比例约为 60.9%。

8.3.9.2 土地利用特征

2008 年，该区土地利用类型中以耕地为最多，占 63.13%；其次是建设用地，所占比例为 30.82%；再次为水域，占 5.71%；林地和草地所占比例较小，分别为 0.26%和 0.06%；未利用土地所占比例最小，为 0.02%（表 8-17）。

表 8-17 2008 年Ⅲ211 区土地利用结构

土地利用类型	百分比/%
耕地	63.13
林地	0.26
草地	0.06
水域	5.71
建设用地	30.82
未利用土地	0.02

从空间分布上看，耕地大片分布于整个区域；规模建设用地主要分布在该区东部，零星建设用地则散列分布于整个区域中，主要包括常州市区和金坛市区；水域主要分布在常州市的东部以及金坛市的北部和南部。

8.3.10 长滆水质净化与洪水调蓄功能区（Ⅲ212）

8.3.10.1 社会经济特征

Ⅲ212 水生态功能三级区 2008 年人口约 182.73 万。GDP 总量为 1 078.81 亿元，人均 GDP 59 036.96 元。从经济结构上看，区内第一产业产值 50.89 亿元，第二产业产值 745.55 亿元，第三产业产值 282.37 亿元。这一区域包括宜兴开发区在内的城市开发区 2 处，第二产业较为发达。同时，该区域地势平坦，耕地面积广阔，辖区内主要是平原河网地带，又未包含大城市中心区，第一产业在这一区域较为发达，农业源污染物对该区域水环境的影响也不容忽视。

8.3.10.2 土地利用特征

2008 年，该区土地利用类型中以耕地为最多，占 55.98%；其次是水域，所占比例为 27.02%；再次为建设用地，占 15.68%；林地所占比例较小，为 1.05%；草地所占比例最小，为 0.27%；没有未利用土地（表 8-18）。

表 8-18 2008 年Ⅲ212 区土地利用结构

土地利用类型	百分比/%
耕地	55.98
林地	1.05
草地	0.27
水域	27.02
建设用地	15.68

从空间分布上看，两大水体即长荡湖和滆湖分别分布于该区的西部和东部；其周边散列分布有大量的建设用地，该区南部分布有宜兴市区；耕地则分布在该区的各个方向；而

林地则主要分布在该区的东部。

8.3.11 锡张水质净化与营养物质循环功能区（Ⅲ213）

8.3.11.1 社会经济特征

该区是太湖流域水生态功能三级分区中经济实力较强的区域之一。从经济规模上看，Ⅲ213 区 2008 年 GDP 总量为 3691.79 亿元，人均 GDP 62 672.87 元，是太湖流域人均 GDP 最高的区域之一。从经济结构上看，区内第一产业产值 57.86 亿元，第二产业产值 2 386.74 亿元，第三产业产值 1 247.18 亿元，三产比约为 1∶41∶22。该区三次产业以工业为主导，第三产业也有不小贡献。其中轻工业与重工业产值比约为 1∶3。

8.3.11.2 土地利用特征

2008 年，该区土地利用类型中以耕地为最多，占 57.62%；其次是建设用地，所占比例为 35.20%；再次为林地，占 4.13%；草地和水域所占比例较小，分别为 0.16%和 2.89%；未利用土地所占比例最小，为 0.003%（表 8-19）。

表 8-19 2008 年Ⅲ213 区土地利用结构

土地利用类型	百分比/%
耕地	57.62
林地	4.13
草地	0.16
水域	2.89
建设用地	35.20
未利用土地	0.003

从空间分布上看，耕地主要分布于该区的东北部和中部；建设用地则主要分布在北部和南部，主要为无锡市区、江阴市区和张家港市区等；水域则主要分布在中部及南部；林地主要分布在该区南部以及北部的江阴市区周边。

8.3.12 竺山梅梁湾水质净化与生物多样性维持综合功能区（Ⅲ221）

2008 年，该区土地利用类型中以水域为最多，占 99.27%；其次是建设用地，所占比例为 0.29%；再次为林地，占 0.24%；耕地所占比例最小，为 0.20%（表 8-20）。

表 8-20 2008 年Ⅲ221 区土地利用结构

土地利用类型	百分比/%
耕地	0.20
林地	0.24
水域	99.27
建设用地	0.29

从空间分布上看，该区主要为大面积的水体，主要包括竺山湖、梅梁湖和五里湖；林地则散列分布在湖内的小岛上；建设用地则主要分布在该区的北端，主要为水利设施用地。

8.3.13 湖心湖西洪水调蓄和水质净化综合功能区（Ⅲ222）

2008 年，该区土地利用类型中以水域为最多，占 99.34%；其次是耕地，所占比例为 0.41%；再次为林地，占 0.25%；建设用地所占比例最小，为 0.01%（表 8-21）。

表 8-21 2008 年Ⅲ222 区土地利用结构

土地利用类型	百分比/%
耕地	0.41
林地	0.25
水域	99.34
建设用地	0.01

从空间分布上看，主要为大面积的湖面，主要包括太湖湖心区及湖西区；林地、耕地和建设用地则主要散列分布在湖内的岛屿上。

8.3.14 西山生物多样性维持功能区（Ⅲ223）

8.3.14.1 社会经济特征

该区常住人口 5.08 万，西山岛为太湖国家风景名胜区 4A 级景区、国家森林公园、国家地质公园、国家现代农业示范园区、全国环境优美乡镇、全国小城镇综合改革试点和江苏省历史文化名镇。这里是太湖山水的精华所在，不仅有秀丽的湖光山色，更有众多的名胜古迹和丰富的文化旅游资源。西山岛现存的历史文化古迹共有 100 多处，其中已列为省、市级文物保护单位的有 14 处。西山还有 7 个苏州市控制保护古村落，26 处苏州市控制保护古建筑，另有明清建筑 120 多幢，面积约 4 万 m^2，明月湾古村为江苏省历史文化名村。现有开放景点有 12 个，即石公山、林屋洞、包山寺、罗汉寺、禹王庙、古樟园、西山梅园、高科技农业园、乡村牛仔俱乐部、孔雀岛、明月湾古村和缥缈峰景区。农家乐、自驾观光、古村访古、采摘风情、登山健身等是目前金庭镇旅游的主要形式。2010 年接待游客 275.9 万人次，实现旅游总收入 15.50 亿元，景点门票收入 3 357 万元，均同比增加 8%以上（金庭镇人民政府，2011）。

8.3.14.2 土地利用特征

2008 年，该区土地利用类型中以林地为最多，占 59.65%；其次是耕地，所占比例为 16.47%；再次为建设用地，占 12.30%；水域和未利用土地所占比例较小，分别为 7.36%和 3.88%；草地所占比例最小，为 0.34%（表 8-22）。

该区为西山岛，从空间分布上看，林地覆盖了大部分区域，主要处于该区的中部及西部；耕地主要分布在该区的东北部和东南部；建设用地主要分布在该区的东北部，西北边缘区及南部也分布有大量的建设用地；水域则主要分布在东南部及东北部。

表 8-22 2008 年III223 区土地利用结构

土地利用类型	百分比/%
耕地	16.47
林地	59.65
草地	0.34
水域	7.36
建设用地	12.30
未利用土地	3.88

8.3.15 湖东生物多样性维持和初级生产综合功能区（III224）

8.3.15.1 社会经济特征

该区有多处水源地，设置有南泉水厂、锡东水厂、金墅港水源地、渔洋山水源地、浦庄寺前水源地和吴江水厂等众多水厂，取水量约 365 t/d，为周边人口提供饮用水水源。另外，为了保持生态平衡，东太湖也有一定量的围网养殖，每年具有可观的经济效益。

8.3.15.2 土地利用特征

2008 年，该区土地利用类型中以水域为最多，占 98.97%；其次是林地，所占比例为 0.45%；再次为未利用土地，占 0.22%；耕地和建设用地所占比例较小，分别为 0.16%和 0.13%；草地所占比例最小，为 0.07%（表 8-23）。

表 8-23 2008 年III224 区土地利用结构

土地利用类型	百分比/%
耕地	0.16
林地	0.45
草地	0.07
水域	98.97
建设用地	0.13
未利用土地	0.22

从空间分布上看，该区主要为大面积的湖面水体，林地、耕地、建设用地等则散列分布在湖内的小岛上。

8.3.16 苏州水质净化功能区（III231）

8.3.16.1 社会经济特征

2008 年该三级分区有 212.99 万人，GDP 976.02 亿元，其中第一产业产值 13.35 亿元，第二产业产值 570.60 亿元，第三产业产值 392.08 亿元，三次产业比例结构为 1.0∶42.74∶29.37，以第二产业为主导。III231 水生态三级区的人均 GDP 为 45 824.82 元。

8.3.16.2 土地利用特征

2008 年，该区土地利用类型中以建设用地为最多，占 39.75%；其次是耕地，所占比例为 34.33%，再次为水域和林地，分别占 14.71%和 10.64%，草地所占比例较小，为 0.48%；

未利用土地所占比例最小，为 0.10%（表 8-24）。

表 8-24 2008 年Ⅲ231 区土地利用结构

土地利用类型	百分比/%
耕地	34.33
林地	10.64
草地	0.48
水域	14.71
建设用地	39.75
未利用土地	0.10

从空间分布上看，建设用地主要分布在该区的东北部，主要为苏州市区；耕地则主要分布在苏州市区的周边；林地则主要分布在苏州市区的西部及东南部；水域则主要分布在苏州市区的南部及东南部，北部也分布有一定量的水体。

8.3.17 苏常水质净化与洪水调蓄功能区（Ⅲ232）

8.3.17.1 社会经济特征

2008 年该三级分区有 317.82 万人，GDP 2 201.00 亿元，其中第一产业产值 31.23 亿元，第二产业产值 1 148.25 亿元，第三产业产值 1 021.52 亿元，以第二产业为主导。Ⅲ232 水生态三级区的人均 GDP 为 69 252.26 元。

8.3.17.2 土地利用特征

2008 年，该区土地利用类型中以耕地为最多，占 52.16%；其次是建设用地，所占比例为 27.24%；再次为水域，占 19.33%；林地所占比例较小，为 1.06%；草地所占比例最小，为 0.20%（表 8-25）。

表 8-25 2008 年Ⅲ232 区土地利用结构

土地利用类型	百分比/%
耕地	52.16
林地	1.06
草地	0.20
水域	19.33
建设用地	27.24

从空间分布上看，水域主要分布在该区的中部及南部，大面积水体主要有阳澄湖、昆承湖、南湖荡、金鸡湖和独墅湖等；建设用地则主要分布在该区的北部和南部，如常熟市区等；林地则主要分布在常熟市区西部及该区的西南端；耕地则成片分布于整个区域中。

8.3.18 太嘉水质净化与营养物质循环功能区（Ⅲ233）

8.3.18.1 社会经济特征

2008 年该区有 551.56 万人，GDP 3 736.47 亿元，其中第一产业产值 89.89 亿元，第二产业产值 2293.03 亿元，第三产业产值 1 353.56 亿元，三次产业比例结构为 1.0∶25.51∶15.06，以第二产业为主导。III233 水生态三级区的人均 GDP 为 67 743.32 元，是全国人均 GDP 的 2.74 倍。

8.3.18.2 土地利用特征

2008 年，该区土地利用类型中以耕地为最多，占 62.18%；其次是建设用地，所占比例为 24.04%；再次为水域，占 13.41%；林地所占比例较小，为 0.36%；草地所占比例最小，为 0.01%（表 8-26）。

表 8-26 2008 年III233 区土地利用结构

土地利用类型	百分比/%
耕地	62.18
林地	0.36
草地	0.01
水域	13.41
建设用地	24.04

从空间分布上看，耕地成片分布于整个区域中；建设用地主要分布于该区的北部及南部，主要包括昆山市区、太仓市区和嘉兴市区等；水域主要分布于该区的中南部以及昆山市区北部，主要水体有淀山湖、澄湖、元荡湖和北麻漾等。

8.3.19 上海营养物质循环与水质净化功能区（III234）

8.3.19.1 社会经济特征

III234 三级区的社会经济各项指标的数值普遍高于其他三级分区。2008 年该区有 1 536.23 万人。GDP 12 422.01 亿元，其中第一产业产值 67.29 亿元，第二产业产值 5 551.44 亿元，第三产业产值 6 803.29 亿元，三次产业比例结构为 1.0∶82.51∶101.11。III234 水生态功能三级区的人均 GDP 为 80 860.22 元。

8.3.19.2 土地利用特征

2008 年，该区土地利用类型中以耕地为最多，占 50.74%；其次是建设用地，所占比例为 45.63%；再次为水域，占 2.35%；林地所占比例较小，为 1.06%；草地所占比例最小，为 0.22%（表 8-27）。

表 8-27 2008 年III234 区土地利用结构

土地利用类型	百分比/%
耕地	50.74
林地	1.06
草地	0.22
水域	2.35
建设用地	45.63

从空间分布上看，主要为大面积的建设用地和耕地，规模建设用地主要分布于该区的中北部，南部也大量散列分布有小面积的建设用地，建设用地区主要为上海市区；耕地则主要分布在该区南部及上海市区周边；林地则零星散列分布在整个区域中；水域则主要为黄浦江，贯穿于上海市区。

8.3.20 湖杭水质净化与生物多样性维持功能区（Ⅲ235）

8.3.20.1 社会经济特征

2008 年该三级分区有 392.95 万人，GDP 2 712.42 亿元，其中第一产业产值 63.89 亿元，第二产业产值 1 193.35 亿元，第三产业产值 1 455.18 亿元，三次产业比例结构为 1.0∶18.68∶22.78，以第三产业为主导，呈“三、二、一”的产业结构。

8.3.20.2 土地利用特征

2008 年，该区土地利用类型中以耕地为最多，占 63.24%；其次是建设用地，所占比例为 25.59%；再次为水域，占 6.59%；林地和草地所占比例较小，分别为 4.32%和 0.24%；未利用土地所占比例最小，为 0.02%（表 8-28）。

从空间分布上看，规模建设用地则主要分布在该区的南部及北部，其他区域则散列分布有零星建设用地，规模建设用地区主要包括杭州市区、湖州市区和余杭区等；林地则主要分布在杭州市区的北部和南部以及湖州市区的南部；水域则主要分布在湖州市的东部及南部，杭州市区及其周边分布有西湖等重要水体。

表 8-28　2008 年Ⅲ235 区土地利用结构

土地利用类型	百分比/%
耕地	63.24
林地	4.32
草地	0.24
水域	6.59
建设用地	25.59
未利用土地	0.02

8.3.21 桐平水质净化与营养物质循环功能区（Ⅲ236）

8.3.21.1 社会经济特征

2008 年该三级分区有 339.91 万人，GDP 1 430.13 亿元，其中第一产业产值 91.32 亿元，第二产业产值 829.81 亿元，第三产业产值 509.00 亿元，以第二产业为主导，人均 GDP 为 42 073.74 元。

8.3.21.2 土地利用特征

2008 年，该区土地利用类型中以耕地为最多，占 74.00%；其次是建设用地，所占比例为 23.39%；再次为水域，占 1.37%；林地和草地所占比例较小，分别为 1.20%和 0.04%；未利用土地所占比例最小，为 0.01%（表 8-29）。

表 8-29 2008 年III236 区土地利用结构

土地利用类型	百分比/%
耕地	74.00
林地	1.20
草地	0.04
水域	1.37
建设用地	23.39
未利用土地	0.01

从空间分布上看，耕地成片分布于整个区域中，规模建设用地主要分布于该区的东部及西南部，零星建设用地则散列分布在整个区域中，规模建设用地主要包括桐乡市区、海宁市区、海盐城区、平湖市区和嘉善城区；林地则主要分布在该区的南段。

9　太湖流域分区水生态功能评价

9.1　太湖流域水生态系统特征

参考不同生态系统特点以及生态土地分类的思想，将太湖流域水域生态系统分为湿地生态系统、河流生态系统、湖泊生态系统和水库生态系统4类。

9.1.1　湿地生态系统

湿地生态系统种类繁多，介于陆地和水生生态系统之间，其组成结构独特，不同国家、不同行业根据各自的目的对湿地有着不同的定义和确定方法，因此给出湿地确切的、较为科学的定义并非易事。《国际湿地公约》指出："湿地是指天然或人工，永久或临时性的沼泽地、湿原、泥炭地或水域地带，包括静止或流动的淡水、半咸水、盐水水体，低潮时不超过6m的水域。此外，湿地包括岛屿或湿地范围内低潮不超过6m深的海域。河流、湖泊、红树林、泥炭地以及珊瑚礁也属于湿地范围。另外，湿地还包括人工湿地，诸如鱼塘、虾塘、农田池塘、灌溉农地、盐池、水库、砂砾矿坑、污水处理厂以及运河（魏晓华和孙阁，2009）。此处湿地仅包括滩涂、沼泽、坑塘和沟渠。

9.1.1.1　湿地生态系统的分布

太湖流域湿地在此主要指沟渠、坑塘、滩涂、沼泽和养殖水面，总面积为2877.82km^2，从太湖流域湿地生态系统的空间分布可以看出，苏州市和常州市湿地生态系统面积较大，其次为湖州和无锡。不同湿地类型中，养殖面积最大，沟渠面积最小（表9-1）。

表9-1　太湖流域湿地分地区面积统计　　单位：km^2

地区	沟渠	坑塘	滩涂	养殖	沼泽	合计
常州市	9.50	40.82	3.24	554.11	10.25	617.92
杭州市	0.00	26.14	0.00	77.51	0.00	103.65
湖州市	5.65	93.39	5.08	284.03	6.37	394.53
嘉兴市	0.00	3.61	0.23	137.09	0.00	140.92
南京市	0.06	0.86	0.02	7.33	0.00	8.27
上海市	0.03	28.88	0.08	215.07	0.00	244.07
苏州市	0.66	48.60	7.54	811.45	9.66	877.91
无锡市	0.02	25.24	1.08	318.27	0.58	345.20
宣城市	0.01	2.39	0.00	1.64	0.05	4.09
镇江市	0.01	33.43	0.00	107.81	0.02	141.26
总计	15.93	303.36	17.28	2514.31	26.94	2877.82

9.1.1.2 湿地生态环境问题分析

（1）围网养殖加剧水体富营养化

坑塘水面是指人工开挖或天然形成的蓄水量小于 10 万 m^3（不含养殖水面）常水位以下的面积。养殖水面是指人工开挖或天然形成的专门用于水产养殖的水面及相应附属设施用地。围网养殖投放饵料后由于鱼、蟹不能完全食用，造成大量残饵和养殖生物的排泄物沉入湖底，使得水体的植物营养成分（氮、磷等）过量积聚，水体营养过剩。

（2）滩地围垦影响流域生态环境

滩涂是海滩、河滩和湖滩的总称，指沿海大潮高潮位与低潮位之间的潮浸地带，河流湖泊常水位至洪水位间的滩地，时令湖、河洪水位以下的滩地，水库、坑塘的正常蓄水位与最大洪水位间的滩地面积。沼泽地指长期受积水浸泡，水草茂密的泥泞地区。土壤剖面上部为腐泥沼泽土或泥炭沼泽土，下部为潜育层。有机质含量高，持水性强，透水性弱，干燥时体积收缩。经排水疏干，土壤通气良好，有机物得以分解，可增加肥分。沼泽地是纤维植物、药用植物、蜜源植物的天然宝库，是珍贵鸟类、鱼类栖息、繁殖和育肥的良好场所。

由于湖泊滩地围垦，切断了原与湖泊相通连的河道，而且有的圩区位于湖泊下游的排水尾闾段，使过水断面缩狭，行洪不畅，导致局部地段水情恶化。太湖流域的湖泊，其湖盆都是浅碟形洼地，坡降十分平缓，太湖、滆湖等都在 1‰以下。筑堤建圩之后，隔断了圩区与湖泊开敞水体和圩外河道的天然联系，成为四周骤然高起、中间低洼的地形。地表形态改变，防洪排涝负担增大。圩堤的高程一般都较圩内地面高出 3～5 m，这些圩区建成之后，圩内非但不能蓄洪，其中的涝渍水还需靠泵站向外排放。这一方面增加了圩区的生产成本，另一方面又加重了下游防洪负担。尤其是一些地势低洼、田面高程低于圩外湖泊（河）平均水位的圩田，圩内涝渍威胁更重（高俊峰，2010）。

由于围垦，太湖流域许多湖泊内芦苇已经大面积消失。植物分布区的围垦，减少了天然鱼类和底栖动物栖息、产卵的场所，导致水产资源衰退。围垦造成的湖泊生态环境恶化，同样影响到水禽的栖息。20 世纪 50 年代，太湖、滆湖、洮湖等广袤的芦苇草滩还是野鸭、大雁等多种水禽栖息的重要场所，而现今因大片的芦苇草滩被围垦，水禽种类和数量都已锐减，许多地区难以见到水禽踪迹。滩地围垦对湖泊水环境质量也有间接影响。水生植物可以吸附水体中的部分有害物质，经过一系列生化作用以收获生物量的形式排出水体。因此，滩地围垦和水生植物资源的破坏也导致湖泊缓冲污染物的能力下降（刘庄等，2003）。

（3）沟渠成为农业污染源的重要传播途径

沟渠是位于道路两旁或农田间用于排水（泄洪）或灌溉的水道，其形成过程就是人类满足生产、生活安全保障等需要而人工挖掘的过水通道。由于其长时间的积水或季节性过水，沟渠因湿化而逐渐演化成具有湿地生态性质的特殊类型的湿地。其主要生态学标志就是在不同用途、不同规模沟渠的水体中分布有挺水植物和沉水植物，游泳动物和爬行动物等也多有分布，不仅成为某些水生动植物定居繁衍的栖息地，增加了平原区的生物多样性，也具有一定的环境功能，对氮、磷等污染物具有明显的去除效力，是一种特殊的人工湿地系统。

太湖流域乡村氮磷流失除农田排水和径流外，还有乡村生活污水及农户畜禽养殖尾水的排放，具有面广、量大、分散、间歇的峰值和高无机沉淀物负荷的特点，且太湖地区许多沟渠塘由于缺乏管理，淤积严重，杂草丛生，不仅无法有效地拦截农田径流氮磷流失直接进入水体，同时又成为乡村生活污水、分散畜禽养殖尾水的排放通道和固体废弃物的堆积场所，是农业污染源的重要传播途径。为片面追求农田经济效益，农民在田间施用过多的化肥和农药等农用化学物质，随着农田排水过程农用化学物质进入排水沟渠，恶化了沟渠内水体水质，破坏了沟渠内生物栖息地，青蛙、蟾蜍等有益动物种群减少，水体呈现富营养化状态，浮萍、水花生和水葫芦等植物过度生长，成为沟渠中优势生物群落。大量植株残体腐败时严重污染水体，同样也影响沟渠湿地的生态服务功能（陆海明等，2010）。

9.1.2 河流生态系统

河流通常是指陆地河流，即陆地表面呈线形的自动流动的水体。河流是地球上水分循环的重要路径，对全球的物质、能量的传递与输送起着重要作用。流水还不断地改变着地表形态，形成不同的流水地貌，如冲沟、深切的峡谷、冲积扇、冲积平原及河口三角洲等。在河流密度大的地区，广阔的水面对该地区的气候也具有一定的调节作用。河流与人类的关系极为密切，因为河流暴露在地表，河水取用方便，是人类可依赖的最主要的淡水资源，也是可更新的能源。地形、地质条件对河流的流向、流程、水系特征及河床的比降等起制约作用。河流流域内的气候，特别是气温和降水的变化，对河流的流量、水位变化、冰情等影响很大。土质和植被的状况又影响河流的含沙量。一条河流的水文特征是多方面因素综合作用的结果，例如河流的含沙量，既受土质状况、植被覆盖情况的影响，又受气候因素的影响；降水强度不同，冲刷侵蚀的能力就不同，因此，在土质植被状况相同的情况下，暴雨中心区域的河段含沙量就相应较大。

9.1.2.1 河流生态系统的分布

太湖流域河流生态系统总面积为 1 041.65 km^2，从表 9-2 太湖流域河流生态系统的空间分布可以看出，苏州和湖州河流较多，其次为上海、嘉兴、无锡、常州、杭州和镇江。

表 9-2 太湖流域河流分地区面积统计 单位：km^2

地区	面积
常州市	86.42
杭州市	60.11
湖州市	217.22
嘉兴市	120.61
南京市	1.20
上海市	154.23
苏州市	241.64
无锡市	116.09
宣城市	0.14
镇江市	43.99
总计	1 041.65

流域内河道水系以太湖为流域的中心，分上游和下游两个系统。上游有发源于天目山南北麓的苕溪水系，发源于湖西茅山及界岭脚下的南河水系及洮滆水系；下游主要为平原河网水系，东部以黄浦江为主干，称黄浦江水系（包括吴淞江），黄浦江是流域重要的排

水通道和航道；北部沿江水系，主要河道有浏河、望虞河、锡澄运河、德胜港、九曲河、大运河等 18 条河道通长江，并与河网相通；南部沿杭州湾水系，主要为人工开挖疏浚的入杭州湾的河道，有长山河、海盐塘、盐官下河和上塘河等；此外直接通东海的有大治河、金汇港等。

苕溪水系：流域内最有代表性的山区性河流，发源于浙西的天目山南北麓，分东苕溪和西苕溪两支，两溪在湖州汇合后由小梅口、新港口、大钱口等注入太湖。苕溪水系向东通过河道与杭嘉湖平原水网相通。

南溪水系：发源于宜溧山地和茅山丘陵地区，主流由东坝以下的南河、宜溧河、北溪组成，经西氿、团氿、东氿，于太浦口注入太湖。

洮滆水系：发源于江苏茅山山脉，汇镇江、丹阳、金坛一带丘陵岗坡径流，经洮滆湖调蓄后由宜兴百渎港、直湖港等入太湖。

合溪水系：发源于苏浙皖交界的界岭山地，汇合界岭南坡各路山水，由夹浦港等注入太湖。

黄浦江水系：为流域最下游的一个水系，是太湖径流的主要出路。它的上游有三支，北支为斜塘、泖河、拦路港、太浦河，分别与淀山湖、太湖相通；中支为园泄泾，上接俞汇塘；南支为大泖港，承接杭嘉湖南部来水。三支水流在米市渡以上汇合，至下游汇苏州来水，最后在上海吴淞口注入长江。黄浦江是一条中等强度的感潮河流，潮流界一般可上溯至淀山湖及浙沪边界，湖区界可达苏嘉运河平湖塘一带。

地区性沿江水系：包括从镇江到浏河一线连接太湖和长江的南北向一系列河道，如九曲河、德胜港、锡澄运河、望虞河、常浒河、白茆塘、七浦塘、杨林塘、浏河等河道。

江南运河（京杭运河江南段）：北起镇江的谏壁，经常州、无锡、苏州、嘉兴直至杭州，全长 312 km，由它贯通了流域内河湖和长江，在太湖流域的排水、灌溉、运输中起着十分重要的作用。其他的人工河道有太浦河、望虞河、长山河等。

9.1.2.2　河流生态环境问题分析

（1）河网水系污染严重

太湖流域是我国著名的水网地区，境内河道纵横交错。河道总长度有 12 万 km，平均每平方千米河道长度 3.2 km，在广大平原区构成网络状，称为“江南水网”，是太湖流域自古以来的水利基础。2005 年对 2 700 km 河道评价中，全年期河道水质为Ⅳ、Ⅴ类的占总河长的 89%，劣于Ⅴ类的达到 61%。环太湖周围有 215 条通湖大小河流，其中入湖 60 条，出湖 86 条，有进有出的 69 条，绝大多数入湖水质为Ⅴ类或劣Ⅴ类。2006 年监测资料显示，太湖年入湖水量 70 亿 m^3，其中江苏段入湖 53.8 亿 m^3（不含引江入湖水量 6.17 亿 m^3），Ⅲ类水只占 0.04%，Ⅳ类水也只有 0.07%，Ⅴ类水占 13.6%，劣Ⅴ类水占 86.3%，河流水质污染形势严峻（吕振霖，2007）。

（2）引排系统不畅

太湖虽然属长江水系，与长江的直线距离也仅有 50 km 左右，但太湖与长江的引排系统并不通畅，长期以来没有主干河道沟通。只是在 20 世纪 90 年代才开挖了一条望虞河，还是主要作为排泄洪水的通道，直到最近几年因太湖水资源和水环境问题日益严重，才开始进行“引江济太”试验。太湖的下泄排海通道也仅有一条太浦河，也是直到 20 世纪 90 年代后才打通运行。单一的引排通道与复杂的湖形结构不相适应，导致湖泊水体交换不畅。而且这几年实际“引江济太”的水量也很少，难以起到引清释污、以动制静的功效（吕振霖，2007）。

9.1.3 湖泊生态系统

湖泊是陆地上洼地积水形成的、水面比较宽阔、换流缓慢的水体。湖与泊共为陆地水域，但湖指水面有芦苇等水草的水域，泊指水面无芦苇等水草的水域。严格区分湖泊、池塘、沼泽、河流以及其他非海洋水体的定义还没有完全建立起来，然而，一般可以认为，河流运动比较快；沼泽内生长着大量的草、树或灌木；池塘比湖泊小。按照地质学定义，湖泊是暂时性水体。在全球水文循环过程中，淡水湖作用极小，其水量仅占全球总水量的 0.009%，尚不足陆地上淡水总量的 0.0075%。然而，淡水湖 98%以上的水量是可供利用的。在地壳构造运动、冰川作用、河流冲淤等地质作用下，地表形成许多凹地，积水成湖。露天采矿场凹地积水和拦河筑坝形成的水库也属湖泊之列，称为人工湖。湖泊因其换流异常缓慢而不同于河流，又因与大洋不发生直接联系而不同于海。在流域自然地理条件影响下，湖泊的湖盆、湖水和水中物质相互作用，相互制约，使湖泊不断演变。

9.1.3.1 湖泊生态系统的分布

湖泊是陆地上洼地积水形成的、水面比较宽阔、换流缓慢的水体。太湖流域湖泊生态系统总面积为 3035.64 km^2，从表 9-3 太湖流域湖泊生态系统的空间分布可以看出，苏州湖泊面积最大，其次为无锡，这与太湖主要位于这两个地区有关。常州由于洮湖和滆湖的原因，湖泊面积也较大，其他地区湖泊面积相对较小。

表 9-3 太湖流域湖泊分地区面积统计 单位：km^2

地区	面积
常州市	170.71
杭州市	17.02
湖州市	23.38
嘉兴市	17.70
南京市	0.01
上海市	66.53
苏州市	2088.93
无锡市	642.63
宣城市	0.10
镇江市	8.62
总计	3035.64

太湖流域共有面积大于 10 km^2 的湖泊 9 座，分别是太湖、滆湖、阳澄湖、洮湖、淀山湖、澄湖、昆承湖、元荡、独墅湖，合计面积 2838.3 km^2，占流域湖泊总面积的 93.50%；蓄水容积 50.77 亿 m^3，占全部湖泊总蓄水容积（57.68 亿 m^3）的 88%。

9.1.3.2 湖泊生态环境问题分析

（1）内源污染日益加重

由于大量的外源污染随入湖河流进入湖体，加之东太湖长期以来形成的大规模围湖养殖和围网养殖，湖内污染物积累日益加重。据水利部太湖流域管理局编制的《太湖底泥疏浚规划报告》研究结果表明，太湖湖底淤积面积 1 547 km^2，占全太湖面积的 66%，其中竺山湖、梅梁湖、贡湖和东太湖及入湖河口底泥污染最为严重，普遍淤深 0.8～1.5m，成为太湖水体污染的主要内源。该报告的研究成果还表明，太湖中氮的内源释放贡献量约占全湖氮总负荷量的 22.5%，磷的内源释放贡献量约占全湖磷总负荷的 25.1%，可见严重的内源污染是太湖富营养化的一个重要根源（吕振霖，2007）。

（2）湖体结构固有弱点加剧水环境恶化

太湖是一个浅水型湖泊，处于平原水网地区，平均水深只有 2.0m。由于湖体长期处于富营养化不断积累的状态，在阳光、气温适宜的情况下，极易发生藻类生态危害。太湖水体流动性慢，水体交换周期长达 309 天，水动力条件差，污染物稀释、降解效率低，水体的自净能力差。此外，太湖是一个流态复杂的湖泊。除了主湖区外，口袋形的湖湾很多，特别是竺山湖、梅梁湖、贡湖、五里湖这些特殊湖湾区，水体常年不流动、不交换，加之风向等原因，这些湖湾区的污染物容易集聚、积累，导致水生态环境加快恶化，甚至威胁到水源地的供水安全（吕振霖，2007）。

9.1.4 水库生态系统

水库一般的解释为“拦洪蓄水和调节水流的水利工程建筑物，可以利用来灌溉、发电、防洪和养鱼”。它是指在山沟或河流的狭口处建造拦河坝形成的人工湖泊。水库建成后，可起防洪、蓄水灌溉、供水、发电、养鱼等作用。有时天然湖泊也称为水库（天然水库）。水库规模通常按库容大小划分。人们为了解决径流在时间上和空间上的重新分配问题，充分开发利用水资源，使之适应用水部门的要求，往往在江河上修建一些水库工程。水库的兴利作用就是进行径流调节，蓄洪补枯，使天然来水能在时间上和空间上较好地满足用水部门的要求。在防洪区上游河道适当位置兴建能调蓄洪水的综合利用水库，利用水库库容拦蓄洪水，削减进入下游河道的洪峰流量，达到减免洪水灾害的目的。

9.1.4.1 水库生态系统的分布

水库是指在山沟或河流的狭口处建造拦河坝形成的人工湖泊。太湖流域水库生态系统总面积为 59.36 km^2，从表 9-4 太湖流域水库生态系统的空间分布可以看出，常州和湖州水库较多，其他地区水库相对较少。

表 9-4 太湖流域水库分地区面积统计 单位：km^2

地区	面积
常州市	24.74
杭州市	0.30
湖州市	21.47
嘉兴市	1.07
南京市	0.66
上海市	1.12
苏州市	0.00
无锡市	2.59
宣城市	1.40
镇江市	6.02
总计	59.36

在太湖流域上游的浙西山区苕溪水系和湖西宜溧山区南河水系，已建成库容超过 1 亿 m^3 的大型水库 7 座，总库容 10.17 亿 m^3，防洪库容 4.94 亿 m^3。其中 4 座位于浙西山区的苕溪水系，即青山、对河口、老石坎和赋石水库；3 座位于湖西宜溧山区的南河水系，即沙河、大溪和横山水库。

9.1.4.2 水库生态环境问题分析

（1）水库周边众多污染源危害水质

水库污染物主要来源于库区的工业废水、农田排水、城镇污水、大气降落物以及养殖水体的过量施肥投饵。污染物类型有需氧有机物质、植物营养物、重金属、农药、石油类、酚类、氰化物、热、酸碱及一般无机盐类、病原微生物等。主要危害是排入污染物超过了水体自净能力，使水质恶化，破坏了水的使用价值，扰乱了水生态系统的稳定性及正常功能。由于氮、磷等及有机物的大量排入，水体呈富营养化状态，藻类大量繁殖甚至产生严重水华，完全丧失了水的使用价值，造成水质性缺水，影响人们的饮水安全（陈文祥，2006）。

（2）修建水库影响河流形态及生境

拦河筑坝改变了河流时空结构，使天然河流消失，水库迅速形成，流量、流速、水位等水文、泥沙情势发生突变，河流的非连续化、径流量均一化及湖库化对水体生境、生物资源及生物多样性产生直接影响。河流因建坝而经历的化学、物理和生物变化会极大地改变原有水质状况，主要表现为水库水体盐度增高、水库水温分层、库中藻类繁殖加剧等。流域梯级开发及水库群建设，在长时间、大尺度范围会对生态系统完整性、生态阻隔、生物多样性、水资源利用、水环境污染、重要湿地生态、河口环境变化等流域性问题产生叠加累积效应及综合影响（陈文祥，2006）。

9.2 水生态功能计算方法

9.2.1 评价指标

在太湖流域主要分布有湿地、河流、湖泊、水库、农田、森林、绿地、草地、荒地和城镇 10 大类生态系统。每种生态系统又具备不同的主导服务功能。考虑本研究目标需要，重点突出水域生态系统，因此基于水陆一体性原则和多层次分解方法，从流域生态系统角度，将水生态服务功能评估指标划分为水源供给、水源调蓄、水质净化（削减总磷总氮）、生物多样性维持、航运通道、产品供给、固碳释氧、旅游（历史文化、景观娱乐）、输沙造陆 9 项与水生态有关的功能指标（表 9-5）。不同生态系统类型对应不同的生态服务功能评价指标。

9.2.2 计算方法

9.2.2.1 水源供给功能

河流和湖泊是淡水储存和保持的重要场所，为人类和其他动物提供饮用水，为植物生长发育和繁殖提供代谢用水，为农业灌溉用水、工业用水以及城市生态环境用水等提供保障（王欢等，2006）。

表 9-5　太湖流域水生态服务功能评价指标体系

一级指标	二级指标	三级指标	湿地	河流	湖泊	水库
供给功能	产品供给	初级产品	√	√	√	
		水源供给	√	√	√	√
	水文调节	水源储存	√	√	√	√
		水量调节	√	√	√	√
调节功能	净化水质	削减总氮	√	√	√	√
		削减总磷	√	√	√	√
	固碳释氧	固碳	√			
		释氧	√			
支持功能	物种保育	生物多样性	√	√	√	√
	通道场所	航运通道	√	√	√	
		输沙造陆	√			
文化功能	文化承载	历史文化	√	√	√	√
	景观游憩	景观娱乐	√	√	√	√

水生态系统的淡水供给功能计算公式为

$$W_s = A_w \cdot L_w \tag{9-1}$$

式中：W_s——水供给总量，kg；

A_w——水面面积，m^2；

L_w——单位面积水供给量，kg/m^2。

太湖流域不同地区水供给量见表 9-6。

表 9-6　太湖流域不同地区水供给量

地区	水域面积/km^2	年水供给/亿 m^3	单位面积水供给量/（kg/m^2）	数据来源
常州市	593.99	19.66	3 309.82	2008 年常州市水资源公报
杭州市	1 396.10	56.70	4 061.31	2008 年杭州市环境状况公报
湖州市	683.94	17.67	2 583.69	2007 年湖州市水资源公报
嘉兴市	328.00	26.77	8 161.58	2005 年嘉兴市水资源公报
南京市	725.67	61.18	8 430.83	2006 年南京市用水量统计分析
上海市	122.00	125.20	102 622.95	2009 年上海市水资源公报
苏州市	3 607.58	74.77	2 072.58	2007 年苏州市水资源公报
无锡市	1 502.00	30.93	2 059.25	2009 年无锡市水资源公报
镇江市	526.00	40.53	7 706.18	2005 年镇江市节水潜力分析与节水措施

9.2.2.2　水源储存功能

河道和湖泊是水的天然容器，而水库实际上是“人工湖泊”，有着与湖泊基本相同的

特征（王欢等，2006）。水生态系统的储水功能计算公式为

$$W_c = A_w \cdot d_w \tag{9-2}$$

式中：W_c——储水总量，m^3；

A_w——水域面积，m^2；

d_w——水深，m。

根据浙江、上海和江苏水生态调查数据（表 9-7），可获得各行政分区水面平均水深，据此可计算水生态系统的蓄水功能。

表 9-7　太湖流域不同地区平均水深样点数据

序号	样地编号	位置	水深/m	序号	样地编号	位置	水深/m
1	ZJX08	嘉兴市秀洲区	1.175	38	77S	宜兴市	0.2
2	ZJX07	海宁市	3.1	39	77R	宜兴市	2
3	ZJX06	桐乡市	2	40	76	无锡市市辖区	2
4	ZJX05	海盐县	0.4	41	74S	宜兴市	1.5
5	ZJX04	嘉兴市秀洲区	2	42	73	金坛市	2.4
6	ZJX03	嘉兴市秀城区	0.5	43	7	宜兴市	1.8
7	ZJX02	嘉善县	1.55	44	6	武进市	1.5
8	ZJX01	平湖市	2.825	45	58	吴江市	3
9	ZHZ03	杭州市余杭区	1.8	46	55	上海市青浦区	2.4
10	ZHZ01	杭州市拱墅区	2.5	47	54	吴江市	1.6
11	ZHU13	长兴县	2.15	48	53	昆山市	1.2
12	ZHU12	长兴县	3.8	49	52	常熟市	1.8
13	ZHU09	安吉县	4.15	50	51	常熟市	1
14	ZHU08	长兴县	4	51	50	张家港市	1.5
15	ZHU07	湖州市	3	52	5	武进市	2.4
16	ZHU06	湖州市	2.5	53	49	无锡市市辖区	1.2
17	ZHU05	长兴县	1.9	54	48	无锡市市辖区	1
18	ZHU04	德清县	3.75	55	46	武进市	2.2
19	ZHU03	湖州市	2.55	56	44	丹阳市	2
20	ZHU02	杭州市余杭区	2	57	43	宜兴市	1.2
21	ZHU02	苏州市市辖区	1.5	58	42	金坛市	1.5
22	ZHU01	湖州市	0.65	59	41	宜兴市	2.5
23	HSH09	上海市奉贤区	1.35	60	40	宜兴市	2.5
24	HSH08	上海市青浦区	1.4	61	4	宜兴市	3
25	HSH07	上海市金山区	0.85	62	39	丹阳市	3.2
26	HSH06	上海市松江区	4.825	63	38	苏州市市辖区	1.8
27	HSH05	上海市南汇区	1.9	64	37	吴江市	1.2
28	HSH04	上海市市辖区	1.3	65	36	宜兴市	2.5
29	HSH03	上海市松江区	1.275	66	32	无锡市市辖区	2.4
30	HSH02	上海市闵行区	1.475	67	3	丹阳市	2
31	HSH01	上海市嘉定区	1.55	68	15	昆山市	2
32	9	武进市	2.2	69	14	昆山市	2.2
33	84	吴江市	1.2	70	13	常熟市	0.8
34	82	武进市	1.8	71	12	昆山市	0.2
35	81	溧阳市	2	72	11	无锡市市辖区	1.8
36	80	上海市松江区	2.4	73	10	江阴市	2
37	8	无锡市市辖区	3	74	1	溧阳市	2.5

9.2.2.3　水量调节功能

湖泊和水库将过量的水分储存起来并缓慢释放，从而将水分在时间和空间上进行再分配，避免和减少洪水灾害。水生态系统水文调节功能计算公式为

$$R_w = A_w \cdot \Delta h \tag{9-3}$$

式中：R_W——调节水量，m^3；

A_W——水域面积，m^2；

Δh——最高水位与平水位之差即水位绝对变幅，m。

根据文献资料获得的太湖流域大型湖泊的水位绝对变幅如表 9-8 所示。

表 9-8　太湖流域不同湖泊水位变幅与调节水量

湖名	水位绝对变幅/m	单位面积调节水量/（m^3/m^2）
太湖	2.59	2 590
滆湖	2.8	2 800
阳澄湖	2.09	2 090
淀山湖	1.94	1 940
洮湖	3.54	3 540
澄湖	1.57	1 570
平均	2.422	2 422

9.2.2.4　水质净化功能

水生态系统能够通过稀释、吸附、过滤、扩散、氧化还原等一系列物理和生物化学反应净化水质（王欢等，2006；张进标，2007）。

水质净化氮磷功能计算公式为

$$V_w = V_a \cdot A_w \tag{9-4}$$

$$N_w = V_w \cdot C_N \tag{9-5}$$

$$P_w = V_w \cdot C_P \tag{9-6}$$

式中：V_W——污水年排放量，kg；

V_a——单位面积污水排放量，kg/m^2；

A_W——水域面积，m^2；

N_W 和 P_W——水质净化氮磷总量，kg；

C_N 和 C_P——污水中氮磷含量，分别为 0.004%和 0.000 8%。

根据 2007 年《太湖流域及东南诸河水资源公报》获得太湖流域不同地区污水排放量见表 9-9。

表 9-9 太湖流域不同地区污水排放及污染物含量

省市	水域面积/km^2	污水年排放量/亿 t	单位面积污水排放量/（kg/km^2）
上海	217.42	22.00	10118.81
江苏	4131.92	29.80	721.21
浙江	384.29	11.20	2914.48
安徽	1.34	0.01	746.10

9.2.2.5 生物多样性维持

湿地为生物提供了必需的生存条件和其他对生物起作用的生态因素，常采用 Shannon-Wiener 多样性指数衡量湿地维持生物多样性功能，计算公式如下：

$$H' = -\sum P_i \log P_i \tag{9-7}$$

$$P_i = n_i / N \tag{9-8}$$

式中：n_i——第 i 个物种数量；

N——所有物种数量；

P_i——第 i 个物种的相对多度。

根据浙江、上海和江苏水生态调查数据，可获得各行政分区 Shannon-Wiener 多样性指数。太湖流域不同样点 Shannon-Wiener 多样性指数见表 9-10。

表 9-10 太湖流域不同样点 Shannon-Wiener 多样性指数

序号	样地编号	多样性指数	位置	序号	样地编号	多样性指数	位置
1	ZJX08	2.474	嘉兴市秀洲区	39	8	1.000	无锡市市辖区
2	ZJX07	2.405	海宁市	40	77S	0.800	宜兴市
3	ZJX06	2.611	桐乡市	41	77R	0.900	宜兴市
4	ZJX05	2.130	海盐县	42	76	0.900	无锡市市辖区
5	ZJX04	2.166	嘉兴市秀洲区	43	74S	0.900	宜兴市
6	ZJX03	2.324	嘉兴市秀城区	44	73	1.000	金坛市
7	ZJX02	2.185	嘉善县	45	7	0.900	宜兴市
8	ZJX01	1.261	平湖市	46	6	0.800	武进市
9	ZHZ03	2.390	杭州市余杭区	47	58	0.900	吴江市
10	ZHZ01	2.111	杭州市拱墅区	48	55	0.800	上海市青浦区
11	ZHU13	2.400	长兴县	49	54	0.300	吴江市
12	ZHU12	1.820	长兴县	50	53	0.800	昆山市
13	ZHU11	1.582	安吉县	51	52	0.200	常熟市
14	ZHU10	1.771	安吉县	52	51	0.900	常熟市
15	ZHU09	1.645	安吉县	53	50	0.090	张家港市

序号	样地编号	多样性指数	位置	序号	样地编号	多样性指数	位置
16	ZHU08	1.735	长兴县	54	5	0.700	武进市
17	ZHU07	1.833	湖州市	55	49	1.000	无锡市市辖区
18	ZHU06	1.330	湖州市	56	48	0.900	无锡市市辖区
19	ZHU05	0.539	长兴县	57	46	0.500	武进市
20	ZHU04	2.242	德清县	58	44	1.000	丹阳市
21	ZHU03	2.250	湖州市	59	42	1.000	金坛市
22	ZHU02	2.311	苏州市市辖区	60	41	0.130	宜兴市
23	ZHU02	1.752	杭州市余杭区	61	40	0.080	宜兴市
24	ZHU01	1.646	湖州市	62	4	1.000	宜兴市
25	HSH09	1.992	上海市奉贤区	63	39	0.190	丹阳市
26	HSH08	2.510	上海市青浦区	64	38	0.900	苏州市市辖区
27	HSH07	1.829	上海市金山区	65	37	0.330	吴江市
28	HSH06	2.507	上海市松江区	66	36	1.000	宜兴市
29	HSH05	1.886	上海市南汇区	67	32	0.900	无锡市市辖区
30	HSH04	2.601	上海市市辖区	68	3	0.900	丹阳市
31	HSH03	2.420	上海市松江区	69	15	0.700	昆山市
32	HSH02	2.548	上海市闵行区	70	14	0.900	昆山市
33	HSH01	1.810	上海市嘉定区	71	13	1.100	常熟市
34	84	1.000	吴江市	72	12	1.000	昆山市
35	83	0.800	苏州市市辖区	73	11	0.900	无锡市市辖区
36	82	0.600	武进市	74	10	1.000	江阴市
37	81	0.900	溧阳市	75	1	0.900	溧阳市
38	80	0.800	上海市松江区				

9.2.2.6 航运通道功能

湖泊与江河连成了四通八达的航运网，一些大的湖泊都是水上运输的枢纽。水路运输具有陆路运输不可替代的优点，不占用耕地面积，不会大量破坏生态系统，不用花大量成本用于搭桥铺路等，充分利用河川的自然特点，成本较低，运输量大，对建立和完善现代综合运输体系具有重要作用（张进标，2007）。

水生态系统的航运功能计算公式为

$$S_w = A_w \cdot S_a \tag{9-9}$$

式中：S_w——客货运输总量，人/a 或 t/a；

A_w——水域面积，km^2；

S_a——单位面积客货运量，人/（$km^2 \cdot a$）或 t/（$km^2 \cdot a$）。

由统计年鉴资料获得江苏、浙江和上海 3 省、直辖市的水路旅客周转量和水路货运周转量（不包括沿海和远洋），根据各省、直辖市面积求得单位面积水路客货运周转量，再根据分区内各省、直辖市面积，计算水路客货运总周转量。太湖流域不同地区水路客货运量见表 9-11。

表 9-11 太湖流域不同地区水路客货运量

地区	水域面积/km^2	旅客周转量/（10^4 人/km·a）	货运周转量/（10^8t/km·a）	单位旅客周转量/（人/km^2·a）	单位货物周转量/（t/km^2·a）	数据来源
常州市	593.99	976	13.3260	0.0164	2.2435	常州市 2008 年统计年鉴
杭州市	1396.10	4 796	95.2913	0.0344	6.8255	杭州市 2009 年统计年鉴
湖州市	683.94	53	134.2501	0.0008	19.6289	湖州市 2007 年统计年鉴
嘉兴市	328.00	293	99.0354	0.0089	30.1937	嘉兴市 2009 年统计年鉴
南京市	725.67	—	541.8284	—	74.6660	南京市 2009 年统计年鉴
上海市	122.00	67 300	4183.0000	5.5164	3428.6885	上海市 2009 年统计年鉴
苏州市	3607.58	0	16.3824	0.0000	0.4541	苏州市 2008 年统计年鉴
无锡市	1502.00	0	25.1359	0.0000	1.6735	无锡市 2009 年统计年鉴

9.2.2.7 水产品功能

水生态系统中生活着丰富的水生植物和水生动物，包括生活必需品和原材料以及优质的碳水化合物和蛋白质等。水生态系统的水产品供给功能计算公式为

$$U = A \cdot S \tag{9-10}$$

式中：U——水产品供给总量，kg；

A——养殖水面面积，m^2；

S——单位面积水产品产量，kg/m^2。

由统计年鉴资料获得各行政分区水产品产量（表 9-12），再根据各地区淡水养殖面积计算太湖流域水生态系统淡水产品产量。

表 9-12 太湖流域不同地区水产品产量

地区	淡水产品产量/t	渔业产值/万元	淡水养殖面积/hm^2	单位水产品产量（产量/养殖面积）/（kg/m^2）	数据来源
常州市	142 002	306 513	33 985	0.4178	常州市 2008 年统计年鉴
杭州市	182 098	309 270	61 548	0.2959	杭州市 2009 年统计年鉴
湖州市	227 562	246 169	23 220	0.9800	湖州市 2009 年统计年鉴
嘉兴市	159 153	196 900	12 205	1.3040	嘉兴市 2009 年统计年鉴
南京市	201 413	401 579	47 400	0.4249	南京市 2009 年统计年鉴
上海市	146 200	356 700	32 010	0.4567	上海市 2009 年统计年鉴
苏州市	275 872	580 993	80 490	0.3427	苏州市 2009 年统计年鉴
无锡市	124 220	204 906	22 368	0.5553	无锡市 2009 年统计年鉴

9.2.2.8 固碳释氧

水体中的藻类浮游植物可以进行光合作用和呼吸作用，与大气交换 CO_2 和 O_2，对维持大气中 CO_2 和 O_2 动态平衡有着重要作用。水生态系统固碳量计算公式为

$$T = A \cdot \mathrm{PP} \tag{9-11}$$

式中：T——固碳量，mg C/d；

A——水域面积，m^2；

PP——浮游植物初级生产力，mg C/（$m^2 \cdot d$）。

张运林根据 1998—1999 年太湖梅梁湾初级生产力实测数据，建立了浮游植物初级生产力和表层叶绿素 a 浓度之间的经验模式：

$$\mathrm{PP} = 34.52C_{\mathrm{Chla}} + 222.9 \quad n=25，r^2=0.76 \tag{9-12}$$

式中：PP——浮游植物初级生产力，mg C/（$m^2 \cdot d$）；

C_{Chla}——表层叶绿素 a 浓度，μg/L。

根据浙江、上海和江苏水生态调查数据，可获得各行政分区叶绿素 a 平均含量（表 9-13）。

表 9-13 太湖流域不同地区叶绿素 a 平均含量

地区	叶绿素 a/（mg/m^3）	PP/[mg C/($m^2 \cdot d$)]	NPP/[kg/($m^2 \cdot a$)]
常州市	15.6099	761.7551	0.2780
杭州市	10.8750	598.3050	0.2184
湖州市	25.6167	1107.1874	0.4041
嘉兴市	9.3214	544.6757	0.1988
上海市	11.8919	633.4087	0.2312
苏州市	17.1018	813.2528	0.2968
无锡市	17.7353	835.1239	0.3048
镇江市	13.2352	679.7781	0.2481

9.2.2.9 旅游功能

湿地富有生物多样性和文化多样性，具有较高的旅游价值、环境教育功能及社区参与功能，湿地生态旅游体现了旅游经济与湿地保护的可持续协调发展。水生态系统的旅游功能以统计年鉴中旅游总收入为依据，按水生态景点数占旅游总景点数的比例进行估算，计算公式为

$$W_t = \sum A_i \cdot C_i \tag{9-13}$$

式中：W_t——水生态旅游功能价值，元；

A_i——第 i 个水域水面面积，m^2；

C_i——第 i 个水域单位水面旅游收入，元/m^2。

水生态系统旅游功能以统计年鉴中旅游总收入为依据，按水生态景点在旅游总收入中的作用比例进行计算，再根据水域面积计算单位水面旅游收入（表 9-14）。据国家旅游局

统计，水生态系统在旅游总收入中的作用比例为 12.3%，据此可计算流域各分区水生态系统的旅游功能。

表 9-14 太湖流域不同地区旅游收入

地区	2007 年旅游总收入/亿元	水生态旅游收入/亿元	水域面积/km^2	单位水面旅游收入/（元/m^2）	数据来源
常州市	233.98	28.78	593.99	4.85	常州市统计年鉴（2008 年）
杭州市	707.22	86.99	1 396.10	6.23	杭州市统计年鉴（2009 年）
湖州市	131.72	16.20	683.94	2.37	湖州市统计年鉴（2009 年）
嘉兴市	193.12	23.75	328.00	7.24	嘉兴市统计年鉴（2009 年）
南京市	714.30	87.86	725.67	12.11	南京市统计年鉴（2009 年）
上海市	1 958.00	240.83	122.00	197.40	上海市统计年鉴（2009 年）
苏州市	724.00	89.05	3 607.58	2.47	苏州市统计年鉴（2009 年）
无锡市	520.30	64.00	1 502.00	4.26	无锡市统计年鉴（2009 年）
镇江市	181.57	22.33	526.00	4.25	镇江市统计年鉴（2009 年）

9.3 分区生态系统组成及水生态功能评价

太湖流域是一个由众多河流、水库、塘坝以及湖泊构成的流域水生态系统，生态服务功能在流域社会经济发展中起着重要作用。随着太湖流域经济的快速发展和人口规模的迅速扩大，社会经济和环境保护之间的矛盾日益尖锐，污染湖泊的因素不断增多，加之环保意识薄弱，致使太湖水污染日趋严重。目前，流域内存在资源型和水质型缺水两种状况，严重阻碍了流域内的社会经济可持续发展（沈建军等，2009）。与陆地或海洋生态系统相比，河流、湖泊等淡水生态系统更易受岸上周边地区各类事件包括生命活动和自然过程的影响，因此，分区治理对太湖流域水生态系统管理具有重要意义。功能分区对于深刻识别区域空间的多功能性，充分利用和保护区域空间多功能性，追求区域空间功能价值的最大化和可持续利用，明确不同区域在可持续发展中的功能定位，并提出保障措施具有重要作用（谢高地等，2009）。目前关于水生态系统服务功能的研究，大多以功能分类为基础，从整体出发开展研究，很少考虑水生态系统服务功能的空间差异性，而这种差异性正是流域功能分区的前提和基础。

本部分以太湖流域水生态功能分区为基础，结合流域土地利用资料，水文水质资料和统计资料，对流域水生态系统服务功能的空间差异性进行了评价与分析，以期为流域水生态系统分区管理提供参考。从水生态功能区尺度来看，这种空间差异特征也是非常明显的，即各水生态功能分区之间水生态功能特征差异显著（表 9-15）。

表 9-15 太湖流域分区水生态功能统计

一级区	二级区	三级区	水源供给/（亿t/a）	水源储存/（亿t/a）	水量调节/（亿t/a）	水质净化/（万t/a）		生物多样性维持	航运通道/[亿t/(km·a)]	水产品/（万t/a）	固碳量/（万t/a）	旅游功能/亿元
						吸收总氮	吸收总磷					
Ⅰ1	Ⅱ11	Ⅲ111	6.43	2.00	0.12	0.24	0.05	0.70	15.62	2.05	2.07	3.94
		Ⅲ112	6.78	3.21	0.47	0.43	0.09	0.86	12.66	3.26	4.01	15.06
		Ⅲ113	5.70	3.63	0.95	0.49	0.10	0.81	1.78	3.52	5.00	20.07
		小计	18.91	8.85	1.54	1.16	0.23	0.79	30.06	8.83	11.08	39.07
	Ⅱ12	Ⅲ121	1.32	1.44	0.04	0.59	0.12	1.64	5.94	0.83	1.33	1.20
		Ⅲ122	2.17	2.97	0.25	0.98	0.20	1.65	5.70	0.73	0.96	1.90
		Ⅲ123	1.91	2.42	0.21	0.79	0.16	1.69	3.23	0.02	0.83	1.81
		Ⅲ124	4.59	4.27	0.22	1.76	0.35	1.98	6.93	9.54	4.64	4.48
		Ⅲ125	1.13	0.60	0.26	0.32	0.06	2.08	1.22	0.10	0.64	1.23
		小计	11.11	11.70	0.97	4.45	0.89	1.81	23.02	11.23	8.41	10.61
	合计		30.02	20.55	2.51	5.61	1.12	1.30	53.08	20.06	19.49	49.68
Ⅰ2	Ⅱ21	Ⅲ211	11.41	5.38	0.17	0.76	0.15	0.76	12.28	7.77	6.76	26.99
		Ⅲ212	21.29	15.06	4.51	2.18	0.44	0.78	4.84	22.27	22.80	89.96
		Ⅲ213	4.28	3.70	0.13	0.58	0.12	0.75	1.05	7.36	4.47	21.11
		小计	36.99	24.14	4.81	3.52	0.70	0.76	18.18	37.39	34.03	138.05
	Ⅱ22	Ⅲ221	4.77	4.13	5.53	0.62	0.12	0.83	3.72	0.08	6.45	23.88
		Ⅲ222	31.02	25.52	38.59	4.33	0.87	1.12	11.59	0.04	35.45	135.28
		Ⅲ223	0.18	0.14	0.02	0.02	0.00	1.34	0.00	0.21	0.18	0.73
		Ⅲ224	13.30	10.79	15.70	1.86	0.37	1.15	3.64	0.90	14.33	56.20
		小计	49.26	40.58	59.83	6.83	1.37	1.11	18.96	1.23	56.41	216.10
	Ⅱ23	Ⅲ231	3.57	2.89	0.22	0.50	0.10	1.23	0.11	4.11	3.81	14.72
		Ⅲ232	10.98	7.92	4.64	1.56	0.31	0.98	1.45	8.08	16.02	46.51
		Ⅲ233	191.64	17.27	6.25	10.59	2.12	1.13	3242.73	25.65	32.60	119.99
		Ⅲ234	292.15	4.41	0.01	11.54	2.31	1.91	4132.02	6.81	6.17	88.06
		Ⅲ235	13.75	11.36	0.45	5.10	1.02	2.00	26.94	33.25	23.45	12.45
		Ⅲ236	31.56	2.61	0.03	2.31	0.46	2.09	239.44	14.60	3.61	12.48
		小计	543.65	46.44	11.60	31.59	6.32	1.56	7642.69	92.49	85.66	294.22
	合计		629.90	111.17	76.25	41.95	8.39	1.14	7679.83	131.12	176.10	648.37
总计			659.92	131.71	78.75	47.55	9.51	1.22	7732.91	151.17	195.59	698.05

9.3.1 一级分区水生态功能

9.3.1.1 西部丘陵河流水生态区（Ⅰ1）

西部丘陵河流水生态区总面积为 104 万 hm^2，其中森林生态系统的面积最大，为 484338.6 hm^2，占分区面积的 46.57%，其次为农田生态系统和城镇生态系统，面积分别为 283096.8 hm^2 和 144 536 hm^2，分别占分区的 27.22%和 13.90%，其他生态系统所占比例较小。

9.3.1.2 东部平原河流湖泊水生态区（Ⅰ2）

东部平原河流湖泊水生态区总面积 265 万 hm^2，农田生态系统和城镇生态系统的面积较大，分别为 920603.5 hm^2 和 886340.8 hm^2，占分区面积的 34.74%和 33.45%，其次为湖泊生态系统，面积为 398 755.5 hm^2，所占比例为 15.05%。

9.3.2 二级分区水生态功能

9.3.2.1 湖西丘陵森林农田交错河源生境水生态亚区（Ⅱ11）

该分区内农田生态系统面积占据绝对优势（63.56%），然后依次为森林生态系统和城镇生态系统，其面积分别占到该区总面积的 18.58%和 14.05%，湖泊水库生态系统面积占到 3.36%，河流及湿地（草甸）面积较小。农田生态系统主要提供农作物 1.74×10^9 kg/a，关键水功能主要体现在能够吸收氮肥 1 378 t/a，吸收磷肥 278 t/a；森林生态系统主要涵养水源 3.94×10^7 m^3/a，净化水质过程中约吸收总氮 1 935 t/a，吸收总磷 89 t/a；河流生态系统主要功能体现在每年能够提供 1790 t 水产品，关键水功能体现在水资源供给 4.12×10^9 m^3/a；湖库生态系统主导功能和关键水功能都表现为水分调节，每年约调节水量 1.59×10^8 m^3；湿地生态系统主导功能是年储存水源量 0.24×10^7 m^3，关键水功能表现在净化总氮 862.59 t/a，吸收总磷 96.05 t/a。

9.3.2.2 浙西山区森林河源生境水生态亚区（Ⅱ12）

该分区内森林生态系统占据 53.98%的区域面积，农田生态系统占到 33.08%，城镇生态系统所占比例为 9.14%，而湖泊水库生态系统以及（草甸）湿地生态系统面积占区域面积比例大体相当，河流生态系统面积最小，仅为 0.34%。农田生态系统主要提供农作物 1.52×10^9 kg/a，关键水功能主要表现为年吸收氮肥 1226.02 t，吸收磷肥 247.44 t；森林生态系统涵养水源 1.41×10^9 m^3/a，净化吸收总氮 27339.45 t/a，吸收总磷 1071.41 t/a；河流生态系统主要功能和关键水生态功能均为年供给水量 3.09×10^9 m^3；湖库生态系统主导功能和关键水功能都表现为每年约调节水源 1.46×10^8 m^3；湿地生态系统年生产芦苇 207452.16 t，关键水功能表现为净化总氮 5777.39 t/a，吸收总磷 643.33 t/a。

9.3.2.3 武锡虞农田河网生境水生态亚区（Ⅱ21）

该分区内农田生态系统面积占据绝对优势（61.25%），然后为城镇生态系统（26.78%）和湖泊水库生态系统（10.29%），而森林生态系统所占比例较低，仅为 1.05%，草甸湿地生态系统与河流生态系统面积比例大体相当，分别为 0.38%和 0.25%。农田生态系统主要功能表现在提供农作物 3.36×10^9 kg/a，关键水功能主要体现在吸收氮肥 2937.55 t/a，吸收磷肥 592.86 t/a；作为森林生态系统的主导功能，森林涵养水源 4.90×10^6 m^3/a，净化水质中吸收总氮 463.80 t/a，吸收总磷 19.02 t/a；河流生态系统主要功能为年供给水量 9.27×10^9 m^3，关键水功能为年调蓄水量 14.79×10^9 m^3；湖库生态系统主导功能和关键水功能都表现为水分调节上，每年约调节水量 9.05×10^8 m^3；草甸湿地生态系统主导功能和关键水功能都表现在净化总氮 1687.08 t/a，吸收总磷 187.86 t/a。

9.3.2.4　太湖湿地生境水生态亚区（Ⅱ22）

该分区内湖泊水库生态系统占据绝对优势，其面积占到区域面积的 79.55%，其次分别为农田生态系统（10.65%）、森林生态系统（5.74%）和城镇生态系统（3.13%），草甸湿地生态系统与河流生态系统面积均较小，分别占区域面积的 0.77%和 0.16%。农田生态系统主要功能表现在提供农作物 2.00×10^8kg/a，其关键水功能主要体现在吸收氮肥 176.66 t/a，吸收磷肥 35.65 t/a；作为森林生态系统的主导功能，森林涵养水源 9.29×10^6 m^3/a，净化水质中吸收总氮 878.85 t/a，吸收总磷 36.03 t/a；湖库生态系统主导功能和关键水功能都表现为水质净化，每年约净化总氮 28657.96 t，吸收总磷 1029.36 t；草甸湿地生态系统主导功能和关键水功能表现为净化总氮 1187.07 t，吸收总磷 132.19 t。

9.3.2.5　沪苏嘉农田河网生境水生态亚区（Ⅱ23）

该分区内农田生态系统面积最大，占到区域面积的 61.22%，其次为城镇生态系统（30.5%）和湖库生态系统（6.14%），森林生态系统、河流生态系统和草甸湿地生态系统所占面积比例较小，分别为 1.11%、0.87%和 0.16%。农田生态系统提供农作物 5.85×10^9kg/a，其关键水功能是吸收氮肥 4603.59 t/a，吸收磷肥 929.10 t/a；森林生态系统主导功能为涵养水源 8.17×10^6 m^3/a，关键水功能为净化水质中吸收总氮 773 t/a，吸收总磷 31.69 t/a；河流生态系统主要功能和关键水功能为年净化水量 1.77×10^9 m^3；湖库生态系统主导功能和关键水功能都表现为水质净化，约净化总氮 10023.23 t/a，吸收总磷 360.02 t/a；草甸湿地生态系统主导功能和关键水功能表现为净化总氮 1093.29 t/a，吸收总磷 121.74 t/a。

9.3.3　三级分区水生态功能

9.3.3.1　镇丹水源涵养与水质净化功能区（Ⅲ111）

该分区位于太湖流域西北角，主要包括镇江市区和丹阳市北部，区内以丘陵低山地形为主。该分区内农田生态系统面积最大，占分区总面积的 43.80%；其次是城镇生态系统，占总面积的 33.06%；再次是森林生态系统，占区域总面积的 12.05%，其他生态系统比例很小。该分区水生态系统的各项服务功能为：水源供给 6.43 亿 t/a，水源储存 2 亿 t/a，水量调节 0.12 亿 t/a，削减总氮 0.24 万 t/a，削减总磷 0.05 万 t/a，生物多样性指数 0.7，航运 15.62 亿 t/（km·a），水产品 2.05 万 t/a，固碳量 2.07 万 t/a，旅游功能 3.94 亿元。对水生态服务功能相对重要性比较来看，该分区水域生态系统中，削减总氮功能最高，水源供给、航运通道和水源储存次之，水量调节和削减总磷功能相对较弱，维持生物多样性功能处于不太重要水平。

9.3.3.2　句溧水源涵养与水资源调蓄功能区（Ⅲ112）

该分区位于太湖流域西北部，主要包括句容市、丹徒县南部和金坛市西部和溧阳市西北部。该分区农田生态系统面积最大，占分区总面积的 57.19%；其次是森林生态系统，占总面积的 15.21%；再次是城镇生态系统，占区域总面积的 11.38%，其他生态系统比例很小。该分区水生态系统的各项服务功能为：水源供给 6.78 亿 t/a，水源储存 3.21 亿 t/a，水量调节 0.47 亿 t/a，削减总氮 0.43 万 t/a，削减总磷 0.09 万 t/a，生物多样性指数 0.86，航运 12.66 亿 t/（km·a），水产品 3.26 万 t/a，固碳量 4.01 万 t/a，旅游功能 15.06 亿元。对水生态服务功能相对重要性比较来看，该分区水域生态系统削减总氮功能最高，水源供给、航运通道和水源储存次之，削减总磷与水量调节功能相对较弱，维持生物多样性功能处于不太重要水平。

9.3.3.3 溧宜水源涵养与水资源调蓄功能区（III113）

该分区位于太湖流域西部，主要包括高淳县、溧阳市南部、宜兴市南部，区内以山地为主。该分区农田生态系统面积最大，占分区总面积的 39.42%；其次是森林生态系统，占总面积的 35.11%；再次是城镇生态系统，占区域总面积的 13.70%，其他生态系统比例很小。该分区水生态系统的各项服务功能为：水源供给 5.7 亿 t/a，水源储存 3.63 亿 t/a，水量调节 0.95 亿 t/a，削减总氮 0.49 万 t/a，削减总磷 0.1 万 t/a，生物多样性指数 0.81，航运 1.78 亿 t/（km·a），水产品 3.52 万 t/a，固碳量 5 万 t/a，旅游功能 20.07 亿元。对水生态服务功能相对重要性比较来看，该分区水域生态系统削减总氮、总磷功能最高，航运通道和水源储存次之，水源供给与水量调节功能相对较弱，维持生物多样性功能处于不太重要水平。

9.3.3.4 长兴北水源涵养与生物多样性维持功能区（III121）

该分区分布在西部丘陵水生态区中部，森林生态系统面积最大，占控制单元总面积的 48.11%；其次是农田生态系统，占总面积的 26.32%；再次是城镇生态系统，占区域总面积的 15.87%，其他生态系统比例很小。该分区水生态系统的各项服务功能为：水源供给 1.32 亿 t/a，水源储存 1.44 亿 t/a，水量调节 0.04 亿 t/a，削减总氮 0.59 万 t/a，削减总磷 0.12 万 t/a，生物多样性指数 1.64，航运 5.94 亿 t/（km·a），水产品 0.83 万 t/a，固碳量 1.33 万 t/a，旅游功能 1.2 亿元。对水生态服务功能相对重要性比较来看，该分区水域生态系统航运通道和水源储存功能最高，削减总氮和水源供给次之，水量调节与削减总磷功能相对较弱，维持生物多样性功能处于非常重要水平。

9.3.3.5 长安水源涵养与生物多样性维持功能区（III122）

该分区主要包括湖州市长兴县的一部分、安吉县行政区的一半和德清县的一小部分。森林生态系统面积最大，占分区总面积的 58.40%；其次是农田生态系统，占总面积的 18.38%；再次是城镇生态系统，占区域总面积的 12.98%，其他生态系统比例很小。该分区水生态系统的各项服务功能为：水源供给 2.17 亿 t/a，水源储存 2.97 亿 t/a，水量调节 0.25 亿 t/a，削减总氮 0.98 万 t/a，削减总磷 0.2 万 t/a，生物多样性指数 1.65，航运 5.7 亿 t/(km·a)，水产品 0.73 万 t/a，固碳量 0.96 万 t/a，旅游功能 1.9 亿元。对水生态服务功能相对重要性比较来看，该分区水域生态系统削减总氮功能最高，航运通道和水源储存次之，水源供给、削减总磷和水量调节功能相对较弱，维持生物多样性功能处于非常重要水平。

9.3.3.6 安临水源涵养与生物多样性维持功能区（III123）

该分区主要包括湖州市安吉的一大部分和临安市的一小部分。该分区的主要生态系统为森林生态系统，森林生态系统占到 80%以上。农田生态系统和城镇生态系统所占比例均小于 10%，河流湖泊和水库生态系统所占的比例较小。该分区水生态系统的各项服务功能为：水源供给 1.91 亿 t/a，水源储存 2.42 亿 t/a，水量调节 0.21 亿 t/a，削减总氮 0.79 万 t/a，削减总磷 0.16 万 t/a，生物多样性指数 1.69，航运 3.23 亿 t/（km·a），水产品 0.02 万 t/a，固碳量 0.83 万 t/a，旅游功能 1.81 亿元。对水生态服务功能相对重要性比较来看，该分区水域生态系统的削减总氮功能最高，航运通道和水源储存次之，水源供给、削减总磷和水量调节功能相对较弱，维持生物多样性功能处于非常重要水平。

9.3.3.7 南德余水源涵养与生物多样性维持功能区（III124）

该分区主要包括湖州市区、德清县和余杭市三者的一部分。该分区森林生态系统面积最大，占分区总面积的 53.44%；其次是农田生态系统，占总面积的 19.40%；再次是城镇生态系统，占区域总面积的 13.10%，其他生态系统比例很小。该分区水生态系统的各项服务功能为：水源供给 4.59 亿 t/a，水源储存 4.27 亿 t/a，水量调节 0.22 亿 t/a，削减总氮 1.76 万 t/a，削减总磷 0.35 万 t/a，生物多样性指数 1.98，航运 6.93 亿 t/（km·a），水产品 9.54 万 t/a，固碳量 4.64 万 t/a，旅游功能 4.48 亿元。对水生态服务功能相对重要性比较来看，水域生态系统中，航运通道和水源储存功能最高，削减总氮和水源供给次之，削减总磷与水量调节功能相对较弱，维持生物多样性功能处于非常重要水平。

9.3.3.8 临余水源涵养与水质净化功能区（III125）

该分区主要包括临安市大部分。该分区森林生态系统面积最大，占该分区总面积的 76.92%；其次是城镇生态系统，占总面积的 11.15%，其他生态系统比例很小。该分区水生态系统的各项服务功能为：水源供给 1.13 亿 t/a，水源储存 0.6 亿 t/a，水量调节 0.26 亿 t/a，削减总氮 0.32 万 t/a，削减总磷 0.06 万 t/a，生物多样性指数 2.08，航运 1.22 亿 t/（km·a），水产品 0.1 万 t/a，固碳量 0.64 万 t/a，旅游功能 1.23 亿元。对水生态服务功能相对重要性比较来看，该水域生态系统航运通道和水源储存功能最高，削减总氮总磷次之，水源供给与水量调节功能相对较弱，维持生物多样性功能处于非常重要水平。

9.3.3.9 常州水质净化与营养物质循环功能区（III211）

该分区位于太湖流域西北部，主要地跨常州、镇江，占整个流域面积的 5.77%。该分区中农田生态系统面积最大，为 1 002.28 km^2，占整个分区面积的 47.35%，其次为城镇生态系统，占分区面积的 35.12%，再次为湿地生态系统，面积为 199.10 km^2，面积比例为 9.41%，其他生态系统类型分布较少。该分区水生态系统的各项服务功能为：水源供给 11.41 亿 t/a，水源储存 5.38 亿 t/a，水量调节 0.17 亿 t/a，削减总氮 0.76 万 t/a，削减总磷 0.15 万 t/a，生物多样性指数 0.76，航运 12.28 亿 t/（km·a），水产品 7.77 万 t/a，固碳量 6.76 万 t/a，旅游功能 26.99 亿元。对水生态服务功能相对重要性比较来看，水域生态系统中，水源储存和水源供给功能最高，削减总氮、总磷次之，航运通道与水量调节功能相对较弱，维持生物多样性功能处于一般水平。

9.3.3.10 长滆水质净化与洪水调蓄功能区（III212）

该分区位于太湖西北部，主要包括金坛市东南部、溧阳市西北部、常州市武进区及宜兴市北部，占整个流域面积的 5.76%。该分区农田生态系统的面积最大 774.35 km^2，占整个分区面积的 36.42%，其次为湿地和城镇生态系统，面积比例分别为 24.35%和 17.85%。该分区水生态系统的各项服务功能为：水源供给 21.29 亿 t/a，水源储存 15.06 亿 t/a，水量调节 4.51 亿 t/a，削减总氮 2.18 万 t/a，削减总磷 0.44 万 t/a，生物多样性指数 0.78，航运 4.84 亿 t/（km·a），水产品 22.27 万 t/a，固碳量 22.8 万 t/a，旅游功能 89.96 亿元。对水生态服务功能相对重要性比较来看，水域生态系统中，水源存储和水源供给功能最高，削减总氮、总磷次之，航运通道与水量调节功能相对较弱，维持生物多样性功能处于一般水平。

9.3.3.11 锡张水质净化与营养物质循环功能区（III213）

该分区位于太湖流域北部，主要包括无锡市区、张家港市和江阴市，占整个流域面积的 7.79%。该分区中，城镇生态系统占绝对优势，面积为 129 937.58 km^2，占整个分区面积的45.53%，其次为农田生态系统和森林生态系统，面积比例分别为35.80%和10.44%。该分区水生态系统的各项服务功能为：水源供给 4.28 亿 t/a，水源储存 3.7 亿 t/a，水量调节 0.13 亿 t/a，削减总氮 0.58 万 t/a，削减总磷 0.12 万 t/a，生物多样性指数 0.75，航运 1.05 亿 t/（km·a），水产品 7.36 万 t/a，固碳量 4.47 万 t/a，旅游功能 21.11 亿元。对水生态服务功能相对重要性比较来看，水域生态系统中，水源储存和水源供给功能最高，削减总氮、总磷次之，航运通道与水量调节功能相对较弱，维持生物多样性功能处于一般水平。

9.3.3.12 竺山梅梁湾水质净化与生物多样性维持综合功能区（III221）

该分区位于太湖湖体的北部，此区域为湖体的分区之一，陆地面积较少，占整个流域面积的 0.61%。主要以湖泊生态系统为主，面积比重达 95.02%，主要发挥水体生态服务功能。该分区水生态系统的各项服务功能为：水源供给 4.77 亿 t/a，水源储存 4.13 亿 t/a，水量调节 5.53 亿 t/a，削减总氮 0.62 万 t/a，削减总磷 0.12 万 t/a，生物多样性指数 0.83，航运 3.72 亿 t/（km·a），水产品 0.08 万 t/a，固碳量 6.45 万 t/a，旅游功能 23.88 亿元。对水生态服务功能相对重要性比较来看，该水域生态系统的水量调节和水源储存功能最高，削减总氮总磷次之，水源供给与航运通道功能相对较弱，维持生物多样性功能处于一般水平。

9.3.3.13 湖心湖西洪水调蓄和水质净化综合功能区（III222）

该分区为湖体分区之一，是湖体的主体部分，占整个流域面积的 4.05%。以湖泊生态系统为主，陆地生态系统面积很小，主要发挥水体的生态服务功能。该分区水生态系统的各项服务功能为：水源供给 31.02 亿 t/a，水源储存 25.52 亿 t/a，水量调节 38.59 亿 t/a，削减总氮 4.33 万 t/a，削减总磷 0.87 万 t/a，生物多样性指数 1.12，航运 11.59 亿 t/（km·a），水产品 0.04 万 t/a，固碳量 35.45 万 t/a，旅游功能 135.28 亿元。对水生态服务功能相对重要性比较来看，该分区水域生态系统的水量调节和水源储存功能最高，削减总氮、总磷次之，水源供给与航运通道功能相对较弱，维持生物多样性功能处于一般水平。

9.3.3.14 西山生物多样性维持功能区（III223）

该分区位于太湖湖体内部，自成岛屿，占整个流域面积的 0.21%。从生态系统类型和面积比例来看，该分区森林生态系统的面积比例占到一半以上，达 55.44%，其次为城镇生态系统，面积比例为 22.26%，农田和湿地生态系统的面积比例较为接近，分别为 10.97%和 9.76%。该分区水生态系统的各项服务功能为：水源供给 0.18 亿 t/a，水源储存 0.14 亿 t/a，水量调节 0.02 亿 t/a，削减总氮 0.02 万 t/a，削减总磷 0 万 t/a，生物多样性指数 1.34，航运 0 亿 t/（km·a），水产品 0.21 万 t/a，固碳量 0.18 万 t/a，旅游功能 0.73 亿元。对水生态服务功能相对重要性比较来看，该分区水域生态系统的水源储存功能最高，削减总氮、总磷次之，水量调节、水源供给与航运通道功能相对较弱，维持生物多样性功能处于重要水平。

9.3.3.15 湖东生物多样性维持和初级生产综合功能区（III224）

该分区是太湖湖体分区之一，位于太湖湖体的东部，占整个流域面积的 1.78%。从各生态系统的面积和比例来看，该分区主要以湖泊生态系统为主，面积比例达 92.82%，陆地生态系统的面积比例较小。因此该区湖泊生态系统占绝对优势，以水体生态系统的功能发挥为主。该分区水生态系统的各项服务功能为：水源供给 13.3 亿 t/a，水源储存 10.79 亿 t/a，水量调节 15.7 亿 t/a，削减总氮 1.86 万 t/a，削减总磷 0.37 万 t/a，生物多样性指数 1.15，航运 3.64 亿 t/（km·a），水产品 0.9 万 t/a，固碳量 14.33 万 t/a，旅游功能 56.2 亿元。对水生态服务功能相对重要性比较来看，该分区水域生态系统的水量调节和水源储存功能最高，削减总氮、总磷次之，水源供给与航运通道功能相对较弱，维持生物多样性功能处于一般水平。

9.3.3.16 苏州水质净化功能区（III231）

该分区位于太湖流域中东部地区，苏州境内，占整个流域面积的 2.49%。从各种生态系统的面积和比例来看，主要以城镇生态系统为主，面积比例为 47.81%，其次为森林、湿地、农田生态系统，面积比例分别为 17.55%、16.19%和 14.49%，其他生态系统的面积较小。该分区水生态系统的各项服务功能为：水源供给 3.57 亿 t/a，水源储存 2.89 亿 t/a，水量调节 0.22 亿 t/a，削减总氮 0.5 万 t/a，削减总磷 0.1 万 t/a，生物多样性指数 1.23，航运 0.11 亿 t/（km·a），水产品 4.11 万 t/a，固碳量 3.81 万 t/a，旅游功能 14.72 亿元。对水生态服务功能相对重要性比较来看，该分区水域生态系统的水源储存功能最高，削减总氮、总磷次之，水量调节、水源供给与航运通道功能相对较弱，维持生物多样性功能处于重要水平。

9.3.3.17 苏常水质净化与洪水调蓄功能区（III232）

该分区位于太湖流域的中北部地区，苏州境内，占整个流域面积的 4.90%。从各生态系统的面积和比例来看，该分区城镇生态系统的面积最大，比例为 38.25%，其次为农田、湿地和湖泊生态系统，面积比例分别为 26.11%、13.15%和 10.67%。该分区水域生态系统提供的各项服务功能分别为：水源供给 10.98 亿 t/a，水源储存 7.92 亿 t/a，水量调节 4.64 亿 t/a，削减总氮 1.56 万 t/a，削减总磷 0.31 万 t/a，生物多样性指数 0.98，航运 1.45 亿 t/（km·a），水产品 8.08 万 t/a，固碳量 16.02 万 t/a，旅游功能 46.51 亿元。对水生态服务功能相对重要性比较来看，该分区水域生态系统的水源储存与水量调节功能最高，削减总氮、总磷次之，水源供给与航运通道功能相对较弱，维持生物多样性功能处于一般水平。

9.3.3.18 太嘉水质净化与营养物质循环功能区（III233）

该分区位于太湖流域的东北部，地跨苏州、嘉兴和上海，占整个流域面积的 12.13%。从各生态系统的面积和比例来看，该分区以农田和城镇生态系统为主，面积比例分别为 37.56%和 32.02%，其次为湿地生态系统，面积比例为 13.04%。该分区水生态系统的各项服务功能为：水源供给 191.64 亿 t/a，水源储存 17.27 亿 t/a，水量调节 6.25 亿 t/a，削减总氮 10.59 万 t/a，削减总磷 2.12 万 t/a，生物多样性指数 1.13，航运 3 242.73 亿 t/（km·a），水产品 25.65 万 t/a，固碳量 32.6 万 t/a，旅游功能 119.99 亿元。对水生态服务功能相对重要性比较来看，该分区水域生态系统的航运通道功能最高，水源供给以及削减总氮、总磷次之，水源储存与水量调节功能相对较弱，维持生物多样性功能处于一般水平。

9.3.3.19 上海营养物质循环与水质净化功能区（III234）

该分区位于太湖流域的东部，主要位于上海市，占整个流域面积的 12.04%。从各生态系统类型的面积和比例来看，该分区城镇生态系统面积较大，占分区总面积的 50.28%，其次为农田生态系统，面积比例为 37.7%，水域生态系统的分布较小。该分区水生态系统的各项服务功能为：水源供给 292.15 亿 t/a，水源储存 4.41 亿 t/a，水量调节 0.01 亿 t/a，削减总氮 11.54 万 t/a，削减总磷 2.31 万 t/a，生物多样性指数 1.91，航运 4 132.02 亿 t/（km·a），水产品 6.81 万 t/a，固碳量 6.17 万 t/a，旅游功能 88.06 亿元。对水生态服务功能相对重要性比较来看，该分区水域生态系统的航运通道功能最高，水源供给以及削减总氮、总磷次之，水源储存与水量调节功能相对较弱，维持生物多样性功能处于非常重要水平。

9.3.3.20 湖杭水质净化与生物多样性维持功能区（III235）

该分区位于太湖流域的西南部，主要位于湖州市境内，占整个流域面积的 5.96%。从该分区内生态系统组成来看，城镇、农田和森林生态系统的面积较大，面积比例分别为 32.6%、30.48%和 15.16%。因此，该分区陆地生态系统的比例占有优势。该分区水生态系统的各项服务功能为：水源供给 13.75 亿 t/a，水源储存 11.36 亿 t/a，水量调节 0.45 亿 t/a，削减总氮 5.1 万 t/a，削减总磷 1.02 万 t/a，生物多样性指数 2，航运 26.94 亿 t/（km·a），水产品 33.25 万 t/a，固碳量 23.45 万 t/a，旅游功能 12.45 亿元。对水生态服务功能相对重要性比较来看，该分区水域生态系统的削减总氮、总磷功能最高，水源储存与水源供给功能次之，水量调节与航运通道功能相对较弱，维持生物多样性功能处于非常重要水平。

9.3.3.21 桐平水质净化与营养物质循环功能区（III236）

该分区位于太湖流域的中南部，主要位于嘉兴市，占整个流域面积的 8.34%。从各生态系统的面积和比例来看，农田生态系统占该分区总面积的 57.62%，其次为城镇和森林生态系统，面积比例分别为 29.39%和 7.88%，水体生态系统的面积较小。该分区水生态系统的各项服务功能为：水源供给 31.56 亿 t/a，水源储存 2.61 亿 t/a，水量调节 0.03 亿 t/a，削减总氮 2.31 万 t/a，削减总磷 0.46 万 t/a，生物多样性指数 2.09，航运 239.44 亿 t/（km·a），水产品 14.6 万 t/a，固碳量 3.61 万 t/a，旅游功能 12.48 亿元。对水生态服务功能相对重要性比较来看，该分区水域生态系统的削减总氮、总磷功能最高，水源供给与航运通道次之，水源储存与水量调节功能相对较弱，维持生物多样性功能处于非常重要水平。

9.3.4 结语

不同区域的生态环境、资源条件和经济社会发展水平有很大差异，根据这种客观存在的差异来合理划分多种生态功能区，实行不同的区域发展战略和政策，有利于保护生态环境，也有利于经济社会发展。不过本研究仅评估了太湖流域主要水生态系统服务功能，忽略了提供生境、地下水补给、科研教育等不易量化的服务类型，评估结果存在一定低估。同时，水生态环境恶化是一个动态的过程，只有连续的评估才能了解和掌握流域的水生态系统服务变化特点以及人类活动和管理对服务功能的影响（鲁春霞等，2003；张朝晖等，2007）。以上研究只是对流域水生态系统服务功能量的一个初步估算，还不能清楚地表明流域水环境恶化与社会经济之间的相互作用关系，而这也是目前生态系统服务功能研究最大的局限。同时，目前的评价研究都是基于静态模型得出的结论，对评估结果缺乏深入分析（李文华等，2009）。在今后的研究中，应加强对太湖流域水生态系统服务功能的动态监测，在此基础上，进行流域水生态系统服务功能的时空动态模拟，进一步建立水生态系统服务功能变异预警机制，从而为流域长期持续地解决水污染问题和水环境管理提供数据、理论和方法支持。

水生态系统服务功能评估有助于人们重新审视水生态系统功能，提高社会对水生态系统保护重要性的认识，促进水生态系统研究和保护利用。太湖流域是我国经济活动最活跃的地区之一，水生态系统在流域社会经济发展中发挥着重要作用，其服务功能的好坏直接关系着我国社会经济的发展。研究表明，太湖流域不同分区水生态系统服务功能存在较大差异，这种差异与水生态系统在流域中所处的位置以及各区经济发展水平密切相关。从中可以看出，明确水生态系统服务功能的空间分区特征以及各项生态服务功能重要性的总体分异规律，对于明确生态系统与人类社会之间的关系，保障流域分区的科学性具有重要意义。

10 太湖流域分区生态风险评价

10.1 生态风险评价指标体系

10.1.1 评价指标体系构建原则

流域是以河流水系为廊道，由坡地—平原—湖库斑块所组成的空间联合体，是一个兼具封闭性与开放性、动态与静态的，由人和自然共同构成的包括生态、经济以及社会子系统在内复杂的、完整的、动态的复合系统，系统内部湖泊—河流—流域之间各种事件的发生和变化存在着共生和因果联系，是相互联系、相互影响的有机整体。因此在进行流域生态风险评价时应考虑流域的特殊性，遵循以下原则：

（1）科学性 生态风险评价结果是否可信很大程度上依赖其指标、标准、程序等方法是否科学。指标应反映评价对象的特征，同时指标的概念和物理意义必须明确，测定方法标准、统计计算方法规范；

（2）层次性 指标体系应层次分明，全面反映风险源本身及其对受体危害的主要特征和发展状况；

（3）针对性 指标的选取要有针对性，应能够为评价活动、评价目的服务，能够针对评价任务的要求为评价结果的判定提供依据，要能反映出流域的生态风险特征；

（4）可比性 指标数据选取和计算采取通行口径与标准，保证评价指标与结果具有类比性质，应针对特定目标和流域发展面临的风险及其矛盾选择指标体系；

（5）可操作性 建立指标体系应考虑到现实的可能性，指标体系应符合国家政策，应适应于指标使用者对指标的理解接受能力和判断能力，避免过于烦琐，涉及数据应真实可靠并易于量化；

（6）导向性原则 要充分考虑到系统的动态变化，综合反映流域发展现状及发展趋势，便于进行预测与管理，起到导向作用。

10.1.2 评价指标体系构建

依据评价模型、指标体系构建原则，基于目标层—类别层—要素层—指标层多层次框架结构，从生态风险源危险度、生态环境脆弱度及生态受体潜在损失度三方面构建流域生态风险评价指标体系（图 10-1），选取适当的指标来评价流域生态风险大小。

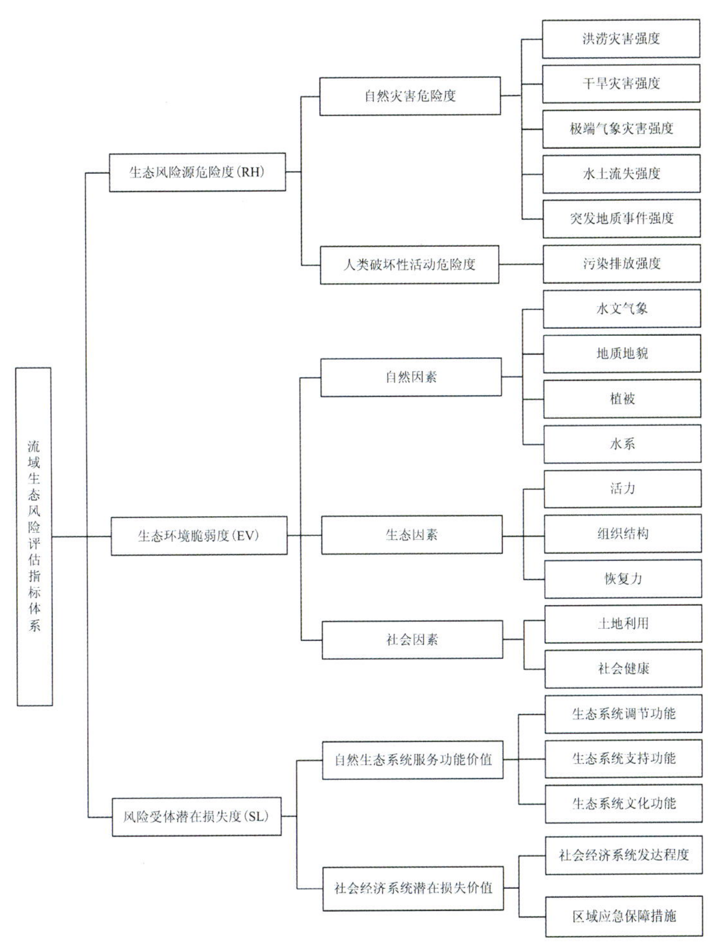

图 10-1 流域生态风险评价指标体系

10.1.2.1 生态风险源危险度评价指标体系

生态风险源危险度指数主要包括自然灾害危险度和人类破坏性活动危险度两方面（高永年和高俊峰，2010），其中自然灾害危险度主要选取了洪涝灾害、干旱灾害、极端气象灾害（台风、风暴、低温冷冻）及土壤侵蚀等风险源的发生强度、频率、范围等指标，人类破坏性活动危险度选取污染排放强度指标（表 10-1）。

表 10-1 生态风险源危险度评价指标体系

目标层	类别层	要素层	指标层	指标类型
生态风险源危险度评价（RH）	自然灾害危险度	洪涝灾害强度	洪涝灾害发生频率 洪涝灾害发生规模	正向
		干旱灾害强度	干旱灾害发生频率 干旱灾害发生规模	正向
		极端气象灾害强度	台风发生规模、频率 风暴灾害发生规模、频率 低温冷冻发生规模、频率	正向
		水土流失强度	土壤侵蚀模数与等级	正向
	人类破坏性活动危险度	污染排放强度	点源污染排放强度	正向
			面源污染排放强度	正向

10.1.2.2 生态环境脆弱度评价指标体系

生态脆弱性主要体现在生态系统结构和功能上的敏感性、易变性，以及抗干扰能力和恢复能力的下降等方面，其产生原因与生态系统本身的特性有关，也与生态系统受到的干扰有关。由于生态系统的脆弱性难以预见，加之脆弱系统的复杂性，不同区域反映生态系统脆弱性变化的指标纷繁复杂，目前尚未有衡量生态系统脆弱性的统一指标标准（徐广才等，2009）。本研究从生态环境脆弱性内涵出发，从流域自然因素、生态因素及社会因素三方面选取适宜指标，建立生态环境脆弱度评价指标体系（表 10-2），对研究区自然因素、生态因素和经济社会因素对生态脆弱性驱动作用进行分析。

表 10-2 生态环境脆弱度评价指标体系

目标层	类别层	要素层	指标层	指标类型
生态环境脆弱度评价（EV）	自然因素	地质地貌	地面高程	正向
			土壤质地	正向
			坡度>20° 面积比	正向
		气象水文	多年平均降水量	正向
			多年平均≥10℃积温	分类
		植被	植被覆盖率	逆向
		水系	水面率	逆向
	生态因素	活力	净初级生产力 NPP	逆向
		组织结构	景观类型破碎度	正向
			景观类型分维数	逆向
			蔓延度	逆向
			Shannon-Wiener 多样性指数	逆向
		恢复力	综合弹性值	逆向
	社会因素	土地利用	土地垦殖指数	正向
			土地利用程度	正向
		社会健康	社会福利院数量	逆向
			每万人拥有大学生数	逆向
			城乡最低生活保障人数	逆向

10.1.2.3 生态风险受体潜在损失度评价指标体系

生态受体潜在损失度分析主要从自然生态系统和社会经济系统两方面考虑，其中，自然生态系统的潜在损失度主要体现在其生态系统服务功能价值的潜在损失，生态系统服务功能主要包括生产功能、调节功能、支持功能及文化功能。对于社会经济系统，一般认为社会经济条件可以定性反映区域的社会经济生态系统的灾损敏度，即潜在损失度的高低（李谢辉，2008）。社会经济发达的地区，人口、城镇密集，产业活动频繁，社会经济价值较高，因此，当遭遇到同样等级的风险时，经济发达、人口密布地区的绝对损失度往往比经济落后的地区大很多。此外，考虑到经济发达地区，社会保障措施较为完善，其承受风险的能力相对较强，因此，主要从社会经济系统潜在损失度和应急保障措施两方面考虑，选取人均 GDP、人口密度等相关指标进行计算（表 10-3）。

表 10-3 生态受体潜在损失度评价指标体系

目标层	类别层	要素层	指标层	指标类型
生态受体潜在损失度评价（SL）	自然生态系统潜在损失度	自然生态系统服务功能价值	生态系统调节功能	正向
			生态系统文化功能	正向
			生态系统支持功能	正向
	社会经济系统潜在损失度	社会经济系统发达程度	人口密度	正向
			建设用地比例	正向
			人均 GDP	正向
			农作物产量	正向
		区域应急保障措施	工业废水排放达标率	逆向
			每千人医疗床位数	逆向

10.1.3 评价标准与等级划分

10.1.3.1 评价标准与阈值

评价标准是生态风险评价的基础，其是否合理直接影响评价结果准确性。目前，关于生态风险评价研究尚无统一的标准。综合来看，评价标准具有相对性特征，不同区域、不同规模、不同类型的生态系统具有不同的生态演替过程及人类活动。评价标准可以通过以下方法确定：（1）历史资料法；（2）实地考察；（3）参照对比法；（4）借鉴国家标准与相关研究成果；（5）公众参与；（6）专家评判。本书中指标评价标准的确定原则为有国家标准的，实行国家标准，主要包括如国家或国际组织颁布执行的环境质量标准、公共卫生标准、各行业发布的环境安全评价规范和规定等。没有国家标准、有地方标准的，实行地方标准，包括各地方政府颁布的规划区目标、生态容量等；没有国家或地方标准的情况下采用参考文献中使用的标准；国家或地方标准以及参考文献均没有的情况下，采用往年平均值或相似区域的平均值作为基准值。如河流湖泊水质标准等采用国家标准；生态指标和社会经济指标参考类似发达地区的水平标准或采用科学研究已判定的生态标准；土壤侵蚀等指标参考生态建设标准。

10.1.3.2 等级体系划分

确定定量指标标准时，借鉴有关历史资料、相关研究成果与国家适用标准及通过多区域对比分析确定，各具体指标评价由专家评判完成。根据评价结果，运用 ArcGIS 聚类分析功能，从高到低依次划分为“Ⅰ级、Ⅱ级、Ⅲ级、Ⅳ级、Ⅴ级”五个级别（表 10-4）。

表 10-4 生态风险及组成要素等级划分

生态风险等级	生态风险源（危险度）	生态环境（脆弱度）	风险受体（损失度）	生态风险（程度）
Ⅰ级	发生频率低，灾害强度小	生态系统稳定性高、抗外界干扰能力强，恢复能力强	小	低生态风险
Ⅱ级	发生频率较低，强度较小	生态系统稳定性也较高，有较强的抗外界干扰能力，自然恢复能力较强	较小	较低生态风险
Ⅲ级	发生频率中等，强度一般	生态系统尚稳定，生态系统敏感性增强，生态系统仍可维持	一般	中等生态风险
Ⅳ级	发生频率较高，强度较大	生态系统稳定性较低，生态系统出现异常，甚至开始退化	较大	较高生态风险
Ⅴ级	发生频率很高，强度很大	生态系统稳定性极低，对外界干扰敏感性强，生态环境恢复力差	大	高生态风险

10.2 生态风险评价方法

10.2.1 评价模型

根据流域生态风险评价内涵及发生机理可知，风险源、生境以及影响是流域生态风险评价的三个重要组成部分。对于生态系统而言，灾害性事件的产生多为外界胁迫因素与系统内部生态结构不稳定性因素共同作用造成的结果。本研究综合考虑了风险源—生境—影响等因素之间的相互作用关系，对生态风险评价初始公式进行了改进，从危险度—脆弱度—损失度三个层次构建流域生态风险评价模型：

流域生态风险（ER）＝ *f*（危险度（*H*），脆弱度（*V*），损失度（*L*））

该模型从宏观的角度对流域生态风险进行评价，能够综合考虑各种因素对流域复合生态系统的影响，具有较强的灵活性和实用性。具体计算公式为

$$\mathrm{ER}=\sum_{i=1}^{n}H\cdot V\cdot L \tag{10-1}$$

式中：H——风险源危险度；

V——生境脆弱系数；

L——受体潜在损失度；

i——评价单元编号；

n——评价单元数量。

10.2.1.1 生态风险源危险度评价子模型

由于生态系统暴露于多重风险源之下，它们所受的风险干扰是多重风险源相互叠加的结果，而不同类型的风险源对生境乃至生态系统的风险压力具有一定差异。此外，受复合风险源作用的生态系统，其风险源强度往往可以划分为多个等级，同一类型不同等级的风险源对同一受体的危险程度也不相同，因此，针对不同类型不同级别的风险源，应该引入相对权重系数来区分这种危险度差异。采用风险源危险度指数 H 来表征不同风险源的发生概率及强度，公式如下：

$$H=\sum_{i=1}^{n}\beta_i\cdot \mathrm{RH}_i \qquad i=1,2,\cdots,n \tag{10-2}$$

式中：H——综合生态风险源危险度指数；

β_i——第 i 类风险源权重；

i——生态风险源类别；

n——生态风险类型总数。

其中，

$$\mathrm{RH}_i=\sum_{j=1}^{m}\lambda_{ij}\cdot \mathrm{RH}_{ij} \qquad j=1,2,\cdots,m \tag{10-3}$$

式中：RH_i——第 i 类风险源危险度指数；

i——风险源类别数；

j——第 i 类风险源的等级数；

m——总级别数；

λ_{ij}——第 i 类风险源第 j 级风险源权重；

RH_{ij}——第 i 类 j 级风险源的发生概率或强度。

10.2.1.2 生态环境脆弱度评价子模型

生态脆弱度评价是生态风险评价的关键环节之一，是风险源与损失度联系的桥梁。参考已有研究对生态脆弱度指标的选取，以景观生态学、生态脆弱性等理论为基础，从自然因素、生态因素及社会因素等生态脆弱影响因素出发，构建流域生态环境脆弱度评价指标体系及评价模型，对生境脆弱程度进行定量化的表征分析，进而诊断流域生态环境脆弱度的时空分异特征和影响因素。

具体计算公式为

$$V = W_n \cdot N + W_e \cdot E + W_h \cdot H \tag{10-4}$$

其中，$N = \sum_{i=1}^{m} W_i \cdot N_i$，$E = \sum_{i=1}^{m} W_i \cdot E_i$，$H = \sum_{i=1}^{m} W_i \cdot H_i$

式中：V——生境脆弱度指数，其值越大说明生态环境越脆弱，越不健康，潜在危险也越大；反之，V 值越小说明生态环境脆弱度越小，越健康；

N_i、E_i、H_i——分别表示影响生态脆弱的自然因素、生态因素及社会因素中第 i 种指标的归一化值；

W——指标权重值；

m——评价指标的数目；

N、E、H——分别为生态环境的自然因素、生态因素及社会因素得分。

10.2.1.3 生态受体潜在损失度评价子模型

生态风险潜在损失主要包括自然生态系统潜在损失情况（LN）及社会经济系统潜在损失情况（LS）的估算。计算公式为

综合生态风险潜在损失度＝（LN＋LS）/2　　（10-5）

（1）自然生态系统潜在损失评价

自然生态系统发挥显著的直接经济效益同时，还发挥着巨大的生态效益和社会效益，从生态系统的生态地位、生态价值角度出发综合定量表征风险源对生态系统及其风险受体所造成的损害程度大小。计算公式为

$$\mathrm{LN} = \sum_{i=1}^{n} \left(A_i \times \mathrm{NV}_i \right) / A \tag{10-6}$$

式中：A_i——i 类生态系统面积，i＝1，2，…，6；

A——区域生态系统总面积；

NV_i——第 i 类生态系统生态价值指数，其值大小在[0，1]区间。

（2）社会经济系统潜在损失评价

由于自然灾害及人类破坏性活动发生具有随机性特点，造成损失统计指标值的年际波动较大，因此不易利用某一时间点的灾损数据。考虑到研究区内的一些人口经济指标、区域的应急保障措施，在一定程度上可以反映社会经济系统的潜在损失度，具体计算公式如下：

$$\mathrm{LS} = \sum_{i=1}^{m} W_i \cdot S_i \tag{10-7}$$

式中，S_i——第 i 种指标的归一化值；

W_i——指标权重值；

m——评价指标的数目。

10.2.2 评价数据处理

10.2.2.1 数据获取与标准化

研究数据主要包括多源遥感数据、基础地理数据、监测数据及社会经济统计数据等。其中，生态风险源中的洪涝灾害数据主要通过查阅和统计历史灾害记录及图片资料获得；干旱灾害主要通过各地区气象监测的降水量和蒸发量间接计算得到，并通过空间插值转化为连续面状栅格数据，赋值给评价单元；极端气象灾害则通过《中国自然灾害时空格局》、《中国自然灾害系统地图集》等有关地图数字化得到（王静爱等，2006；史培军等，2003）；水土流失指标数据则是从全国 1∶100 000 比例尺土壤侵蚀数据库中提取获得；工业污染企业点位数据及生活污水排放数据通过流域污染普查获得；农田污染、畜禽污染、水产污染及村落污染等面源污染排放量数据则通过污染源普查及查阅各县市环境统计公报、环境质量报告书等资料获得；DEM 数据主要为 SRTM DEM，来源于马里兰大学，其空间分辨率精度约为 90m；坡度＞20° 面积比则通过 DEM 生成流域坡度图提取获得；水面率、森林覆盖率、建设用地比例来自于 2000 年、2008 年两个时期 Landsat 遥感影像（空间分辨率 30m）解译得到土地利用矢量数据；多年平均降水量及≥10℃积温则来源于中国科学院地理科学与资源研究所资源环境科学数据中心，首先利用太湖流域边界，在 GIS 软件中对其进行裁剪获取，后通过统计每个评价单元内降水量和温度值得到空间栅格数据；土壤类型，来源于中国环境科学研究院信息中心，并在 GIS 软件中将土壤类型矢量数据转换为栅格数据；初级生产力（NPP）数据则将遥感和地理信息系统技术结合，利用基于资源平衡观点的光能利用率概念模型，由植物吸收的光合有效辐射 APAR 以及光能利用率求得（姜立鹏，2007）；蔓延度、景观生态格局指数、生物多样性指数等指标主要通过 ArcGIS、FRAGSTATS 等软件计算获得；人口密度、人均 GDP、农作物产量、每千人医疗床位数等指标主要通过城市统计年鉴、县（市）社会经济统计年鉴及中国民政统计年鉴查阅获得；自然生态系统损失度则主要通过生态系统服务功能价值评价获得。

由于本书评价指标类型复杂、多样，且具有不同的量纲，直接利用这些指标进行综合计算并无实际意义，为了使不同量纲的数据具有可比性，需要对所有指标数据进行标准化处理，去除各指标的量纲。为消除各指标量纲，本研究采用极差法进行数据标准化。设待评价的 n 个评价区域 $\boldsymbol{X}$，有 m 个因子指标构成计算 $\boldsymbol{X}$ 的因子指标集，每个指标的实测值为

$$\boldsymbol{X}=\begin{pmatrix} x_{11} & \cdots & x_{1n} \\ \vdots & \ddots & \vdots \\ x_{m1} & \cdots & x_{mn} \end{pmatrix}=(x_{ij})_{mn} \tag{10-8}$$

根据指标与评价目标之间呈正相关或负相关两种情况，采用不同的属性规格化公式。与评价目标呈正相关的指标，根据公式：

$$\boldsymbol{X}'_{ij}=(\boldsymbol{X}_{ij}-\boldsymbol{X}_{\min})/(\boldsymbol{X}_{\max}-\boldsymbol{X}_{\min}) \tag{10-9}$$

进行计算，得出在[0，1]区间取值越大越优型的标准化数据；

而与评价目标呈负相关的指标，即具有消极意义的指标，根据公式：

$$X'_{ij}=(X_{max}-X_{ij})/(X_{max}-X_{min}) \tag{10-10}$$

进行计算，得出在[0，1]区间取值越小越优型的标准化数据。其中，X_{ij}、X_{max}、X_{min}、X'_{ij}分别为第i年第j个指标的原值、最大值、最小值和标准化后的数值。

10.2.2.2 判断矩阵与权重确定

权重系数是对评价中各因素重要程度的定量描述，可以看做是各个因素相对于重要性的隶属度。它反映了各个因素在综合决策中所占有的地位或起的作用，可以直接影响到综合评判的结果（徐建华，2002）。由于各评价体系是由不同指标组成，指标之间的相对重要性也不相同，因此，在评价过程中，需要对不同的指标赋予不同的权重，从而来反映指标的相对重要程度，以保证评价结果的准确性和有效性。评价指标的权重决定了各个因子对流域生态环境状况的贡献大小。为了避免片面性和主观性，应当采用合理的技术方法来确定指标权重。指标权重的获取主要有三种方法：主观赋值法、客观赋值法和主客观相结合的权重赋值方法。综合评价方法主要是主观和客观赋值法相结合的权重确定方法，主要为层次分析法，在专家确定法的基础上，进行数学分析，判断最大特征值的一致性，从而确定各指标的权重。生态风险评价旨在对风险影响下的生态系统状态及变化趋势进行评价，因此指标权重的确定需要结合评价者对该指标重要程度的判断，同时又要考虑各指标的真实值。评价指标的权重决定了各个因子对流域生态环境状况的贡献大小。本节权重的确定采用主观与客观相结合的分析方法，主观权重分析法采用层次分析法，客观权重分析方法主要采用熵值法。层次分析法主要依靠对每一层次中各指标两两相比的相对重要性进行判断，引入合适的标度，用数值加以量化构成各层次的判断矩阵。构造合适的判断矩阵是生态系统质量评价的重要部分，将直接影响评价结果。为此，根据经验和各层指标相对重要程度给予判断，构造合适的判断矩阵（表 10-5）。求解各个判断矩阵的特征值，便可确定各层因素的单层排序权重。计算同一层次所有指标对于目标层次相对重要性的排序，由最高层到最低层逐渐进行，最终得到各层指标的权重和排序。

表 10-5 指标对比标度值及其含义

标度值	含义
1	表示两两因素比较具有同等重要性
3	表示两两因素比较一个比另一个稍微重要
5	表示两两因素比较一个比另一个明显重要
7	表示两两因素比较一个比另一个强烈重要
9	表示两两因素比较一个比另一个极端重要
2，4，6，8	表示上述两相邻判断的中值

以层次分析法得出各指标的重要性程度作为初始权重，并通过咨询专家建议，进行权重适当调查，最终取二者均值作为权重结果。

在客观权重确定方法上，主要选用熵值法，具体计算公式为

$$w_i=\frac{1-H_i}{m-\sum_{i=1}^{m}H_i} \tag{10-11}$$

其中$H_i=-\frac{1}{\ln(n)}(\sum_{j=1}^{n}f_{ji}\ln f_{ji})$，$f_{ji}=\frac{1+x_{ij}}{\sum_{j=1}^{n}(1+x_{ij})}$

式中：w_i ——评价指标的权重值；

H_i ——评价指标的熵劝值；

x_{ij} ——评价样本中第 i 个评价指标在第 j 个评价单元的值；

m ——评价指标的数目；

n ——评价单元的数量；

i ——评价指标的编号；

j ——评价单元的编号。

最后，通过取平均值法得到生态风险评价中各指标组合权重。

10.2.3 评价单元选取与数据转换

10.2.3.1 评价单元

根据矢量面状单元与栅格点状单元各自优缺点的特征，本研究采用二者相结合的划分方法，使指标因子数据载体与分析评价单元分开，即用栅格点状单元作为指标因子的数据载体和基本评价分析单元，用矢量面状单元作为综合评价分析单元或数据载体（社会经济数据），二者之间用模型予以关联。

（1）行政单元

行政区是国民经济和社会格局的重要组成部分，同时具备地域、空间和行政独立性的最基本区域单元，在社会经济发展中发挥着重要的支撑和基础性作用。因此，行政单元在以国家、省域为尺度进行区域生态环境质量评价时采用较多，主要优点是统计数据容易获取，所得的结论便于各行政单元生态保护与建设政绩的确定与比较；缺点是对于行政单元中生态系统本身的结构与功能分异不能进行深入分析。为了使评价结果更易于应用到风险管理的实践中去，进行生态风险评价时，同时采用县域行政单元和网格单元交叉分析。由于缺少上海市的污染排放数据，因此，评价结果不包括上海市。此外，如临安县、广德县、句容市等仅有小部分区域属于太湖流域，在研究中也不予考虑（图 10-2）。

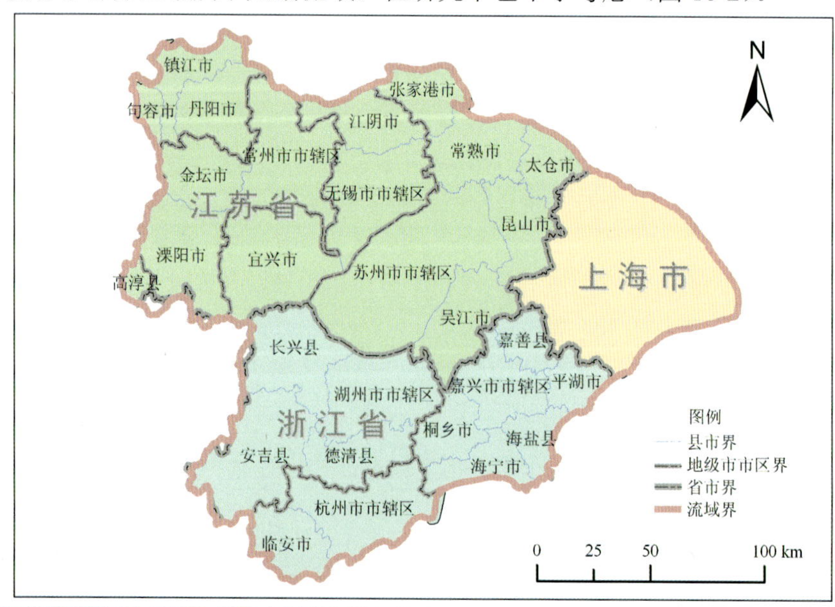

图 10-2 太湖流域生态风险评价单元——行政单元

（2）水生态功能分区单元

按照前述对太湖流域三级水生态功能分区单元进行统计（图 10-3）。

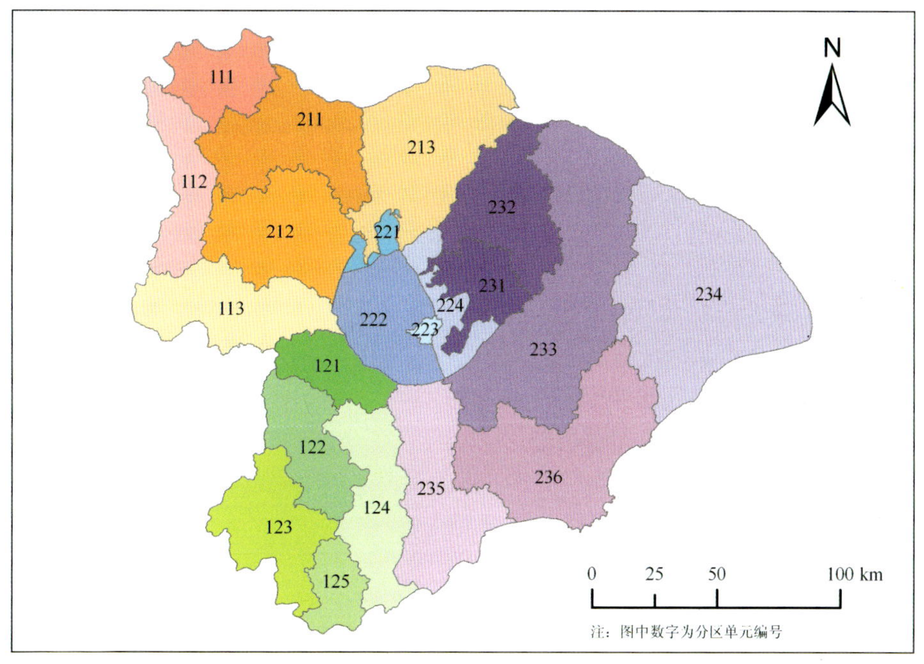

图 10-3 太湖流域生态风险评价单元——分区单元

（3）网格单元

高精度空间分析与模拟一般采用网格单元，网格可以被认为是其他任何统计单元内部的细胞，通过它可以表达任何统计单元的信息，因此在 GIS 技术的支持下，经过网格化处理的数据及其派生出的结果，在时间上可以形成以网格为基础的数据序列，在空间上可以形成网格间的数据梯度，网格化数据具有匹配和融合多源数据的优势，特别适合空间模型的构建、实现和表达，也是许多图形绘制、科学计算和空间模型实现的基础工作。因此，采用网格评价单元能够更好地表达流域内生态风险空间分布的规律性及差异性。网格的大小可根据评价区域面积和所获取的资料精度来确定。

根据太湖流域风险评价目的，选择相应分辨率格网作为基本评价分析单元，网格分辨率（网格大小）主要根据经验公式来确定，一般通过“最小图斑”法进行计算（左伟等，2003），即

$$H = (1/2) \cdot [\min(A_i)]^{1/2} \quad (10\text{-}12)$$

式中，H——网格的边长；

A_i——最小因素图斑的面积。

为此，本节利用上述公式共生成 1606 个单元网格覆盖整个流域，每个格网为 5 km×5 km（图 10-4）。

10.2.3.2 评价单元间数据转换

生态风险评价因子虽然属于 GIS 管理下的矢量数据，但它们的评价方法、统计口径及要求不尽相同，且有着各自不同的自然统计单元（行政单元、分区单元、网格单元）。人

均国内生产总值、人口密度等是以行政区为统计单元；洪涝、极端气象灾害等风险源状况的分布多是基于自然边界获得的。由于统计单元的不同，不便于利用多源数据进行相关比较和分析，不能充分发挥已有数据的效益。因此，数据需要在不同类型、不同层级的评价单元间进行转换。为了实现基本空间评价单元的统一，本研究通过 ArcGIS 软件中多边形空间叠置分析法将行政区、自然分区的指标要素转化到网格单元，并以面积比例作为分值，跨越不同等级但同种要素的网格，该要素分值等于该网格内不同等级要素占网格面积比例与等级加权之和，转换公式如下（范一大等，2004）：

$$P=\sum_{i=1}^{n}S_iD_i \tag{10-13}$$

其中，P——网格单元指标数值；

S_i——第 i 个行政单元在网格中的面积；

D_i——第 i 个行政单元单位面积上人口数；

n——网格中包含行政单元的个数。

运用 ArcGIS 等地理信息软件，建立拓扑关系，通过 Union 等操作，完成叠加、赋值等工作，最终实现将行政单元数据向网格单元转化。

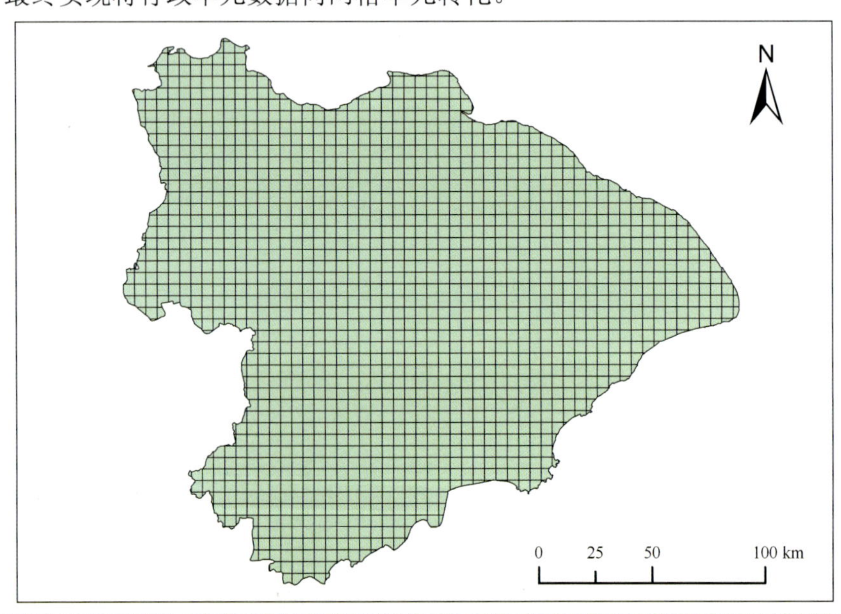

图 10-4 太湖流域生态风险评价单元——网格单元

10.3 太湖流域分区生态风险评价

10.3.1 生态终点及风险受体确定

10.3.1.1 生态终点

由于生态系统的复杂性，不可能对所有终点进行潜在危害的风险评价，因此常选择特殊典型的终点作为代表。对于生态风险评价而言，生态终点应具有现实的生态学意义或社会意义，具有清晰的、可操作的定义，且易于观测和度量（沈英娃和曹洪法，1991），应综合考虑反映生态系统的结构终点、功能终点和群落终点以及系统功能，选择那些具有重要生态意义的生态系统关键过程作为生态终点。在太湖流域，可能的生态终点包括珍稀物种的灭绝、生物种群数量的减少、植被的退化或演替中断、湿地的退化和消失、土壤盐渍化的加重、水质恶化及生态系统功能的损伤、人类利用价值的丧失等。

10.3.1.2 生态风险受体选取

由于生态系统中可能受到压力或危害影响的受体种类很多，不同生态风险受体对各种压力的反应又各不相同，不可能对每种生物或生态受体都进行分析和评价，关键是选择一种或几种典型的、有代表性的受体，其受危害的情况能够反映整个生态系统的状况。由于复合生态区的区域性特征，其风险受体涉及其生态系统的各个组成部分，小至个体、物种，大到群落、生态系统层面。在太湖流域生态—社会—经济复合生态区域内，复合生态系统特征相对突出，因此，从区域或生态区角度选择生态系统作为流域生态风险评价的风险受体较为适宜。

以 2000 年、2008 年 2 个时相的 Landsat TM（或 ETM＋）多光谱遥感影像图作为基础数据，以太湖流域行政区划图、1∶50 000 水系图、1∶50 000 地形图等图件资料及统计资料、实地调研材料作为辅助资料。运用 RS 和 GIS 技术进行遥感影像预处理、辐射纠正、几何精校正与图像配准，在人机交换方式下进行目视解译，建立土地利用信息数据库。经同期土地利用详查资料和典型区野外实地抽样调查验证，解译精度达到 85%以上。基于全国土地资源分类系统，以土地利用方式、景观特点及研究尺度特征为分类依据，采用二级分类系统将区内土地利用划分为耕地、林地、草地、水域、建设用地、未利用土地 6 个一级类型以及水田、旱地、有林地、灌木林、疏林地、水体、滩涂等 17 个二级类型。根据区内土地利用分类情况，选取与之对应的 6 种景观类型所代表的生态系统作为风险受体（图 10-5）（胡巍巍等，2008；许妍等，2011）。

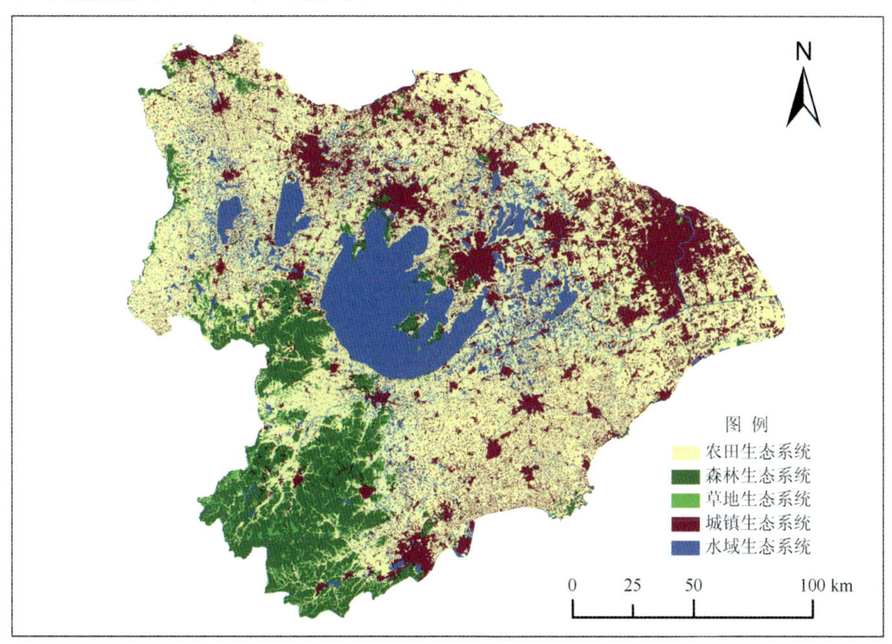

图 10-5 太湖流域不同类型生态系统空间分布

10.3.2 分区生态风险源危险度评价

10.3.2.1 洪涝灾害

鉴于太湖流域各县市历史洪涝资料的缺乏及对太湖流域内各县市发生洪水的情况进行统计较为困难，根据1931—1999年发生的洪涝灾害淹没范围图进行扫描，并在ArcGIS中进行配准、矢量化工作。为定量表征流域内洪涝灾害的发生强度与危险度分布，主要采用多边形叠置分析法将历次洪水范围与5km×5km的研究网格进行叠加，得到不同网格单元内洪涝灾害的发生范围，通过加权求和，进一步计算获得1606个网格单元内洪涝灾害危险度情况，并将网格内数值作为网格中心点数据进行空间插值，得到洪涝灾害危险度的空间分布图（图10-6）。

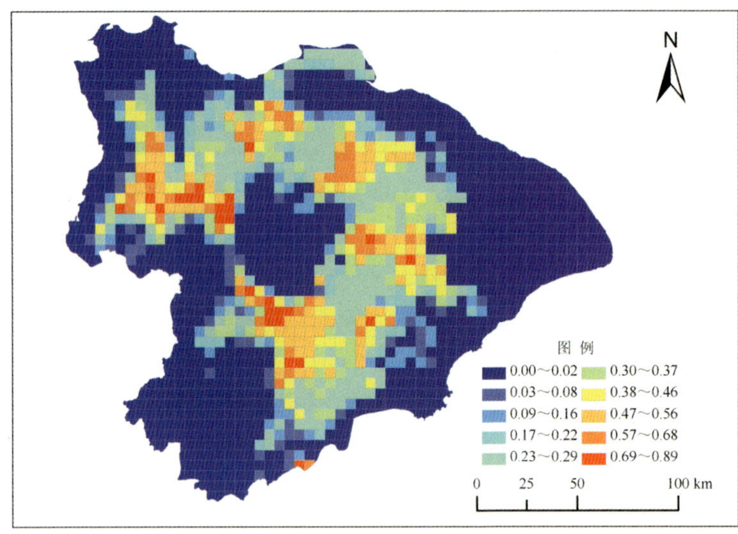

（a）网格单元

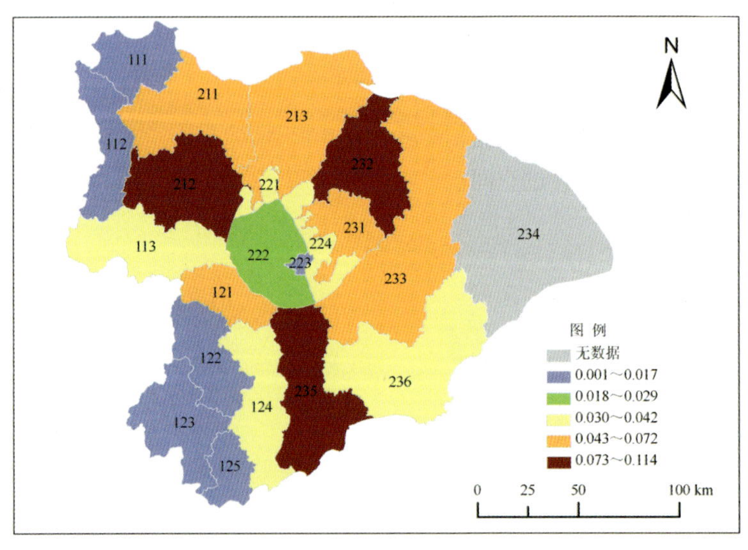

（b）分区单元

图10-6 洪涝灾害危险度空间分布

10.3.2.2 干旱

干旱是由水分收支不平衡形成的水分短缺现象，通常采用干旱指数对干旱发生程度进行度量，由于干旱现象异常复杂，用于量化干旱评价的干旱指数多种多样。本研究综合考虑各种干旱等级标准，并结合太湖流域的资料情况，采用相对湿润度指数进行干旱表征。相对湿润度指数是某时段降水量与同一时段长有植被地段的最大可能蒸发量相比的百分率，反映了实际降水供给的水量与最大水分需要量的平衡（Allen et al.，1998），其计算公式：

$$M_i = \frac{P-E}{E} \tag{10-14}$$

式中：P——某时段的降水量；

E——某时段的可能蒸散量（马柱国和符淙斌，2001；杨小利等，2005）；

M_i——相对湿润度指数。

依据相对湿润度指数的干旱等级划分见表 10-6。

表 10-6 相对湿润度指数 M_i 的干旱等级

等级	类型	相对湿润度指数 M_i	权重
1	无旱	$-0.50 < M_i$	0.0000
2	轻旱	$-0.70 < M_i \leqslant -0.50$	0.1409
3	中旱	$-0.85 < M_i \leqslant -0.70$	0.1960
4	重旱	$-0.95 < M_i \leqslant -0.85$	0.2772
5	特旱	$M_i \leqslant -0.95$	0.3859

按年份统计有干旱事件的发生月份，进而利用下面公式计算干旱发生频率（P）：

$$P = n / N \times 100\% \tag{10-15}$$

式中：n——不同等级干旱发生的次数；

N——月份序列数。

本研究运用相对湿润度指数公式，计算太湖流域监测站点内 1960—2001 年 1—12 月共计 504 个月的相对湿润度指数，根据相对湿润度指数 M_i 的干旱等级划分，统计不同等级干旱的发生次数并计算其频率，通过空间插值得到太湖流域不同等级干旱发生频率，依据公式：

$$P_i = \sum_{j=1}^{n} \beta_j \cdot P_j \qquad j = 1, 2, \cdots, n \tag{10-16}$$

式中：P_i——网格内干旱危险度指数；

β_j——不同干旱等级的权重；

P_j——干旱发生面积；

n——网格单元数量。

对不同干旱等级发生频率进行加权求和，得到太湖流域干旱风险源危险度的空间分布图（图 10-7），并运用 ArcGIS 分析工具统计得到每个网格内的干旱综合危险度值。

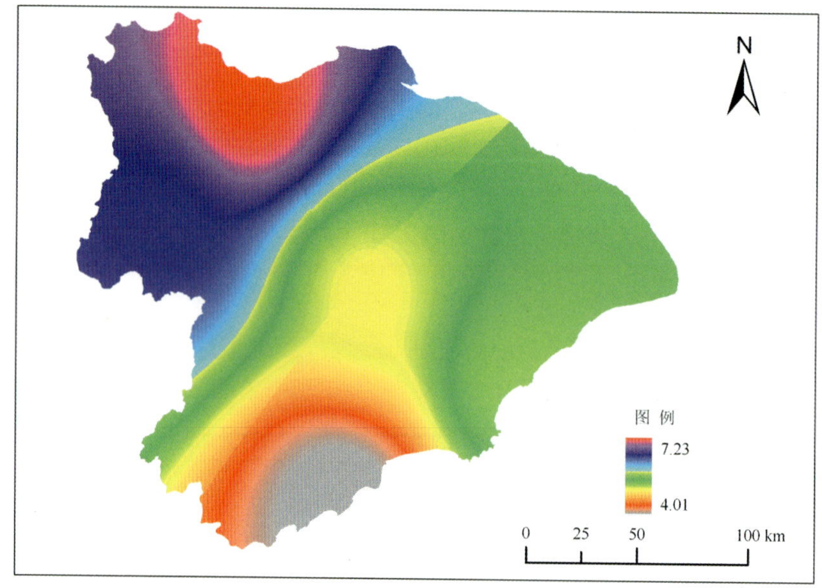

（a）网格单元

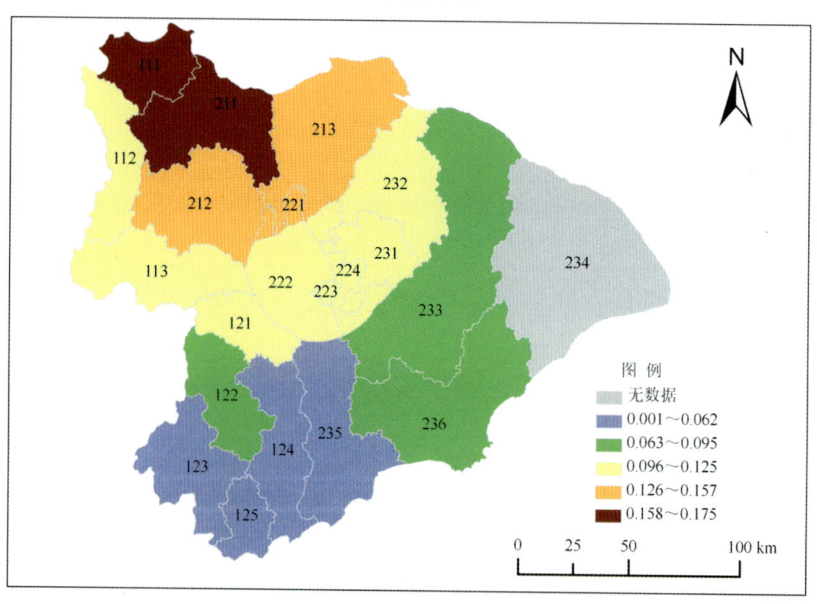

（b）分区单元

图 10-7 干旱发生强度空间分布

10.3.2.3 极端气象

由于尚未有关于太湖流域各县市低温冻雨、冰雹台风等极端气象的详细统计数据及资料，本书通过史培军主编的《中国自然灾害系统地图集（中英文对照）》中专题图扫描数字化，编辑并建立拓扑关系，形成太湖流域极端气象灾害专题图，主要包括 1949—2000 年东部地区影响严重的台风次数及 1949—2000 年冰雹灾害频次。在此基础上提取单层因素进行分析，并与网格单元进行叠加，得到流域极端气象灾害发生频率的空间分布情况，以此表征极端气象灾害的危险度（图 10-8）。

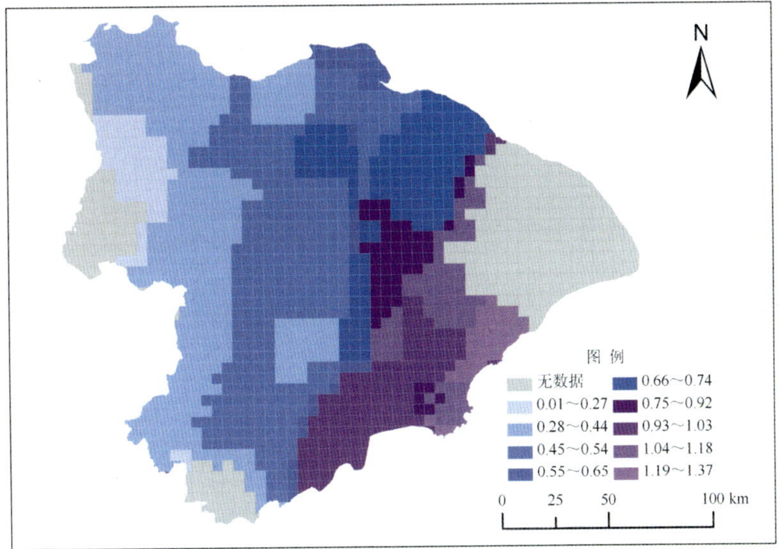

（a）网格单元

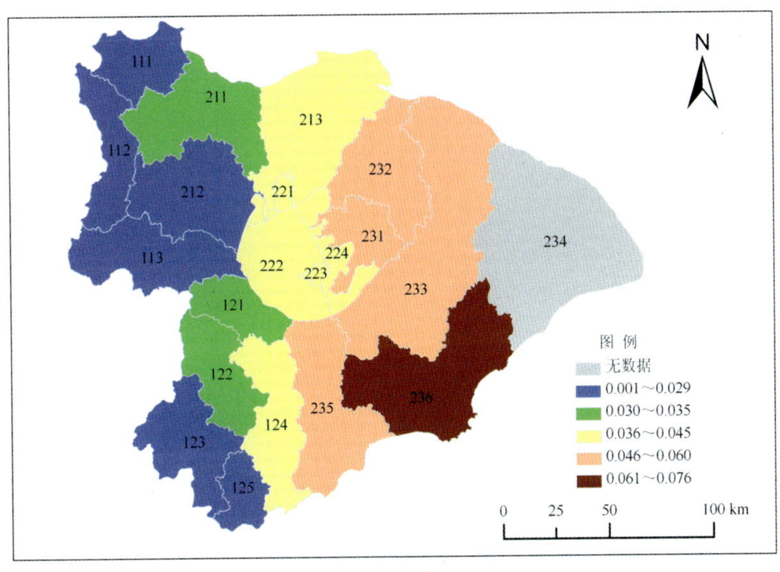

（b）分区单元

图 10-8 极端气象危险度空间分布

10.3.2.4 水土流失

从全国土壤侵蚀数据库中按照太湖流域边界提取得到反映土壤侵蚀情况的 1∶100 000 土壤侵蚀矢量图与属性表，并依据中华人民共和国行业标准《土壤侵蚀分类分级标准》（SL 190—96）将太湖流域水土流失划分为微度、轻度、中度、强度、剧烈五个等级并赋予相应的权重。将土壤侵蚀栅格图与评价网格单元进行叠加分析，得到评价单元内的土壤侵蚀情况，以此表征水土流失强度。根据此数据，按照公式：

$$P_i = (\sum_{j=1}^{n} \beta_j \cdot S_j) / S_t \qquad j = 1, 2, \cdots, n \tag{10-17}$$

式中：P_i ——网格内水土流失危险度指数；

β_j ——不同水土流失等级的权重；

S_j ——水土流失发生面积；

S_t ——评价单元面积；

n ——网格单元数量。

计算获得研究范围内水土流失危险度综合指数，最终得到太湖流域水土流失危险度空间分布图（图 10-9），并在此基础上进行统计分析得出各评价单元内不同级别水土流失危险度及其所占比例、分布范围情况。

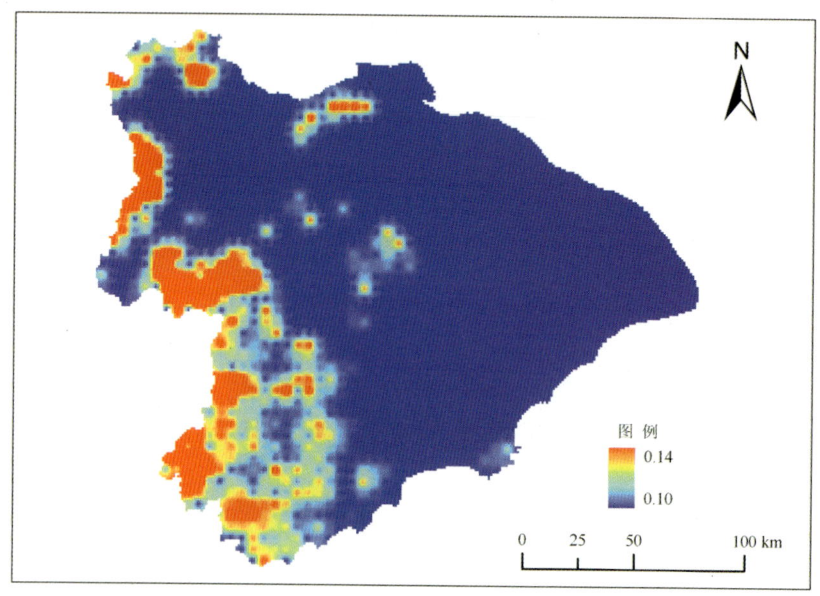

（a）网格单元

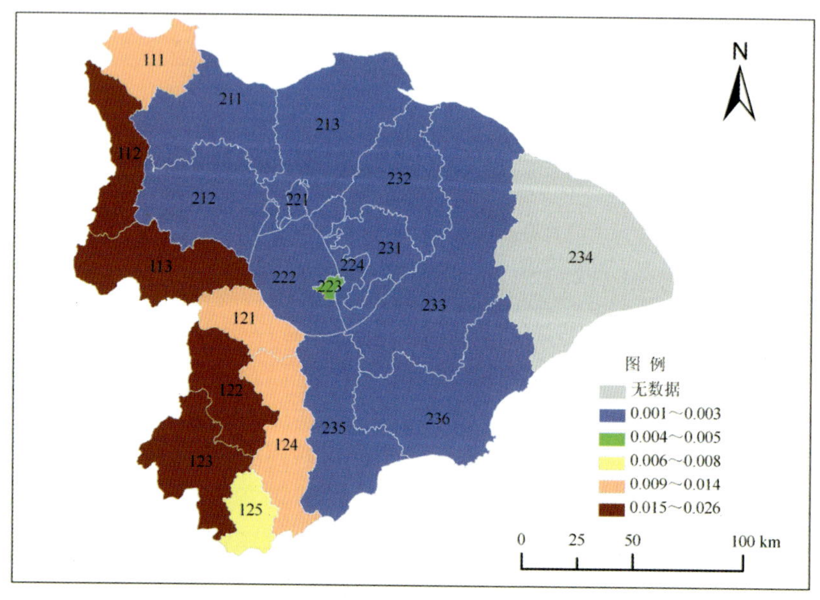

（b）分区单元

图 10-9　水土流失危险度分布

10.3.2.5 污染排放

（1）点源污染

1）工业点源污染

点源污染危险度主要根据不同评价单元内污染企业的密度决定。借助于 GIS 软件中空间分析模块的密度分析方法，将企业点位切分到 5km×5km 的网格中，计算每个网格的企业分布密度值，以此确定不同区域的点源污染的危险度大小。基于点数据的模式计算整个流域的污染源的分布情况，具体采用估计序列密度函数的非参数估计方法——核密度分布（Kernel Density Distribution），即以每个待计算网格点为中心，进行圆形区域的搜索，进而计算每个网格点的密度值。设 x 处的核密度分布函数为 $f(x)$：

$$f(x)=\frac{1}{nh}\sum_{i>1}^{n}k(\frac{x-X_i}{h}) \tag{10-18}$$

式中：x——待估计的企业点位置；

X_i——落在以 x 为圆心，h 为半径的圆形范围内的第 i 个企业的位置；

k——空间权重的核函数，落入搜索区内的点具有不同的权重；

n——圆形范围内的企业点的数量；

h——带宽。

计算结果如图 10-10 所示。

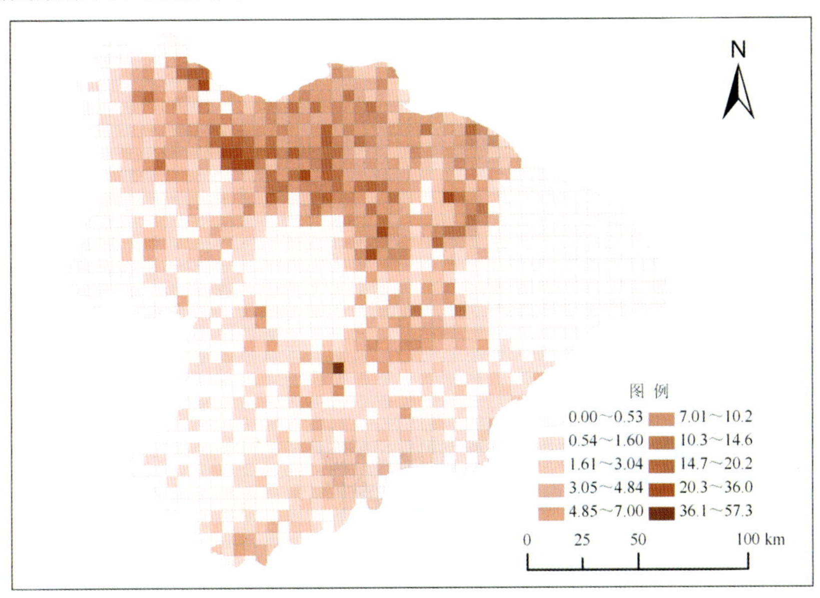

图 10-10 太湖流域工业污染源空间分布

2）生活污水

生活污水排放强度取各城镇生活污水排放的 COD、NH_3-N 两项排放量的平均值。由于生活污水排放是以行政区划为单元进行调查统计，因此，为与之前的网格评价单元保持一致，需通过空间叠置分析法自上而下将行政单元指标要素转化到网格单元，并按照网格内包含的各县（市）区面积比值及其所对应的生活污水值进行乘积运算，最终使得生活污水排放强度在每一个网格评价单元内均有对应值（图 10-11）。具体公式如下：

$$P_j = \sum_{i=1}^{n} P_i \cdot (A_i / A_j) \qquad i = 1, 2, \cdots, n \tag{10-19}$$

式中：P_j——网格单元内污染排放强度；

P_i——行政单元对应的污染强度；

A_i——网格单元内包含的行政单元面积；

A_j——网格面积；

n——行政单元数量。

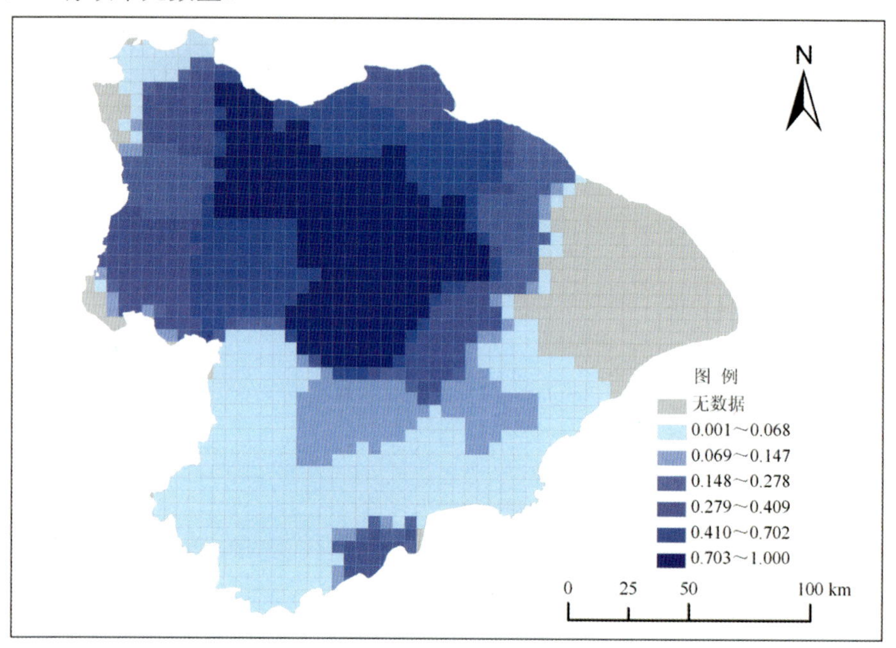

图 10-11 生活污水排放强度

根据工业污染源（IPP）与生活污水（LPP）权重将工业与生活污水排放强度进行加权求和，即 PP＝0.4×IPP＋0.6×LPP，得到评价单元内点源污染强度，最终通过空间分析手段得到太湖流域点源污染的分布情况（图 10-12）。太湖流域点源污染最为严重的区域集中在流域的北部经济发达区，特别是苏锡常一带。

（2）面源污染

本研究主要根据太湖流域的农田生产、畜禽养殖、水产养殖及村镇面源污染产生的营养盐情况及化肥施用量、农药使用量及塑料薄膜使用量情况定量分析面源污染的空间分布及其给流域带来的潜在风险。与城市生活污水相似，面源污染数据均以行政区划为单元进行调查统计，因此，为与之前的网格评价单元保持一致，需通过空间叠置分析法自上而下将行政单元指标要素转化到网格单元，具体方法与生活污水网格化的处理方法一致。

将农田污染、畜禽污染、村镇污染及水产污染进行等权叠加，得到评价单元内面源污染的强度值，进一步通过 ArcGIS 的空间分析法得到太湖流域面源污染的空间分布情况（图 10-13）。从图上可见，面源污染排放较为严重的地区集中在北部沿江一带，东南部沿海一带，而无锡市、安吉县、德清县的面源污染排放强度较低。

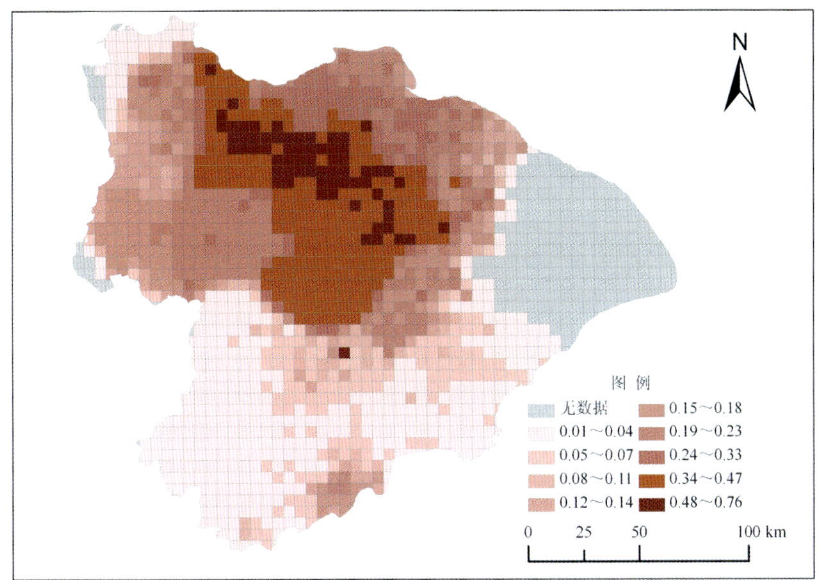

（a）网格单元

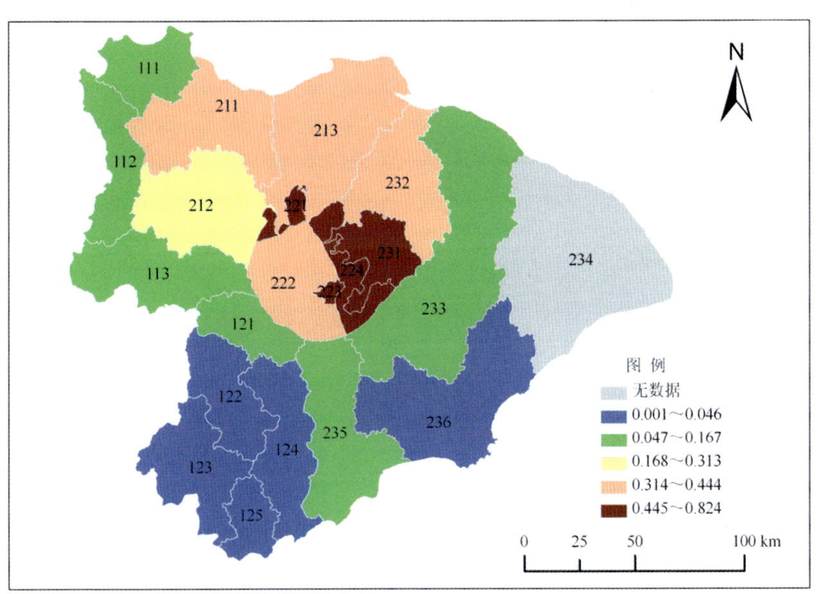

（b）分区单元

图 10-12 太湖流域点源污染强度空间分布

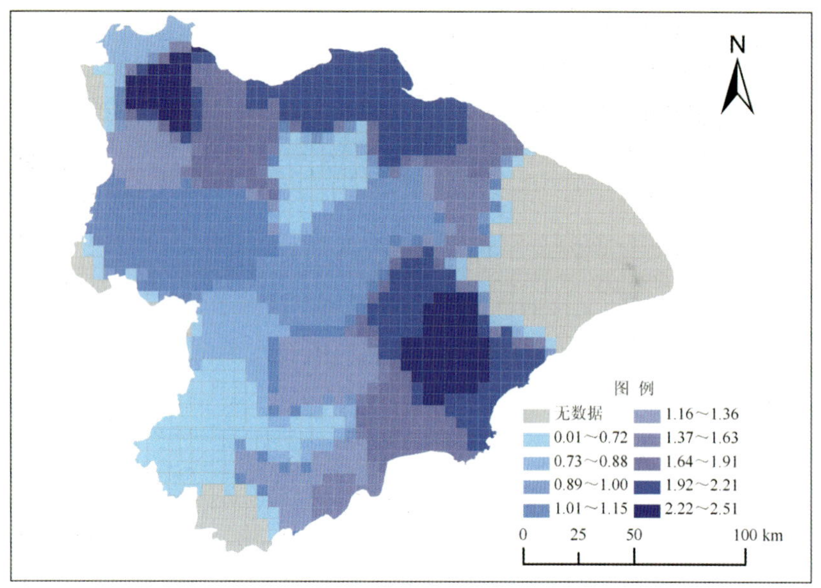

（a）网格单元

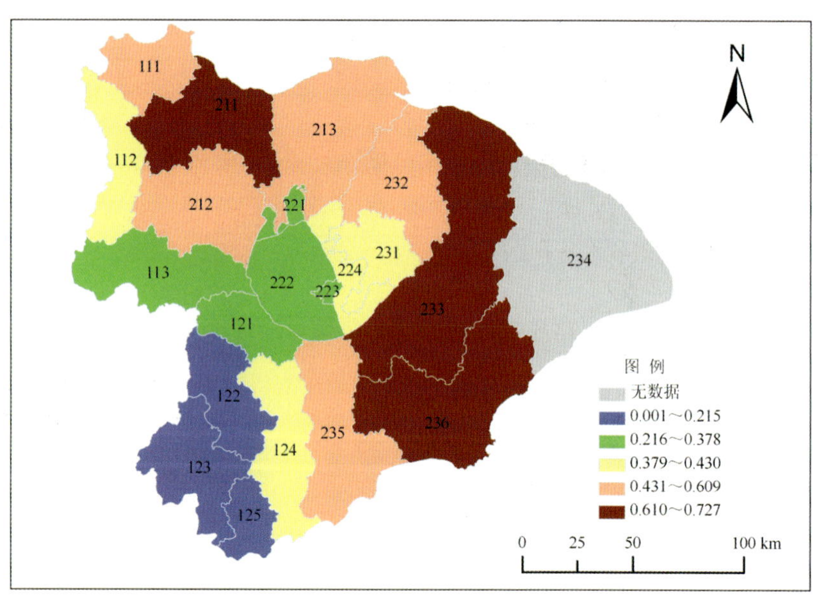

（b）分区单元

图 10-13 面源污染强度空间分布

（3）综合污染

根据点源污染与面源污染分布及设定的各自危险度权重系数，通过数据标准化及加权叠加运算，得到每个评价单元内的综合污染源危险度值。流域内污染排放强度整体呈现北部高、南部低的分布格局（图 10-14）。

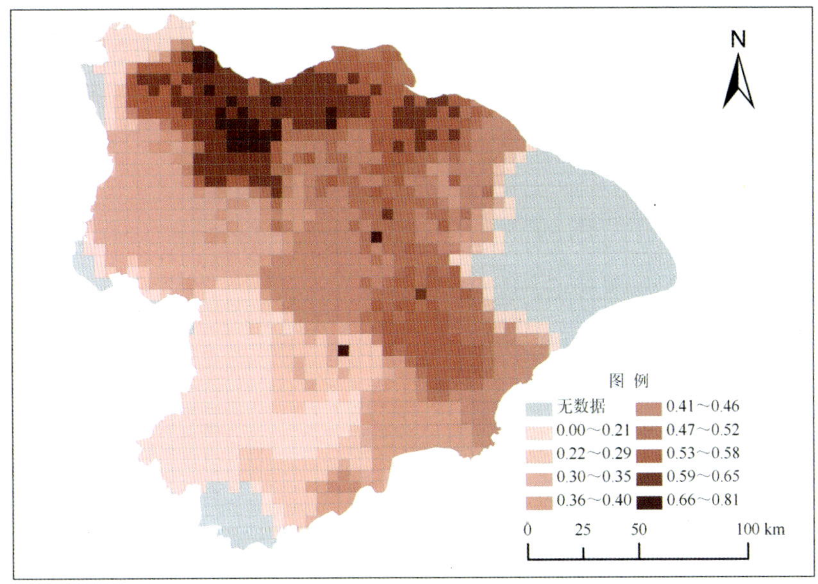

（a）网格单元

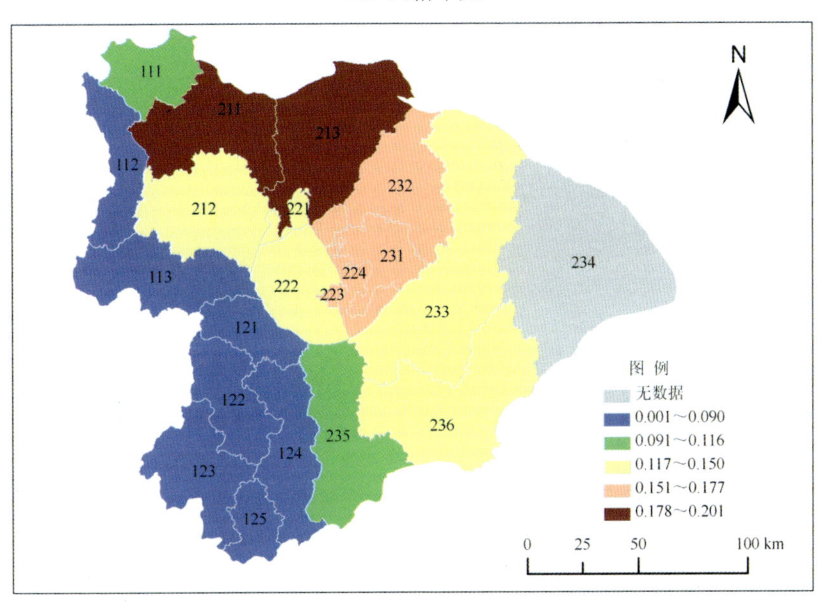

（b）分区单元

图 10-14 综合污染排放强度空间分布

10.3.2.6 综合生态风险源危险度度量

运用综合风险源危险度评价公式（公式 10-2、10-3），采用图层叠置法，对洪涝灾害、干旱、极端气象灾害、水土流失、污染物排放等生态风险源进行叠置计算，得到流域内综合生态风险源危险度具有显著的空间分异特征，整体呈现环带状分布格局（图 10-15）。通过聚类分析法将评价单元内风险源危险度指数由低到高依次划分为 5 个等级，统计分析得到不同等级危险区所占比例及其分布范围。

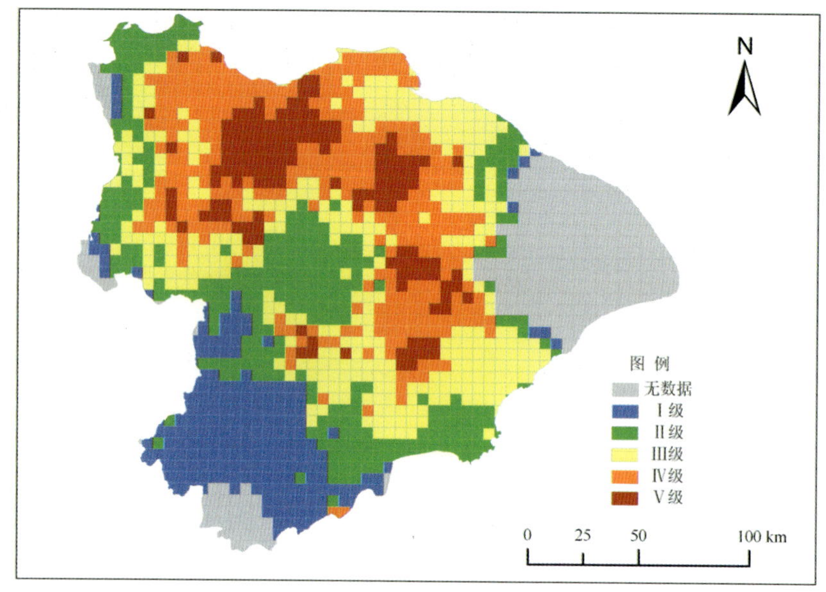

（a）网格单元

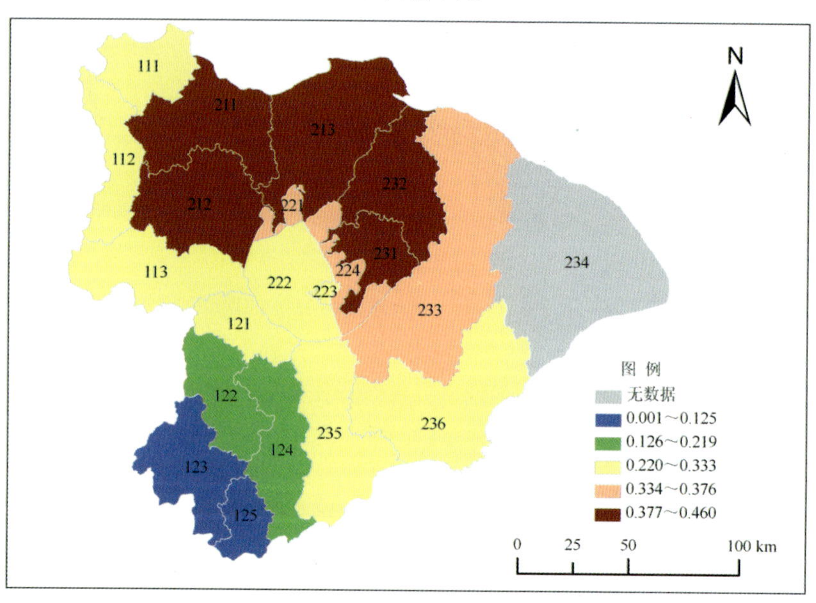

（b）分区单元

图 10-15　太湖流域生态风险源危险度空间分布

风险源危险度较高的生态分区集中在太湖流域北部区域，而苕溪流域的风险源危险度相对较低。

10.3.3　分区生态环境脆弱度评价

10.3.3.1　权重确定与生态脆弱度计算

鉴于各指标因子对生态环境脆弱性程度的贡献大小不同，在进行生态系统脆弱性综合定量评价过程中，还必须确定各指标的权重（*W*）。根据权重确定方法，分层建立比较判断矩阵，逐层推算求出全部参评指标的权重系数（表 10-7）。根据评价指标体系各因子标准化值及其权重，采用公式（10-4）加权求和得到评价单元的生态环境脆弱度值。由于评价结果主要反映的是生态环境的脆弱程度，所以数值越大，表示生态环境的脆弱性越高；数值越小，脆弱度就越低，其数值大小保持在 0～1。

10.3.3.2 生态环境脆弱度评价结果分析

自然界中绝对稳定的生态环境是不存在的（周丙娟，2006），生态环境的脆弱性是一个相对的概念，是相对于稳定生态系统而言，脆弱生态系统维持稳定状态的能力较低，在同等干扰下，更容易偏离系统原有的平衡状态，向着生态恶化的方向发展（Darrow et al.，1991；赵柯等，2001）。为了能更好地表现生态脆弱度的时空变化特征，本章采用二阶聚类法将生态脆弱度指数划分为微度、轻度、中度、强度、极强度生态脆弱区，分别表示生态脆弱由轻到重的相对变化情况，定量描述不同评价单元内的相对生态脆弱度大小（表 10-8）。这一方法的优点在于：对于 n 个样本，只要给出聚类数量最大值，即可根据聚类准则自动确定最佳分类数，同时也可根据实际需要确定聚类类别数；计算速度快，主观随意性较小。

表 10-7 太湖流域生态脆弱度指标权重值

目标层	类别层	权重	要素层	权重	指标层	指标权重
生态环境脆弱性评价（V）	自然因素（VN）	0.460	地质地貌	0.448	地面高程	0.370
					土壤质地	0.224
					坡度＞20°面积比	0.406
			气象水文	0.283	多年平均≥10℃积温	0.400
					多年平均降水量	0.600
			植被	0.164	植被覆盖率	1.000
			水系	0.106	水面率	1.000
	生态因素（VE）	0.319	活力	0.285	净初级生产力 NPP	1.000
			组织结构	0.498	景观类型破碎度	0.312
					景观类型分维数	0.200
					蔓延度	0.152
					Shannon-Wiener 多样性指数	0.336
			恢复力	0.217	综合弹性值	1.000
	社会因素（VH）	0.221	土地利用	0.500	土地垦殖指数	0.500
					土地利用程度	0.500
			社会健康	0.500	社会福利院数量	0.359
					每万人拥有大学生数	0.347
					城乡最低生活保障人数	0.294

表 10-8 太湖流域综合生态脆弱度分级标准

分区	取值范围	等级	取值范围
微度脆弱	0.0～0.2	—	—
轻度脆弱	0.2～0.4	Ⅰ级	<0.35
		Ⅱ级	0.35～0.40
中度脆弱	0.4～0.6	Ⅲ级	0.40～0.47
		Ⅳ级	0.47～0.51
		Ⅴ级	>0.51
强度脆弱	0.6～0.8	—	—
极强度脆弱	0.8～1.0	—	—

根据生态脆弱度评价结果进行分析，太湖流域生态脆弱度整体呈现四周高中间低、南部高于北部、东部高于西部的空间分布特征；大体以太湖为中心，由内及外逐步升高，具有显著的地域分异规律。太湖流域综合生态脆弱度介于 0.301～0.573，根据全国生态脆弱分级标准（史德明，2002），太湖流域以中度脆弱和轻度脆弱为主，所占比例处于 76.09%～83.08%、16.92%～23.91%范围（图 10-16）。

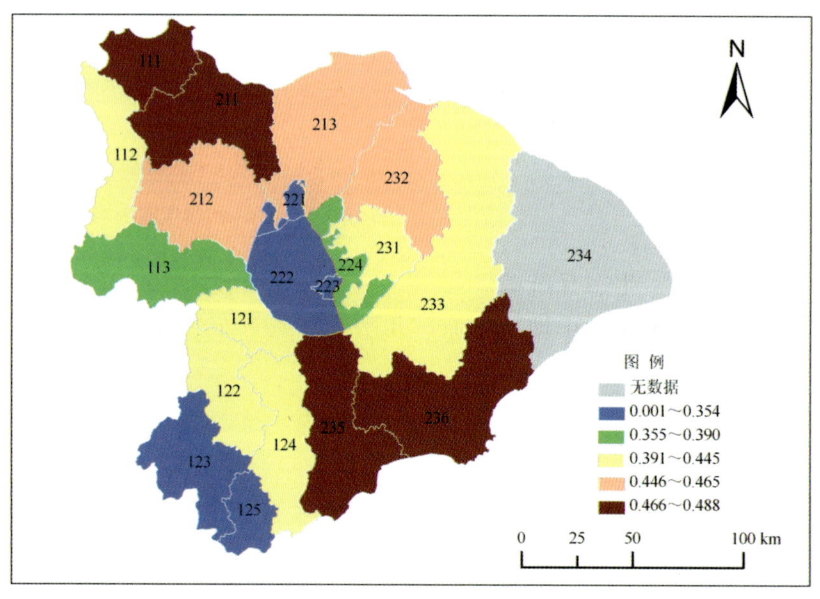

（a）2000 年

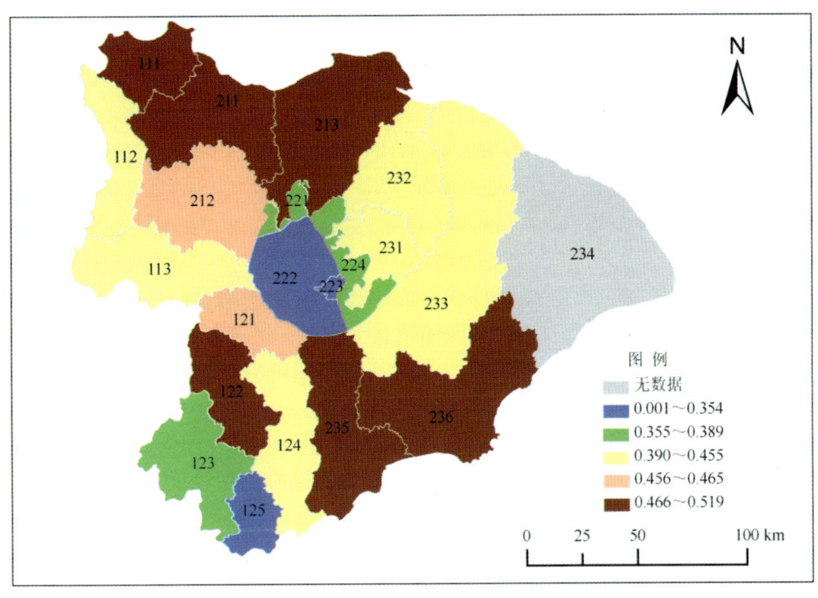

（b）2008 年

图 10-16 2000 年、2008 年综合生态脆弱度的空间分布

为了便于分析太湖流域内部生态脆弱度的空间差异特征，运用聚类分析法对太湖流域轻度脆弱区和中度脆弱区进一步细分，划分为Ⅰ—Ⅴ级共 5 个等级。评价结果表明，太湖流域以中度Ⅳ级、中度Ⅴ级生态脆弱为主，面积分别为：10 261.99 km^2 和 9 235.27 km^2，约占流域总面积的 32.63%和 29.37%。Ⅴ级生态脆弱区集中分布在流域东南部的杭嘉湖平原区及西苕溪流域；Ⅳ级生态脆弱区则主要分布在北部沿江区域及湖西平原的茅山低山丘陵一带，还有少部分集中在Ⅴ级生态脆弱区外围，这一区域生态系统稳定性差，环境容量很小；组织结构不合理，弹性度弱，对外界干扰敏感性强，遭遇破坏后其生态环境恢复力差。低生态脆弱区的面积较小，约为 5 319.36 km^2，约占总面积的 16.92%，主要集中分布在南部天目山山脉、自然湖荡及其周边地区，生态系统稳定性较高，环境容量较高，有较强的抗外界干扰能力，生态系统破坏后，自然恢复能力较强。通过上述分析可知，太湖流域无论在水体、湖荡、山地、平原，几乎都受到生态脆弱恶化的威胁和侵蚀，毗邻城市的人类频繁活动的区域更为严重，人口问题、经济问题和环境问题等交织在一起，是人类社会、经济发展和环境保护中一切矛盾的聚集区，其生态环境不容乐观。

通过比较 2000 年、2008 年流域生态脆弱度的变化情况，得到绝大部分水生态功能分区的生态脆弱度呈现增大的趋势。

10.3.4 分区生态受体潜在损失度估算

10.3.4.1 自然生态系统潜在损失度估算

根据研究区域内生态系统类型、结构及生态过程等特点，可将生态服务重新划分为生态系统供给功能、调节功能、支持功能及文化功能，包括食物生产、原材料生产、气体调节、气候调节、水源涵养、土壤形成与保持、废物处理、生物多样性维持、景观愉悦等子功能。

参考中国生态系统单位面积生态服务价值当量（谢高地等，2003）中的农田、森林、草地、水域生态系统和综合的生态服务价值（图 10-17 至图 10-21）。

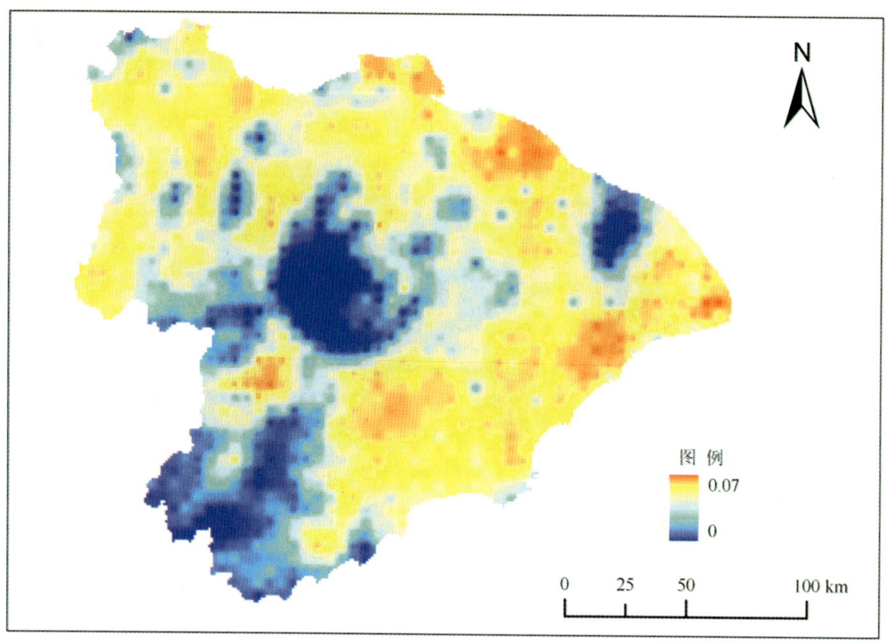

（a）2000 年

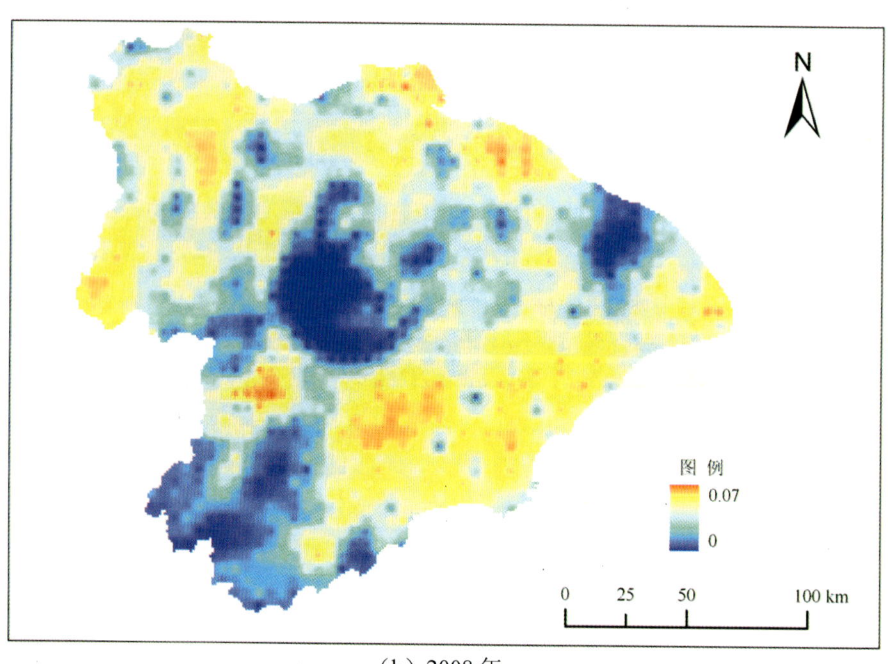

（b）2008 年

图 10-17　2000 年、2008 年太湖流域农田生态系统服务价值指数空间分布

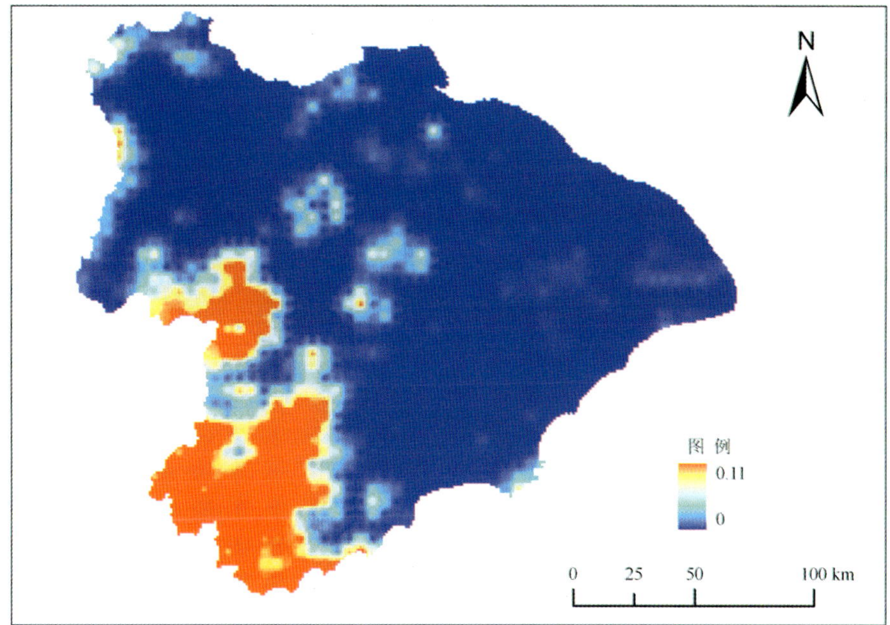

（a）2000 年

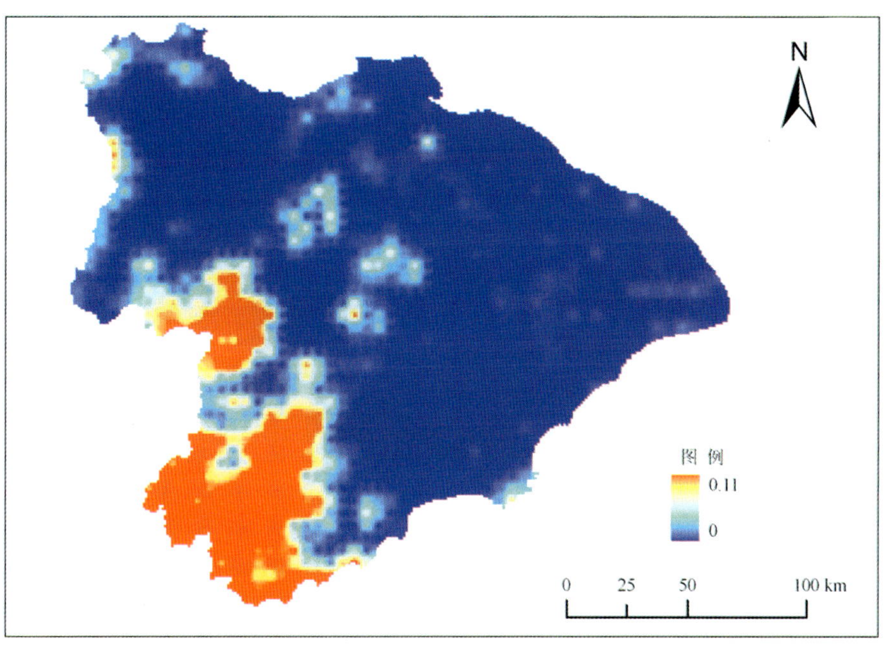

（b）2008 年

图 10-18 2000 年、2008 年太湖流域森林生态系统服务价值指数空间分布

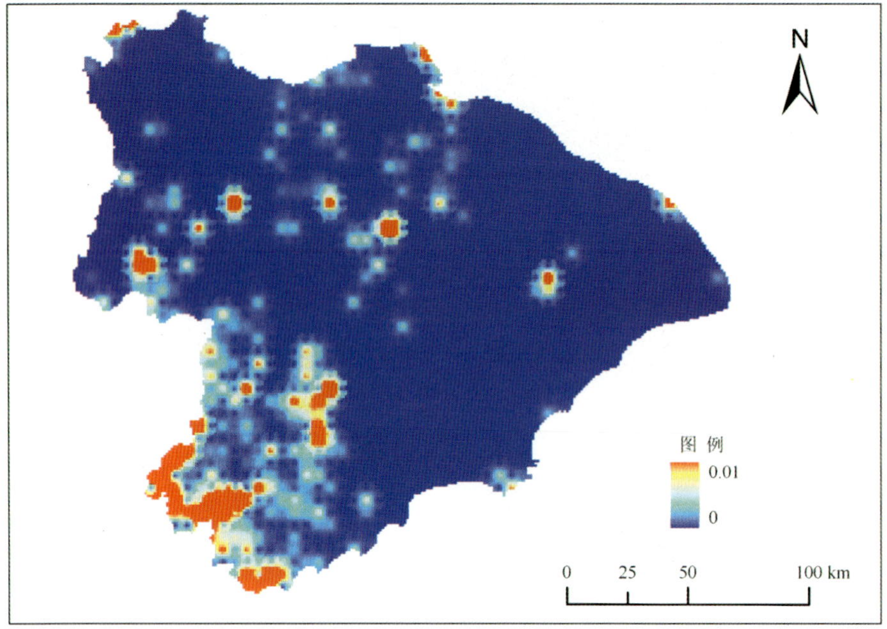

（a）2000 年

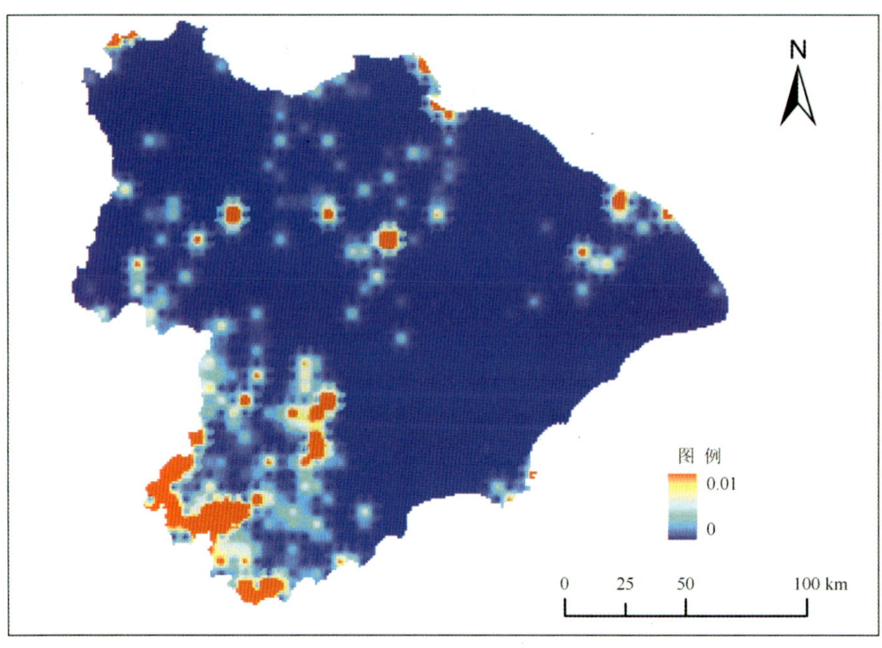

（b）2008 年

图 10-19 2000 年、2008 年太湖流域草地生态系统服务价值指数空间分布

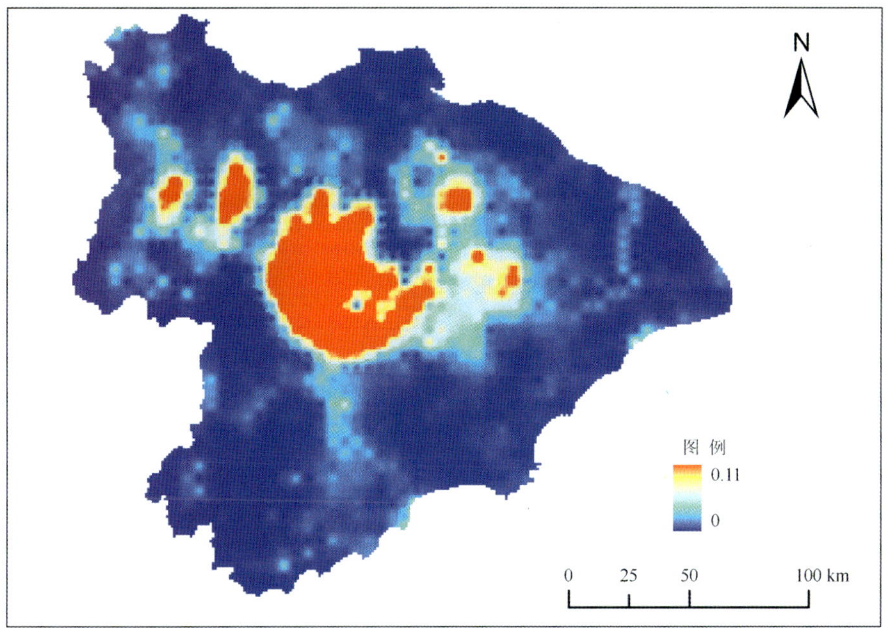

（a）2000 年

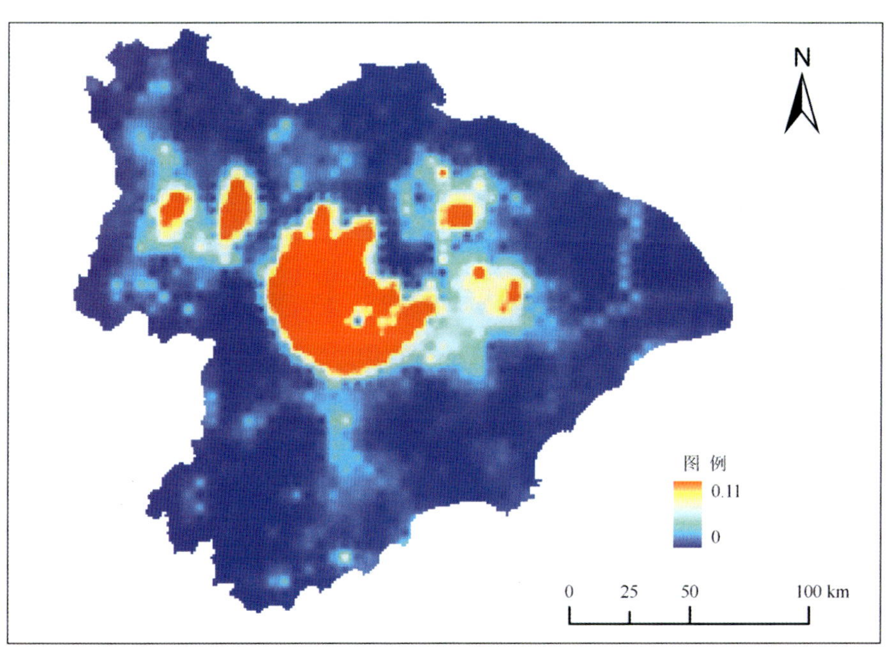

（b）2008 年

图 10-20 2000 年、2008 年太湖流域水域生态系统服务价值指数空间分布

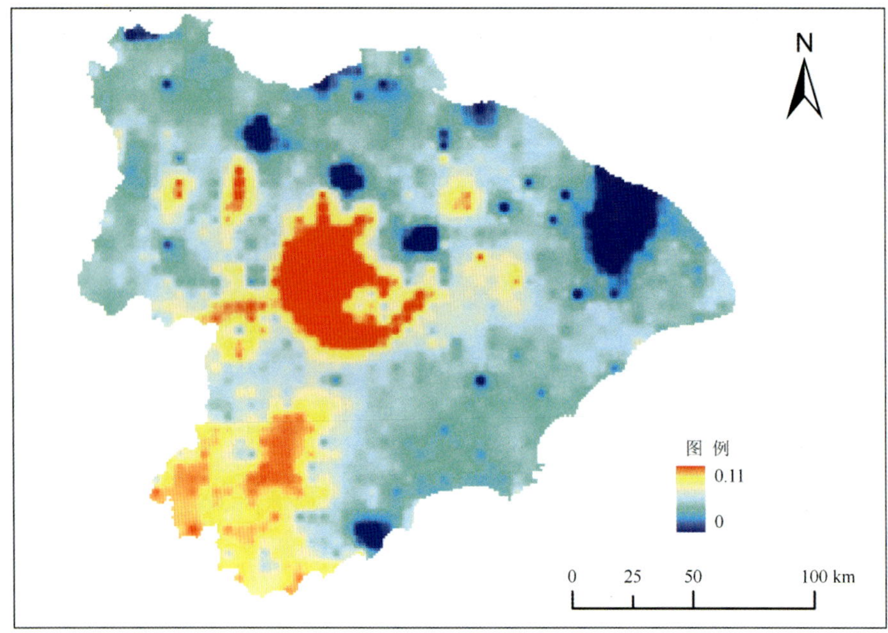

（a）2000 年

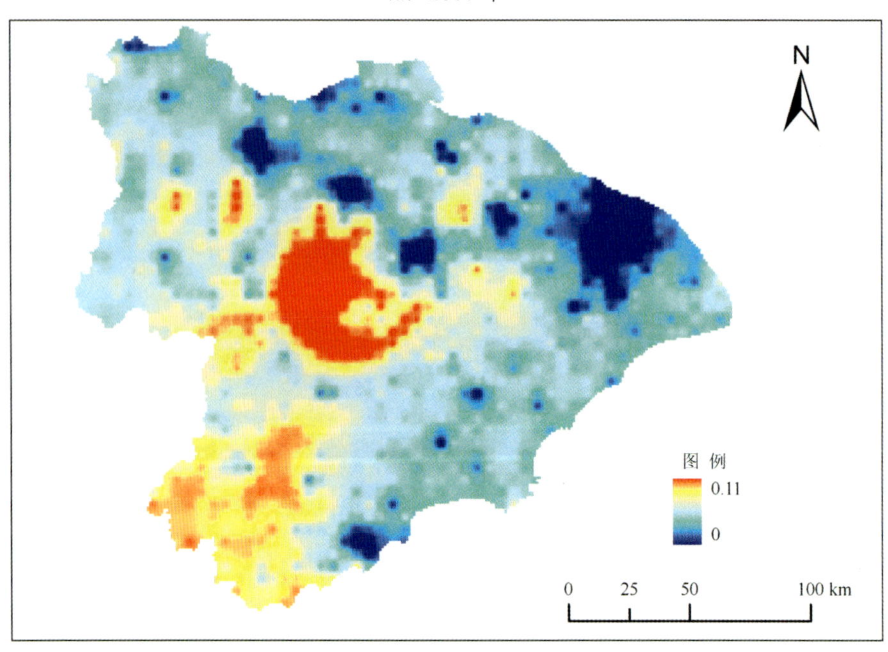

（b）2008 年

图 10-21 2000 年、2008 年太湖流域生态系统综合服务价值指数空间分布

2000—2008 年，水域、草地、耕地面积的减少，而生态价值系数较低的建设用地面积增加，使得生态系统服务功能价值显著减少。全区生态系统服务功能价值呈现下降趋势，大致呈由西南向东北、由山区向平原洼地减少的空间分布特征，减少区主要集中分布在苏锡常一带及杭嘉湖平原西侧，这一区域城镇发展迅速，导致林地、灌木和水域等生态系统服务价值的主要贡献类型面积大幅度缩减，生态服务功能价值显著下降。生态系统服务价

值的这种类型构成及变化，与研究区域地理地貌背景、各景观类型相互转换引起的面积增减紧密相关。

10.3.4.2 社会经济系统潜在损失度估算

鉴于各指标因子对评价目标的贡献大小不同，在进行定量综合评价之前，还必须确定各指标的权重（W）。权重确定方法与之前相同，最终得到各指标的权重（表 10-9）。从系统特征分析出发，参考各指标的均值和标准差，分别把各指标范围分为 5 类，根据对社会经济系统的损失情况，赋予相应的分值（表 10-10），根据公式 10-7 计算得到 2000 年、2008 年社会经济系统潜在损失度情况。

表 10-9 社会经济系统潜在损失度指标权重

目标层	要素层	权重	指标层	权重
社会经济系统潜在损失价值	社会经济发达程度	0.667	人口密度	0.3333
			人均 GDP	0.3333
			建设用地比例	0.1667
			农作物产量	0.1667
	区域应急保障措施	0.333	工业废水达标率	0.500
			医疗床位数	0.500

表 10-10 社会经济系统潜在损失等级标准划分与分值

评价指标	等级标准				
	Ⅰ级低	Ⅱ级较低	Ⅲ级中	Ⅳ级较高	Ⅴ级高
	1	3	5	7	9
人口密度/（人/km^2）	＜300	300～600	600～900	900～1 200	＞1 200
建设用地比例/%	＜5	5～15	15～25	25～35	＞35
人均 GDP/（万元/人）	＜2	2～4	4～6	6～8	＞8
农作物产量/万 t	＜15	15～25	25～35	35～45	＞45
工业废水排放达标率/%	100	100～95	95～90	90～85	＜85
每千人医疗床位数	＞700	700～550	550～400	400～250	＜250

北部区域及杭嘉湖平原的杭州市区、平湖市、桐乡市社会经济潜在损失度较高，这主要是因为这些区域一方面人口稠密、工业产值大，粮食产量高，尽管社会保障措施较其他地区完善，但仅起到缓解作用，并不能改变其绝对损失度的大小。安吉县、长兴县、德清县相对经济落后、人口密度较小，因此，当面临相同等级风险时，其潜在损失度应低于其他地区。其他县市的社会经济的潜在损失度位于两者之间。

10.3.4.3 综合生态风险潜在损失度评价

根据自然生态系统的服务功能价值与社会经济系统潜在损失度进行综合生态风险潜

在损失度评价，得到网格内综合生态风险潜在损失程度。潜在损失较大的区域集中在太湖湖体及北部发达区域、杭州市区西部区域、海宁市及平湖市。随着经济水平提高与生态服务功能不断减小，大部分区域的综合损失度水平呈升高趋势，小部分区域由于区内生态价值高的景观逐渐减少进而导致区内潜在损失度呈减小趋势，主要为嘉兴市区、嘉善县及安吉县北部（图 10-22）。

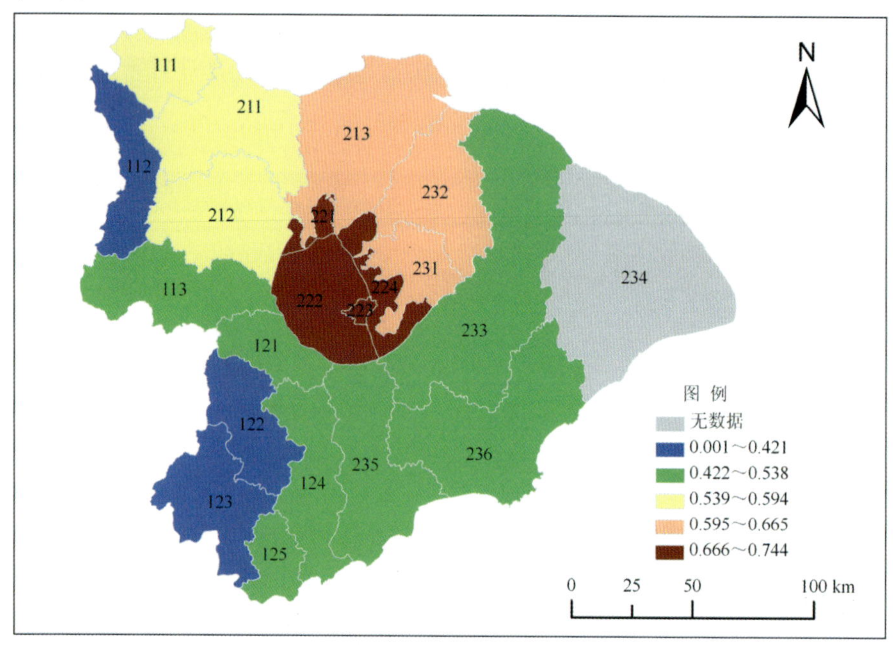

（a）2000 年

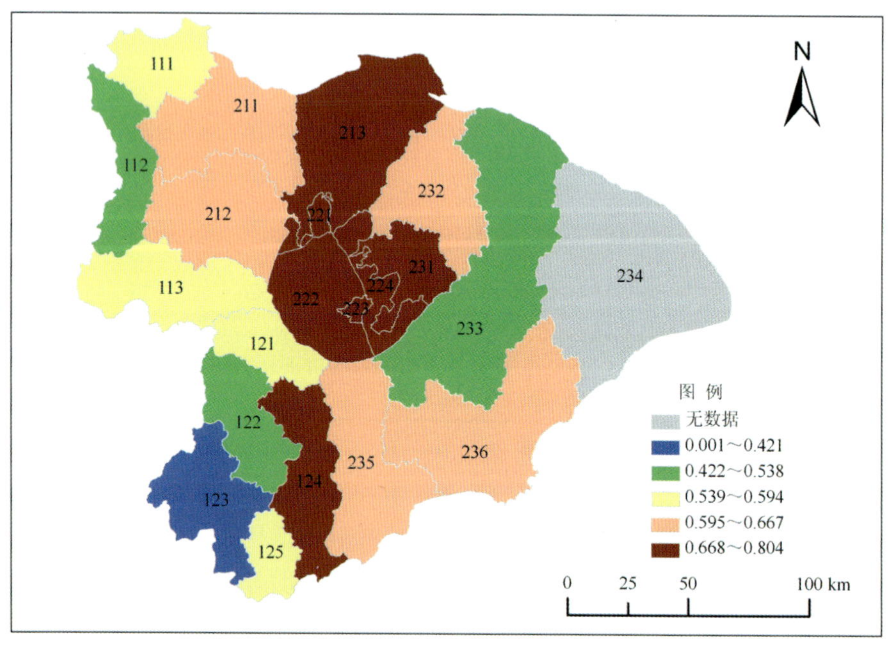

（b）2008 年

图 10-22　2000 年、2008 年生态风险受体潜在损失度情况

10.3.5 分区综合生态风险评价

10.3.5.1 生态风险的空间差异性

将上述生态风险源危险度、生态环境脆弱度及风险受体损失度的分析结果导入 ArcGIS 中，根据生态风险计算公式进行运算，运用 ArcGIS 的数据运算功能，得到太湖流域生态风险的时空分布情况。从评价结果得出，太湖流域生态风险范围值处于 0.015～0.253，将相对生态风险程度划分为 5 级，分别为低 0～0.063，较低 0.063～0.096，中 0.096～0.127，高 0.127～0.162 及较高 0.162～0.253，流域内以中等和较低生态风险为主。

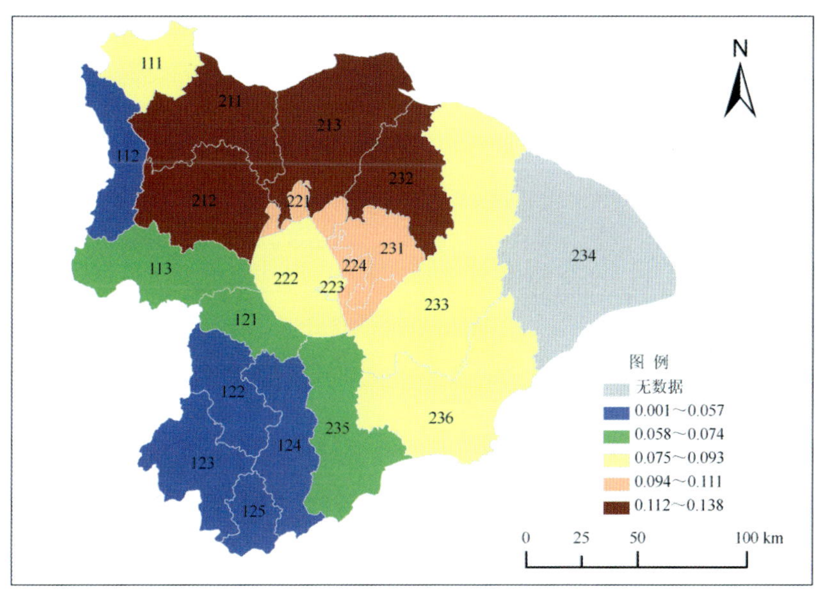

（a）2000 年

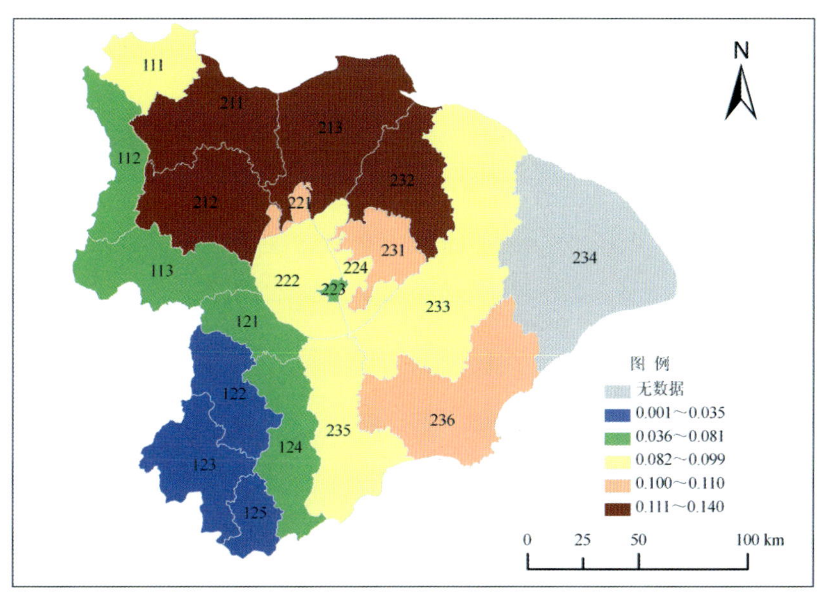

（b）2008 年

图 10-23 2000 年、2008 年流域生态风险时空分布

由于洪涝灾害频发、水质污染严重，又是干旱易发区，因此，高生态风险区域主要位于这些综合风险概率和综合生态损失度都高的北部常州市区、江阴市大部分地区以及无锡市区、苏州市区、吴江市、宜兴市的北部区域，约占流域的16.32%，这一区域地势较低，主要环绕太湖分布，人类干扰强度较大，水域生态系统非常脆弱，受污染、洪涝、干旱、极端气象等多种风险源的综合影响，区内生态系统受到较大的负面影响，此外，该区是流域经济最发达、人口最稠密的地区之一，又是饮用水水源保护区，因此，其潜在的生态风险程度较高，是高危险度—高脆弱度—高损失度区域。

生态风险中等区域约占39.43%，位于湖西平原的丹阳市、金坛市等农业灌溉区及东南部的杭嘉湖平原。湖西丘陵山地一侧是流域内土壤侵蚀较为敏感区，杭嘉湖平原一带虽然风险源危险度相对于北部区低，但由于该区地势平坦，自然条件优良，存在较强的人为干扰，且有较多的破碎化林地、草地和水域，自身的稳定性较差，生态系统较脆弱，受到破坏后不易恢复，属于中危险度—高脆弱度—中损失度的区域。

位于流域南部的苕溪流域为低和较低生态风险，约占流域的44.24%，该区属于太湖流域上游区，地势较高，主要生境类型为林地、草地等，由于受到的人类活动干扰较小，景观完整度高，发生景观破碎化的概率较低，其生态脆弱度较小。此外，该区人口密度较低、经济水平相对落后，因此，当发生生态事故后，其生态受体潜在损失度较小，属于低危险度—低脆弱度—低损失度的区域，故该区生态风险属于低水平，是流域内低生态风险区。

纵观流域生态风险分布特征，整体呈现北高南低，东高西低的空间格局。北部生态风险驱动力主要为工业开发带来的快速城镇化和工业化，水质恶化及林地、草地，特别是耕地大量减少导致生态环境脆弱加剧；南部则是林地退化和减少及土壤侵蚀。

10.3.5.2 生态风险演化的时序特征

通过对研究区2000年、2008年两个时期内各评价单元的生态风险指数分级及其所占面积进行统计（表10-11），各级生态风险变化趋势存在以下差异：较低生态风险区的范围逐年缩小，中等风险和较高风险区的分布范围不断扩大。

表 10-11 流域内不同等级生态风险分布情况

全流域	生态风险 统计项目	低生态风险	较低生态风险	中等生态风险	较高生态风险	高生态风险
2000年	单元个数	321	421	356	176	76
	面积/km^2	7138.39	9825.46	8482.23	4218.89	1779.97
	占总面积比/%	22.70	31.25	26.97	13.42	5.66
2008年	单元个数	207	401	418	244	80
	面积/km^2	4550.18	9101.81	10097.96	5792.09	1902.9
	占总面积比/%	14.47	28.95	32.11	18.42	6.05

2000年太湖流域内以较低生态风险为主，面积为9825.46km^2，约占总面积的31.25%。至2008年，低生态风险面积缩减至4550.18km^2，所占比例降低至14.47%；中等生态风险

面积不断扩大，其所占比例也由之前的 26.97%上升至 32.11%，成为流域内主要生态风险等级。高、较高生态风险所占面积逐渐扩大，所占比例由 2000 年的 5.66%、13.42%增加至 2008 年的 6.05%、18.42%，增加面积共计 1 696.13 km^2，呈现增加趋势（表 10-11）。将区内前期生态风险指数作为评价该时段内相对基准，以其后期与前期生态风险之差计算相对的生态风险变化，如果为正值说明生态风险呈增加趋势，零表明未有变化，负值说明生态风险减小。从生态风险指数变化情况得知，7.29%的评价单元的生态风险指数未有变化，72.78%的评价单元生态风险呈增加趋势，约 19.92%的评价单元呈现减小趋势，集中分布于太湖流域北部一带，主要为常州市区、无锡市区及苏州市区、昆山市的中心区域，主要原因为随着主城区居民与工矿用地的扩展，一方面景观破碎度降低，生态系统稳定性增强；另一方面，自然生态系统价值减少，潜在生态损失度减小。

参考文献

[1] Abell R，Thieme ML，Revenga C，et al. Freshwater ecoregions of the world：A new map of biogeographic units for freshwater biodiversity conservation[J]. Bioscience，2008，58：403-414.

[2] Albert DA. Regional landscape ecosystems of Michigan，Minnesota，and Wisconsin. General Technical Report NC-178[M]. Minnesota：USDA Forest Service，North Central Forest Experiment Station，1995.

[3] Allen GR，Luis SP，Dirk R，et al. Crop evapotranspiration guidelines for computing crop water requirements-FAO Irrigation and drainage paper 56[M]. Rome：FAO，1998.

[4] Allen GR，Midgley SH，Allen M. Field Guide to the Freshwater Fishes of Australia[M]. Perth（Australia）：Western Australian Museum，2002.

[5] Australia Government. Australia's ecoregions[DB/OL]. http：//www.environment. gov.au/parks/nrs/science/.

[6] Bailey RG. Map：Ecoregions of the United States[M]. Utah：USDA Forest Service，Scale 1∶7 500 000. 1976.

[7] Bailey RG，Cushwa CT. Ecoregions of North America FWS/OBS-81/29[M]. Washington，DC：U.S. Fish and Wildlife Service scale 1∶12 000 000. 1981.

[8] Bailey RG. Delineation of ecosystem regions[J]. Environmental Management，1983，7（4）：365-373.

[9] Bailey RG. Ecoregions of the Continents（rev.）[M]. Washington，DC：USDA Forest Service，scale 1∶30 000 000. 1989.

[10] Bailey RG. Map：Ecoregions of the United States（rev.）[M]. Washington，DC：USDA Forest Service，scale 1∶7 500 000. 1994.

[11] Bailey RG. Map：Ecoregions of North America（rev.）[M]. Washington，DC：USDA Forest Service，scale 1∶15 000 000. 1997.

[12] Bailey RG. Identifying Ecoregion Boundaries[J]. Environmental Management，2004，34（1）：S14-S26.

[13] Boyd J，Banzhaf S. What are ecosystem services：The need for standardized environmental accounting units[J]. Ecological Economics，2007，63：616-626.

[14] Bussing WA. Geographic distribution of the San Juan ichthyofauna of Central America with remarks on its origin and ecology[A]// Thorson TB. Investigations of Nicaraguan Lakes[C]. Lincoln：University of Nebraska. 1976：157-175.

[15] Commission for Environmental Cooperation. Ecological regions of North America：Toward a common perspective[M]. Montreal，Quebec：Commission for Environmental Cooperation，1997.

[16] Costanza R，Arge R，Groot R，et al. The value of the world's ecosystem services and natural capital[J]. Nature，1997，387：253-260.

[17] Crowley J. Biogeography in Canada[J]. Canadian Geographer，1967，11：312-326.

[18] Darrow. Land Degradation[M]. New York：Cambridge University Press，1991.

[19] Davies PE. Development of a national river bioassessment system, AUSRIVAS in Australia//Wright JF, Sutcliffe DW, Furse MT, eds. Assessing the Bioligical Quality of Fresh Waters RIVPACS and other Tech-

niques[M]. Cumbria, UK: Freshwater Biological Association. 2000.

[20] Ecological Stratification Working Group. A national ecological framework for Canada[M]. Ottawa：Agriculture and Agri-Food Canada，Minister of Supply and Services Canada，1996.

[21] Ecoregions Working Group. Ecoclimatic regions of Canada，first approximation[M]//Ecological Land Classification Series，No. 23. Sustainable Development Branch，Conservation and Protection，Environment Canada，Ottawa，Ontario：199 Report with map at 1：7.5 million scale. 1989.

[22] Environmental Conservation Service Task Force. Ecological land survey guidelines for environmental impact analysis[M]//Ecological Land Classification Series No. 13. Federal Environmental Assessment and Review Process，Lands Directorate，Environment Canada and Federal Environmental Assessment Review Office（FERRO）Ottawa，Ontario. 1981.

[23] European Commission. Directive 2000/60/EC, Establishing a framework for community action in the field of water policy. Official Journal of the European Communities, 2000,(L 327):1-71.

[24] Food and Agriculture Organization of the United Nations. Global mapping in Global forest resources assessment 2000[J]. Rome：FAO Forestry Paper 140，Food and Agriculture Organization of the United Nations，2001：321-331.

[25] Gehrke PC，Harris JH. Large-scale patterns in species richness and composition of temperate riverine fish communities，south-eastern Australia[J]. Marine and Freshwater Research，2000，51：165-182.

[26] Griffith JA，Stehman SV，Loveland TR. Landscape trends in Mid-Atlantic and Southeastern United States Ecoregions[J]. Environmental Management，2003，32（5）：572-588.

[27] Growns I，West G. Classification of aquatic bioregions through the use of distributional modelling of freshwater fish[J]. Ecological Modelling. 2008，217：79-86.

[28] Guo ZW，Xiao XM，Gan YL，et al. Ecosystem functions，services and their values—a case study in Xingshan County of China[J]. Ecological Economics，2001，38：141-154.

[29] Illies J. Limnofauna Europaea[M]. New York：Gustav Fischer，1978.

[30] Kendra SC，Patricia AS，Mary TB，et al. Grouping lakes for water quality assessment and monitoring：the roles of regionalization and spatial scale[J]. Environmental Management，2008，41（3）：425-440.

[31] Klijn F，Dewaal RW，Voshaar J. Ecoregions and Ecodistricts：Ecological regionalizations for the netherlands environmental policy[J]. Environmental Management，1995，19（6）：797-813.

[32] Kuchler，A.W. Potential Natural Vegetation of the Conterminous United States. New York：American Geographical Society，Special Publication，1964.

[33] Leon M，David T，Peter N，et al. Biological objectives for the protection of rivers and streams in victoria，Australia[J]. Hydrobiologia，2006，（1）：287-299

[34] Loucks OL. A forest classification for the Maritime Provinces[M]. Proceedings of the Nova Scotian Institute of Science 259（Part 2）：86-167，with separate map at 1 inch equals 19 miles. 1962.

[35] Loveland TR，Merchant JM. Ecoregions and ecoregionalization：Geographical and ecological perspectives[J]. Environmental Management，2004，34（1）：S1-S13.

[36] Margalef DR. Information theory in ecology[J]. Gen Syst，1957，3：36-71.

[37] Maxwell JR，Edwards CJ，Jensen ME，et al. A hierarchical framework of aquatic ecological units in North America（Nearctic Zone）[A]//General Technical Report NC-176[C]. St. Paul，MN：U.S. Dept of Ag-

riculture，Forest Service，North Central Forest Experiment Station. 1995.

[38] McMahon G，Gregonis SM，Waltman SW，et al. Developing a spatial framework of common ecological regions for the conterminous United States[J]. Environmental Management，2001，28（3）：293-316.

[39] National Wetlands Working Group. Canada's wetlands，map folio[M]. Energy，Mines and Resources Canada，Ottawa，Ont. Two maps at 1：7.5 million scale. 1986.

[40] Nigh TA，Schroeder WA. Atlas of Missouri ecoregions[M]. Jefferson City：Missouri Department of Conservation，2002

[41] Nygaard G. Hydrobiological studies in some ponds and lakes. Ⅱ: the quotient hypothesis and some new or little known phytoplankton organisms. kongel. Danske Vidensk. Selsk. Biol. Skr. 1949，7：1-293.

[42] Olsen DM，Dinerstein E. The Global 2000：A representative approach to conserving the Earth's most biologically valuable ecoregions[J]. Conservation Biology，1998，12：502-515.

[43] Olson DM，Dinerstein E，Canevari P，et al. Freshwater biodiversity of Latin America and the Caribbean：a conservation assessment[M]. Washington（DC）：Biodiversity Support Program. 1998.

[44] Omernik JM. Ecoregions of the conterminous United States[J]. Annals of the Association of American Geographers，1987，77：118-125.

[45] Omernik JM. Ecoregions：a spatial framework for environmental management[A]//Davis WS，Simon TP. Biological assessment and criteria：Tools for water resource planning and decision making[C]. Florida：Lewis Publishing，1995.

[46] Pinkas L，Oliphant MS，Iverson ILK. Food habits of albacore，bluefin tuna and bonito in California waters[J]. Fish Bulletin，1971，152：1-105.

[47] Pratt J，Cairns J J. Functional groups in the Protozoa：roles in differing ecosystems[J]. J Protozool，1985，32：415-423.

[48] Reis R，Kullander S，Ferraris C，et al. Check list of the freshwater fishes of South and Central America[M]. PortoAlegre（Brazil）：EDIPUCRS. 2003.

[49] Roberts TR. Geographical distribution of African freshwater fishes[J]. Zoological Journal of the Linnean Society，1975，57：249-319.

[50] Rowe JS，Sheard JS. Ecological Land Classification：A survey approach[J]. Environmental Management. 1981，5（5）：451-464.

[51] Schroeder W，Pesch R. Synthesizing bioaccumulation data from the German metals in mosses surveys and relating them to ecoregions[J]. Science of The Total Environment，2007，374：311-327.

[52] Shannon CE，Wiener WJ. The mathematical theory of communication[M]. Urbana：University of Illinois，1949.

[53] Simpson EH. Measurement of diversity[J]. Nature，1949，163：688.

[54] Sladeck V. Rotifera as indictors of water quality[J]. Hydrobiologia，1983，100：169-201.

[55] The Nature Conservancy. Designing a geography of hope：Guidelines for ecoregion-based conservation in The Nature Conservancy[M]. Arlington：The Nature Conservancy，1997.

[56] Thunmark S. Zur Soziologie des Süsswasserplanktons. Eine methodologisch ökologische Studie. Folia Limnol. Scand. 1945，3：1-66.

[57] U.S. Environmental Protection Agency. Level Ⅲ and Ⅳ Ecoregions of the Continental United States[DB/OL]. http：//www.epa.gov/wed/pages/ecoregions/ level_III_iv.htm. 2011-06-21.

[58] Unmack PJ. 2001. Biogeography of Australian freshwater fishes[J]. Journal of Biogeography，2001，28：1053-1089.

[59] Wasson JG，Chandesris A，Pella H，et al. Typology and reference conditions for surface water bodies in France-the hydro-ecoregion approach[A]// Symposium"Typology and ecological classification of lakes and rivers" Finnish Environment Institute[C]. Helsinki，Finland，2002.

[60] Wiken，E.B. Terrestrial ecozones of Canada[M]. Ecological Land Classification Series No. 19. Environment Canada，Hull，Que：26 and map. 1986.

[61] Wiken，EB，Rubec，CDA，Ironside C. Canada terrestrial ecoregions[M]. National atlas of Canada，5th edition.（MCR 4164）. Canada Centre for Mapping，Energy，Mines and Resources Canada，and State of the Environment Reporting. Environment Canada，Ottawa，Ontario. Map at 1：7.5 million scale. 1993.

[62] Winfried S，Roland P，Gunther S. Identifying and closing gaps in environmental monitoring by means of metadata，ecological regionalization and geostatistics using the UNESCO biosphere reserve rhoen（Germany）as an example[J]. Environmental Monitoring and Assessment，2006，(1-3)：461-488.

[63] Zhang T，Ramakrishnon R，Livny M. Birch：An efficient data clustering method for very large databases[A]//Proceedings of the ACM SIGMOD Conference on Management of Data[C]. Montreal，Canada. 1996.

[64] Zheng D. A study on the eco-geographic regional system of China[A]//FAO FRA2000 Global Ecological Zoning Workshop[C]. Cambridge，UK，1999.

[65] Zogaris SM，Economou AN，Dimopoulos P. Ecoregions in the Southern Balkans：should their boundaries be revised[J]. Environmental Management，2009，43：682-697.

[66] 蔡建琼，于惠芳，朱志洪. SPSS 统计分析实例精选[M]. 北京：清华大学出版社. 2006.

[67] 常州市环境保护局. 常州市环境质量报告书（2007）[R]. 2008.

[68] 陈家长，胡庚东，瞿建宏，等. 太湖流域池塘河蟹养殖向太湖排放氮磷的研究[J]. 农村生态环境，2005，21（1）：21-23.

[69] 成庆泰，郑葆珊. 中国鱼类系统检索[M]. 北京：科学出版社，1987.

[70] 范一大，史培军，辜智慧，等. 行政单元数据向网格单元转化的技术方法[J]. 地理科学，2004，24（1）：105-108.

[71] 傅伯杰，陈利顶，刘国华. 中国生态区划的目的、任务及特点[J]. 生态学报，1999，19（5）：591-595.

[72] 傅伯杰，刘国华，陈利顶. 中国生态区划方案[J]. 生态学报，2001，21（1）：1-6.

[73] 傅伯杰，刘国华，孟庆华. 中国西部生态区划及其区域发展对策[J]. 干旱区地理，2000，23（4）：289-297.

[74] 高俊峰. 太湖流域防洪规划——流域面积量算及社会经济、土地利用分析，1998.

[75] 高俊峰. 太湖流域水资源综合规划——流域水资源分区及社会经济、土地利用行政分析及预测研究，2008.

[76] 高俊峰. 太湖流域圩区调查研究，2010.

[77] 高俊峰，李昌峰. 太湖流域水资源开发现状分析[J]. 水资源保护，2002，(3)：51-52.

[78] 高俊峰，毛新伟，颜志俊，等. 太湖流域经济发展与水资源需求[J]. 科技导报，2002，(4)：62-64.

[79] 高永年，高俊峰. 太湖流域水生态功能分区[J]. 地理研究，2010，29（1）：111-117.

[80] 高永年，高俊峰，许妍. 太湖流域水生态功能区土地利用变化的景观生态风险效应[J]. 自然资源学报，2010，25（7）：1088-1096.

[81] 国家环境保护总局. 地表水环境质量标准（GB 3838）[S].2002.
[82] 国务院. 全国主体功能区规划，2010.
[83] 国务院批复. 太湖流域水功能区划（2010—2030 年），2009.
[84] 国务院西部地区开发领导小组办公室，国家环境保护总局. 生态功能区划技术暂行规程，2002.
[85] 韩洁，张志南，于子山. 渤海中、南部大型底栖动物的群落结构[J]. 生态学报，2004，24（3）：531-537.
[86] 胡巍巍，王根绪，邓伟. 景观格局与生态过程相互关系研究进展[J]. 地理科学进展，2008，27（1）：18-24.
[87] 花叶，刘海燕. 上海市主体功能区划分与综合制图[J]. 地理空间信息，2010，8（6）：123-125.
[88] 环境保护部. 全国生态功能区划，2008.
[89] 环境保护部. 地表水环境功能区类别代码[M]. 北京：中国环境科学出版社，2009.
[90] 黄祥飞. 湖泊生态调查观测与分析[M]. 北京：中国标准出版社，2000.
[91] 黄艺，蔡佳亮，吕明姬，等. 流域水生态功能区划及其关键问题[J]. 生态环境学报，2009，18（5）：1995-2000.
[92] 黄艺，蔡佳亮，郑维爽，等. 流域水生态功能分区以及区划方法的研究进展[J]. 生态学杂志，2009，28（3）：542- 548.
[93] 江苏省水利厅，江苏省环境保护厅. 江苏省地表水（环境）功能区划，2003.
[94] 姜雪芹，禹娜，毛开云，等. 冬季上海市城区河道中浮游植物群落结构及水质的生物评价[J]. 华东师范大学学报：自然科学版，2009，（2）：78-87.
[95] 靳晓莉，高俊峰，赵广举. 太湖流域近 20 年社会经济发展对水环境的影响及未来发展趋势[J]. 长江流域资源与环境，2006，15（3）：298-302.
[96] 鞠美庭. 湿地生态系统的保护与评估[M]. 北京：化学工业出版社，2009.
[97] 赖格英，于革，桂峰. 太湖流域营养物质输移模拟评估的初步研究[J]. 中国科学 D 辑（地球科学），2005，35（增刊Ⅱ）：121-130.
[98] 李昌峰，高俊峰，曹慧. 土地利用变化对水资源影响研究现状和发展趋势[J]. 土壤，2002，34（4）：191-196.
[99] 李金昌. 生态价值论[M]. 重庆：重庆大学出版社，1999.
[100] 李思忠. 中国淡水鱼类的分布区划[M]. 北京：科学出版社. 1981.
[101] 李文华，欧阳志云，赵景柱. 生态系统服务功能研究[M]. 北京：气象出版社，2002.
[102] 李文华，张彪，谢高地. 中国生态系统服务研究的回顾与展望[J]. 自然资源学报，2009，24（1）：1-10.
[103] 李谢辉. 渭河下游河流沿线区域生态风险评价及管理研究[D]. 兰州大学，2008.
[104] 李艳梅，曾文炉，周启星. 水生态功能分区的研究进展[J]. 应用生态学报，2009，20（12）：3101- 3108.
[105] 李云梅，黄家柱，陆皖宁，等. 基于分析模型的太湖悬浮物浓度遥感监测[J].海洋与湖沼，2006，37（2）：171-177.
[106] 刘健康. 高级水生生物学[M]. 北京：科学出版社，1999.
[107] 刘伟龙，胡维平，陈永根，等. 西太湖水生植物时空变化[J]. 生态学报，2007，27（1）：159-170.
[108] 刘庄，蒋建国，沈渭寿，等. 太湖流域湖泊滩地资源及其开发利用[J]. 农村生态环境，2003，19（4）：27-30.
[109] 鲁春霞，谢高地，成升魁，等. 水利工程对河流生态系统服务功能的影响评价方法初探[J]. 应用生态学报，2003，14（5）：803-807.

[110] 陆海明，孙金华，邹鹰，等. 农田排水沟渠的环境效应与生态功能综述[J]. 水科学进展，2010，21（5）：719-725.

[111] 栾建国，陈文祥. 河流生态系统的典型特征和服务功能[J]. 人民长江，2004，35（9）：41-43.

[112] 吕光俊，熊邦喜，刘敏，等. 不同营养类型水库大型底栖动物的群落结构特征及其水质评价[J]. 生态学报，2009，29（10）：5339-5349.

[113] 吕振霖. 太湖应急治理的初步实践与思考[R]. 中国水利学会 2007 学术年会，2007.

[114] 马柱国，符淙斌. 中国北方地表湿润状况的年际变化趋势[J]. 气象学报，2001，59（6）：737-746.

[115] 毛节荣，徐寿山. 浙江动物志：淡水鱼类[M]. 杭州：浙江科学技术出版社，1991.

[116] 孟伟，张远，张楠，等. 流域水生态功能分区与质量目标管理技术研究的若干问题[J]. 环境科学学报，2011，31（7）：1345-1351.

[117] 孟伟，张远，郑丙辉. 辽河流域水生态分区研究[J]. 环境科学学报，2007，27（6）：911-918.

[118] 孟伟，张远，郑丙辉. 水生态区划方法及其在中国的应用前景[J]. 水科学进展，2007，18（2）：293-300.

[119] 苗鸿，王效科，欧阳志云. 中国生态环境胁迫过程区划研究[J]. 生态学报，2001，21（1）：7-13.

[120] 倪健，郭柯，刘海江，等. 中国西北干旱区生态区划[J]. 植物生态学报，2005，29（2）：175-184.

[121] 欧阳志云，王效科，苗鸿. 中国陆地生态系统生态服务功能及其生态经济价值的初步研究[J]. 生态学报，1999，19（5）：608-613.

[122] 欧阳志云，赵同谦，王效科，等. 水生态服务功能分析及其间接价值评价[J]. 生态学报，2004，24（10）：2091-2099.

[123] 上海市水务局. 上海市水（环境）功能区划[Z]. 2004.

[124] 沈建军，李柏山，许海萍. 太湖水污染原因分析及治理措施[J]. 环境科学导刊，2009，28（2）：27-29.

[125] 沈韫芬. 原生动物学[M]. 北京：科学出版社，1999.

[126] 沈韫芬，章宗涉，龚循矩. 微型生物监测新技术[M]. 北京：中国建筑工业出版社，1990.

[127] 沈英娃，曹洪法. 生态风险评估方法简述[J]. 中国环境科学，1991，11（6）：464-468.

[128] 史德明，梁音. 我国脆弱生态环境的评估与保护[J]. 水土保持学报，2002，16（1）：6-10.

[129] 史培军. 中国自然灾害系统地图集（中英文对照）[M]. 北京：科学出版社，2003.

[130] 水利部. 水功能区管理办法[Z]. 2003.

[131] 水利部水资源司. 水功能区划分技术规范[Z]. 2004.

[132] 水利部太湖流域管理局. 太湖流域及东南诸河水资源公报-2001[R]. 2002.

[133] 水利部太湖流域管理局. 太湖流域及东南诸河水资源公报-2002[R]. 2003.

[134] 水利部太湖流域管理局. 太湖流域及东南诸河水资源公报-2003[R]. 2004.

[135] 水利部太湖流域管理局. 太湖流域及东南诸河水资源公报-2004[R]. 2005.

[136] 水利部太湖流域管理局. 太湖流域及东南诸河水资源公报-2005[R]. 2006.

[137] 水利部太湖流域管理局. 太湖流域及东南诸河水资源公报-2006[R]. 2007.

[138] 水利部太湖流域管理局. 太湖流域及东南诸河水资源公报-2007[R]. 2008.

[139] 水利部太湖流域管理局. 太湖流域及东南诸河水资源公报-2008[R]. 2009.

[140] 水利部太湖流域管理局. 太湖流域及东南诸河水资源公报-2009[R]. 2010.

[141] 水利部太湖流域管理局. 太湖流域及东南诸河水资源公报-2010[R]. 2011.

[142] 水利部太湖流域管理局. 太湖流域水功能区划（2010—2030）[Z]. 2010.

[143] 水利部太湖流域管理局. 太湖流域水资源及开发利用现状调查评价报告[R]. 2004.

[144] 水利部太湖流域管理局. 太湖流域水资源综合规划报告[R]. 2009.
[145] 水利部太湖流域管理局，江苏省水利厅，浙江省水利厅，上海市水务局. 太湖健康状况报告-2009[R]. 2010.
[146] 水利部太湖流域管理局，江苏省水利厅，浙江省水利厅，上海市水务局. 太湖健康状况报告-2010[R]. 2011.
[147] 孙顺才，黄漪平. 太湖[M]. 北京：海洋出版社，1993.
[148] 太湖流域水资源保护局. 太湖流域及东南诸河省界水体水资源质量状况通报[R]. 2008.
[149] 王欢，韩霜，邓红兵，等. 香溪河河流生态系统服务功能评价[J]. 生态学报，2006，26（9）：2971-2978.
[150] 王家楫. 中国淡水轮虫志（各分卷）[M]. 北京：科学出版社，1961.
[151] 王静爱，史培军，王平，等. 中国自然灾害时空格局[M]. 北京：科学出版社，2006.
[152] 王苏民，窦鸿身. 中国湖泊志[M]. 北京：科学出版社，1998.
[153] 吴绍洪，杨勤业，郑度. 生态地理区域界线划分的指标体系[J]. 地理科学进展，2002，21（4）：302-310.
[154] 吴绍洪，杨勤业，郑度. 生态地理区域系统的比较研究[J]. 地理学报，2003，58（5）：686-694.
[155] 谢高地，鲁春霞，冷允法，等. 青藏高原生态资产的价值评估[J]. 自然资源学报，2003，18（2）：189-195.
[156] 谢高地，鲁春霞，甄霖，等. 区域空间功能分区的目标、进展与方法[J]. 地理研究，2009，28（3）：561-570.
[157] 熊丽君. 上海市浦东北部区域主体功能区划研究[J]. 环境科学学报，2010，30（10）：2116 - 2124.
[158] 熊怡，张家祯. 中国水文区划[M]. 北京：科学出版社，1995.
[159] 徐建华. 现代地理学中的数学方法[M]. 北京：高等教育出版社，2002.
[160] 许妍，高俊峰，高永年，等. 太湖流域生态系统健康的空间分异及其动态转移[J]. 资源科学. 2011，33（2）：201-209.
[161] 许妍，高俊峰，刘聚涛. 太湖流域生态系统健康的空间分异及其动态转移[J]. 资源科学，2011，33（2）：201-209.
[162] 许妍，高俊峰，张宁红. 太湖流域景观生态风险评价[J]. 环境监控与预警，2010，2（6）：1-4.
[163] 许妍，高俊峰，黄佳聪. 太湖湿地生态系统服务功能价值评估[J]. 长江流域资源与环境，2010，19（6）：646-652.
[164] 阳平坚，郭怀成，周丰，等. 水功能区划的问题识别及相应对策[J]. 中国环境科学，2007，27（3）：419-422.
[165] 阳平坚，吴为中，孟伟，等. 基于生态管理的流域水环境功能区划——以浑河流域为例[J]. 环境科学学报，2007，27（6）：944-952.
[166] 杨勤业，郑度，吴绍洪. 中国的生态地域系统研究[J]. 自然科学进展，2002，12（3）：287-291.
[167] 杨小利，刘庚山，杨兴国，等. 甘肃黄土高原帕尔默旱度模式的修订[J]. 干旱气象，2005，23（2）：8-12.
[168] 尹民，杨志峰，崔保山. 中国河流生态水文分区初探[J]. 环境科学学报，2005，25（4）：423-428.
[169] 张朝晖，吕吉斌，叶属峰，等. 桑沟湾海洋生态系统的服务价值[J]. 应用生态学报，2007，18（11）：2540-2547.
[170] 张进标. 广东河流生态系统服务价值评估[D]. 华南师范大学，2007.
[171] 张静怡，何惠，陆桂华. 水文区划问题研究[J]. 水利水电技术，2006，37（1）：48-52.
[172] 张文彤，董伟. SPSS 统计分析高级教程[M]. 北京：高等教育出版社. 2004.
[173] 张运林，冯胜，马荣华，等. 太湖秋季真光层深度空间分布及浮游植物初级生产力的估算[J]. 湖泊科学，2008，20（3）：380-388.

[174] 章宗涉，黄祥飞. 淡水浮游生物研究方法[M]. 北京：科学出版社，1995.
[175] 赵柯，饶鼓，王丽丽，等. 西南地区生态脆弱性评价研究——以云南贵州为例[J]. 地质灾害与环境保护，2001，15（2）：33-42.
[176] 赵其国，高俊峰. 中国湿地资源的生态功能及其分区[J]. 中国生态农业学报. 2007，15（1）：1-4.
[177] 赵同谦，欧阳志云，王效科，等. 中国陆地地表水生态系统服务功能及其生态经济价值评价[J]. 自然资源学报，2003，18（4）：443-452.
[178] 浙江省水利厅和浙江省环境保护局. 浙江水环境功能区划[Z]. 2005.
[179] 郑葆珊. 中国动物图谱（鱼类）[M]. 北京：科学出版社，1987.
[180] 郑度，葛全胜，张雪芹，等. 中国区划工作的回顾与展望[J]. 地理研究，2005，24（3）：330-344.
[181] 郑乐平，乐嘉斌，瞿书锐. 国外水生态区评价对我国的启示[J]. 水资源保护，2010，26（3）：83-86.
[182] 郑小燕，王丽卿，盖建军，等. 淀山湖浮游动物的群落结构及动态[J]. 动物学杂志，2009，44（5）：78-85.
[183] 中国国家标准化管理委员会. 全国水资源综合区划导则（征求意见稿）. 2011.
[184] 中国科学院动物研究所甲壳动物研究组. 中国动物志 节肢动物门 甲壳纲 淡水桡足类[M]. 北京：科学出版社，1979.
[185] 中国科学院南京地理与湖泊研究所，水利部太湖流域管理局. 太湖流域自然资源地图集[M]. 北京：科学出版社，1991.
[186] 中国科学院武汉植物研究所. 中国水生维管束植物图谱[M]. 武汉：湖北人民出版社，1983.
[187] 中国科学院自然区划工作委员会. 中国综合自然区划[M]. 北京：科学出版社，1959.
[188] 中国科学院中国动物志编辑委员会. 中国动物志：硬骨鱼纲鲤形目（上卷）[M]. 北京：科学出版社，1995.
[189] 中国科学院中国动物志编辑委员会. 中国动物志：硬骨鱼纲鲤形目（中卷）[M]. 北京：科学出版社，1998.
[190] 中国科学院中国动物志编辑委员会. 中国动物志：硬骨鱼纲鲤形目（下卷）[M]. 北京：科学出版社，2000.
[191] 中国生物多样性国情研究报告编写组. 中国生物多样性国情研究报告[M]. 北京：中国环境科学出版社，1998.
[192] 中华人民共和国国家旅游局. 国家旅游局公布 2000 年入境旅游者抽样调查综合分析报告[R]. 2001.
[193] 中华人民共和国水利部. 全国水功能区划技术大纲. 2005.
[194] 周丙娟，蔡海生，陈美球. 鄱阳湖区生态环境脆弱性评价及对策分析[J]. 生态经济，2009（4）：37-41，54.
[195] 周丰，刘永，黄凯，等. 流域水环境功能区划及其关键问题[J]. 水科学进展，2007，18（2）：216-222.
[196] 周凤霞，陈剑虹. 淡水微型生物图谱[M]. 北京：化学工业出版社，2005.
[197] 朱松泉. 中国淡水鱼类检索[M]. 南京：江苏科学技术出版社，1995.
[198] 朱英，沈根祥，钱晓雍，等. 上海大莲湖水域浮游植物群落结构特征及水质评价[J]. 生态与农村环境学报， 2010，26（6）：544- 549.
[199] 朱威. 太湖流域水质型缺水问题和对策[J]. 湖泊科学，2003，15（2）：133-138.
[200] 祝迎春. 二阶聚类模型及其应用[J]. 市场研究，2005，1：40-42.
[201] 左伟，张桂兰，万必文，等. 中尺度生态评价研究中格网空间尺度的选择与确定[J]. 测绘学报，2003，32（3）：267-271.

附图 太湖流域水生态功能分区图

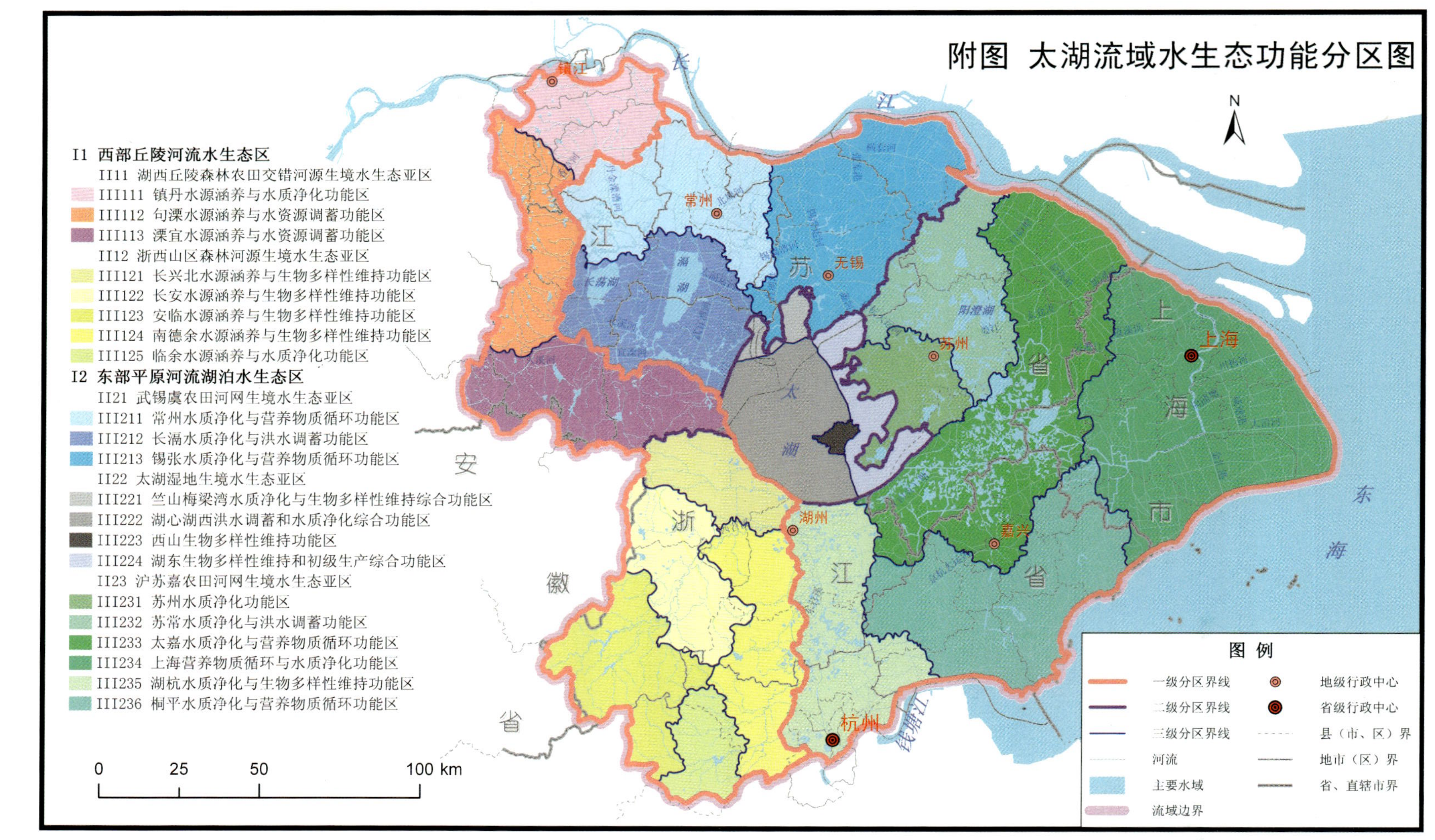